国家出版基金资助项目
“新闻出版改革发展项目库”入库项目
“十三五”国家重点出版物出版规划项目

钢铁工业绿色制造
节能减排先进技术丛书

主 编 干 勇
副主编 王天义 洪及鄙
赵 沛 王新江

炼铁过程
节能减排先进技术

Advanced Technology of Energy Conservation and Emission Reduction in Ironmaking Process

张建良 焦克新 王振阳 编著

北 京
冶 金 工 业 出 版 社
2020

内容提要

本书共分为7章，主要介绍炼铁技术进步现状和发展趋势、炼铁过程节能减排先进技术、非高炉炼铁，以及低成本低排放高炉炼铁生产技术、保证炉缸安全为重点的高炉长寿技术、高炉富氧喷煤综合鼓风技术三个炼铁节能减排先进技术的典型案例。本书较为全面地反映了当前国内外炼铁节能减排技术的发展成果及其动向，可为我国炼铁节能减排技术的发展和进步提供参考和借鉴。

本书可供钢铁冶金领域的工程技术人员、设计人员、管理人员和教学人员阅读参考。

图书在版编目(CIP)数据

炼铁过程节能减排先进技术/张建良，焦克新，王振阳编著．—北京：冶金工业出版社，2020.11
（钢铁工业绿色制造节能减排先进技术丛书）
ISBN 978-7-5024-8665-5

Ⅰ.①炼…　Ⅱ.①张…　②焦…　③王…　Ⅲ.①炼铁—节能减排—研究　Ⅳ.①TF5

中国版本图书馆CIP数据核字(2020)第258970号

出版人　苏长永
地　　址　北京市东城区嵩祝院北巷39号　邮编　100009　电话　(010)64027926
网　　址　www.cnmip.com.cn　电子信箱　yjcbs@cnmip.com.cn
策划编辑　任静波
责任编辑　刘小峰　曾　媛　任静波　美术编辑　彭子赫
版式设计　孙跃红　责任校对　李　娜　责任印制　李玉山
ISBN 978-7-5024-8665-5
冶金工业出版社出版发行；各地新华书店经销；三河市双峰印刷装订有限公司印刷
2020年11月第1版，2020年11月第1次印刷
169mm×239mm；18.5印张；359千字；276页
89.00元
冶金工业出版社　投稿电话　(010)64027932　投稿信箱　tougao@cnmip.com.cn
冶金工业出版社营销中心　电话　(010)64044283　传真　(010)64027893
冶金工业出版社天猫旗舰店　yjgycbs.tmall.com
（本书如有印装质量问题，本社营销中心负责退换）

丛书编审委员会

丛书出版说明

随着我国工业化、城镇化进程的加快和消费结构持续升级，能源需求刚性增长，资源环境问题日趋严峻，节能减排已成为国家发展战略的重中之重。钢铁行业是能源消费大户和碳排放大户，节能减排效果对我国相关战略目标的实现及环境治理至关重要，已成为人们普遍关注的热点。在全球低碳发展的背景下，走节能减排低碳绿色发展之路已成为中国钢铁工业的必然选择。

近年来，我国钢铁行业在降低能源消耗、减少污染物排放、发展绿色制造方面取得了显著成效，但还存在很多难题。而解决这些难题，迫切需要有先进技术的支撑，需要科学的方向性指引，需要从技术层面加以推动。鉴于此，中国金属学会和冶金工业出版社共同组织编写了“钢铁工业绿色制造节能减排先进技术丛书”（以下简称丛书），旨在系统地展现我国钢铁工业绿色制造和节能减排先进技术最新进展和发展方向，为钢铁工业全流程节能减排、绿色制造、低碳发展提供技术方向和成功范例，助力钢铁行业健康可持续发展。

丛书策划始于2016年7月，同年年底正式启动；2017年8月被列入“十三五”国家重点出版物出版规划项目；2018年4月入选“新闻出版改革发展项目库”入库项目；2019年2月入选国家出版基金资助项目。

丛书由国家新材料产业发展专家咨询委员会主任、中国工程院原副院长、中国金属学会理事长干勇院士担任主编；中国金属学会专家委员会主任王天义、专家委员会副主任洪及鄙、常务副理事长赵沛、副理事长兼秘书长王新江担任副主编；7位中国科学院、中国工程院院士组成顾问团队。第十届全国政协副主席、中国工程院主席团名誉主席、中国工程院原院长徐匡迪院士为丛书作序。近百位专家、学者参加了丛书的编写工作。

针对钢铁产业在资源、环境压力下如何解决高能耗、高排放的难题，以及此前国内尚无系统完整的钢铁工业绿色制造节能减排先进技术图书的现状，丛书从基础研究到工程化技术及实用案例，从原辅料、焦化、烧结、炼铁、炼钢、轧钢等各主要生产工序的过程减排到能源资源的高效综合利用，包括碳素流运行与碳减排途径、热轧板带近终形制造，系统地阐述了国内外钢铁工业绿色制造节能减排的现状、问题和发展趋势，节能减排先进技术与成果及其在实际生产中的应用，以及今后的技术发展方向，介绍了国内外低碳发展现状、钢铁工业低碳技术路径和相关技术。既是对我国现阶段钢铁行业节能减排绿色制造先进技术及创新性成果的总结，也体现了最新技术进展的趋势和方向。

丛书共分10册，分别为：《钢铁工业绿色制造节能减排技术进展》《焦化过程节能减排先进技术》《烧结球团节能减排先进技术》《炼铁过程节能减排先进技术》《炼钢过程节能减排先进技术》《轧钢过程节能减排先进技术》《钢铁原辅料生产节能减排先进技术》《钢铁制造流程能源高效转化与利用》《钢铁制造流程中碳素流运行与碳减排途径》《热轧板带近终形制造技术》。

中国金属学会和冶金工业出版社对丛书的编写和出版给予高度重视。在丛书编写期间，多次召集丛书主创团队进行编写研讨，各分册也多次召开各自的编写研讨会。丛书初稿完成后，2019年2月召开了《钢铁工业绿色制造节能减排技术进展》分册的专家审稿会；2019年9月至10月，陆续组织召开10个分册的专家审稿会。根据专家们的意见和建议，各分册编写人员进一步修改、完善，严格把关，最终成稿。

丛书瞄准钢铁行业的热点和难点，内容力求突出先进性、实用性、系统性，将为钢铁行业绿色制造节能减排技术水平的提升、先进技术成果的推广应用，以及绿色制造人才的培养提供有力支持和有益的参考。

中国金属学会
冶金工业出版社

2020年10月

总　　序

党的十九大报告指出，中国特色社会主义进入了新时代，“我国社会主要矛盾已经转化为人民日益增长的美好生活需要和不平衡不充分的发展之间的矛盾”。为更好地满足人民日益增长的美好生活需要，就要大力提升发展质量和效益。发展绿色产业、绿色制造是推动我国经济结构调整，实现以效率、和谐、健康、持续为目标的经济增长和社会发展的重要举措。

当今世界，绿色发展已经成为一个重要趋势。中国钢铁工业经过改革开放40多年来的发展，在产能提升方面取得了巨大成绩，但还存在着不少问题。其中之一就是在钢铁工业发展过程中对生态环境重视不够，以至于走上了发达国家工业化进程中先污染后治理的老路。今天，我国钢铁工业的转型升级，就是要着力解决发展不平衡不充分的问题，要大力提升绿色制造节能减排水平，把绿色制造、节能环保、提高发展质量作为重点来抓，以更好地满足国民经济高质量发展对优质高性能材料的需求和对生态环境质量日益改善的新需求。

钢铁行业是国民经济的基础性产业，也是高资源消耗、高能耗、高排放产业。进入21世纪以来，我国粗钢产量长期保持世界第一，品种质量不断提高，能耗逐年降低，支撑了国民经济建设的需求。但是，我国钢铁工业绿色制造节能减排的总体水平与世界先进水平之间还存在差距，与世界钢铁第一大国的地位不相适应。钢铁企业的水、焦煤等资源消耗及液、固、气污染物排放总量还很大，使所在地域环境承载能力不足。而二次资源的深度利用和消纳社会废弃物的技术与应用能力不足是制约钢铁工业绿色发展的一个重要因素。尽管钢铁工业的绿色制造和节能减排技术在过去几年里取得了显著的进步，但是发展仍十分不平衡。国内少数先进钢铁企业的绿色制造已基本达到国际先进水平，但大多数钢铁企业环保装备落后，工艺技术水平低，能源消耗高，对排放物的处理不充分，对所在城市和周边地域的生态环境形成了严峻的挑战。这是我国钢铁行业在未来发展中亟须解决的问题。

国家“十三五”规划中指出，“十三五”期间，我国单位 GDP 二氧化碳排放下降 18%，用水量下降 23%，能源消耗下降 15%，二氧化硫、氮氧化物排放总量分别下降 15%，同时提出到 2020 年，能源消费总量控制在 50 亿吨标准煤以内，用水总量控制在 6700 亿立方米以内。钢铁工业节能减排形势严峻，任务艰巨。钢铁工业的绿色制造可以通过工艺结构调整、绿色技术的应用等措施来解决；也可以通过适度鼓励钢铁短流程工艺发展，发挥其低碳绿色优势；通过加大环保技术升级力度、强化污染物排放控制等措施，尽早全面实现钢铁企业清洁生产、绿色制造；通过开发更高强度、更好性能、更长寿命的高效绿色钢材产品，充分发挥钢铁制造能源转化、社会资源消纳功能作用，钢厂可从依托城市向服务城市方向发展转变，努力使钢厂与城市共存、与社会共融，体现钢铁企业的低碳绿色价值。相信通过全行业的努力，争取到 2025 年，钢铁工业全面实现能源消耗总量、污染物排放总量在现有基础上又有一个大幅下降，初步实现循环经济、低碳经济、绿色经济，而这些都离不开绿色制造节能减排技术的广泛推广与应用。

中国金属学会和冶金工业出版社共同策划组织出版“钢铁工业绿色制造节能减排先进技术丛书”非常及时，也十分必要。这套丛书瞄准了钢铁行业的热点和难点，对推动全行业的绿色制造和节能减排具有重大意义。组织一大批国内知名的钢铁冶金专家和学者，来撰写全流程的、能完整地反映我国钢铁工业绿色制造节能减排技术最新发展的丛书，既可以反映近几年钢铁节能减排技术的前沿进展，促进钢铁工业绿色制造节能减排先进技术的推广和应用，帮助企业正确选择、高效决策、快速掌握绿色制造和节能减排技术，推进钢铁全流程、全行业的绿色发展，又可以为绿色制造人才的培养，全行业绿色制造技术水平的全面提升，乃至为上下游相关产业绿色制造和节能减排提供技术支持发挥重要作用，意义十分重大。

当前，我国正处于转变发展方式、优化经济结构、转换增长动力的关键期。绿色发展是我国经济发展的首要前提，也是钢铁工业转型升级的准则。可以预见，绿色制造节能减排技术的研发和广泛推广应用将成为行业新的经济增长点。也正因为如此，编写“钢铁工业绿色制造节能减排先进技术丛书”，得到了业内人士的关注，也得到了包括院士在内的众多权威专家的积极参与和支持。钢铁工业绿色制造节能减排先进技术涉及钢铁制造的全流程，这套丛书的编写和出版，既是对我国钢铁行业节能环保技术的阶段性总结和下一步技术发展趋势的展望，也是填补了我国系统性全流程绿色制造节能减排先进技术图书缺失的空白，为我国钢铁企业进一步调整结构和转型升级提供参考和科学性的指引，必将促进钢铁工业绿色转型发展和企业降本增效，为推进我国生态文明建设做出贡献。

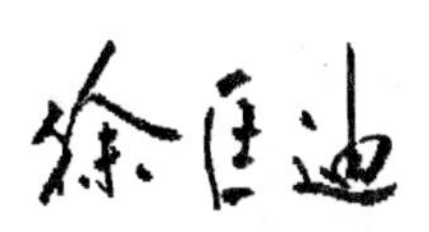

2020 年 10 月

序

“十一五”规划纲要中提出“节能减排”以来，中国钢铁工业在高速发展的同时，一直在不断探索节能减排的发展之路。2020年，习近平总书记提出中国力争在2030年前实现碳达峰、2060年前实现碳中和的目标。因此，对于资源能源消耗大户、废弃物产生大户的钢铁企业来说，如何推动节能减排、绿色发展，扎实推进“碳达峰”和“碳中和”工作，将成为“十四五”期间的工作重点。

近年来，伴随国家经济和产业结构的转型升级，环保限产政策的力度加大，中国钢铁工业进入了一个转变发展方式的关键时期。一方面钢铁产能日趋饱和，能源资源供应紧张，另一方面受环境容量制约，环保标准不断提高，钢铁工业面临着前所未有的挑战。

2015年我国开始执行新的环境保护法，新的钢铁行业污染物排放标准对SO_2和NO_x的排放也提出了更加严格的要求。很多钢铁企业现有的节能、污染物处理措施难以满足新的能耗、排放标准要求，部分钢铁企业将面临如何进一步实现节能、达标排放的问题。钢铁工业总产值占我国GDP的3.2%左右，而钢铁工业总能耗占全国总能耗的16%左右。中国钢铁工业能耗总体水平与国际先进水平相比，还有一定的差距，但同时也说明中国钢铁工业在发展循环经济上有着巨大的潜力。

我国炼铁工序在面临多重节能减排绿色发展压力的情况下，开始呈现减量化和创新发展的新态势，在技术创新方面围绕资源高效循环利用，积极开展替代技术、减量技术、再利用技术、资源化技术、系统化技术等关键技术研究，以突破制约循环经济发展的技术瓶颈，并在高炉大型化、高效化和智能化方面已取得巨大成绩，新工艺开发也取得一定进展。因此，总结我国炼铁工序在节能减排先进技术方面所取得的阶段性成果并展望中国炼铁工序下一阶段的技术发展趋势，对提高中国炼铁工序的节能减排水平和推动绿色技术创新发展具有重要意义。

本书主要阐述了炼铁工序的节能减排先进技术的主要内容，新发展阶段给炼铁工序带来的机遇和挑战，国内外钢铁工业CO_2排放现状，中国钢铁工业当前的技术现状及未来展望；重点介绍了非高炉炼铁技术、低成本低排放高炉炼铁生产技术、保证炉缸安全为重点的高炉长寿技术和高炉富氧喷煤综合鼓风技术等。全书系统、全面地介绍了炼铁工序节能减排的先进技术与最新成果及其在实际生产中的应用，展望了中国炼铁工序的技术发展方向。

本书由北京科技大学张建良教授等编著。张建良教授团队长期从事炼铁过程优化控制、炼铁过程反应机理、低碳与氢冶金、炼铁新技术、冶金环保以及复合铁合金开发与应用等领域的科研工作，在炼铁工序节能减排先进技术的理论研究和技术开发方面取得了一些开创性和实用性的成果。本书凝聚了作者长期积累的理论研究成果和技术开发应用实践经验，希望能够为从事炼铁工序节能减排、绿色发展的科研和技术人员、高校师生以及各级管理人员提供参考和借鉴，不断创新，推动中国炼铁工业绿色高质量发展。

杨天钧谨识
2020 年 10 月

前　　言

炼铁工序的能耗和成本占钢铁生产总能耗和成本的70%左右，推动炼铁工序节能减排、坚持炼铁工序绿色发展，是实现钢铁工业可持续发展的必由之路。当前中国资源、能源消耗和污染物排放与国际先进水平相比仍存在一定差距，资源环境承载能力已接近极限，加快推进炼铁工序节能减排、绿色发展刻不容缓。节能减排的目标是节约资源、能源，减少废弃物排放。为了实现炼铁工序的节能减排、绿色发展，需要加快推进节能减排先进技术的创新发展，打破因资源环境对钢铁工业发展的限制。

节能减排先进技术以减量化、再利用、资源化为原则，以低消耗、低排放、高效率为基本特征，符合可持续发展理念的经济增长模式，是对大量生产、大量消费、大量废弃的传统增长模式的重大变革。其技术实质是以尽可能少的资源消耗、尽可能小的环境代价实现最大的经济和社会效益，力求把经济社会活动对自然资源的需求和生态环境的影响降低到最小程度。这就要求钢铁企业提高资源利用效率，对生产过程中产生的废弃物进行综合利用，并延伸到废旧社会物资回收和再生利用。为了实现我国钢铁工业可持续健康发展，有效提高资源利用效率，降低污染排放，开发与推广应用炼铁工序节能减排的先进技术对钢铁工业发展具有十分重要的意义。

本书系统地介绍了国内外钢铁行业CO_2排放现状，结合铁前系统焦化、烧结、球团和高炉系统，提出当前中国炼铁工业面临的挑战，并针对节能减排的技术现状展望未来炼铁工业的前景；阐述了炼铁技术进步现状，通过国内外炼铁技术的优、劣势比较，展望了炼铁技术未来的发展趋势，包括炼铁燃料新技术、烧结新技术、球团新技术、高炉炼铁新技术和非高炉炼铁新技术。本书重点介绍了非高炉炼铁技术、低成本低排放高炉炼铁生产技术、保证炉缸安全为重点的高炉长寿技术和高炉富氧喷煤综合鼓风技术等，较系统、全面地介绍了炼铁工序节能减排的先进技术与最新成果及其在实际生产中的应用，为炼铁工序节能减排、绿色发展提供技术参考和借鉴。

本书由北京科技大学张建良教授团队编著。张建良承担主要编写工作，并负责全书统稿；焦克新、王振阳承担了部分编写工作。刘征建、王广伟、徐润生、李克江、王耀祖、王翠、张磊、范筱玥等师生参加了本书的编写工作。

感谢国家出版基金对本书出版的支持，感谢殷瑞钰院士、干勇院士对本书的指导，感谢原北京科技大学校长杨天钧教授的支持并在百忙之中为本书作序。中国金属学会专家委员会王天义主任和洪及鄙副主任，常务副理事长赵沛、副理事长兼秘书长王新江等在本书编写过程中给予了指导和大力支持；冶金工业出版社任静波总编辑在编辑出版各个环节提供了诸多建议和帮助，在此一并表示衷心的感谢！

由于作者水平所限，书中不足之处，恳请广大读者批评指正。

张建良谨识

2020 年 10 月

目　　录

1 炼铁工艺概论

炼铁是指在高温下用还原剂将铁矿石还原得到生铁的生产过程。炼铁的主要原料是铁矿石、焦炭、石灰石、空气，铁矿石有赤铁矿（Fe_2O_3）和磁铁矿（Fe_3O_4）等。铁矿石的含铁量叫做品位，在冶炼前要经过选矿除去一些杂质，提高铁矿石的品位，然后经破碎、磨粉、烧结，才可以送入高炉冶炼。焦炭的作用是提供热量并作为还原剂。石灰石用于造渣以去除脉石，使冶炼生成的铁与杂质分开。炼铁的主要设备是高炉，冶炼时，铁矿石、焦炭和石灰石从炉顶进料口由上而下加入，同时将热空气从进风口由下而上鼓入炉内，在高温下，反应物充分接触反应得到铁。高炉炼铁是指把铁矿石和焦炭、一氧化碳、氢气等燃料及熔剂装入高炉中冶炼，去掉杂质而得到金属铁（生铁）。（从理论上说，高温下把金属活动性比铁强的金属和矿石混合后也可炼出铁来。）目前主要的冶炼方法包括高炉法、直接还原法、熔融还原法、等离子法等。

1.1 炼铁技术发展简史

我国是世界上冶铁技术发展最早的国家之一，但几千年的封建统治和百余年的帝国主义侵略，使得我国炼铁工业相比工业发达国家长期滞后。中华人民共和国成立 70 年来，随着国家的繁荣昌盛和社会经济的发展，我国炼铁工业取得了巨大的进展和成就。

1.1.1 早期炼铁发展

早在商代，我国就开始使用天然的陨铁锻造铁刃。而真正的冶铁术大约发明于西周晚期（公元前 840~前 771 年）的块炼铁法，它是一种在土坑里用木炭在 800~1000℃下还原铁矿石，得到一种含有大量非金属氧化物的海绵状固态块铁。这种块铁含碳量很低，具有较好的塑性，经锻打成型，制作器具。春秋中期（公元前 600 年前后），我国已经发明了生铁冶炼技术，到了春秋末年，铁制的农具和兵器也已得到普遍使用。到战国时代（公元前 403~前 221 年），已经掌握了“块铁渗碳钢”制造技术，造出了非常坚韧的农具和锋利的宝剑。西汉中晚期（公元前 100~公元 8 年），发明了“炒钢”的生铁脱碳技术。东汉（公元 25~220 年）初期，南阳地区已经制造出水力鼓风机，扩大了冶炼生产规模，产量和质量都得到了提高，使炼铁生产向前迈进了一大步。北宋时期（公元 960~1127 年），冶铁技术进一步发展，由皮囊鼓风机改为木风箱鼓风，并广泛以石炭（煤）为炼铁燃料，当时的冶铁规模是空前的。

在世界历史上，中国、印度、埃及是最早用铁的国家，也是最早掌握冶铁技术的国家，比欧洲要早 1900 多年。欧洲的块炼铁法是公元前 1000 年前后发明的，但是直到公元 13 世纪末、14 世纪初才掌握生铁冶炼技术。获得生铁的初期，人们把它当作废品，因为它性脆，不能锻造成器具。后来发现将生铁与矿石一起放入炉内再进行冶炼，能得到性能比生铁好的粗钢。从此钢铁冶炼就开始形成了一直沿用至今的二步冶炼法：第一步从矿石中冶炼出生铁；第二步把生铁精炼成钢。随着时代的发展，高炉燃料从木炭、煤发展到焦炭，鼓风动力用蒸汽机代替人力、水力（或风力），鼓风温度也由热风代替冷风得到大幅提高，使得产量不断增长，从而逐渐进入到近代冶铁的历史时期。

我国修建现代化高炉始于 1891 年。首先在汉阳建了两座日产百吨铁的小高炉，之后又陆续在大冶、石景山、阳泉等地建起一些高炉。日本帝国主义入侵我国东北后，为了掠夺我国矿产资源，又在鞍山、本溪等地建了一些高炉。1943 年是我国在解放前钢铁产量最高的一年，生铁产量达 180 万吨，钢产量 90 万吨，占世界第 16 位。到 1949 年解放前夕，我国钢铁工业技术水平及装备极其落后，铁的年产量只有 25 万吨，钢为 15.8 万吨。解放后，在党中央的英明领导下，我国钢铁生产得到迅速恢复和发展。

1.1.2　中华人民共和国成立 70 年的炼铁发展

中华人民共和国成立 70 年来生铁产量的变化如图 1-1 所示。结合社会和经济的发展，可将我国炼铁工业大体分为四个阶段：奠定基础阶段（1949～1978 年）、引进学习阶段（1978～2000 年）、自主开发阶段（2000～2013 年）以及绿色创新阶段（2013 年至今）。各个阶段生产技术水平的变化，可以通过高炉炼铁的焦比、利用系数以及入炉原料品位的变化得到反映，如图 1-2 所示。

（1）艰苦奋斗是奠定基础阶段（1949～1978 年）显著的特征。

1949 年新中国成立初期，百废待兴，全国的生铁产量每年只有约 25 万吨。在 1978 年改革开放之前的这一阶段中，随着社会经济的发展，主要经历了 6 个时期：恢复生产时期（1949～1952 年）、学习苏联时期（1952～1958 年）、“大跃进”时期（1958～1960 年）、国民经济调整时期（1960～1963 年）、独立发展时期（1963～1966 年）以及“文化大革命”时期（1966～1976 年）。中国炼铁工业的发展在这 6 个时期里均留下了深刻的时代烙印。

恢复生产时期的炼铁工业，鞍钢 7 号高炉重建投产是一个重要标志。当时在落后的装备条件下努力保持高炉顺行，焦比接近 1000kg/t，利用系数只有 1.0t/(m^3·d)，如图 1-2 所示。第一个“五年计划”始，中国钢铁工业全面向苏联学

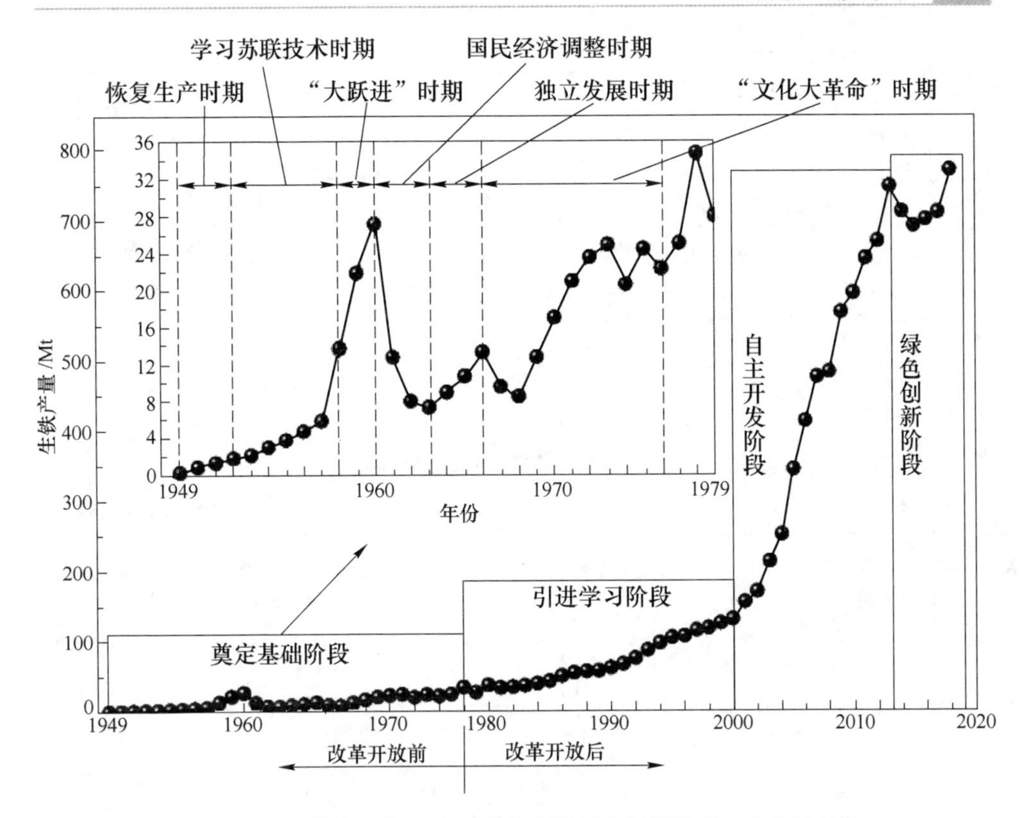

图 1-1 中国炼铁工业 70 年来的发展阶段和时期及其对应产量变化

习，高炉炼铁水平明显提高。1953 年，中国科学院和冶金工业部联合十几个研究单位对包头铁矿的综合利用进行了全面研究，成功解决了复杂矿综合利用问题。学习苏联时期高炉燃料比降到 713kg/t，利用系数增加到 1.49t/(m^3·d)，高炉入炉品位也保持上升趋势。1958 年开始的“大跃进”，炼铁工业发展的势头迅猛，但是焦比明显增加，利用系数和入炉品位有所降低。1961 年，我国开始对国民经济进行调整，相当多的炼铁企业停产减产，产量从 1960 年 2716 万吨降低到 1963 年的 741 万吨。1963 年，国民经济调整期结束，在这一短暂的独立发展时期，我国炼铁技术取得了明显进步。1965 年，在大量试验研究的基础上，我国成功解决了攀枝花钒钛磁铁矿的高炉冶炼问题。1966 年，高炉技术经济指标达到了新中国成立以来的最好水平，重点企业的焦比降至 558kg/t（图 1-2），当时仅次于日本，居世界第二位。喷吹煤粉的一些高炉焦比甚至降至 400kg/t 左右，达到当时的国际领先水平。但是，1966 年开始的“文化大革命”结束了炼铁工业的大好形势，尽管产量略有增长，但总体来讲，这一时期我国钢铁生产起伏不定，形成了钢铁工业“十年徘徊”的局面。

（2）改革和开放是引进学习阶段（1978~2000 年）显著的特征。

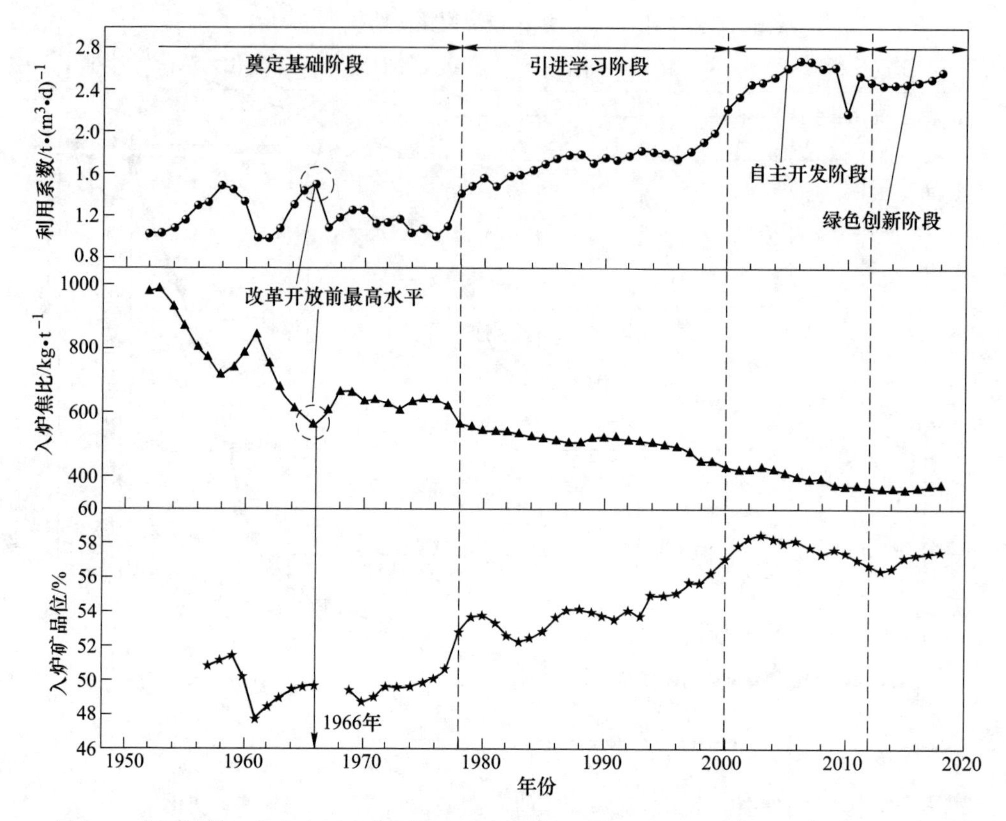

图 1-2　中国炼铁工业各个历史发展阶段对应的高炉利用系数、入炉焦比和入炉品位变化

1978 年，党的十一届三中全会开启了改革开放的新征程。我国陆续引进了日本和欧美的当代先进炼铁工艺技术。1985 年建成投产的宝钢 1 号高炉是中国炼铁进入学习国外先进技术阶段的重要标志。宝钢一期工程的原料场、烧结、焦化、高炉以日本新日铁君津、大分等厂为样板，成套引进，国产化率只有 12%；二期工程由国内设计，设备以国产设备为主，国产化率达到 85%以上，于 1991 年建成投产；三期工程在 1994 年前后陆续建成投产。此外，1991 年建成投产的武钢新 3 号高炉（3200m^3，现称 5 号高炉）也是 20 世纪 80 年代学习国外先进技术的另一个案例，从第一代生产实践来看，高炉实现了设计目标，一代炉役寿命达到 15 年零 8 个月。

通过不断引进和学习国外先进技术，中国炼铁工业在此阶段的产量保持稳定增长，从 1978 年的 3479 万吨增加到 2000 年的 1.31 亿吨，与此对应的焦比从 1978 年的 562kg/t 降低到 2000 年的 429kg/t，高炉利用系数从 1.43t/(m^3·d) 增加到 2.22t/(m^3·d)。这一时期的积累为中国炼铁工业进入 21 世纪后的高速发展打下了坚实的基础。

（3）开拓进取是自主开发阶段（2000~2013年）显著的特征。

进入21世纪后，中国炼铁工业进入自主开发阶段。炼铁技术装备的大型化和现代化，是这一时期炼铁工业发展的特点，各个方面也都取得了很大进步，比如原燃料质量得到改善、高炉操作技术不断进步、高炉寿命延长等。在此阶段，随着中国经济的腾飞，对钢铁的需求不断增加，2000~2013年间我国生铁产量快速增长。除了2005~2009年期间受金融危机影响之外，这一阶段生铁产量保持每两年增长1亿吨的速度高速发展。其中，我国生铁产量于2009年在世界生铁产量中占比达到57%，此后，一直占据世界生铁产量的半壁江山。

在此期间，我国建设了京唐5500m^3高炉、沙钢5800m^3高炉以及鞍钢鲅鱼圈等企业的十几座4000m^3级的大型高炉，建设了京唐550m^2、太钢600m^2等大型烧结机，很多大型装备达到了国际先进水平。首钢京唐1号高炉于2009年5月21日投产，2号高炉于2010年6月26日投产，这两座5500m^3高炉的主要技术经济指标，已经按照国际先进水平设计：利用系数为2.3t/(m^3·d)，焦比为290kg/t，煤比为200kg/t，燃料比为490kg/t，风温为1300℃，煤气含尘量为5mg/m^3，一代炉役寿命为25年等。京唐两座高炉投产以来的生产实践表明，我国炼铁技术自主创新和集成创新取得了重大进展。

（4）转型升级和高质量发展是绿色创新阶段显著的特征。

2013年后，中国炼铁工业由高速增长阶段转向绿色创新阶段，生铁产量开始略微降低，产量稳定在7亿吨左右。伴随着国家经济结构和产业结构的转型升级，炼铁工业面临资源、环保和结构调整的多重压力，开始呈现减量化创新发展的态势。注重高质量和绿色环保是这一阶段炼铁工业发展的特点，具有代表性的进展是宝钢湛江两座5050m^3高炉的投产。湛江钢铁1号高炉和2号高炉分别于2015年9月25日和2016年7月15日顺利投产。湛江钢铁高炉设计贯彻“高效、优质、低耗、长寿、环保”的技术方针，采用多项先进工艺技术及装备。此外，山钢日照的2座5100m^3高炉分别于2017年12月和2019年1月顺利投产。

这一阶段，中国在绿色炼铁新工艺，特别是熔融还原和直接还原方面也迈出了新的步伐。宝武集团八钢欧冶1号炉于2015年6月18日正式点火投产，其原型是2012年宝钢罗泾的Corex-3000炼铁炉，设计年产铁水150万吨，是目前全球最大最先进的熔融还原炼铁炉。此外，山东墨龙石油机械公司引进消化了澳洲力拓的HIsmelt技术，于2016年6月开炉成功，首次实现了HIsmelt连续工业化出铁，采用粉煤和粉矿直接冶炼出生铁，取得了一系列的技术进步。2013年5月，山西中晋太行矿业公司与伊朗MME公司在太原签约，引进并消化先进的“直接还原铁”工艺技术和设备（自主命名为CSDRI），计划年产30万吨，这将是国内第一次用焦炉煤气改质生产直接还原铁。

1.2　铁前系统概述

钢铁生产是一项系统工程。首先在矿山要对铁矿石和煤炭进行采矿和选矿，将精选炼焦煤和品位达到要求的铁矿石，通过陆路或水运送到钢铁企业的原料场进行配煤或配矿、混匀，再分别在焦化厂和烧结厂炼焦和烧结，获得符合高炉炼铁质量要求的焦炭和烧结矿。球团矿厂可直接建在矿山，也可建在钢铁厂，它的任务是将细粒精矿粉造球、干燥、经高温焙烧后得到直径约 6mm 的球团矿。对于钢铁联合企业而言，铁前系统包括焦化厂、烧结厂、球团厂和炼铁厂。

1.2.1　焦化

炼铁过程，实际是个还原过程，需要大量还原剂和热量来源。高炉炼铁消耗的燃料很多，2000 多年前炼 1t 铁需要大约 7t 的燃料，目前先进高炉炼 1t 铁，需要约 0.5t 燃料（包括焦炭和煤粉）。这样巨大的燃料需求量，能满足高炉此要求的只有碳元素。

最早使用的高炉燃料是木炭。木炭含碳高、含硫低，有一定强度和块度，是高炉较好的燃料。但木炭价格太贵，而且大量用木炭炼铁，必然会破坏大片森林。煤在炼铁上应用，我国最早，公元 4 世纪成书的《释氏西域记》曾有记载。

煤的储量巨大，但作为高炉燃料，局限性很大。煤含有 20%～40%的挥发物，在 250～350℃左右开始剧烈分解，坚硬的煤块爆裂成碎块和煤灰。这些粉煤会填塞到大块铁矿石、烧结矿、球团矿的间隙中，显著破坏高炉料柱的透气性，较大的高炉难以顺利生产，灰渣还会填满炉缸。在高炉中使用煤，开始时技术经济指标降低，接着就是炉况不佳甚至出现大的事故。同时，煤中含硫一般较高，用煤炼铁，常常引起铁水硫量升高，降低了生铁质量。现在，除风口喷吹煤粉外，从高炉炉顶加入的燃料仅为焦炭。因此，焦炭是高炉炼铁的主要燃料。

2018 年我国生产焦炭 43820 万吨，同比增加 0.8%。2013～2018 年，焦炭产量同比增幅分别为 7.5%、0.1%、-6.1%、0.3%、-3.3%、0.8%。据初步统计，截至 2018 年年底，我国焦炭总产能 6.66 亿吨（包含半焦炉和热回收焦炉），其中机械化焦炉 1326 座，产能 58311 万吨，占焦炭总产能的 87.5%；半焦炉 170 余组，形成生产能力约 6600 万吨，占 10%；热回收焦炉 20 余座，形成生产能力 1700 万吨，占 2.5%。

焦炭在高炉内的作用有：

（1）在风口前燃烧，提供冶炼所需热量。高炉冶炼是一个高温物理化学过程，矿石被加热，进行各种化学反应，熔化成液态渣铁，并将其加热到能从渣铁中顺利流出的温度，需要大量的热量。这些热量主要是靠燃料的燃烧提供。燃料燃烧提供的热量约占高炉热量总收入的 70%～80%。

（2）固体C及其氧化产物CO是铁氧化物等的还原剂。高炉冶炼主要是一个高温还原过程。生铁中的主要成分Fe、Si、Mn、P等元素都是从矿石的氧化物中还原出来的。还原过程中所需的还原剂也主要是由固体C及其氧化产物CO提供。

（3）高炉料柱的骨架。高炉料柱中的其他炉料，在下降到高温区后，相继软化熔融，唯有块状固体燃料不软化也不熔化，在炉料中所占体积较大，约1/3~1/2，如骨架一样支撑着软熔状态的矿石炉料，使煤气流能从料柱中穿透上升。这也是当前其他燃料无法替代焦炭的根本原因。

（4）铁水渗碳。由于还原出来的纯铁熔点很高，为1535℃，在高炉冶炼的温度下难以熔化。但当铁在高温下与燃料接触不断渗碳后，其熔化温度逐渐降低，可至1150℃。这样生铁在高炉内能顺利熔化、滴落，与由脉石组成的熔渣良好分离，保证高炉生产过程不断地进行。生铁中的碳含量达3.5%~4.5%，均来自燃料。所以说，焦炭是生铁组成成分中碳的来源。

传统的典型高炉生产，其燃料为焦炭。现代发展高炉喷吹燃料技术后，焦炭已不再是高炉唯一的燃料。但是任何一种喷吹燃料只能代替焦炭的铁水渗碳、作为热源和还原剂的作用，而代替不了焦炭在高炉内的料柱骨架作用。焦炭对高炉来说是必不可少的。而且随着冶炼技术的进步，焦比不断下降，焦炭作为骨架保证炉内透气、透液性的作用更为突出。焦炭质量对高炉冶炼过程有极大的影响，它的数量和质量在很大程度上决定着高炉的生产和冶炼的效果，成为限制高炉生产发展的因素之一。

1.2.1.1 高炉冶炼对焦炭质量的要求

高炉冶炼对焦炭质量的要求如下：

（1）强度。焦炭在入炉前要经过多次转运，在炉内下降过程中承受越来越高的温度和越来越大的料柱重力和摩擦力。如果焦炭没有足够的强度，就会破碎，产生大量的粉末，导致料柱透气性恶化、炉渣黏稠、渣中带铁以及风口和渣口的大量破损等。焦炭强度分为冷强度和热强度，测量焦炭冷强度的办法是转鼓试验。自1979年7月起，我国统一规定采用小转鼓（米库姆转鼓）。这是直径及长都为1m的密闭转鼓，鼓内平行于轴线方向，每隔90°在内壁上焊装1条100mm×50mm×10mm的角钢挡板，挡板高度为100mm。试验开始时，鼓内装入粒度大于60mm的焦炭50kg，鼓以25r/min的速度旋转4min。停转后，将鼓内全部试样以ϕ40mm及ϕ10mm的圆孔筛处理。大于40mm的焦炭质量分数（记为M_{40}）为抗冲击强度的指标，而小于10mm的碎焦质量分数（记为M_{10}）为抗摩擦强度的指标。我国以国标形式颁布的冶金焦炭技术指标如表1-1所示。随着高炉的大型化，表1-1中的一些指标已不能满足2000m^{3}以上的大型高炉。对大型高炉来说，要求M_{40}应达到85%~90%，而M_{10}应小于6%。反应性CRI应低于25%，反应后强度CSR应大于65%。

表 1-1 我国冶金焦炭技术指标（GB/T 1996—2003）

指标			等级	粒度/mm		
				>40	>25	25~40
灰分 A_d/%			一级	≤12.0		
			二级	≤13.5		
			三级	≤15.0		
硫分 $S_{t,d}$/%			一级	≤0.60		
			二级	≤0.80		
			三级	≤1.00		
机械强度	抗碎强度	M_{25}/%	一级	≥93.0		按供需双方协议
			二级	≥92.0		
			三级	≥88.0		
		M_{40}/%	一级	≥80.0		
			二级	≥76.0		
			三级	≥72.0		
	耐磨强度	M_{10}/%	一级	M_{25}时：≤7.0；M_{40}时：≤7.5		
			二级	≤8.5		
			三级	≤10.5		
反应性 CRI/%			一级	≤30.0		—
			二级	≤35		
			三级	—		
反应后强度 CSR/%			一级	≥55		
			二级	≥50		
			三级	—		
挥发分 V_{daf}/%				≤1.8		
水分含量 M_t/%				4.0±1.0	5.0±5.0	≤12.0
焦末含量/%				≤4.0	≤5.0	≤12.0

（2）固定碳及灰分含量。良好的冶金焦固定碳含量高而灰分含量低。我国的干焦中，一般固定碳的质量分数为85%，灰分的质量分数为13%以下，其余为挥发分及硫。焦炭灰分含量高则意味着碳含量低。焦炭灰分主要由酸性氧化物构成，故在冶炼中需配加数量与灰分大体相等的碱性氧化物以造渣。焦炭灰分含量增加时，高炉实际渣量将以比灰分量大两倍的比率增长。此外，灰分含量高对焦炭强度有害。这是因为焦炭是依靠碳原子间形成平面网状结晶结构才具有强度的，如果碳原子间充斥着其他惰性质点，必然阻断了碳原子之间有效的结晶键的

联结。实践证明，焦炭灰分含量与其强度之间呈简单的反比关系。高炉冶炼实践还证明，焦炭灰分的质量分数每增加1%，焦比升高2%，高炉产量下降3%。焦炭中的灰分含量主要是由原煤中的灰分含量及炼焦前最经济的洗煤工艺条件决定的。世界各国使用焦炭的灰分都在10%以下，我国焦炭因煤质和洗煤工艺等原因，灰分较国外高出2%~5%。

（3）硫含量。焦炭带入的硫量占冶炼单位质量生铁所需原料带入总硫量的80%左右。我国低硫煤的资源数量有限。每吨生铁入炉原料带入的总硫量（称为“硫负荷”，kg/t）增大时，对高炉来说是个沉重的负担。为了保证生铁硫含量低于国家标准，必须提高炉温和炉渣碱度。这些措施需要额外消耗能量，使产量降低，焦比升高。冶炼实践说明，焦中的硫含量每提高0.1%，高炉焦比升高1.2%~2.0%。国家颁布的焦炭质量标准要求：一级焦 $w(S)\leqslant 0.6\%$，三级焦 $w(S)\leqslant 1.0\%$。焦中硫含量的条件与灰分类似，取决于原煤的硫含量及经济而合理的洗煤工艺条件。

（4）挥发分含量。焦炭中挥发分含量代表焦炭在制造过程中受到干馏后的成熟程度。一般焦炭中挥发分的质量分数为0.8%~1.2%。原煤中挥发分含量很高，在干馏过程中大部分逸出。挥发分在焦中残留量高，如大于1.5%，则说明干馏时间短，往往不能构成结晶完善程度好、强度足够高的焦炭。挥发分含量过低，也会形成小而结构脆弱的焦炭。故要求焦炭挥发分的质量分数适当，主要是防止挥发分含量过高。目前我国钢铁厂使用的焦炭，其挥发分含量有升高至1.5%~2.0%的趋势，这主要是由于配煤中气煤的比例增高而并未相应延长结焦时间所致。

（5）成分和性能的稳定性以及粒度。与所有入炉原料相同，焦炭成分和性能的波动会导致高炉冶炼行程不稳定，对高炉提高生产效率及降低燃料消耗量十分不利。与铁矿石及熔剂等不同，焦炭不能采用大型露天料场堆存，用混匀中和的办法减少其成分的波动。这是由于与高炉配套的焦炉没有很大的生产能力，不足以维持相当规模的焦炭储存量；更为重要的原因是，焦炭长期储存会降低其品质，所以对焦炉生产的稳定性提出了更高的要求。与含铁原料一样，焦炭的平均粒度及粒度分布范围随冶炼技术的进步，近年来有逐步缩小的趋势。有两方面因素对焦炭的平均粒度提出了不同的要求：一是缩小焦炭粒度可使焦炉产品中的成品率提高，降低焦炭成本，这是纯从经济因素考虑。二是从冶炼过程考虑，为了加速炉内传热和传质过程，铁矿石的粒度在逐渐缩小，并确实取得了降低吨铁能耗的效果；而焦炭粒度应与缩小了的矿石粒度相适应，两者粒度维持恰当的比值可以减少焦炭及矿石层在炉内相互混合，从而降低炉料透气性的程度。

但另一种理论则认为，矿石与焦炭在炉内毕竟是分层装入的，焦与矿互相混合只发生在两层交界处的局部，而单独成层的是多数。焦炭粒度越大，则焦炭分层的透气性越好，在软熔带以下只有焦炭构成的料柱内产生液泛的可能性也越小。此外，由于炉料下降过程中的摩擦，焦炭粒度是逐渐缩小的。为了防止炉缸中焦炭粒度过小引起炉缸堆积而带来的故障，入炉焦炭的粒度应稍大。

处理这一矛盾的原则应是，在保证高炉操作顺行的前提下，尽量采用小粒度焦炭。根据经验，焦炭的粒度比矿石的平均粒度大3~5倍为最佳。若取矿石的平均粒度为12mm，则焦炭的粒度应为40~60mm，大于60mm的焦炭应该筛出，破碎至60mm以下。

近年来，国内外大中型高炉生产中将15~25mm粒级的焦丁与矿石一起混装，每吨生铁加入量为15~25kg，取得很好的冶炼效果。

（6）反应性。反应性是指焦炭与CO_2气体反应而气化的难易程度。在高炉内，上升煤气中的CO_2与下降的焦炭块相遇，发生反应$CO_2+C_{(焦)}=2CO$。反应后的焦炭失重而产生裂痕，同时气孔壁变薄而失去强度。因此，冶金工作者既应注意焦炭的反应性，还应注意反应后强度，即通常说的热强度。对高炉用焦来说，希望反应性小一些。焦炭反应性与焦炭的粒度、比表面积及碱金属、铁、钒等的催化作用有关。更重要的是，要通过配煤、炼焦工艺等使生产出的焦炭具有抗反应性好的微观结构。很多企业已在内部测定焦炭的反应性（*CRI*）和反应后强度（*CSR*）指标，要求$2000m^3$以下中小型高炉使用的焦炭，其$CRI \leqslant 28\%$，$CSR \geqslant 62\%$；而炉容大于$2000m^3$的大型高炉，特别是$4000m^3$以上的巨型高炉，其使用焦炭的$CRI \leqslant 25\%$，$CSR \geqslant 65\%$。

1.2.1.2 炼焦工艺过程

我国在大型焦炉运用和改造过程中，解决了诸多技术管理难题，积累了丰富的实践经验。2006年6月，山东兖矿国际焦化公司引进德国7.63m顶装焦炉投产，拉开了中国焦炉大型化发展的序幕。此后中冶焦耐公司开发推出的7m顶装、唐山佳华的6.25m捣固焦炉，以及目前已研发出炭化室高8m的特大型焦炉，实现沿燃烧室高度方向的贫氧低温均匀供热，达到均匀加热和降低NO_x生成的目的，标志着我国大型焦炉炼焦技术的成熟，一些焦化的技术经济指标已达国际先进水平。焦化工序如图1-3所示。

（1）原料准备。原煤在炼焦之前，要先进行洗煤，目的是降低煤中的灰分和其他有害杂质；然后将各种结焦性能不同的煤经过洗选后按一定比例配合进行炼焦。

（2）结焦过程。根据资源条件，将按一定配比的粉末状煤混匀，置于炼焦炉（图1-4）中隔绝空气的炭化室内，由两侧燃烧室供热。随温度的升高，粉末开始干燥和预热（50~200℃）、热分解（200~300℃）、软化（300~500℃），产生液态胶质层，并逐渐固化形成半焦（500~800℃）和成焦（900~1000℃），最

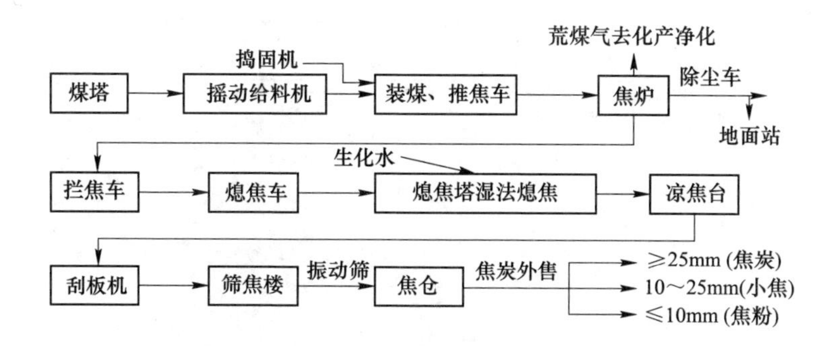

图 1-3 焦化流程图

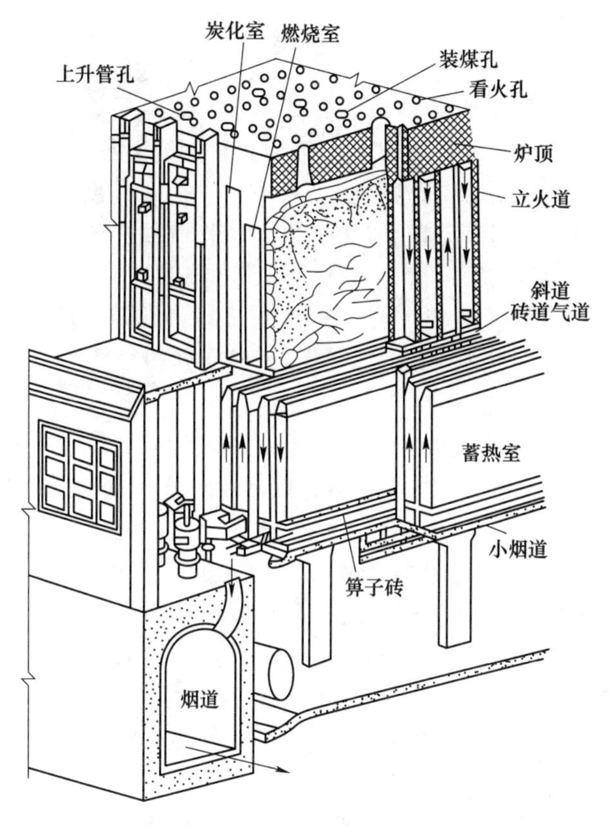

图 1-4 焦炉炉体结构图

后形成具有一定强度的焦炭（图 1-5）；干馏产生的煤气经集气系统，送往化学产品回收车间加工处理。经过一个结焦周期（即从装炉到推焦所需的时间，一般为 14~18h，视炭化室宽度而定），用推焦机将炼制成熟的焦炭经拦焦机推入熄焦车。

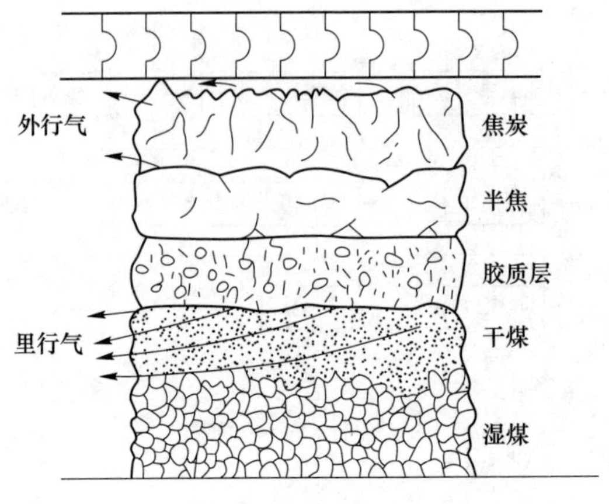

图 1-5 结焦过程

(3) 焦炭处理。从炼焦炉出炉的高温焦炭，需经过熄焦、凉焦、筛焦、贮焦等一系列处理。为满足炼铁的要求，有的还需进行整粒。

1) 熄焦。有湿法熄焦和干法熄焦两种方式。前者是用熄焦车将出炉的红焦载往熄焦塔用水喷淋。后者是用 180℃左右的惰性气体逆流穿过红焦层进行热交换，焦炭被冷却到约 200℃，惰性气体则升温到 800℃左右，并送入余热锅炉，生产蒸汽。每吨焦发生蒸汽量约 400~500kg，干法熄焦可消除湿法熄焦对环境的污染，提高焦炭质量，同时回收大量热能，但基建投资大，设备复杂，维修费用高。

2) 凉焦。将湿法熄焦后的焦炭，卸到倾斜的凉焦台面上进行冷却。焦炭在凉焦台上的停留时间一般要 30min 左右，以蒸发水分，并对少数未熄灭的红焦补行熄焦。

3) 筛焦。根据用户要求将混合焦在筛焦楼进行筛分分级。中国钢铁联合企业的焦化厂，一般将焦炭筛分成四级，即粒度大于 40mm 为大块焦，40~25mm 为中块焦，25~10mm 为小块焦，小于 10mm 为粉焦。通常大、中块焦供冶金用，小块焦供化工部门用，粉焦用作烧结厂燃料。

4) 贮焦。将筛分处理后的各级焦炭，分别贮存在贮焦槽内，然后装车外运，或由胶带输送机直接送给用户。

每 1000kg 干精煤约可获得冶金焦 750kg、煤焦油 15~34kg、氨 1.5~2.6kg、粗苯 4.5~10kg、焦炉煤气 290~350m³。焦炉煤气的化学成分如表 1-2 所示。

表 1-2 焦炉煤气的化学成分

成分	H_2	CH_4	C_mH_n	CO	CO_2	N_2	O_2
含量/%	54~59	23~28	2~3	5.5~7	1.5~2.5	3~5	0.3~0.7

按照我国的分类标准，可用于炼焦的煤依据煤的变质程度、挥发分多少及黏结性大小（胶质层的厚度）分为四大类，见表1-3。

表1-3 炼焦煤的分类标准

煤的类别	可燃基挥发分/%	胶质层厚度/mm
气煤	30~37以上	5~25
肥煤	26~37	25~30以上
焦煤	14~30	8~25
瘦煤	14~30	0~12

炼焦工艺过程中影响焦炭质量的环节大体上可分为洗煤、配煤、焦炉操作及熄焦等，其中配煤起着决定性作用。

洗煤的目的在于降低原煤中灰分及硫的质量分数。但正如选矿一样，在洗煤的同时，随分选出的矸石会损失掉一部分精煤，降低了煤的回收率，提高了煤的成本。煤的洗选达到什么程度为宜，取决于多种条件，利与弊两方面要适当兼顾。

配煤对焦炭质量的影响最为显著。配煤的原则是既要得到性能良好的焦炭，又要尽量节约稀缺的主焦煤的用量，以降低成本。此项环节中最重要的是控制混合煤料的胶质层厚度。对于大型高炉所要求的高质量焦炭，胶质层厚度不应低于16~20mm。

精煤的粒度、含水量和装入炭化室后的压实程度对焦炭质量也有影响。精煤粉粒度配合要适当，而含水量应尽量低，在装入炭化室后应适当压实。

在焦炉操作这一工艺环节中，最重要的是控制合理的加热制度。

熄焦是焦炭生产中最后一个环节，即要把炽热的焦炭冷却到大气温度。我国主要采用水熄焦法，这对成品焦质量有害，并损失大量显热。先进的工艺是用N_2+CO_2的干熄焦法，可避免上述缺点。现在我国已广泛采用此项工艺。

1.2.1.3 捣固焦和型焦

我国的煤炭资源，包括焦煤，是比较丰富的。我国煤炭资源总量达50592亿吨，其中，预测储量为40319亿吨。现在已探明储量为10273亿吨，其中烟煤约占65%，而可炼焦的煤又占烟煤的40%。我国炼焦煤的保有储量约占总储量的25.4%，即接近2600亿吨。但主焦煤的分布地区不均匀，华北地区主焦煤约占总储量的60%，其次是安徽，然后是东北地区，东南沿海省区则极少。这些省区发展地方钢铁工业要立足于本地区的资源，型焦是解决这个问题的出路。以弱结焦性煤为原料，在一定温度下加压使之成型；或使用非结焦性原煤，加入一定量的黏结剂（如沥青等），然后加压成型。最后将成型物置入炭化室，以类似于炼焦炉的工艺在干馏过程中使其炭化，提高其强度。宝钢采用型煤压块技术使焦炭

的 *CRI* 改善 2%~4%，*CSR* 提高 5%~7%。应该指出，M_{40} 和 M_{10} 对焦炭在高炉内块状带中的劣化作用有一定的模拟性，但是，焦炭是在 850~1000℃以上，特别是在 1300℃以上发生碳素溶损反应后，在碱金属氧化物的催化作用下发生明显的劣化。因此，炼铁工作者更重视焦炭反应性（*CRI*）和反应后强度（*CSR*）。

近年来，大力发展了捣固焦炭生产。一般用 1/3 焦煤（主要是气煤）置换部分焦煤和肥煤，用一定压强的捣锤加压炼焦配煤，成煤饼后从侧面装入炭化室干馏得到捣固焦。其优点在于多用低变质程度、挥发分高的气煤而节约了紧缺的焦煤，配煤经捣压后增加了堆密度，粒子间的压紧使胶质体填充的空隙减少，相对扩展了黏结范围。在合理的配煤（焦煤、肥煤配比由 50%~60%减为 25%左右）、捣固压强（使煤的堆密度由顶装时的 0.72~0.75t/m^3 提高到 0.9~1.05t/m^3）、精心控制焦炉温度等条件下生产出的捣固焦已成功地应用于 3000~4000m^3 级高炉。到 2011 年底，中国捣固焦产能已超过 1.5 亿吨（占炼焦能力的 30%），节约了大量优质强黏结性煤资源。

1.2.1.4 焦炉粉尘与烟尘控制

（1）焦炉的烟气控制。焦炉烟气污染源大体上分为两类：一类是阵发性尘源，如装煤、推焦、熄焦等；一类是连续性尘源，如炉内、烟囱等。前一类尘源的排放量约占排尘量 80%，其中装煤占 60%，推焦、熄焦各占 10%，后一类尘源的排放量约占 20%。

（2）装煤时的烟尘控制。通常采用无烟装炉。为达此目的，装煤时炭化室必须造成负压，以免烟气冲出炉外。产生负压的方法是在上升管或桥管内喷蒸汽或高压氨水（工作压力为 196~245kPa），双集气管使用流量为 20m^3/h，在上升管根部可产生 294~490Pa 的负压。结果可使炉顶上空气含尘量减少 70%左右。此外还有顺序装煤和煤预热管道装煤等方法。

（3）推焦时的烟尘控制。推焦操作是短暂的，大约持续 90~120s（推焦用 40~60s，熄焦车到熄焦站约 50~60s），排放物中的固体粒子主要由焦炭粉、未焦化的煤和飞灰组成。每吨推焦的排放物约为 0.3~0.4kg，还含有一定量的焦油和碳氢冷凝物。推焦时烟尘控制系统由集烟罩、烟气管道、除尘器三个部分组成。

（4）熄焦时的烟尘控制。湿熄焦时水淋到炽热的焦炭上，将产生大量蒸汽，蒸汽又带出若干焦粉。排出的水雾中所含的杂质使周围的构筑物受到腐蚀。为此在熄焦塔顶部设有百叶板式除雾器，可减少焦尘和排放的雾滴。从推焦和熄焦这两个过程来看，还是采用干熄焦有利于保护环境。

1.2.2 烧结

烧结生产必须依据具体原料、设备条件以及对产品质量的需求，按照烧结过程的内在规律，合理确定生产工艺流程和操作制度，并充分利用现代科学技术成果，采用新工艺新技术，强化烧结生产过程，提高技术经济指标，实现高产、优质、低耗、长寿。

烧结生产流程由原料的接收、储存与中和、熔剂燃料的破碎筛分、配料及混合料制备、烧结和产品处理等环节组成。通过原料的中和混匀，将多品种的粉矿和精矿经配料及混匀作业，将化学成分稳定、粒度组成均匀的混合矿送往烧结机点火烧结；烧结产品经冷却后整粒，筛除粉末并使成品烧结粒度上限控制在50mm以内，达到较理想的粒度组成。

1.2.2.1 烧结过程及主要变化

A 烧结配料

烧结配料是将各种准备好的烧结料（熔剂、燃料、含铁原料），按照配料计算所确定的配比和烧结机所需要的给料量，准确地进行配料的作业过程，目前常用的配料方法有容积配料法、重量配料法和化学配料法。

B 混合料制备

配合料混合的主要目的是使各组分均匀混合，以保证烧结矿成分的均一稳定。在物料搅拌混合的同时，加水润湿和制粒，有时还通过蒸汽预热，改善烧结料的透气性，促进烧结的顺利进行。

C 烧结制度

a 布料

（1）布铺底料。在烧结台车炉箅上布上一层厚约20～40mm、粒径10～20mm、基本不含燃料的烧结料，目的是将混合料与炉箅隔开，防止烧结时燃烧带与炉箅直接接触，既可保证烧好烧透，又能保护炉箅，延长其使用寿命，提高作业率。

（2）布混合料。保证布到台车上的混合料具有一定的松散性，料层自上而下粒度逐渐变粗，含碳量逐渐减少，沿台车方向料面平整，无大的波浪和拉沟现象，避免台车拦板附近因布料不满而形成斜坡，加重气流的边缘效应，造成风的不合理分布和浪费。

b 点火

烧结点火是将表层混合料中的燃料点燃，并在抽风作用下继续往下燃烧产生高温，使烧结过程得以正常进行。点火燃料多用气体燃料，常用的有焦炉煤气以及高炉煤气与焦炉煤气的混合煤气。

c 烧结过程

由于烧结过程由料层表面开始逐渐往下进行，因而沿料层高度方向就有明显的分层性。根据各层温度水平和物理化学变化的不同，可以将正在烧结的料层自上而下分为五层，依次为烧结矿层、燃烧层、预热层、干燥层和过湿层（图1-6、图1-7）。

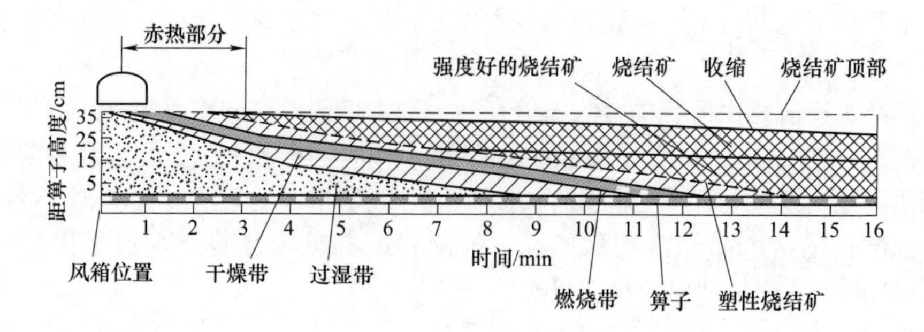

图 1-6　抽风烧结过程中沿料层高度的分布情况

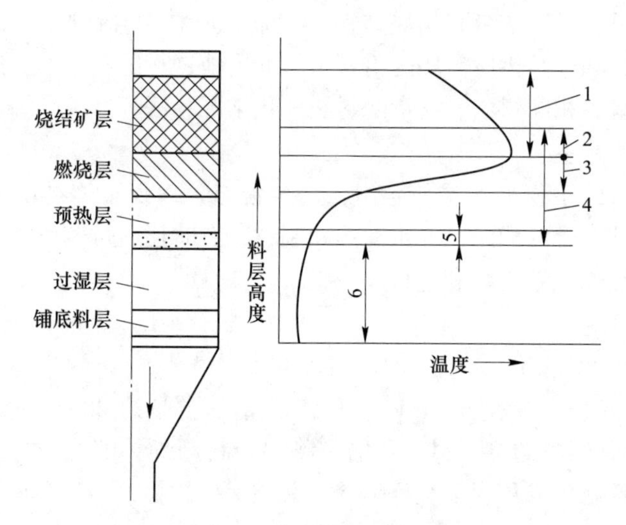

图 1-7　烧结过程示意图

1—冷却、再氧化；2—冷却、再结晶；3—固体碳燃烧、液相形成；
4—固相反应、氧化、分解；5—去水；6—水分凝结

（1）烧结矿层。烧结矿层从点火开始即已形成，并渐渐加厚。这一带的温度在1100℃以下，大部分固体燃料中的碳已被燃烧成 CO_2 和 CO，只有少量碳被空气继续燃烧的同时，还有 FeO、Fe_3O_4 和硫化物的氧化反应。当熔融的高温液相被抽入的冷空气冷却时，液相渐渐结晶或凝固，并放出熔化潜热。通过矿层的空气被烧结矿的物理热、反应热和熔化潜热所加热，热空气进入下部使下层的燃料继续燃烧，形成燃烧带。

（2）燃烧层。燃烧层是从燃料着火（600~700℃）开始，到料层达到最高温度（1200~1400℃）并下降到1100℃左右为止，厚度一般为 20~50mm，并以每分钟 10~40mm 的速度往下移动。这一带进行的主要反应有燃料的燃烧、碳酸盐的分解、铁氧化物的氧化、还原、热分解、硫化物的脱硫和低熔点矿物的生成与

熔化等。由于燃烧产物温度高并有液相生成，故这层的阻力损失较大。

（3）预热层。预热层的厚度很窄，这一带的温度在150~700℃范围内，也就是说燃烧产物通过这一带时，将混合料加热到燃料的着火温度，由于温度的不断升高，化合水和部分碳酸盐、硫化物、高价锰氧化物逐步分解，在废气中的氧的作用下，部分磁铁矿可发生氧化。在预热带只有气相与固相或固相和固相之间的反应，没有液相的生成。

（4）干燥层。从预热层下来的废气将烧结料加热，料层中的游离水迅速蒸发。由于湿料的导热性好，料温很快升高到100℃以上。由于升温速度快，干燥层和预热层很难截然分开，故有时又统称干燥预热层，其厚度只有约20~40mm。

（5）过湿层。从干燥带下来的废气含有的大量水蒸气遇到底层的冷料时温度突然下降，当这些含水蒸气的废气温度降至冷凝成水滴的温度（露点温度52~65℃）以下时，水蒸气从气态变为液态，使下层混合料水分不断增加，而形成过湿带，过湿带的形成将使料层的透气性变坏。为克服过湿作用对生产的影响，可采取提高混合料温度至露点以上的办法来解决。

1.2.2.2 烧结矿质量要求及技术经济指标

A 烧结矿的质量要求

a 烧结矿的质量指标

该项指标包括化学成分和物理性能两个方面。凡这两个方面所包含的各个指标都符合冶金部规定标准的产品，称为合格品。我国高炉用烧结矿的质量标准如表1-4所示，其中TFe和碱度 $w(CaO)/w(SiO_2)$ 由企业根据实际情况而定。

表1-4 烧结矿质量指标（YB/T 421—2005）

<table>
<tr><td colspan="2" rowspan="3">类别</td><td rowspan="3">品级</td><td colspan="4">化学成分/%</td><td colspan="3">物理性能/%</td><td colspan="2">冶金性能/%</td></tr>
<tr><td>TFe</td><td>$\frac{CaO}{SiO_2}$</td><td>FeO</td><td>S</td><td rowspan="2">转鼓指数
(+6.3mm)</td><td rowspan="2">抗磨指数
(-0.5mm)</td><td rowspan="2">筛分指数
(-5mm)</td><td rowspan="2">低温还原粉化指数 RDI
(+3.15mm)</td><td rowspan="2">还原度指数
RI</td></tr>
<tr><td colspan="2">允许波动范围</td><td colspan="2">不大于</td></tr>
<tr><td rowspan="4">碱度</td><td rowspan="2">1.50~2.50</td><td>一级品</td><td>±0.5</td><td>±0.08</td><td>11.0</td><td>0.06</td><td>≥68.0</td><td>≤7.0</td><td>≤7.0</td><td>≥72</td><td>≥78</td></tr>
<tr><td>二级品</td><td>±1.0</td><td>±0.12</td><td>12.0</td><td>0.08</td><td>≥65.0</td><td>≤8.0</td><td>≤9.0</td><td>≥70</td><td>≥75</td></tr>
<tr><td rowspan="2">1.00~1.50</td><td>三级品</td><td>±0.5</td><td>±0.05</td><td>12.0</td><td>0.04</td><td>≥64.0</td><td>≤8.0</td><td>≤9.0</td><td>≥74</td><td>≥74</td></tr>
<tr><td>四级品</td><td>±1.0</td><td>±0.1</td><td>13.0</td><td>0.06</td><td>≥61.0</td><td>≤9.0</td><td>≤11.0</td><td>≥72</td><td>≥72</td></tr>
</table>

b　烧结矿质量对高炉冶炼的影响

从化学成分看，烧结矿品位越高，越有利于提高生铁产量，降低焦比；硫的影响则相反，其含量越低，对冶炼越有利。但烧结矿品位取决于所使用的原料条件，烧结生产中只能通过合理准确配料，使之保持稳定，这对高炉冶炼至关重要。入炉矿含铁量稳定是炉温稳定的基础，而炉温稳定又是高炉顺行、获得良好冶炼效果的前提。

烧结矿的碱度应根据各企业的具体条件确定，以能获得较高强度和还原性良好的产品并保证高炉不加或少加石灰石为原则。合适的碱度有利于改善高炉的还原和造渣过程，大幅度降低焦比，提高产量。烧结矿碱度应保持稳定，这是稳定造渣制度的重要条件。只有造渣制度稳定，才有助于热制度稳定和炉况顺行，并使炉渣具有良好的脱硫能力，改善生铁质量。

烧结矿中的FeO含量，在一定程度上决定着烧结矿的还原性。因为对普通烧结矿和自熔性烧结矿而言，FeO的高低与铁橄榄石、钙铁橄榄石等难还原相的含量密切相关，直接受烧结温度水平、气氛性质和烧结矿碱度的影响，因而也可间接反映烧结矿的熔融程度、气孔数量与性质、显微结构等影响其还原性的诸多因素。

研究表明，精粉率越高，烧结含铁原料氧化度越低，烧结矿FeO越高。烧结矿碱度高，容易生成铁酸钙，有利于降低烧结矿FeO。改善料层透气性，增加料层厚度，有利于降低烧结矿FeO。配碳增加，还原气氛增强，烧结矿FeO明显上升。

另外，随着烧结矿FeO含量的提高，烧结成品率提高，利用系数也相应提高。当FeO含量提高到一定值后，成品率趋于稳定，但由于配碳量的增加，烧结过程透气性变差，利用系数有降低的趋势。同时，当FeO含量大于10%时，粉化率急剧上升。同一碱度条件下，烧结矿中铁酸钙和硅酸钙随FeO含量变化而变化。FeO含量升高，铁酸钙降低，硅酸二钙显著升高。FeO含量在6%~8%时，铁酸钙达到30%，硅酸二钙为7%。为此，从FeO对烧结矿自然粉化的影响分析，适宜的烧结矿FeO含量一般为6%~8%。

烧结矿的强度好，粒度均匀，粉末少，是保证高炉合理布料及获得良好料柱透气性的重要条件，因而对炉况顺行有积极影响。首钢试验表明，烧结矿中小于5mm的粉末含量每减少1%，高炉产量提高1%，焦比降低0.5%。

烧结矿的质量指标中，转鼓指数和筛分指数表示烧结矿的常温机械强度和粉末含量，前者越高越好，后者越低越好。

B　烧结生产的主要技术经济指标

烧结生产的主要技术经济指标包括生产能力指标、能耗指标及生产成本等。

（1）利用系数。烧结机利用系数是衡量烧结机生产效率的指标，用单位时间内每平方米有效抽风面积的生产量来表示。

$$利用系数 = \frac{台时产量}{有效抽风面积}$$

式中，利用系数单位为 $t/(m^2 \cdot h)$；台时产量是指每台烧结机每小时的生产量。用一台烧结机的总产量与该烧结机的总时间之比来表示，单位为 t/h。该指标体现烧结机生产能力的大小，与烧结机有效面积有关。

（2）成品率。烧结矿成品率是指成品烧结矿量占成品烧结矿量与返矿量之和的百分数。

$$成品率 = \frac{成品烧结矿量}{成品烧结矿量 + 返矿量} \times 100\%$$

（3）烧成率。烧成率是指成品烧结矿量占混合料总消耗量的百分数。

$$烧成率 = \frac{成品烧结矿量}{混合料总消耗量} \times 100\%$$

（4）返矿率。返矿率是指烧结矿经破碎筛分所得到的筛下矿量占烧结混合料总消耗量的百分数。

$$返矿率 = \frac{返矿量}{混合料总消耗量} \times 100\%$$

（5）作业率。日历作业率是描述设备工作状况的指标，以运转时间占设备日历时间的百分数来表示。

$$日历作业率 = \frac{烧结机运转时间(h)}{日历时间(h)} \times 100\%$$

（6）劳动生产率。该指标综合反映烧结厂的管理水平和生产技术水平，又称全员劳动生产率，即每人每年生产烧结矿吨数。

（7）生产成本。生产成本是指生产每吨烧结矿所需的费用，由原料费和加工费两项组成。

（8）工序能耗。工序能耗是指在烧结生产过程中生产一吨烧结矿所消耗的各种能源之和，单位为 kg 标准煤/t。各种能源在烧结总能耗所占的比例：固体燃耗约 70%，电耗约 20%，点火煤气消耗约 5%，其他约 5%。

烧结工序能耗是衡量烧结生产能耗高低的重要技术指标。降低工序能耗的主要措施有：采用厚料层操作，降低固体燃料消耗；采用新型节能点火器，节约点火煤气；加强管理与维护，降低烧结机漏风率；积极推广烧结余热利用，回收二次能源；采用蒸汽预热混合料技术以及生石灰消化技术，提高料温，降低燃耗，强化烧结过程。

1.2.2.3 烧结矿的矿物组成与结构

烧结矿是由多种矿物按一定结构方式组成的多孔块状集合体。因此，它的矿物组成及其结构特征与烧结矿的冶金性能有着密切的关系。通过研究，弄清其内在联系，并了解影响的因素，便能更有效地采取相应措施加以控制，以达到提高烧结矿质量的目的。

A 矿物组成

烧结矿是由含铁矿物及脉石矿物形成的液相黏结而成的，其矿物组成随原料及烧结工艺条件不同而变化，主要受碱度和燃料用量的影响。对于普通矿粉生产的烧结矿，当碱度在0.5~5.0范围时，其主要矿物组成有：含铁矿物，主要为磁铁矿（Fe_3O_4）、赤铁矿（Fe_2O_3）、浮氏体（Fe_xO）；黏结相矿物较复杂，主要有铁橄榄石（$2FeO \cdot SiO_2$）、钙铁橄榄石［$(CaO)_x \cdot (FeO)_{2-x} \cdot SiO_2$，$x=0.25 \sim 1.5$］、硅灰石（$CaO \cdot SiO_2$）、硅钙石（$3CaO \cdot 2SiO_2$）、正硅酸钙（$\gamma$-$2CaO \cdot SiO$，$\beta$-$2CaO \cdot SiO_2$）、硅酸三钙（$3CaO \cdot SiO_2$）、铁酸钙（$CaO \cdot Fe_2O_3$，$2CaO \cdot Fe_2O_3$，$CaO \cdot 2Fe_2O_3$）、钙铁辉石（$CaO \cdot FeO \cdot 2SiO_2$）以及硅酸盐玻璃质等；当脉石中含有较高的$Al_2O_3$时，烧结矿中则出现铝黄长石（$2CaO \cdot Al_2O_3 \cdot SiO_2$）、铁铝酸四钙（$4CaO \cdot Al_2O_3 \cdot Fe_2O_3$）、铁黄长石（$2CaO \cdot Fe_2O_3 \cdot SiO_2$）以及钙铁榴石（$3CaO \cdot Fe_2O_3 \cdot 3SiO_2$）；当MgO含量较多时，则可出现钙镁橄榄石（$CaO \cdot MgO \cdot SiO_2$）、镁黄长石（$2CaO \cdot MgO \cdot 2SiO_2$）及镁蔷薇辉石（$3CaO \cdot MgO \cdot 2SiO_2$）等；当脉石中含有少量磷酸盐时，可能出现磷酸钙（$3CaO \cdot P_2O_5$）、斯氏体［$3.3(3CaO \cdot P_2O_5) \cdot 2CaO \cdot SiO_2 \cdot 2CaO$］。此外，还有少量反应不完全的游离石英（$SiO_2$）和游离石灰（CaO）等。以上矿物中，磁铁矿是最主要的矿物组成，并最早从熔体中结晶出来，有较完好的结晶形态，浮氏体含量则随烧结料中配碳比增高而增加。

B 烧结矿的结构

烧结矿的结构包括宏观结构和微观结构两个方面。前者是指烧结矿的外观特征，它主要受液相数量和黏度的影响，可分为三种结构。当燃料用量和烧结温度适宜，液相生成量适度，黏度较大时，形成微孔海绵状结构，这种烧结矿还原性好、强度高；当燃料配比多，烧结温度高时，形成粗孔蜂窝状结构，烧结矿表面和孔壁显得熔融光滑，其强度和还原性均较差；燃料配比更多，烧结温度过高时，产生过熔现象，结果形成板结的石头状结构，孔隙度很低，其强度尚好，但还原性很差。

烧结矿的微观结构一般是指在显微镜下观察所见到的烧结矿矿物结晶颗粒的形状、相对大小及它们相互结合排列的关系。就矿物的结晶形态而言，按结晶的完善程度可分为自形晶、半自形晶和他形晶三种。熔化温度高，比周围其他矿物结晶进行早或结晶生长能力强的矿物形成自形晶，它具有完好的结晶外形；没有适宜的结晶环境者形成半自形晶，它只有部分结晶面完好；结晶进行较晚，结晶环境更差，或充填于结晶完好的矿物空隙中的，形成形状不规整且没有任何良好晶面的他形晶。烧结矿组分中，含量最多的磁铁矿基本上以自形晶或他形晶存在，这是由于温度升高时，磁铁矿较早地再结晶长大，液相冷却时或者作为结晶核心，或者最先从熔融物析出晶体，结晶环境较好。其他黏结液相成分，冷却时开始结晶，并按其结晶能力强弱以不同自形程度填充在磁铁矿间，来不及结晶的则呈玻璃相存在，成为磁铁矿的胶结物。

由于生产工艺条件不同，烧结矿的显微结构有明显差异，其常见的有以下几种结构：

（1）粒状结构。烧结矿中首先结晶出的磁铁矿晶粒，由于冷却速度较快，多呈半自形晶或他形晶与矿物相互结合成粒状结构。

（2）斑状结构。烧结矿中自形晶程度较强的磁铁矿斑状晶体与较细粒的黏结相矿物互相结合形成斑状结构。

（3）骸晶结构。烧结矿中早期结晶的磁铁矿呈骨架状的自形晶，其内部常为硅酸盐黏结相矿物充填，但仍大致保持磁铁矿原来的结晶外形和边缘部分，形成骸晶结构。

（4）圆点状或树枝状共晶结构。磁铁矿呈圆点状或树枝状分布于橄榄石的晶体中。磁铁矿圆点状晶体是 Fe_3O_4-$Ca_x \cdot Fe_{2-x} \cdot SiO_4$体系中共晶部分形成的。也有赤铁矿呈圆点状晶体分布在硅酸盐晶体中，它是 Fe_3O_4-$Ca_x \cdot Fe_{2-x} \cdot SiO_4$体系中共晶体被氧化而形成的。

（5）熔蚀结构。在高碱度烧结矿中，磁铁矿多为熔蚀残余他形晶，晶粒较小，多为浑圆熔蚀结构。这是高碱度烧结矿的结构特点。

1.2.2.4 影响烧结矿矿物组成与结构的因素

（1）矿石中脉石成分与数量。铁矿石中脉石多为酸性的，以 SiO_2为主。SiO_2对烧结矿的矿物组成与结构有明显影响。

由于国产矿停滞不前，近几年进口矿数量猛增，沿海、沿江的大中型企业多数已经从以国产矿为主、进口矿为辅的原料结构变化为以进口矿为主，甚至全进口矿烧结。进口矿粉含铁品位高、SiO_2低，导致低硅烧结。这固然提高高炉入炉品位，减少渣量，提高高炉利用系数，但由于 SiO_2偏低使得烧结矿强度降低，不仅成品率低，而且高炉槽下返矿量和入炉粉末增加，不利于高炉顺行。近几年烧结工作者潜心研究低硅烧结技术，较成功地解决了低硅烧结矿强度低的技术质量问题。在降低烧结矿 SiO_2方面，不可将 SiO_2降得太低，如宝钢、莱钢在 $R=1.8\sim2.2$ 情况下，将烧结矿 SiO_2含量控制在 4.5%~4.8%为宜。

实践表明，在碱度相同的前提下，SiO_2下降 0.8%，烧结矿品位提高 1.5%。但由于 SiO_2的下降，烧结矿生产中会带来液相量减少、烧结矿强度降低、平均粒度变小、冶金性能变差、返矿率增加的问题。

高铁低硅烧结矿的矿物组成和矿相研究发现，烧结矿中形成了一定量的铁酸钙，但单独、明显的针状铁酸一钙、粗条状铁酸二钙并不很多，绝大部分的铁酸钙呈熔蚀状，与Fe_3O_4形成互熔体较多，这些互熔体大部分互连，是烧结矿的骨架。钙铁橄榄石以颗粒状嵌布在铁矿物中，一般颗粒为0.05mm×0.03mm，起一定的胶结作用，但颗粒细小，胶结作用力不大。少量硅酸钙以大小不同的条状出现，偶尔见到集合体。烧结矿以中孔厚壁结构为主，少量存在大孔薄壁结构，块状玻璃质分布在孔洞周围，烧结矿内无骸晶Fe_2O_3。

因此，高铁低硅烧结虽然提高了入炉烧结矿品位，但使烧结矿强度、粒度、冶金性能等明显变差。为此，有研究表明，当烧结矿中配入1.5%~2.0%的蛇纹石后，其矿相及矿物结构发生了变化，烧结矿中铁酸钙形成得很好，熔蚀成片，是烧结矿的主要矿物和主骨架。主要原因及效果如下：

1）蛇纹石的主要成分是硅酸镁，能在低温下快速形成液相。而矿粉中的SiO_2是以石英态的形式存在，低温下只有部分FeO、SiO_2和铁酸钙形成少量液相。另外，蛇纹石的粒度细，它在混合料中分布均匀，SiO_2能充分反应，使液相增加，并使颗粒易于黏结；而烧结过程中液相形成的速度和液相量及液相的保持时间决定了颗粒被矿化和包裹的程度，因此添加蛇纹石后，原生矿减少，改善了入炉矿的冶炼性能。

2）由于使用蛇纹石后，低熔点产物的生成降低了整个体系的熔点和黏度，使烧结过程的液相生成充分，改变了矿物的晶体结构，黏结相中强度最好的铁酸钙含量增加，强度最差的玻璃相减少，所以烧结矿强度得到了改善。

3）配加蛇纹石后，吨铁原料焦粉用量减少了约3kg。这是由于蛇纹石是一种硅酸盐，相对石英态的SiO_2熔点低，在低温下即可形成液相；同时因蛇纹石粒度细，容易发生反应，需要的热量较少。

4）使用蛇纹石后，烧结料层透气性得到改善，主风机负压下降了300Pa左右。烧结时间缩短，垂直烧结速度加快，烧结矿的成品率相应提高。

5）添加蛇纹石后，烧结矿中的FeO平均含量下降0.28%，改善了烧结矿的还原性能，这对于高炉冶炼是非常有利的。

（2）烧结矿碱度。由于我国大多数铁精矿的粒度较大，适宜生产烧结矿。高碱度烧结矿（碱度在1.8~2.0）具有优良的冶金性能。高碱度烧结矿的优点是：有良好的还原性，较好的冷强度和低的还原粉化率，较高的荷重软化温度，好的高温还原性和熔滴性；使用高碱度烧结矿，高炉炼铁就不加生石灰，避免了高炉结瘤。

自熔性烧结矿（碱度在1.1~1.3）强度差、还原性能一般、软熔温度低；当进行冷却、整粒处理时，粉末多、粒度小。高品位自熔性烧结矿，如含钒、钛、氟等元素，其烧结和高炉的技术经济指标就更差。近20年，自熔性烧结矿在我国已逐步淘汰。

酸性烧结矿（碱度在0.3左右）在强度上好于自熔性烧结矿，但还原性能较差，垂直烧结速度慢、燃料消耗高。现只有天铁等少数企业在用。如酸性烧结矿配比升高，会影响高炉炼铁技术经济指标。

低 SiO_2 含量、高铁品位的矿石适宜生产高碱度烧结矿，对高炉炼铁有好的效益。宝钢、太钢、鞍钢、莱钢、本钢等企业已有这方面的经验。多配（约 35%）价格低的进口褐铁矿，采取控制混合料水分，加强点火、控制料层厚度等措施，可以生产出高质量、成本低的烧结矿。

研究表明，烧结矿的碱度在 2.20 附近时烧成率和成品率均出现较高值，分别为 64.33%和 89.50%。随着烧结矿的碱度提高，增加了烧结矿中的低熔点矿物铁酸钙的生成，增大了烧结料中的液相生成量，增强了烧结料的固结性能，减少了粉末量，促进烧成率的提高。成品率的增加是转鼓指数和烧成率共同作用的结果。

当烧结矿的碱度提高到 2.5 时，烧结矿的烧成率和成品率随碱度升高而降低，并且存在烧结原料和熔剂的偏析，打破了烧结工艺的平衡生产，从而烧结料层内及烧结矿成品在一定程度上形成了不均匀的烧结过程，导致部分烧结矿中的黏结相含量减少，烧结料难以黏结从而增加了返矿量。

（3）烧结料中的配碳量。配碳量决定烧结的温度、气氛性质和烧结速度，因而对烧结矿的矿物组成和结构影响也是很大的。图 1-8 所示为用迁安精矿在不同配碳量下烧成的烧结矿（碱度为 1.25）矿物组成的变化。由图 1-8 可见，低配碳量的烧结矿中，含赤铁矿和铁酸钙较多，浮氏体极少或没有，正硅酸钙和其他硅酸盐矿物也较少，烧结矿不粉化。但由于硅酸盐黏结相相对较少，故烧结矿强度差，如图 1-9 所示。

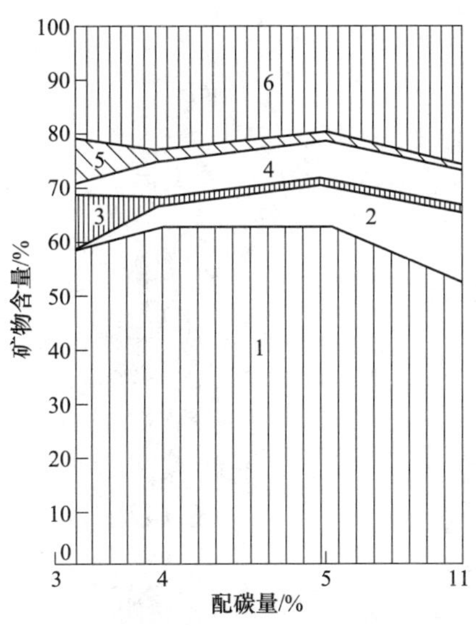

图 1-8 不同配碳量对烧结矿矿物组成的影响

1—磁铁矿；2—浮氏体；3—赤铁矿；4—β-C_2S；5—铁酸钙；6—钙铁橄榄石及其他硅酸盐矿物

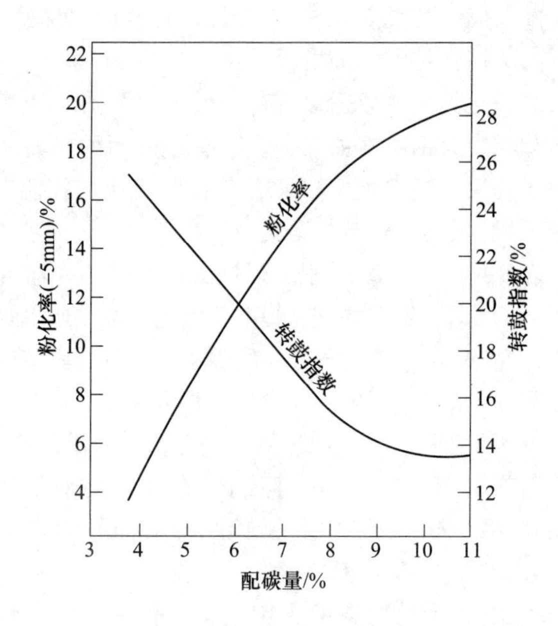

图 1-9　不同配碳量对烧结矿的强度和粉化率的影响

随着配碳量的增加，烧结矿中浮氏体明显增加，硅酸盐黏结相矿物也有所增加，但赤铁矿及铁酸钙明显下降，烧结矿的转鼓强度提高。当配碳量增加到 11% 时，烧结矿中的铁酸钙近于消失，硅酸盐黏结相矿物相对增加，β-C_2S 稍有下降，这是由于部分固溶于浮氏体中所致。

随配碳量升高，烧结矿的粉化率也升高。这是由于配碳量增加，使烧结温度升高，还原性气氛加强，容易形成浮氏体而不利于赤铁矿和铁酸钙的生成，并促进了 CaO 与 SiO_2作用生成 2CaO · SiO_2及其晶型转变。而在配碳量较低的低位氧化性气氛下烧结时，有利于赤铁矿和铁酸钙的形成，不利于 2CaO · SiO_2的形成，故可减少粉化现象。

（4）MgO 的影响。在 MgO 存在时，将出现新的矿物：镁橄榄石（MgO · SiO_2）、钙镁橄榄石（CaO · MgO · SiO_2）、镁蔷薇辉石（3CaO · MgO · SiO_2）及镁黄长石（2CaO · MgO · SiO_2），其混合物在 1400℃左右即可熔融。这些矿物对烧结矿成品率、烧结矿的冷态强度有一些不利影响，从而引起烧结燃料消耗的增加和利用系数的下降，但对改善烧结矿的低温还原粉化率以及冶炼时的软化熔融特性却非常显著。经研究分析得出，MgO 的限值应不超过 2. 0%。日本烧结矿 MgO 含量一般为 1. 0%～0. 8%。

针对目前高炉炉料 Al_2O_3较高、炉渣黏度高的现状，提高烧结矿中的 MgO 的含量，可以提高烧结矿的质量，改善高炉造渣技术，降低炉渣的黏度，促进高炉顺行。

正常生产中使用的熔剂为白云石和生石灰，在碱度高时适当地配用少量的石灰石。轻烧白云石是白云石煅烧后的产物，其主要化学成分为 CaO、MgO，而白云石的成分为 $CaCO_3$、$MgCO_3$。所以用轻烧白云石代替白云石提高混合料中 CaO、MgO 的有效含量，同时生石灰的用量可以相应地减少，在保证烧结矿中 MgO 不变的条件下，可以提高烧结矿的品位。其次，由于轻烧白云石是粉状的，遇水易消化放出热量，在这一点上与生石灰的作用相同，如有利于制粒、提高料温、降低固体能耗等。通过分析，有以下结论：

1）使用轻烧白云石后，烧结矿品位、MgO 含量以及转鼓指数都有所提高，利用系数有提高。随着烧结矿中 MgO 含量的增加，加大了 MgO 与 CaO、SiO_2、FeO 的结合机会，在一定程度上抑制了 $2CaO \cdot SiO_2$的生成，同时 MgO 因溶于 β-$2CaO \cdot SiO_2$中也阻止了 $2CaO \cdot SiO_2$的相变。

2）随着烧结矿中 MgO 含量的增加，抑制了 Fe_3O_4在冷却过程中再氧化生成 Fe_2O_3，从而减轻烧结矿因氧化而产生的粉化，烧结矿的返矿率从 16.23%下降到了 13.49%。

3）由于轻烧白云石有效 CaO、MgO 较高，所以烧结生产使用轻烧白云石可以相应地减少生石灰石的用量，同时由于熔剂量的减少，节省了运输费用，有利于生产操作，改善作业环境。

4）随着烧结矿中 MgO 的提高，由于镁黄长石、钙镁橄榄石、镁蔷薇辉石等高温黏结相随之增加，烧结矿的熔融温度提高，软化区间变窄，炉料透气性改善。

5）由于 MgO 能与 Si 反应生成镁硅酸盐，抑制了硅的作用，有利于低硅冶炼。

（5）Al_2O_3的影响。Al_2O_3能降低烧结料熔化温度，生成铝酸钙和铁酸钙的固溶体（$CaO \cdot Al_2O_3$-$CaO \cdot Fe_2O_3$），同时 Al_2O_3能增加表面张力，降低烧结液相黏度，促进氧离子扩散，有利于烧结矿的氧化，促进生成较多的铁酸钙。但烧结矿中 Al_2O_3会引起烧结矿还原粉化性能恶化，使高炉透气性变差，炉渣黏度增加，放渣困难，故一般控制高炉炉渣 Al_2O_3含量为 12%～15%，以保证炉渣流动性，故烧结矿中的 Al_2O_3含量应小于 2.1%。

（6）CaO 的影响。烧结料中配入石灰石或生石灰是为了改善烧结矿的碱度。当烧结矿中 SiO_2含量一定时，随碱度的提高，能增强混合料制粒效果，改善料层的透气性，料层氧位提高，促进铁酸钙、硅酸钙的形成，抑制磁铁矿和橄榄石的发展，从而使烧结矿中 FeO 含量降低，进而改善烧结矿的质量。但如果石灰石、生石灰、白云石矿化不彻底时，在成品矿中会出现白点，从而在烧结矿的储存、运输过程中吸收空气中的水消化生成 $Ca(OH)_2$，体积膨胀，使烧结矿的强度降低，引起烧结矿的粉化。

1.2.3 球团

由于对炼铁用铁矿石品位的要求日益提高，大量开发利用贫铁矿资源后，选矿工艺提供了大量小于0.074mm(-200目）的细磨精矿粉。这样的细磨精矿粉用于烧结，不仅工艺技术困难，烧结生产指标恶化，而且浪费能耗。为了使这种精矿粉经济合理地造块，瑞典于20世纪20年代提出了球团的方法。美国、加拿大在处理密萨比铁燧岩精矿粉时，首先于20世纪50年代在工业规模上应用球团工艺。

球团矿靠滚动成型，直径为8~12mm或9~16mm，粒度均匀；经过高温焙烧固结，具有很高的机械强度，不仅满足高炉冶炼过程的要求，而且可以经受长途运输和长期储存，具有商品性质。它的另一特点是对原料中的SiO_2含量没有严格要求，可以使用品位很高的精矿粉，从而有可能使高炉的渣量降到更低的水平(例如200kg/t以下)。我国有大量的磁精粉，应发展这种造块方法，给高炉供以优质球团矿，与高碱度烧结矿搭配形成合理的炉料结构，为提高高炉生产的技术经济指标创造条件。

球团矿的种类很多，根据固结机理的不同，可分为高温固结型（包括氧化焙烧球团、金属化球团等）和常温固结型（一般称为冷固球团）两类。目前球团矿生产以酸性氧化球团矿为主。

铁矿粉的球团过程包括生球成型与球团矿的焙烧固结两个主要作业。

1.2.3.1 生球成型

生球成型是利用细磨粉料的特性，即表面能大，存在着以降低表面张力来降低表面能的倾向，它们一旦与周围介质相接触，就将其吸附而产生吸附现象。含铁粉料多为氧化矿物，根据相似者相容的原则，它们极易吸附水。同时，干的细磨粉料表面通常带有电荷，在颗粒表面空间形成电场，水分子又具有偶极构造，在电场作用下发生极化，被极化的水分子和水化离子与细磨粉料之间因静电引力而相互吸引。这样用于造球的精矿粉颗粒表面常形成吸附水膜，它由吸附水和薄膜水组成，被称为分子结合水，在力学上可看作是颗粒“外壳”，在外力作用下与颗粒一起变形，这种分子水膜能使颗粒彼此黏结，它是细磨粉料成球后具有机械强度的原因之一。

大量研究的结果表明，铁矿粉加水成球是在颗粒间出现毛细水后才开始的，其机理可分为下列四种状态（图1-10）：加少量水分时，颗粒间水分呈摆线结构(图1-10（a)），属于触点态毛细水；水分增加，但尚没有充满颗粒间空隙时，水桥呈网络状结构（图1-10（b)），出现连通态毛细水；当水量进一步增加，使水分正好充满颗粒间空隙时（图1-10（c)），出现饱和毛细水；如果水量超过毛细结构需要时（图1-10（d)），则颗粒散开，失去聚结性能，这时的水分称为重力水。因此，重力水在成球过程中起着有害的作用，生产中必须严格控制加水，使水量不超过毛细结构所需要的水量。

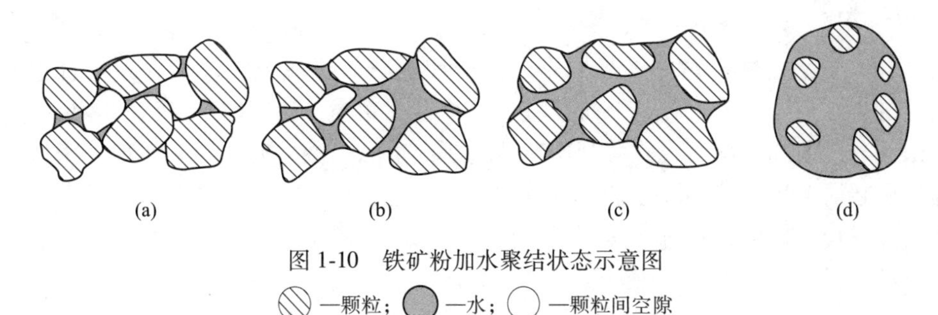

图 1-10 铁矿粉加水聚结状态示意图

—颗粒；—水；—颗粒间空隙

铁矿粉加水混合后用滚动方式成型，成球过程分为三个阶段，即形成母球、母球长大和长大了的母球进一步紧密。上述三个阶段是靠加水润湿和由滚动产生的机械作用力来完成的。在第一阶段中主要是水的润湿作用，在第二阶段中润湿和机械力同时起着作用，而在第三阶段中机械力成为决定性因素。

（1）形成母球。通常用于造球的矿粉，要求其粒度较细、水分含量较低。在这种物料中，各个颗粒已经被吸附水和薄膜水层所覆盖，毛细水仅存在于各个颗粒的接触点上，即颗粒间的其余孔隙被空气所填充。处于这种状态的粉料具有中等的松散度，各颗粒间的黏结力较弱。一方面是因颗粒接触不紧密，薄膜水不能起到应有的作用；另一方面是因毛细水的数量太少，颗粒间的毛细管尺寸又过大，毛细力也起不到应有的作用。为形成母球，必须创造条件，造成毛细水含量较高的颗粒集合体，这可以用以下两种方法来实现：一是对物料进行不均匀的点滴润湿；二是利用机械外力作用于粉料的个别部分，使其颗粒之间接触紧密，形成更细的毛细管。在实际的造球过程中，两种方法同时使用以形成母球，即矿粉在旋转着的圆盘或圆筒中，在受到重力、离心力和摩擦力作用而产生滚动和搓动的同时进行补充喷雾水滴。被水滴润湿的颗粒之间，于其接触处形成凹液面而产生毛细力，毛细力将矿粉颗粒拉向水滴中心而形成母球。对于被水均匀润湿的矿粉，毛细力虽未起到应有的作用，但靠着机械力的转动和振动也会形成水分分布不均匀的、接触较紧密的颗粒集合体，从而产生毛细效应。

（2）母球长大。母球长大是紧接着前一阶段进行的，其条件是在母球表面的水分含量接近适宜的毛细水含量，而物料中的水分含量则稍低，约接近于最大分子结合水含量。当母球在造球机内继续滚动时就被进一步压密，引起毛细管形状和尺寸的改变，从而使过剩的毛细水分被挤到母球的表面上来。这样，过湿的母球表面就易于粘上润湿程度较低的颗粒。多次重复就使母球逐渐长大，直到母球中颗粒间的摩擦力比滚动成型时的机械压缩作用力大时为止。此后，为使母球进一步长大，必须人工地使母球的表面过分润湿，即往母球表面喷雾化水。显然，母球长大也是由于毛细效应，依靠毛细黏结力和分子黏结力促使母球的生长。但是，长大了的母球如果主要靠毛细力作用，其各颗粒间的黏结强度仍很小。

(3) 长大了的母球进一步紧密。为增加生球的机械强度，长大到符合要求尺寸的生球需要紧密。在这一阶段应该停止补充润湿，让生球中挤出的多余水分被未充分润湿的粉料所吸收。利用造球机所产生的机械力的作用来实现紧密，造球机旋转所产生的滚动和搓动使生球内颗粒发生选择性的、按接触面积最大的排列，同时使生球内颗粒进一步压紧，使薄膜水层有可能互相接触。由于薄膜水能沿颗粒表面移动，上述薄膜水层的接触会促使一个被几个颗粒所具有的薄膜的形成。这样得到的生球，其中各颗粒靠着分子黏结力、毛细黏结力和内摩擦力的作用互相结合起来，这些力的数值越大，生球的机械强度越大。如果将毛细水从生球中尽量挤出，便可得到机械强度更大的生球。这时让湿度较低的精矿粉去吸收生球表面被挤出的多余水分，以防止因表面水分过大而发生生球黏结，使生球变形和生球强度降低。

1.2.3.2　生球干燥

生球在焙烧前需要干燥脱水，以避免焙烧时发生破裂，同时提高焙烧效率。生球的干燥过程由表面汽化和内部扩散两个过程组成。这两个过程虽然是同时进行的，但它们的速率并不一致，因此生球干燥的机理是相当复杂的。

在干燥过程中，生球强度不断地发生变化，随着水分含量的降低，生球抗压强度有一个最低点，而后再升高。降低的原因是水分减少到一定量后，毛细黏结力减小，结构也由毛细转变为网络或摆线，这时球最易破损。此点对干燥作业是很重要的，必须使生球的最低强度能承受球层的压力和干燥介质穿过球层的压力。至于之后强度的提高，则是由于添加剂的胶体黏结桥形成。

干燥过程中，在400℃左右有可能发生生球的爆裂。产生爆裂的原因可能有两个：一是生球在干燥中发生体积收缩，由于物料特性和干燥制度的不同，生球表、里产生湿度差，表面湿度小、收缩大，中心湿度大、收缩小，这种不均匀收缩会产生应力。干燥时一般是表面收缩大于平均收缩，表面受拉和受剪，一旦生球表层所受的拉应力或剪应力超过生球表层的极限抗拉、抗剪强度，生球便开裂。二是表面干燥后结成硬壳，当生球中心温度提高后，水分迅速汽化，形成很高的蒸气压，当蒸气压超过表层硬壳所能承受的压力时，生球便爆裂。

为避免生球干燥过程中的强度降低和可能出现的爆裂，生产上常进行预先试验，并根据试验数据确定合适的添加剂用量和干燥作业的温度制度。

1.2.3.3　球团矿的焙烧固结

焙烧固结是目前生产球团矿普遍采用的方法，通过焙烧，使球团矿具有足够的机械强度和良好的冶金性能。生球焙烧是一个复杂的物理化学性质变化的过程。焙烧时，随着生球矿物组成与焙烧制度（主要是气氛和温度）的不同，发生着不同的固结反应，也影响着焙烧后球团的质量。

A 晶桥固结

晶桥固结理论是1952年由库克和彭研究建立的。磁精矿粉生球在氧化性气氛中，在200~300℃开始氧化，到800℃形成Fe_2O_3外壳。Fe_3O_4在氧化中产生Fe_2O_3微晶，在这新生成的Fe_2O_3微晶中，其原子具有高度的迁移能力，促使微晶长大，形成连接桥，称为Fe_2O_3“微晶键”，使生球中颗粒互相黏结起来（图1-11（a））。随着温度加热到1100℃以上，Fe_3O_4完全氧化，生成的微晶再结晶，使互相隔开的微晶长大连接成一片赤铁矿晶体，球团矿获得了最高的氧化度和很大的机械强度（图1-11（b））。如果磁铁矿生球在中性或还原性气氛中焙烧，温度提高到900℃时，则生球中的Fe_3O_4晶粒可以再结晶和晶粒长大，球团以“Fe_3O_4晶桥键”固结（图1-11（c））。如果生球中的铁氧化物是Fe_2O_3形态，Fe_2O_3在高温下也可以发生再结晶与晶粒长大而形成晶桥固结。但是与第一种情况的固结相比，后两种情况下的固结力较弱。

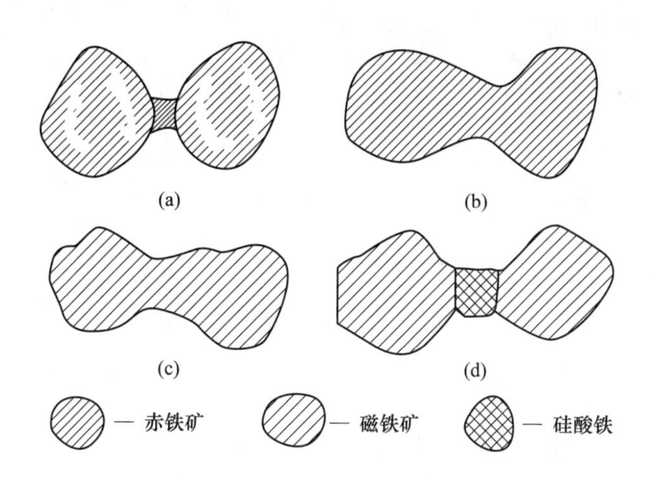

图1-11 磁铁矿生球焙烧时发生的连接形式

晶桥固结的关键是焙烧温度的控制，首先是在Fe_3O_4氧化形成Fe_2O_3外壳后要小心控制升温速度，使氧能透过外壳向内部扩散，达到完全氧化，否则球内部可能残存磁铁矿核心，影响球团矿的质量；其次是焙烧温度过高将产生液相而发生黏结，严重影响焙烧。

B 固相烧结固结

当温度提高到1100℃时，生球颗粒之间发生固相烧结作用，这是一种在粉末冶金及陶瓷工业中主要的固结机理。生球颗粒之间开始由于固相扩散而形成渣化联结颈，而后由于球团孔隙减少、密度增加而增大强度。

C　液相烧结固结

焙烧过程中，当生球中SiO_2含量较高且焙烧温度过高时，也可能像烧结矿生产中那样发生一定的熔化而出现液相，在冷却过程中，液相凝固把生球中各矿粒黏结起来（图1-11（d））。在球团矿生产用的精矿粉中，不可避免地存在SiO_2，它与其他矿物（例如Fe_3O_4等）会生成一些低熔点化合物，因此焙烧过程中总会产生一些液相。这些液相在球团矿固结中会起到一些作用：如加快结晶质点的扩散，使晶体长大速度加快；液相熔体的表面张力会使矿石颗粒互相靠拢，使孔隙率降低，球团矿致密化；液相充填在颗粒间，冷却时液相凝固将相邻颗粒黏结。但是，过多的液相，特别是$2FeO \cdot SiO_2$在球团矿快速冷却下不能析晶而呈玻璃相，性脆，强度差。实践表明，这种渣键联结的强度较低。同时，液相产生还会使球团之间相互黏结而结块，因而在生产中常加以抑制。一般球团矿中液相量小于5%。

1.2.3.4　球团工艺

现在世界各国使用三种经济上合理的氧化球团焙烧方法，即带式焙烧机焙烧、链箅机—回转窑焙烧和竖炉焙烧。

A　带式焙烧机焙烧

带式焙烧机的基本结构形式与带式烧结机相似，然而两者生产过程却完全不同。一般在球团带式焙烧机的整个长度上可依次分为干燥、预热、燃料点火、焙烧、均热和冷却六个区。

带式焙烧机焙烧工艺的特点为：

（1）根据原料不同（磁精粉、赤精粉、富赤粉等），可设计成不同温度、不同气体流量和流向的多个工艺段。因此，带式焙烧机可用来焙烧各种原料的生球。

（2）可采用不同燃料生产，燃料的选择余地大，而且采用热气循环，充分利用焙烧球团矿的显热，因此能耗较低。

（3）铺有底料和边料。底料的作用是保护炉箅和台车免受高温烧坏，使气流分布均匀；在下抽干燥时可吸收一部分废热，其潜热再在鼓风冷却带回收；保证下层球团焙烧温度，从而保证球团质量。边料的作用是保护台车两侧边板，防止其被高温烧坏；防止两侧边板漏风。这两项可使料层得到充分焙烧，而且可延长台车寿命。

（4）采用鼓风与抽风混合流程干燥生球，既强化了干燥，又提高了球团矿的质量和产量。

（5）球团矿冷却采用鼓风方式，冷却后的热空气一部分直接循环，另一部分借助于风机循环，循环热气一般用于抽风区。

（6）各抽风区风箱热废气根据需要做必要的温度调节后，循环到鼓风干燥区或抽风预热区。

（7）干燥区的废气因温度低、水汽多而排空。

由于焙烧和冷却带的热废气用于干燥、预热和助燃，单位成品的热耗降低。在焙烧磁精粉球团时，先进厂家的热耗为380~480MJ/t，一般也只有600MJ/t，而在焙烧赤铁矿球团时耗热800~1000MJ/t。

B 链箅机—回转窑焙烧

链箅机—回转窑是由链箅机、回转窑和冷却机组合成的焙烧工艺。生球的干燥、脱水和预热过程在链箅机上完成，高温焙烧在回转窑内进行，而冷却则在冷却机上完成。

此焙烧工艺的特点为：

（1）生球在链箅机上利用回转窑出来的热气体进行鼓风干燥、抽风干燥和抽风预热，而且各段长度可根据矿石类型的特点进行调整。由于在链箅机上只进行干燥和预热，铺底料是没有必要的。

（2）球团矿在窑内不断滚动，各部分受热均匀，球团中颗粒接触更紧密，球团矿的强度好且质量均匀。

（3）根据生产工艺的要求来控制窑内气氛，可生产氧化球团或还原（或金属化）球团，还可以通过氯化焙烧处理多金属矿物等。

（4）生产操作不当时容易“结圈”，其原因主要是在高温带产生过多的液相。物料中低熔点物质的数量、物料化学成分的波动、气氛的变化及球团粉末数量和操作参数是否稳定等都对结圈有影响。为防止结圈，必须对上述各因素进行分析，采取对应的措施来防止，如生球筛除粉末、在链箅机上提高预热球的强度、严格控制焙烧气氛和焙烧温度、稳定原料化学成分、选用高熔点灰分的煤粉等。

链箅机—回转窑法焙烧球团矿时的热量消耗，因矿种的不同而差别较大。焙烧磁铁矿时一般为0.6GJ/t，焙烧赤铁矿时为1GJ/t，而焙烧赤铁矿—褐铁矿混合矿时则需1.35~1.5GJ/t。

C 竖炉焙烧

焙烧球团矿的竖炉是一种按逆流原则工作的热交换设备。生球装入竖炉以均匀的速度连续下降，燃烧室生成的热气体从喷火口进入炉内，热气流自下而上与自上而下的生球进行热交换。生球经干燥、预热后进入焙烧区进行固相反应而固结，球团在炉子下部冷却，然后排出，整个过程在竖炉内一次完成。

我国竖炉在炉内设有导风墙，在炉顶设有烘干床。它们改善了竖炉焙烧条件，因而提高了竖炉的生产能力和成品球的质量。

此焙烧工艺的特点为：

（1）生球的干燥和预热可利用上升热废气在上部进行。我国独创的炉顶烘干床可使生球在床箅上被上升的混合废气（由导风墙导出的冷却带热风和穿过焙烧带上升的废气的混合物，温度为550~750℃）烘干，这一创造不仅加速了烘干过程，而且有效地利用废气热量，提高了热效率。同时，由于气流分布较合理，减少了烘干和预热过程中的生球破裂，使粉尘减少，料柱透气性提高，为强化焙烧提供了条件。

（2）合理组织焙烧带的气流分布和供热是直接影响竖炉焙烧效果的关键。我国利用低热量高炉煤气在燃烧室内燃烧到1100~1150℃的烟气进入竖炉，由于导风墙的设置，基本上解决了冷却风对此烟气流股的干扰和混合，保证磁铁矿球团焙烧所要求的温度，并使焙烧带的高度和焙烧温度保持稳定，从而较好地保证焙烧固结的进行。

（3）导风墙的设置还能克服气流边缘效应所造成的炉子上部中心“死料柱”（即透气性差甚至完全不透气的湿料柱），使气流分布更趋均匀，球团矿成品质量得以改善。

竖炉焙烧球团矿由于废气利用好，焙烧磁铁矿球团热耗为350~600MJ/t。

1.2.4 高炉

1.2.4.1 高炉结构及炼铁工艺简述

高炉的输入和输出如图1-12所示。高炉由焦炭层和铁矿石炉料层交替填充。

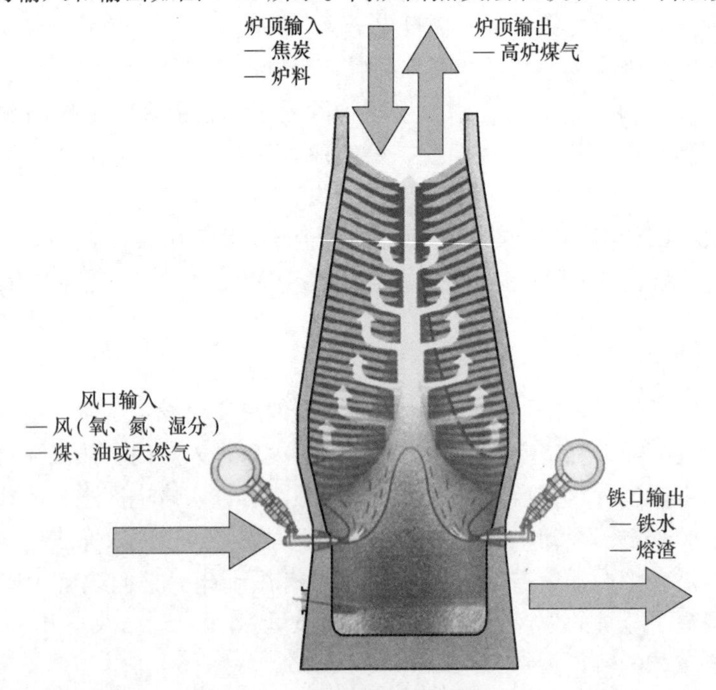

图1-12 高炉的输入和输出

热风是压缩的空气，通过风口鼓入高炉。风口是带冷却的锥形铜喷嘴。小高炉的风口数量为 12 个，大高炉的风口数量则可达 42 个。预热的空气（1000～1300℃）通过风口吹入高炉。

热风使焦炭和其他通过风口喷吹的碳基物料得到气化。这些碳基物料主要是煤，还有天然气和/或油。在这个过程中，热风中的氧转变成气态的一氧化碳。生成的煤气具有高达 900～2300℃的火焰温度。在风口前面的焦炭被消耗掉，由此产生了空间。

高炉的形状似由两个削顶圆锥（圆台）在最宽处相接而成。高炉从上到下的分段（图 1-13）分别是：炉喉，炉料表面所处位置；炉身，铁矿被加热及还原反应开始的区域；炉腹平行段或炉腰；炉腹，还原完成，铁矿熔化；炉缸，熔化的物料在此收集并通过铁口排出。

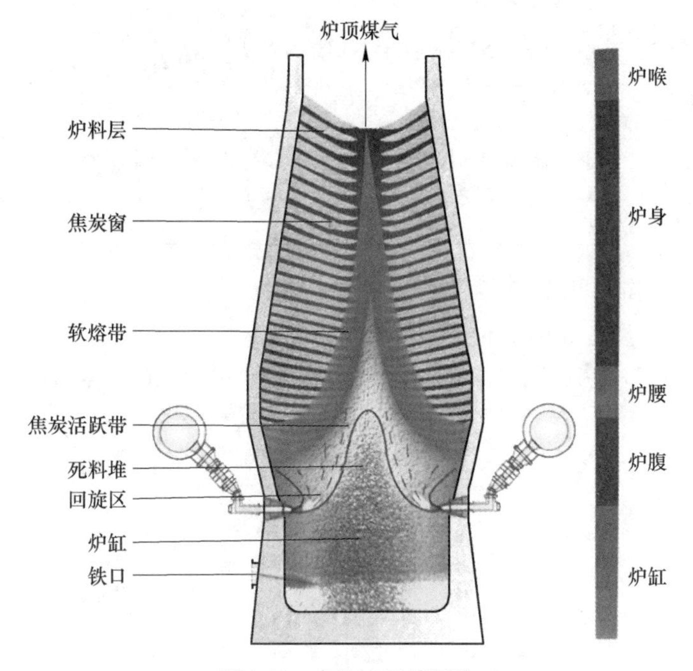

图 1-13　高炉内区域划分

在任何时刻，运行的高炉从上到下包括：铁矿层和焦炭层；铁矿开始软化和熔化的区域，称之为软熔带；只有焦炭和液态渣铁的区域，称之为“活跃焦炭带”或滴落带；死料堆或“不活跃焦炭带”，即在炉缸的稳定焦炭堆，向上扩展到炉腹。表 1-5 展示了高炉各区内进行的主要反应及各区的主要特征。

常热的煤气在炉内上升。在上升的过程中完成下述一系列重要功能：加热炉腹/炉腰带的焦炭；熔化炉料中的铁矿，产生空间；加热炉身带的炉料；通过化学反应除去铁矿炉料中的氧；铁矿熔化产生铁水和熔渣。

表1-5　高炉各区内进行的主要反应及特征

区号	名称	主要反应	主要特征
1	固体炉料区（块状带）	间接还原，炉料中水分蒸发及受热分解，少量直接还原，炉料与煤气间热交换	焦与矿呈层状交替分布，都呈固体状态，以气—固反应为主
2	软熔区（软熔带）	炉料在软熔区上部边界开始软化，而在下部边界熔融滴落，主要进行直接还原反应及造渣	为固—液—气间的多相反应，软熔的矿石层对煤气阻力很大，决定煤气流动及分布的是焦窗总面积及其分布
3	疏松焦炭区（滴落带）	向下滴落的液态渣铁与煤气及固体炭之间进行复杂的质量传递及传热过程	松动的焦炭流不断地滴向焦炭循环区，而其间又夹杂着向下流动的渣铁液滴
4	压实焦炭区（滴落带）	在堆积层表面，焦炭与渣铁间反应	此层相对呆滞，又称“死料柱”
5	渣铁储存区（液态产品反应带）	在铁滴穿过渣层瞬间及渣铁层间的交界面上发生液—液反应；由风口得到辐射热，并在渣铁层中发生热传递	渣铁层相对静止，只有在周期性渣铁放出时才有较大扰动
6	风口焦炭循环区（燃烧带）	焦炭及喷入的辅助燃料与热风发生燃料反应，产生高热煤气，并主要向上快速逸出	焦块急速循环运动，既是煤气产生的中心，又是上部焦块得以连续下降的“漏斗”，是炉内高温的焦点

1.2.4.2　高炉主要设备

高炉的主要设备如图1-14所示，包括：

（1）热风炉。在热风炉中将空气预热到1000～1300℃。热风通过热风主管、

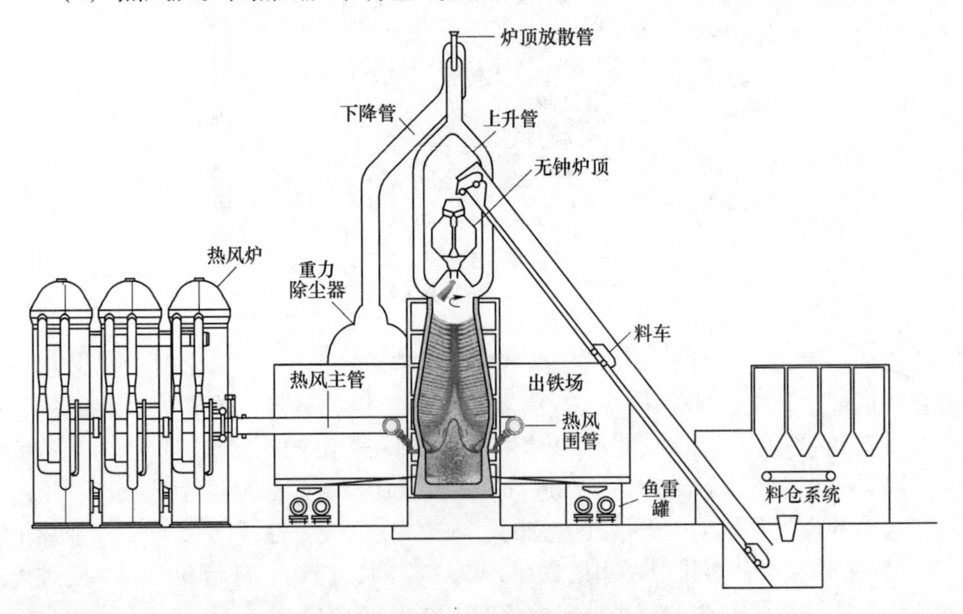

图1-14　高炉总布置图

热风围管、热风支管和最终的风口进入高炉。热风与焦炭和喷吹物反应，高速煤气流在风口前端形成回旋区。

（2）料仓。炉料和焦炭运抵料仓。在最终加入高炉前，原料在此存储、筛分、称重。料仓的作业为自动操作。焦炭水分的补偿通常也是自动进行的。炉料和焦炭由料车或传输皮带送至高炉炉顶，然后分别加入高炉，形成铁矿层和焦炭层。

（3）煤气净化系统。炉顶煤气通过上升管和下降管排出高炉。热的炉顶煤气含有大量粉尘颗粒，因此需要在煤气净化系统中除去这些颗粒物，并使煤气降温。

（4）出铁场。铁水和熔渣在炉缸里汇集，通过铁口排出到出铁场，然后进入运输罐。根据高炉容积的不同，铁口数量从 1 个到 5 个，出铁场有 1 个或 2 个。

（5）渣粒化装置。熔渣被水淬形成粒化渣，用于水泥生产。

1.2.4.3 高炉产品

高炉的主要产品是铁水（包括少量的高碳铁合金）。在个别地方，炉渣称为主要产品，如二步法炼锰铁时，用高磷、高铁锰矿作为原料，第一步冶炼所得高锰渣即为主要产品；此外，高炉直接冶炼含稀土元素的铁矿石，得到富稀土氧化物的渣是主要产品。

高炉产品其次是煤气。煤气是钢铁厂，特别是大型钢铁联合企业内部重要的二次能源，在企业内部能量平衡中占有重要地位。普通的高炉渣也具有相当高的价值，是高炉重要的副产品。可根据需要将高炉渣制备成不同的形态，如干渣、水渣、陶粒及矿渣棉等。

（1）生铁。生铁是 Fe 与 C 及其他少量元素（Si、Mn、P 及 S 等）组成的合金。其 C 含量随其他元素含量的变化而改变，但处于化学饱和状态。通常，$w(\mathrm{C})$ 的范围为 2.5%~5.5%。C 含量低的是高牌号铸造生铁，C 含量高的是低硅炼钢生铁。

生铁质硬而脆，有较高的耐压强度，但抗张强度低。生铁无延展性、无可焊性，但是当 $w(\mathrm{C})$ 降至 2.0%以下时（即钢），上述性能均有极大的改善。

生铁分为炼钢生铁和铸造生铁两大类。炼钢生铁供转炉和电炉冶炼成钢，而铸造生铁则供应机械行业等生产耐压的机械部件或民用产品。

（2）铁合金。铁合金大多用电炉生产，主要供炼钢脱氧或作为合金添加剂，少量高碳品种铁合金可用高炉冶炼。

1）锰铁。高炉冶炼的高碳铁合金中，我国生产最多的是锰铁。

2）硅铁。硅铁除作为炼钢用脱氧剂和合金添加剂外，还可作为用 C 元素难以还原的金属元素的还原剂（即所谓的“硅热法”）。一般情况下，从硅的利用率及总的经济效益考虑，使用电炉生产的 Si 的质量分数高达 75%以上的硅铁较为合理，但在某些特殊场合下，如铸造生铁的增硅，因所需的 Si 量较少，可以用品位较低的高炉硅铁。

用高炉可经济地生产出 $w(\mathrm{Si})\leqslant 15\%$的硅铁。Si 含量过高，则会给高炉作业带来一定困难。主要是大量的 SiO 由高温区呈气态挥发出来，又在低温区凝聚为固态。造成气流阻塞，难以维持生产，经济指标也将严重恶化。

3）稀土硅铁。稀土硅铁是在我国资源条件下的一类特殊产品。

内蒙古包头白云鄂博铁矿中含有稀土金属的氧化物（$\mathrm{RE}_x\mathrm{O}_y$），是世界上最大的稀土元素资源。此铁矿石除少量精选为稀土精矿，然后用湿法冶金工艺生产单一的纯稀土金属外，大量用来生产混合稀土的中间合金。如稀土—硅合金，$w(\mathrm{Si})\approx 40\%$，混合稀土金属的质量分数为 10%～35%，其余成分主要为 Fe。这种特殊的合金可用作合金添加剂或用于由铸造生铁生产球墨铸铁的球化剂等。

多用两步法生产 $w(\mathrm{RE})>24\%$的稀土—硅合金。第一步，含稀土的铁矿石不经选矿而进入高炉。炉内抑制 $\mathrm{RE}_x\mathrm{O}_y$的还原，而除去 Fe、P 等，得到富集稀土氧化物的炉渣。第二步，将此渣作为电炉冶炼的原料，先行熔化后再加入 FeSi75 作为还原剂，将稀土元素还原，即可得到 Si-RE-Fe 合金。此种合金已作为国家正式产品广泛应用。

（3）高炉煤气。高炉冶炼每吨普通生铁所生产的煤气量随焦比水平的差异及鼓风含氧量的不同而差别很大，低者只有 $1400\mathrm{m}^3/\mathrm{t}$，高者可能超过 $2500\mathrm{m}^3/\mathrm{t}$。煤气成分差别也很大。先进的高炉煤气的化学能得到了充分利用。其 CO 的利用率可超过 50%，即煤气中 $\varphi(\mathrm{CO})$ 可低于 21%，而 $\varphi(\mathrm{CO_2})$ 比之稍高。但高炉冶炼铁合金时，煤气中 $\varphi(\mathrm{CO_2})$ 几乎为零。

在钢铁联合企业中，高炉煤气的一半作为热风炉及焦炉的燃料，其余的作为轧钢厂加热炉、锅炉房或自备发电厂的燃料，在能源平衡中起着重要作用，应避免排空而造成浪费。虽然这种低发热量的煤气是由昂贵的冶金焦转换而来的，似乎得不偿失，但在 20 世纪 70 年代世界性石油价格危机之后，石油、石油气及天然气的价格已相对超过了焦炭，原来使用石油或石油气为燃料的发电厂及锅炉房等不得不改用高炉煤气，而企业内总的燃料消耗的费用降低了。日本某些大型钢铁联合企业即处于此种状态下，高炉为“全焦操作”，不是一味追求降低高炉焦比，而是以企业内总能源平衡和总经济效益最佳的原则为出发点，适当增加高炉焦比以得到更多的煤气。在一定意义上，此时高炉是为企业制造煤气的发生炉。

（4）炉渣。每吨生铁的产渣量随入炉原料中含 Fe 品位、燃料比及焦炭和煤粉灰分含量的不同而差异很大。我国大型高炉吨铁的渣量在 250～350kg/t 之间。地方小型高炉由于原料条件差、技术水平低，其渣量大大超过此数，达到 450～550kg/t。

炉渣是由多种金属氧化物构成的复杂硅酸盐系，外加少量硫化物、碳化物等。除去原料条件特殊者外，一般炉渣成分的范围为：$w(CaO)=35\%\sim44\%$，$w(SiO_2)=32\%\sim42\%$，$w(Al_2O_3)=6\%\sim16\%$，$w(MgO)=4\%\sim12\%$，还含有少量的MnO、FeO及CaS等。

特殊条件下的炉渣成分，如包钢的高炉渣含有CaF_2、K_2O、Na_2O及RE_xO_y等，攀钢炉渣含有TiO_2、V_2O_5，酒钢炉渣含有BaO等。

除特殊成分的炉渣外（如含TiO_2的攀钢渣），几乎所有的高炉炉渣都可供制造水泥或以其他形式得以应用。我国高炉渣量的70%以高压水急冷方式制成水冲渣，供水泥厂作原料。有自备水泥厂的钢铁厂则可自行消耗自产水渣，甚至进一步再加工制成各种混凝土制品，可取得更显著的经济效益。为保证水泥质量，必要时应适当提高渣中CaO和Al_2O_3的含量。

炉渣的另一种利用方式是缓冷后破碎成适当粒度的致密渣块（密度为2.5~2.8t/m^3，堆积密度为1.1~1.4t/m^3），可替代天然碎石料作为铁路道砟或铺公路路基。作为这种用途消耗的渣量在我国不超过总渣量的10%。

液态炉渣用高速水流和机械滚筒予以冲击和破碎可制成中空的直径为5mm的渣珠，称为“膨珠”。膨珠可作为轻质混凝土的骨料，建筑上用作防热、隔声材料。

如果液态炉渣用高压蒸汽或压缩空气喷吹则可制成矿渣棉，是低价的不定型绝热材料。

一般炉渣出炉时温度为1400~1550℃，热含量为1680~1900kJ/kg。虽然已做过大量的研究工作，但目前世界各国都未找到简易可行的办法以利用这部分潜热。

1.2.4.4 高炉冶炼的主要技术经济指标

A 评价生产能力的指标

（1）高炉有效容积利用系数η_V。高炉有效容积（V_u）是指炉喉上限平面至出铁口中心线之间的炉内容积。高炉有效容积利用系数是指在规定的工作时间内，每立方米有效容积平均每昼夜（d）生产的合格铁水的吨数。它综合地说明了技术操作及管理水平，计算公式如下：

$$高炉有效容积利用系数\eta_V(t/(m^3\cdot d))=\frac{合格生铁折合产量}{高炉有效容积\times规定工作日}=\frac{日合格产量}{高炉有效容积}$$

（2）高炉炉缸面积利用系数η_A。高炉炉缸面积利用系数是指在规定工作时间内，每平方米炉缸面积每昼夜生产的合格铁水数量。计算公式如下：

$$高炉炉缸面积利用系数\eta_A(t/(m^2\cdot d))=\frac{日合格生铁产量}{炉缸截面积}$$

（3）生铁合格率。生铁合格率是指生铁化学成分符合国家标准的总量占生铁总产量的百分数。它是衡量产品质量的指标，定义式为：

$$生铁合格率 = \frac{合格生铁产量}{生铁总产量(包括不合格产品)} \times 100\%$$

（4）休风率。休风率反映高炉操作及设备维护的水平，也有记作作业率的。作业率与休风率之和为100%。休风率是指高炉休风时间（包括季修和年修休风时间，但不包括计划中的大修）占规定工作时间的百分数。其定义式为：

$$休风率 = \frac{休风时间}{规定工作时间} \times 100\%$$

（5）作业率。作业率指高炉实际作业时间占日历时间的百分数。

B 评价燃料消耗的指标

焦比既是消耗指标，又是重要的技术经济指标，是指冶炼每吨生铁消耗的干焦的千克数。

（1）入炉焦比。入炉焦比也称净焦比，指实际消耗的焦炭数量，不包括喷吹的各种辅助燃料量。其定义式为：

$$入炉焦比(kg/t) = \frac{干焦耗用量(kg)}{合格生铁产量(t)}$$

（2）折算入炉焦比。其定义式为：

$$折算入炉焦比(kg/t) = \frac{干焦耗用量(kg)}{合格生铁折算产量(t)}$$

（3）煤比。煤比指每吨合格生铁消耗的煤粉量。其定义式为：

$$煤比(kg/t) = \frac{煤粉耗用量(kg)}{合格生铁产量(t)}$$

（4）小块焦比（焦丁比）。小块焦比指冶炼每吨合格生铁消耗的小块焦炭（焦丁）量。其定义式为：

$$小块焦比(kg/t) = \frac{小块焦炭消耗量(kg)}{合格生铁产量(t)}$$

（5）燃料比。燃料比指冶炼单位生铁所消耗的燃料量的总和。其定义式为：

$$燃料比(kg/t) = 焦比 + 煤比 + 小块焦比$$

过去我国曾采用综合焦比作为冶炼指标，即将喷吹的辅助燃料量按一定的折算系数折算为干焦量，然后与实际消耗的干焦量相加即为综合干焦消耗量，再除以合格生铁产量得出综合焦比。这种折算不科学，国际上也没有这样算的。因此，今后不再使用综合焦比，而与国际上一致，采用燃料比作为燃料消耗的指标。

C 评价高炉冶炼强化程度的指标

（1）冶炼强度。冶炼强度是冶炼过程强化的程度，以每昼夜（d）每立方米有效容积燃烧的干焦量。其定义式为：

$$\text{冶炼强度}(t/(m^3 \cdot d)) = \frac{\text{干焦耗用量}}{\text{有效容积} \times \text{实际工作日}}$$

（2）综合冶炼强度。综合冶炼强度除干焦外，还考虑到是否有喷吹的其他类型的辅助燃料。其定义式为：

$$\text{综合冶炼强度}(t/(m^3 \cdot d)) = \frac{\text{干焦耗用量} + \text{喷吹燃料量} + \text{焦丁量}}{\text{有效容积} \times \text{实际工作日}}$$

有效容积利用系数、焦比及冶炼强度之间存在以下的关系：

不喷吹辅助燃料时 $\text{利用系数} = \frac{\text{冶炼强度}}{\text{焦比}}$

喷吹燃料时 $\text{利用系数} = \frac{\text{综合冶炼强度}}{\text{燃料比}}$

（3）燃烧强度。由于炉型的特点不同，小型高炉可允许有较高的冶炼强度，因而容易获得较高的利用系数。为了对比不同容积高炉的实际炉缸工作强化的程度，可对比其燃烧强度。燃烧强度的定义为每平方米炉缸截面积上每昼夜（d）燃烧的干焦吨数。其定义式为：

$$\text{燃烧强度}(t/(m^2 \cdot d)) = \frac{\text{一昼夜干焦耗用量}}{\text{炉缸截面积}}$$

D 评价生产成本的指标

（1）生铁成本。生铁成本指生产每吨合格生铁所有原料、燃料、材料、动力、人工等一切费用的总和，单位为元/吨。

（2）吨铁工序能耗。炼铁工序能耗是指冶炼每吨生铁所消耗的、以标准煤的计算的（每千克标准煤规定的发热量为29310kJ）各种能量消耗的总和。所消耗的能量包括各种形式的燃料，主要是焦炭，还有少量的煤、油及其他形式的燃料，甚至也要计入炮泥及铺垫铁水沟消耗的焦粉；此外，还应计入各种形式的动力消耗，如电力、蒸汽、压缩空气、氧气及鼓风等。但应注意扣除回收的二次能源，如外供的高炉煤气、炉顶余压发电的电能及各种形式的余热回收等。

1.3 中国炼铁工业面临的挑战

尽管各种绿色炼铁新工艺不断发展，但是在可以预计的将来，炼铁工业仍将以焦化—烧结/球团—高炉为主。以焦化—烧结—高炉为主的炼铁流程的污染物排放，大约占到钢铁流程总排放量的90%，能耗占钢铁生产总能耗的60%以上，生产成本占到钢铁生产总成本的70%左右。另外，炼铁系统还面临着消耗大量资源的压力，铁矿石等配套资源相当贫乏，对海外铁矿石资源依赖上升。虽然我国铁矿资源储量很大，但经过半个世纪的开采，我国铁矿石可采资源不足的矛盾逐步显现。目前，我国铁矿石消费量年均增长为8%，而国内铁矿石产量年增长仅为2%，因此我国钢铁业的增长最终还将依赖境外铁矿石的供给。预测2020年我国铁矿石对外依存度将达到70%左右，大量的进口将增加生产成本，降低原有的价格优势，成为制约我国钢铁工业持续增长的瓶颈。同时，企业布局分散，产业集中度低。我国现有钢铁生产布局是在计划经济条件下形成的，基本上属于资源依托型布局。随着资源和市场条件的变化，这种布局逐渐暴露出效率不高、污染环境、区域产业结构单一等问题，已经不能适应我国钢铁工业进一步发展的需要。此外，生产总体工艺落后，研发投入不足。近年来，宝钢等我国钢铁骨干企业的生产技术水平取得了长足的进步，产品质量和产品结构有很大改善，但为数众多的中小钢铁企业基本属于20世纪80年代末的生产水平，与国外先进国家有较大差距。为了降低生产成本，少数钢铁企业追求低成本采购原燃料，忽视精料方针，对炼铁工序带来了负面影响。

(1) 绿色环保已成为炼铁工艺发展的首要标准。

十九大报告指出，必须树立和践行“绿水青山就是金山银山”的理念，国家围绕“美丽中国”建设提出了一系列政策，环保已经成为钢铁行业绕不开的问题。另外，钢铁工业对国民经济增长贡献逐年降低（当前钢铁工业GDP增加值占全国工业总产值增加值的3%左右），而污染物排放在工业总污染物中占比较高（SO_2占12.8%，NO_x占6.5%，烟粉尘占17.7%），中央和地方政府近年来采取了加强环保治理力度，倒逼钢铁工业必须“减量发展”和“高质量发展”。

2018年6月，国务院发布实施《打赢蓝天保卫战三年行动计划》，提出经过3年努力，大幅减少主要大气污染物排放总量，协同减少温室气体排放。生态环境部会同有关部委于2019年4月发布了《关于推进实施钢铁行业超低排放的意见》，明确要求烧结机机头、球团焙烧的烟气颗粒物、二氧化硫、氮氧化物排放浓度小时均值分别不高于$10mg/m^3$、$35mg/m^3$、$50mg/m^3$，达到超低排放的钢铁企业每月至少95%以上时段的小时均值排放浓度满足上述要求，这说明绿色环保势在必行。

(2) 资源、能源对于炼铁工业可持续发展的挑战。

从炼铁系统消耗的资源来看，我国铁矿石储量大、品位低，还需要进口铁矿石来弥补供需缺口。2010~2017年我国进口铁矿石量逐年增长，其所占国内铁矿石消耗总量比例从64%增加到89%，其中2015年国内铁矿石对外依存度首次突破80%，达到了83%。然而我国作为世界第一大铁矿石进口国，却依然未能掌握铁矿石的国际定价权。2019年1月，巴西淡水河谷发生尾矿坝溃坝事故，再加上澳洲极端天气的叠加影响，国际铁矿石供应量下滑，价格出现大幅上涨到120美元/吨以上，导致我国钢铁企业效益下降20%以上，保守估计我国将因此损失

300 亿美元以上。遥远的南半球上一次事故就能通过“蝴蝶效应”给我国钢铁行业带来数百亿美元的损失。作为世界第一大铁矿石进口国，将为中国炼铁工业可持续发展增加一系列不确定因素。

此外，当前占据主导地位的高炉流程必须依赖优质焦煤生产优质焦炭，但我国焦煤储量仅占煤炭储量的 10%，而主焦煤仅占整个煤种的 2.4%，中国焦煤的消耗速度大大高于其他煤种的消耗速度。《打赢蓝天保卫战三年行动计划》要求重点区域加大独立焦化企业淘汰力度，京津冀及周边地区实施“以钢定焦”，力争 2020 年炼焦产能与钢铁产能比达到 40%左右。这不仅会导致焦炭成本上升，而且会从根本上淘汰落后高炉。

1.4 中国炼铁工业展望

（1）新一代炼铁技术必须以低碳绿色为前提。

目前，地球大气层中 CO_2含量过高而导致的全球变暖问题已受到世界广泛关注。当前大气中 CO_2含量已突破 0.04%，并呈逐年上升趋势。钢铁行业的 CO_2年排放量占全球总排放的 6.7%，其中炼铁系统排放占据钢铁全流程总排放的 70%左右。2018 年我国钢铁工业的 CO_2直接排放量达 19.5 亿吨，约占我国 CO_2排放总量的 34%左右，仅次于电力行业。中国炼铁工业面临着节能减排的重要挑战，而传统炼铁流程的 CO_2减排几乎已到极限。世界各国正在逐步开展各项全新的低碳炼铁新工艺以降低 CO_2排放，中国钢铁行业近年来也加快了低碳炼铁和氢冶金项目的研发和试验。

欧盟于 2004 年投资 7 亿美元启动 ULCOS 项目，目标在 2050 年吨钢 CO_2排放量下降 50%。日本于 2008 年投资 100 亿日元启动 COURSE50 项目，计划开发可用于高炉炼铁的氢冶金和碳捕集技术，已证明氢还原炼铁法可减排 10%的 CO_2。韩国政府从 2017 年到 2023 年投入 1500 亿韩元（约合 9.15 亿人民币），以官民合作方式研发氢还原炼铁法。瑞典于 2016 年春天发起了一项“Carbon-Dioxide-Free Steel Industry”计划，2018 年 6 月成立 HYBRIT 公司，旨在解决瑞典钢铁工业二氧化碳排放问题，项目目标是开发一种工艺，应用 H_2替代高炉用的煤粉和焦炭，最终生成水而不是 CO_2。2017 年初，奥地利奥钢联发起的 H2FUTURE 项目旨在通过研发突破性的氢气替代焦炭冶炼技术，降低钢铁生产过程中的二氧化碳排放，最终目标是到 2050 年减少 80%的二氧化碳排放。

2017 年 12 月，中国碳排放交易体系正式启动，钢铁工业是碳交易市场的主要目标和核心参与者。在可以预计的将来，“碳排放”将成为“环保”之后决定企业生死存亡并“倒逼”钢铁企业发展低碳炼铁技术的新挑战。2019 年 1 月，中国宝武集团率先行动，与中核集团、清华大学签订《核能—制氢—冶金耦合技术战略合作框架协议》，三方将强强联合，资源共享，共同打造世界领先的核冶金产业联盟，其核心就是用核能制氢，再用氢为炼铁工序提供清洁能源和清洁还原剂。2019 年 3 月，河钢集团与中国工程院战略咨询中心、中国钢研、东北大学联合组建了“氢能技术与产业创新中心”，共同推进氢能技术创新与产业高质量发展，围绕焦炉煤气制氢、储氢运氢材料、燃料电池汽车、富氢冶金技术等领域加快技术研发与储备。此外，建龙集团也于 2019 年在内蒙古乌海启动了非高炉绿色炼铁新工艺的研发与中试工作，初步投资 5 亿元。

（2）资源和能源循环利用是新一代炼铁技术的基本特征。

炼铁工业当前所依赖的资源和能源均不可再生，循环利用是保障炼铁工业资源和能源可持续发展的根本途径。未来的钢铁厂应该是具有“优质钢材生产线—高效率能源转化器—社会废弃物消纳装置”三个功能的新型流程工业，这一理念的核心在炼铁工序。作为钢铁生产能耗最大的环节，炼铁系统在耗能的过程中产生大量的二次能源，如各种烟气和高温熔渣，其中，中国每年高炉渣产量约 2.68 亿吨，其大量显热目前还未充分利用。如何高效地循环利用各种二次能源，并最大限度地降低过程能耗，是未来炼铁工艺可持续发展必须解决的问题。

作为物料消耗最大的过程工序，未来炼铁工业除了循环利用钢铁厂产生的各种二次资源（粉尘、炉渣等）之外，还要承担转移、消纳、处理社会废弃物的责任，如社会的废塑料、废轮胎，处理社区废水，处理垃圾等。炼铁工业要自觉融入社会，推进行业间的循环经济、资源、能源的生态化链接，促进社会能源、资源的高效利用。

（3）智能制造描绘未来炼铁工业的灿烂前景。

随着德国提出“工业 4.0”，全球开始了以高度数字化、网络化、机器自组织为标志的第四次工业革命，掀起了一场全面提升制造业、迎接新一轮产业革命的浪潮。中国在 2015 年发布了《中国制造 2025》发展规划，提出以提质增效为中心，以加快新一代信息技术与制造业深度融合为主线，以推进智能制造为主攻方向，最终实现中国的“智能工厂”的目标。党的十九大报告指出，必须加快发展先进制造业，推动互联网、大数据、人工智能和实体经济的深度融合，支持传统产业优化升级。2019 年 6 月，工信部正式发放 5G 商用牌照，标志着我国正式进入 5G 商用元年。一批钢铁及相关企业先行，在人工智能、物联网和大数据等方面进行了有力的探索和实践。

炼铁工业作为钢铁生产资源、能耗和成本的关键工序，需要以“中国制造 2025”为契机，在未来的技术升级过程中，充分整合炼铁各工艺单元的自动化及信息化系统，搭建炼铁智能制造的大数据云平台，建立大数据相关性分析、技术与知识模型，实现铁前系统智能决策与预警，为实现炼铁生产的智能制造迈出重要步伐。

1.5 小结

中国炼铁工作者通过70年的不断努力，已经成功进入世界炼铁工业先进行列。随着历史车轮不断前进，社会和自然的不断演变，人类对美好生活的追求与有限的自然资源及环境容量之间的矛盾不断增加。在经济形势存在诸多不确定因素的形势下，中国炼铁工业面对环境和资源的挑战，坚持可持续发展道路，这还有待广大科研人员、工程技术工作者和企业管理者的不断努力奋斗。科研人员需扎根基础理论和应用研究，在学术理论和工艺原理上取得突破；工程技术工作者需要登高望远，勇于打破传统，实现前沿理论和技术的工业化；企业管理者需在复杂多变的国内外政治和经济形势中制定高效的企业管理运营机制，保障新技术的持续推进。在广大炼铁工作者的协同努力下，中国炼铁工业必将迎来更加灿烂辉煌的前景。

参考文献

[1] 丁玉龙．高炉冶炼炼铁技术工艺及应用研究［J］．绿色环保建材，2018（6）：169.
[2] 温杰，杨佳美，李蒲，郁佳，吴建会，田瑛泽，张进生，史国良，冯银厂．我国典型钢铁行业主要工艺环节排放颗粒物源成分谱特征［J/OL］．环境科学，2018（11）：1-8.
[3] 李长乐，薛庆国，董择上，王广，赵世强，王静松．氧气高炉喷吹气化炉重整煤气工艺的分析［J］．有色金属科学与工程，2018，9（2）：6-12.
[4] 孙敏敏，宁晓钧，张建良，李克江，王广伟，王海洋．炼铁系统节能减排技术的现状和发展［J］．中国冶金，2018，28（3）：1-8.
[5] 刘燕军．简述高炉炼铁工艺细颗粒物 $PM_{2.5}$ 排放特性［J］．山东工业技术，2018（4）：23.
[6] 周翔．关于低成本炼铁的探讨［J］．冶金设备，2018（1）：53-56.
[7] 高建军，万新宇，齐渊洪，王锋．回转窑预还原—氧煤燃烧熔分炼铁技术分析［J］．钢铁研究学报，2018，30（2）：91-96.
[8] 吴浩．高炉炉料要求及烧结技术现状浅谈［J］．中国设备工程，2018（1）：118-119.
[9] 赵沛．钢铁行业技术创新和发展方向［J］．中国国情国力，2018（1）：55-57.
[10] 胡兵，甘敏，王兆才．预还原烧结技术的研究现状与新技术的开发［J］．烧结球团，2017，42（6）：22-26.
[11] 沙永志．无返矿炼铁工艺构想［A］．中国金属学会．第十一届中国钢铁年会论文集—S01. 炼铁与原料［C］，2017：7.
[12] 汤清华．高炉炼铁工艺上几个节能减排新技术的实践［A］．中国金属学会．第十一届中国钢铁年会论文集—S01. 炼铁与原料［C］，2017：5.
[13] 田果，王忠，陈若平，刘鹏南．煤气干法除尘技术在八钢欧冶炉的应用［J］．新疆钢

铁，2017（3）：49-52.
[14] 张良力，杨怡，王斌，刘琼，梁开，杨大兵．炼铁烧结生产工艺流程教学实验台［J］．实验技术与管理，2017，34（8）：74-77.
[15] 杨道坤．面向未来的低碳绿色高炉炼铁技术的发展方向［J］．中小企业管理与科技（中旬刊），2017（8）：189-190.
[16] 李志强，张洋．新西兰钒钛海砂磁铁矿冶炼工艺分析［J］．现代冶金，2017，45（4）：31-33.
[17] 周学凤．钢铁生产工艺技术创新模式探究［J］．科技资讯，2017，15（22）：106-107.
[18] 邓蕊．COREX 非高炉炼铁工艺［J］．中国科技信息，2017（14）：63-64.
[19] 林高平，王建跃，戴坚．绿色低碳炼铁技术展望［J］．冶金能源，2017，36（S1）：10-13.
[20] 刘迎立．基于氧气高炉工艺条件的熔融滴落带炉料冶金行为研究［D］．北京：北京科技大学，2017.
[21] 宏济．低碳高炉的发展和演变过程［N］．世界金属导报，2017-05-16（B02）.
[22] 贡献锋．比较分析高炉炼铁与非高炉炼铁技术［J］．山西冶金，2017，40（2）：86-88.
[23] 赵春燕，张海波，胡刚，高长贺．低硅炼铁工艺条件下铁沟用耐火材料的改进及应用［J］．耐火材料，2017，51（2）：146-148.
[24] 刘培峰，李延祥，潜伟．山西传统坩埚炼铁技术类型、分布及其形成原因［J］．科学技术哲学研究，2017，34（2）：86-92.
[25] 张进生，吴建会，马咸，冯银厂．钢铁工业排放颗粒物中碳组分的特征［J］．环境科学，2017，38（8）：3102-3109.
[26] 李兰杰，赵备备，王海旭，白瑞国，陈东辉．提钒尾渣高效脱碱及配矿炼铁工艺［J］．过程工程学报，2017，17（1）：138-143.
[27] 吴汉元，俞海明，李玉新，赵旭章．钢铁渣在农业领域面临的机遇与挑战［J］．工业加热，2017，46（1）：51-54.
[28] 李慧，顾飞．钢铁冶金概论［M］．北京：冶金工业出版社，1993.
[29] 姚昭章，郑明东．炼焦学（第 3 版）［M］．北京：冶金工业出版社，2005.
[30] 傅永宁．高炉焦炭［M］．北京：冶金工业出版社，1995.
[31] 周师庸，赵俊国．炼焦煤性质与高炉焦炭质量［M］．北京：冶金工业出版社，2005.
[32] 马丁·戈德斯，瑞纳德·谢尼奥，伊万·库若诺夫，奥斯卡·林格阿迪，约翰·瑞克凯特斯．现代高炉炼铁（第 3 版）．沙永志，译．北京：冶金工业出版社，2016：3，6，7.

2 炼铁技术进步现状和发展趋势

在过去的十余年里，我国生铁产量保持了高速增长，现已进入高产稳定阶段。2019 年世界高炉工艺的生铁产量为 12.78 亿吨，我国为 8.09 亿吨，占全球产量的 63.33%。相比于 2018 年，世界生铁产量同比增长了 4.9%，中国生铁产量同比增长了 6.3%。

2.1 国内外炼铁技术竞争比较

2019 年我国生铁产量呈持续增长态势。在生产规模增加的同时，烧结、球团、焦化、高炉等单元工序在装备大型化、生产高效化和绿色生产等方面也取得显著进展。经过长期的发展，我国炼铁学科的发展有了很大的进步，在很多设备的设计生产、高炉长寿等技术方面，我们有独特的优势。整体来看，我国炼铁技术已总体上跻身世界先进行列。

2.1.1 优势

我国炼铁工业发展具有较好的技术基础，我国已建成门类齐全的工业体系。改革开放以来，我国钢铁工业发展迅猛，已形成了包括选矿、烧结、焦化、炼铁、轧钢、耐火材料、铁合金等，以及勘探、设计、施工、科研等门类齐全、结构完整的钢铁工业体系。同时，钢铁生产成本优势明显。作为钢铁工业的重要配套资源，我国煤炭资源分布广泛，总量丰富。全国煤炭资源总量为 5.57 万亿吨，排名世界第一。目前，我国现有煤矿年生产能力约为 14 亿吨，煤矿剩余可采储量约为 1038 亿吨，并且开采成本相对低廉。此外，中国在廉价劳动力供给方面占有一定的优势，中国重点大中型钢铁企业人工成本占主营业务收入的 4.13%，而日本优势钢铁企业人工成本占其主营业务收入的 10%，美国为 20%~25%，德国为 25%，在国际以成本竞争的大环境下，低廉的劳动力成本具有无法抵挡的竞争优势。

2.1.2 劣势

铁矿石等配套资源相当贫乏，对海外铁矿石资源依赖上升。虽然我国铁矿资源储量很大，但经过半个世纪的开采，我国铁矿石可采资源不足的矛盾逐步显现。目前，我国铁矿石消费量年均增长为 8%，而国内铁矿石产量年增长仅为

2%，因此我国钢铁业的增长最终还将依赖境外铁矿石的供给。预测2020年我国铁矿石对外依存度将达到70%左右，大量的进口将增加生产成本，降低原有的价格优势，成为制约我国钢铁工业持续增长的瓶颈。同时，企业布局分散，产业集中度低。我国现有钢铁生产布局是在计划经济条件下形成的，基本上属于资源依托型布局。随着资源和市场条件的变化，这种布局逐渐暴露出效率不高、污染环境、区域产业结构单一等问题，已经不能适应我国钢铁工业进一步发展的需要。此外，生产总体工艺落后，研发投入不足。近年来，宝钢等我国钢铁骨干企业的生产技术水平取得了长足的进步，产品质量和产品结构有很大改善，但为数众多的中小钢铁企业基本属于20世纪80年代末的生产水平，与国外先进国家有较大差距。为了降低生产成本，少数钢铁企业追求低成本采购原燃料，忽视精料方针，对炼铁工序带来了负面影响。

2.1.3 机遇

世界经济的快速发展，对中国钢铁有较大的潜在需求，加上世界制造中心向中国转移，这都为中国钢铁产业的发展带来了广阔的市场前景。我国目前仍处于工业化发展初级阶段，钢铁产业作为经济社会发展的基础行业，是工业化发展进程的重要支撑。未来仍将具有重要的发展机遇。今后一个时期，我国将加快工业化、城镇化发展进程，钢铁作为经济社会发展不可或缺的重要材料，将发挥重要的作用，钢铁产业也会伴随经济社会的发展而变强、变大，我国也将在未来实现由钢铁大国向钢铁强国的转变。随着新一轮钢铁产业结构调整和产业升级，高效率、低成本洁净钢的生产将成为未来我国钢铁工业发展的主题。以烧结、球团、焦化、高炉为主导的长流程炼铁工艺仍将发挥重要的作用。同时，“一带一路”倡议可以说是化解钢铁产能的一剂良药，其沿线国家多处于发展中阶段且拥有极为丰富的自然资源，是我国钢企投资建厂的首选地，而且许多国家目前正处于基础设施建设阶段，对钢铁的需求日益增长，为我国钢铁的出口带来了潜在机会。

2.1.4 挑战

（1）环保政策日趋严格。由于我国钢铁行业产能巨大，价格低廉，造成国外一些不具优势的企业倒闭，工人失业，引起国际社会的不满，各国纷纷采取措施保护国内产业。同时，环境压力与日俱增。钢铁产业是典型的高污染产业，近年来，随着国家对环境问题的关注，环保标准越来越严苛，政府出台了一系列政策来限制钢企的污染排放。

1）2018年我国钢铁行业二氧化硫、氮氧化物、颗粒物排放总量分别为106万吨、172万吨、281万吨，分别约占全国主要污染物排放总量的7%、10%、20%左右。炼铁工序能源消耗约占钢铁制造全流程的70%，粉尘排放约占60%~

70%，有害气体排放约占60%~65%。《钢铁企业超低排放改造工作方案》已经公布，规定烧结机头烟气、球团焙烧烟气在基准含氧量16%条件下，颗粒物、SO_2、NO_x小时均值排放浓度分别不高于10mg/m^3、35mg/m^3、50mg/m^3，河北唐山地区污染物排放标准更为严格。

2）2018年1月1日开始征收环境保护税，全部作为地方收入。大气污染物标准：上海每污染当量SO_2 6.65元（2019年7.6元），NO_x 7.6元（2019年8.55元）。

3）以发电行业为突破口，全国碳排放权交易系统2017年12月19日正式启动，湖北、上海分别牵头承建两个系统，初期碳价将在30~40元/吨，专家预测为平均值；2020年中国碳交易市场碳价为人民币74元/吨，2025年碳价为108元/吨。

国外钢铁工业发达国家为了降低对资源、能源的过分依赖，减少高炉炼铁工艺环境污染、降低CO_2排放，开发并应用了多种短流程非高炉炼铁工艺。我国在非高炉炼铁技术领域研究开发成果不多，一些工艺仍处于研究开发阶段，尚未投入工业化运行，具有自主知识产权的非高炉炼铁工艺有待今后进行深入研究并尽快实现工业化应用。

（2）废钢量剧增。目前我国钢铁积累量超过70亿吨，预计2025年达到120亿吨（年供应量2.5亿吨），2030年130亿吨（年供应量3亿吨），世界电炉钢产量占钢铁总产量的35%，而我国约占7.3%，我国转炉炼钢废钢比大约8%，而欧美钢厂转炉废钢比大多高于20%。无论是转炉用还是发展电炉流程，铁钢比的下降都将给炼铁工艺带来冲击。

（3）能源结构变化。随着十九大“加快生态文明体制改革，建设美丽中国”重大战略部署的推进，能源结构将发生重要变化，煤炭的使用限制及成本会进一步上升，氢能和电能占能源的比重将逐步提高，基本依靠碳的炼铁流程将受到制约。

2.2 炼铁技术未来发展趋势

进入21世纪以来，我国炼铁技术发展迅猛，炼铁工业发展具有较好的技术基础。目前，我国炼铁系统部分工艺技术装备和技术指标已达到或接近国际先进水平。基于技术自主集成创新，我国烧结、球团、焦化、高炉等单元工序基本实现技术装备国产化，具有较强的自主创新能力和生产实践经验，掌握了大型炼铁装备的运行操作技术。在生产规模增加的同时，烧结、球团、焦化、高炉等单元工序在装备大型化、生产高效化和环境清洁化等方面也取得显著进展。尽管如此，与钢铁工业发达国家相比，在集约高效、长寿低耗、节能减排、循环经济、低碳冶炼等方面仍存在显著的差距。

从全球市场来看，生铁产量增加动力不足，基本维持稳定，但钢铁仍是人类社会最重要的原材料，未来仍有巨大的需求，而且对钢材的品质要求越来越高。此外，随着应对全球气候变化“巴黎协定”签署和执行，各大工业国将加强碳排放控制，促使钢铁业进一步改进生产工艺，采用新科技，向更高生产效率、更高产品品质性能、对生态环境更加友好、用户服务更加完善的方向发展。

2.2.1　炼铁燃料新技术发展趋势

（1）改善焦炭质量。在现代高炉中，喷吹燃料可以替代部分焦炭，但不能替代焦炭的骨架作用。焦炭质量成为高炉炉容、喷吹燃料数量和炉缸状态的主要限制性因素，近年来对焦炭的评价方面逐渐从过去的宏观指标深入到焦炭微观结构，通过对比不同焦炭的气孔结构、密度、碳结构、灰分结构等，明确了不同焦炭的本质差异，同时也对焦炭的抗碱金属危害能力进行了科学评价，部分企业已经开始重视焦炭的抗碱能力，特别是抗碱蒸气破坏的能力。关于焦炭质量的评价体系及其应用仍需进一步加强研究。

（2）推广新型燃料应用。迄今为止，在所有炼铁方法中，高炉炼铁的生产规模最大，效率最高，生铁质量最好，是所有其他方法都不可比拟的。但是高炉的缺点是依赖高质量的焦炭，从长远看，炼焦煤的短缺和环保的压力使得焦炉的扩建和增加越来越难。因此，需要研发新的工艺技术开发新型燃料，例如利用兰炭、提质煤等替代焦炭，缓解焦炭短缺的问题，提高企业经济效益。

（3）降低燃料比、实现低碳炼铁。我国的一些高炉燃料比国外的先进水平高出50~100kg/tHM，最重要原因之一是煤气没有充分利用。因此，提高煤气利用率，可以有效降低吨铁燃料比消耗。煤气初始分布的关键是控制好燃烧带的大小，通过风速、鼓风动能、小套伸入炉内长度和倾角等，达到合适的燃烧带环圈面积与炉缸面积比；二次分布是要保证形成类似倒V形的软熔带，而且软熔层内有足够而稳定的焦窗，这需要适当选用大料批，使焦层厚度保持在500~560mm，调整负荷时一般调整矿石批重，而保持焦批不变，以维持相对稳定的焦窗；三次分布在块状带内实现，这与块状带料柱的孔隙度有密切关系，煤气流的三次分配是影响煤气利用率的关键。影响三次分配的主要因素是炉顶装料制度，在装料过程中按煤气流分布的要求，搭建有一定宽度的平台，在炉喉形成平台加中心浅漏斗的稳定料面，经常能够得到很好的效果，还可以应用矿焦堆积角度的大小和角差来微调，以达到最佳煤气流分布。

2.2.2　烧结新技术发展趋势

我国是世界最大的钢铁生产国和消费国，长流程冶炼在未来几十年中仍将占据主导地位，随着新旧动能转换、超低排放和国际产能合作的全面实施，烧结技术的提升将重点体现在“降本增效、环境治理”两大技术层面上。

（1）降本增效。通过强化烧结混匀和制粒技术以及点火、布料、负压均匀，推进均质烧结技术和厚料层烧结技术的发展，提升单台烧结机产能和质量，降低返矿率；随着竖冷窑技术的不断成熟及应用，最大化提升烧结矿余热发电效率；通过材质和结构的改进与创新，攻克烧结机漏风率的顽疾，实现低能耗烧结技术发展。

（2）环境治理。随着钢铁行业超低排放标准以及工作规划的推出，时间节点紧，排放标准严，烧结工序的环境治理面临巨大挑战。虽然市场空间巨大，但是技术成熟度还需不断检验，不断完善活性炭多污染物治理技术，加快推进SCR法中低温脱硝技术，开展二噁英以及CO、CO_2治理技术，同时利用烟气循环、低氮燃烧、过程控制等多种手段，以满足SO_2、NO_x、粉尘、二噁英等多污染物的超低排放要求。

2.2.3 球团新技术发展趋势

焙烧球团的产量将持续增加并在未来有一个很大的提升空间，这是由于更多细磨精矿的生产，更多的焙烧球团作为高炉的炉料能够改善高炉炉况，也符合炼铁业环保的要求。

回转窑和带式焙烧机在球团生产工艺中占据主导地位，特别是带式焙烧机工艺在我国将有进一步发展，这是由于为了能够更加节约能源和降低生产成本，产量要求不断扩大。

球团原料将会变得越来越复杂，一些难处理镜铁矿、硫酸渣、针铁矿或是它们的混合物被用于生产氧化球团。一些为改善这些原料的成球性和降低膨润土用量的技术手段已经开始采用，如高压辊磨、润磨、球磨或是这些方法混合使用对原料进行预处理，对不同球团原料进行优化配矿，使用新型球团黏结剂等。开发对球团原料适应性好、能够满足相应球团工艺生产要求及高效低成本的新型复合球团黏结剂，始终是今后研究的一个重要方向。

提高球团碱度和MgO含量是改善球团焙烧性能和冶金性能的有效技术手段，熔剂性球团及镁质球团在国内将进一步快速发展，重视镁质酸性及熔剂性球团矿的性能改善及应用，发挥球团矿在品位、性能及节能减排方面的优势。相比于烧结矿，球团矿生产过程的能耗、产生的粉尘和污染物含量更低。在我国目前的条件下，炉料中配入30%左右的球团矿，可提高入炉品位1.5%，降低渣量1.5%，降低焦比4%，提高产量5.5%，即增加高炉中球团比例，有助于高炉产量提高，燃料比降低。此外，关于碱性球团或自熔性球团，未来高炉低燃料比，低渣量，低排放的重要技术措施就是提高球团矿入炉比例，而重要的是自熔性球团矿的制备，品位65%以上，碱度1.0~1.15，还原膨胀率低于18%，这也是未来高炉炉料结构优化的方向。

2.2.4　高炉炼铁新技术发展趋势

（1）继续高度重视高炉长寿系统技术。高炉长寿技术首先要关注炉缸炭砖的侵蚀，其次是炉腹、炉腰以及炉身下部冷却壁的破损，解决好这两方面的问题，可基本实现高炉长寿的目标。高炉炉缸长寿是结合设计、建炉、操作、维护和监测为一体的系统工程。保障炉缸长寿的关键是在炉缸耐火材料与铁水之间形成一层保护层，使铁水与耐火材料有效隔离，避免铁水熔蚀，从而为炉缸耐火材料的安全创造条件。炉衬的侵蚀不可避免，但如果高炉维护得当，烧穿可以避免。在生产中应对冷却强度、冶炼强度、铁水成分、炉缸状态等因素进行综合调控，保证保护层的稳定。另外，炉缸内部积水及有害元素的影响同样不可忽略。水蒸气及有害元素对耐火材料有氧化及脆化作用，形成气隙破坏炉缸传热体系，甚至导致炉缸异常侵蚀。含钛物料护炉是一种针对炉缸侵蚀有效的维护方法，近年来，国内外越来越多的高炉采用含钛物料护炉。然而，要想充分地发挥含钛物料的效果，需要开发新型护炉技术，结合高炉检测系统与高炉操作技术，形成高炉钛元素流转动态检测模型，及时实现高炉精准护炉技术。

铜冷却壁具有极高的导热性及良好的冷却性能，可形成渣皮作为永久工作内衬，在中国大型高炉广泛应用。采取以下措施可延长铜冷却壁寿命：1）改进高炉内型设计，保证炉内煤气流的合理流动；2）保证高炉冷却系统设计的可靠，用软水或除盐水，杜绝高炉停水事故的发生；3）控制合适的冶炼强度，避免采用过度发展边缘气流的操作方针，保证高炉热负荷稳定，有利于渣皮的形成和稳定；或在铜冷却壁热面设置凸台，提高炉内渣皮的稳定性；4）严格控制铜冷却壁本体铜料的含氧量低于0.003%，减缓“氢病”的破坏。

（2）继续推广高风温技术。风温带入的热量占高炉热收入的16%~20%。在现有的高炉冶炼条件下，提高100℃热风温度，可降低高炉燃料比约15kg/tHM。高风温技术并不是无节制地提高热风炉拱顶温度来提高风温，要同时兼顾高风温和热风炉寿命两方面。在提高热风炉风温的过程中，不少企业热风炉热风管道出现问题，影响了高炉的正常生产，已经成为制约进一步提高风温的限制性环节。综合考虑高风温技术特点，应推广的高风温技术如下：1）将高炉煤气和助燃空气双预热后烧炉，使拱顶温度维持在热风炉钢壳不被晶间腐蚀、耐火材料能承受的温度（1380±20℃），研发并应用自动控制烧炉技术；2）缩小拱顶温度和热风温度的差值到80~100℃；3）通过优化燃烧过程，研究气流运动规律，以及研究蓄热、传热机理，提高气流分布的均匀性；4）采用高效格子砖，增加传热面积，强化传热过程，缩小拱顶温度与风温的差值。采用以上技术可以将热风炉拱顶温度控制在1380±20℃，风温达到1250±20℃，而且取得热风炉节能长寿的效果。

（3）发展大数据和可视化技术。高炉冶炼过程十分复杂，它涉及气、固、液三相的交互作用，是一个大通量、多变量、大滞后、非线性的复杂多相态巨系统。目前我国高炉仍主要依赖经验来进行操作，高炉生产的稳定性和安全性都受到严重制约。未来以高炉冶金工艺机理研究为核心，综合运用计算机、自动化、数值仿真、超级计算、人工智能等领域的前沿技术，以最复杂的高炉工艺段为对象，通过搭建大数据云平台对高炉的工艺冶炼过程数据及不同类型设备或数据接口进行高效自动采集、整理和筛选，形成高炉大数据库并开发云平台交互系统。同时深入研究大数据深度挖掘算法，并结合高炉冶炼工艺选取合适算法，搭建大数据深度学习核心系统。围绕高炉大数据应用与智能炼铁开展研发工作，通过交叉学科前沿技术的集成与实际应用，实现高炉大数据云平台交互、高炉冶炼过程可视化、大数据挖掘与智能分析判断以及高炉高效、安全运行，以达到未来高炉生产“自感知、自适应、自决策、自调节”的智能化操控目标。

（4）继续深入炼铁理论研究与新工艺的开发。经过长期的发展，我国炼铁技术有了很大的进步，在设备的设计生产、高炉的安全长寿等方面，我们拥有自己独特的优势。整体来看，我国炼铁技术总体上已跻身于世界先进行列，但与欧盟、日本和韩国代表的国际最高水平相比，我国炼铁技术基础理论研究还相对薄弱，特别是针对炼铁前沿的理论研究，仍需进一步加强。如针对劣质铁矿资源，寻求新的造块工艺，实现复杂难选矿物高效利用；研究高比例球团条件下高炉块状还原带、软熔带及滴落成渣物态演变，明确高比例球团条件下的高炉各项工艺参数；深入探究氢在炼铁领域应用的基础理论，探索氢冶金的方式以减少碳排放；进一步研究国外成熟的气基还原工艺的核心技术，充分利用我国充足的焦炉煤气等资源，开发适于国情的气基还原工艺；针对 HIsmelt 工艺，进一步解析铁矿粉的熔炼反应，降耗提能等。总之，对于我国炼铁技术基础理论的研究，仍然不可忽略，要加强我国炼铁技术领域原始创新能力，进一步突破技术难关，解决炼铁技术先进国家对我国炼铁技术的“卡脖子”现象，使我国炼铁技术的自主创新能力进一步提高。

2.2.5 非高炉炼铁新技术发展趋势

煤制气—气基竖炉直接还原、熔融还原等非高炉炼铁技术是钢铁产业升级和节能减排的发展方向。气基竖炉工艺在节能、环保、产品质量等诸方面具有显著优势，是国家重点鼓励发展的项目。竖炉可供选择的气源有煤制气、焦炉煤气和熔融还原尾气，以代替天然气，降低大型煤气化投资和成本是发展煤制气—气基竖炉直接还原短流程的关键。

熔融还原炼铁工艺竞争力应当体现在对资源和能源的适应性以及环境友好性。需在特定资源条件下，合理优化熔融还原的炉料结构和燃料结构，高效利用副产品煤气，因地制宜发展。开发具有自主知识产权的新型熔融还原炼铁工艺是产学研诸方面的迫切任务。

参考文献

[1] 杨天钧，张建良，刘征建，李克江．化解产能脱困发展技术创新实现炼铁工业的转型升级［J］．炼铁，2016（3）：1-10.

[2] 沙永志．我国炼铁发展前景及面临的挑战［J］．鞍钢技术，2015（2）：1-8.

[3] 张福明．面向未来的低碳绿色高炉炼铁技术发展方向［J］．炼铁，2016（1）：1-6.

[4] 王维兴．高炉喷煤是我国炼铁技术发展的重要路线［J］．冶金管理，2016（8）：35-40.

[5] 项钟庸．国外高炉炉缸长寿技术研究［A］．全国高炉长寿技术与高风温热风炉技术研讨会［C］，北京，2012：1-10.

[6] 牛福生．中国钢铁冶金尘泥资源化利用现状及发展方向［J］．钢铁，2016（8）：15-10.

[7] 王海风．中国钢铁工业烧结/球团工序绿色发展工程科技战略及对策［J］．钢铁，2016（1）：1-7.

[8] 张子煜．以降低能耗为目标的高炉炼铁工序的优化［J］．钢铁研究，2016（1）：1-5.

[9] 张伟，郁肖兵，李强，等．氧气高炉工艺研究进展及新炉型设计［J］．重庆大学学报，2016（4）：67-81.

[10] 中国冶金报记者．我国球团工业将迎来发展新契机［N］．中国冶金报，2016，1版．

[11] 郄俊懋．铁矿烧结烟气污染物治理趋势及协同治理工艺分析［J］．环境工程，2016（10）：80-86.

[12] 景涛，周志安，黄后芳，等．唐山国丰 230m^2烧结机热风烧结新工艺的应用［J］．烧结球团，2016（4）：14-44.

[13] 任亚运，胡剑波．碳排放税：研究综述与展望［J］．生态经济，2016（7）：56-59.

[14] 王国鑫，杨芸，吴楠．探究钢铁企业烧结烟气综合治理技术［J］．科技展望，2016（24）：79.

[15] 朱刚，陈鹏，尹媛华．烧结新技术进展及应用［J］．现代工业经济和信息化，2016（5）：57-60.

[16] 徐少兵，许海法．熔融还原炼铁技术发展情况和未来的思考［J］．中国冶金，2016（10）：33-39.

[17] 王广．煤基还原熔分综合利用硼铁精矿工艺基础［D］．北京：北京科技大学，2016：183.

[18] 金鹏．基于多层次模型的炉顶煤气循环氧气高炉可行性研究［D］．北京：北京科技大学，2016：146.

[19] 李玉琴，王红兵．高炉渣显热回收利用技术现状研究［J］．安徽冶金，2016（2）：30-34.

[20] 苏步新．高炉炼铁的环保改造如何更经济［N］．中国冶金报，2016，3版．

[21] 杜屏，雷鸣，张明星．高富氧条件下经济炼铁研究［N］．世界金属导报，2016，4版．

[22] 李鹏．高反应性铁焦的性能及其在高炉中应用的基础研究［D］．武汉：武汉科技大学，2016.

3 炼铁过程节能减排先进技术

3.1 清洁高效炼焦技术

（1）焦炉大型化技术。焦炉大型化是炼焦技术发展的总趋势，大型焦炉在稳定焦炭质量、节能环保等方面具有不可取代的优势。十多年来，我国在大型焦炉运用和改造过程中，解决了诸多技术管理难题，积累了丰富的实践经验。2006年6月山东兖矿国际焦化公司引进德国7.63m顶装焦炉投产，拉开了中国焦炉大型化发展的序幕。此后中冶焦耐公司开发推出的7m顶装、唐山佳华的6.25m捣固焦炉，以及目前已研发出炭化室高8m特大型焦炉，实现沿燃烧室高度方向的贫氧低温均匀供热，达到均匀加热和降低NO_x生成的目的，标志着我国大型焦炉炼焦技术的成熟，焦炉大型化也是必由之路。

（2）焦炭性能评价及生产技术进展。传统的焦炭热性能试验方法已经不适合评价现代喷吹煤粉高炉用焦炭，因此提出了新的焦炭热性能评价方法——高反应性焦炭热性能评价新方法。在此理论指导下，宝钢在八钢配煤中将艾维尔沟煤的配比大幅提高，达到62%，生产出的焦炭仍然能够满足2500m^{3}高炉的生产要求。焦炭传统热性能*CRI*高达58%，*CSR*最低只有13.5%，远远突破了高炉对传统焦炭热性能的极限要求。

（3）兰炭/提质煤应用技术。兰炭/提质煤是采用弱黏结性煤或不粘煤经中低温干馏而成，具有低硫、低磷和价格低廉的优势。炼铁工作者对于将其作为高炉喷吹、烧结燃料和焦丁替代品入炉的技术进行了深入的研究，形成了一套兰炭/提质煤在炼铁领域高效应用的技术方案。开发了兰炭/提质煤用于炼铁工序的调控技术，解决了喷吹可磨性偏低、烧结燃烧速率过快和替代焦炭强度偏低的技术难题，推动了煤炭资源的梯级利用和钢铁企业节能减排。同时我国炼铁技术人员提出了高炉喷吹燃料有效发热值的概念，研发了新一代高炉喷煤模拟实验装置，开发了基于有效发热值的高炉喷吹燃料经济评价与优化搭配软件，解决了兰炭/提质煤与喷吹煤混合喷吹时的燃料优化选择的技术难题。建立了兰炭运用于高炉、烧结的经济评价模型，开发了“喷煤—烧结—高炉配加兰炭经济核算系统”软件，科学预测兰炭在炼铁领域运用的经济效益；制定了兰炭用于高炉喷吹、烧结和替代焦炭的技术规范及相关标准。该成果已在包钢、酒钢、新兴铸管等国内知名企业推广和运用，给钢铁企业带来1.47亿元的经济效益，对国内钢铁行业节能减排具有重要意义。

（4）捣固焦技术。为弥补炼焦煤和肥煤的不足，用非焦煤置换部分焦煤，用一定压强的捣锤加压炼焦配煤，然后从侧面装入炭化室干馏得到捣固焦。采用捣固焦技术，可以多配入高挥发分煤及弱黏结性煤，扩大炼焦煤源，降低成本。与顶装焦相比，入炉煤堆积密度大幅提高，煤粒间接触致密，使结焦过程中胶质体充满程度大，减缓气体的析出速度，从而提高膨胀压力和黏结性，使焦炭结构变得致密。用同样的配煤比焦炭质量会有明显改善和提高，M_{40}提高约3%～5%，M_{10}改善2%～3%。我国长治、南昌、攀钢、大冶相继建成了捣固焦炉，生产捣固焦用于1000m^3高炉。而涟源和中信集团在铜陵建设的捣固焦炉，生产的捣固焦可用于3200m^3高炉。我国已建成的炭化室高6.25m的捣固焦炉，为当前中国乃至世界上炭化室高度最高、单孔炭化室容积最大的大容积捣固焦炉。

3.2 节能环保烧结生产技术

（1）烧结设备大型化。进入新世纪以来，随着钢铁工业的迅速发展，我国铁矿烧结技术无论是在烧结矿产量、质量，还是在烧结工艺和技术装备方面都取得了长足的进步。这期间建成投产的大型烧结机都采用现代化的装备，设置较为完善的过程检测和控制项目，并采用计算机控制系统对全厂生产过程进行操作、监视、控制及管理，工艺完善，高度自动化。尤其近些年，中国在开创新工艺、新设备、新技术方面相当活跃，烧结机不断向大型化、节能化、环保化方向发展，大型烧结机数量急剧增加，能耗指标大幅度降低，环境指标明显改善。2000～2013年是我国烧结发展的繁荣期，2010年太钢建成了国内最大的660m^2烧结机，自此我国特大型烧结机自主研制技术取得重大突破；2013年烧结矿产量达到10.6亿吨，国内建成烧结机1300余台，行业处于10余年的高速发展期。2013年至今，是我国烧结技术发展的转型期：随着国家供给侧改革深入推进，2016～2017年国内累计压减钢铁产能约2.5亿吨，2018年再压减产能约3000万吨，有效缓解国内钢铁产能严重过剩的矛盾，截至2017年底，全国烧结机数量降低至900余台（2015年统计1186台），产量达到10亿吨。

（2）超厚料层烧结技术。厚料层烧结作为20世纪80年代发展起来的烧结技术，近40年来得到了广泛应用和快速发展。生产实践调研表明：实施厚料层烧结能够有效改善烧结矿转鼓强度，提高成品率，降低固体燃料消耗，提高还原性等。烧结料层高度也在不断刷新，如宝武、太钢、莱钢的烧结机料层都超过了700mm，有的高达800mm。如今，某些精矿烧结试验的料层厚度也达到了900mm水平，目前宝钢、首钢等企业通过加强原料制粒、偏析布料等技术措施，烧结的料层厚度达到950mm水平。

（3）烧结料面喷吹技术。自2018年1月1日起，《中华人民共和国环境保护税法》正式实施，开始向企业征收环境税。环保税中对CO排放已做了明确的收税规定。但目前实施的包括末端处理在内的烧结烟气处理工艺均对烧结过程 CO 的减排没有效果，而部分末端治理技术对二噁英的脱除效果也不佳。因此，如何从源头和过程控制的角度出发，有效地降低二噁英和 CO 排放量，是烧结生产亟待解决的难题。

针对二噁英和 CO 协同减排问题，开发了烧结料面喷吹蒸汽工艺，明确了烧结料面喷吹蒸汽辅助烧结的机理：喷吹蒸汽对空气有引射作用，可提高料面风速；强化碳燃烧反应，提高燃烧效率，减少 CO 的排放；减少烧结矿残碳等有助于减少二噁英排放。烧结料面喷吹蒸汽研究项目应用后，经过测算，可以降低 2kg/t 燃耗，按 0.6 元/kg 计，降耗效益 1.2 元/t 矿，CO 减排 25%，二噁英减排 50%，环保和社会效益显著。按 2018 年环境保护税法对 CO 征税规定计算，应用喷吹蒸汽技术后有助于减税 0.5 元/t 矿以上。

此外，在烧结过程中喷吹一定量的焦炉煤气，不仅可以降低烧结固体燃料消耗，而且对于提高烧结矿转鼓强度和利用系数均有积极作用。随着喷吹比例的增加，焦粉单耗逐渐减少。当喷吹比例为 0.5%时，焦粉单耗最低可达 40.436kg/t，与基准烟气循环烧结工艺相比，焦粉单耗减少了 3.848kg/t，减少比例为 8.69%。在烧结过程热量收入不变的前提下，随着焦炉煤气喷吹比例的增加，焦炉煤气能够提供更多的热量，从而减少了焦粉单耗；同时，随着喷吹比例的增加，CO_2、SO_2和烟气排放量逐渐减少，当喷吹比例为 0.5%时，CO_2、SO_2 排放量和烟气排放量分别为 328.749kg/t、1.276kg/t 和 2004.064kg/t，与基准烟气循环烧结工艺相比，CO_2、SO_2和烟气排放量分别减少了 10.374kg/t、0.03kg/t 和 56.414kg/t，减少比例分别为 3.06%、2.3%和 2.74%。

（4）烧结热风烟气循环技术。首钢、中冶长天等公司在烧结热风烟气循环技术取得突破，目前烧结烟气循环利用技术已在宁钢、沙钢、首钢京唐等钢铁公司得到应用。生产实践应用表明，烧结烟气循环技术可减少烧结烟气的外排总量及外排烟气中的有害物质总量，是减轻烧结厂烟气污染的最有效手段；可大幅降低烧结厂烟气处理设施的投资和运行费用；可减少外排烟气带走的热量，减少热损失、CO 二次燃烧，降低固体燃耗。烟气循环烧结工艺可使烧结生产的各种污染物排放减少 45%~80%，降低固体燃耗 2~5kg/t 或降低工序能耗 5%以上。

（5）强力混合机制粒技术。强力混合机在烧结机应用可取得如下效果：混匀效果提高，制粒效果增强，透气性提高 10%，焦粉添加比例降低 0.5%，烧结速度提高 10%~12%，生产能力提高 8%~10%。近年来，我国有不少钢厂在烧结中应用了强力混合机技术。2015 年本钢板材率先在 566m^2新建烧结项目上采用立式强力混合机，中国宝武、山西建邦、江苏长强钢铁等烧结机均在一混前增加强力混合机的应用。

（6）降低烧结漏风率技术。烧结系统漏风是影响烧结矿产质量指标以及烧结工序能耗指标的一个重要因素。国内烧结机的漏风率达到50%以上，相比发达国家30%的漏风率有着不小的差距。烧结机漏风会造成生产率下降，电耗增加，甚至产生噪声，恶化工作环境，导致国内烧结厂的能耗水平明显落后于发达国家。烧结机设备本身的漏风点主要集中在烧结机头尾密封、烧结机滑道密封、烟道放灰点及风量调节阀、风箱之间隔风装置、烧结机台车及台车之间的接触面等部位。

近年来，我国烧结生产技术人员从烧结机头尾密封装置、烧结机滑道密封、风箱的隔风装置、烧结机台车以及台车之间接触面等多个角度出发对烧结机漏风现象进行了改善，这些新结构和新技术已经逐步应用到烧结机设计中。例如，在补偿式箱式头尾密封、台车双板簧密封盒及头部两组风箱采用双板式风量调整阀；在点火炉后几个风箱使用活动式隔风，提高烧结机中部的密封性能，降低中部漏风率；将整体式台车结构和下栏板与台车体铸成一体的结构，在设计上减少了台车自身的漏风点；将烧结机台车箅条插销设计成锥面，目前成功应用于方大特钢4m台车、包钢5.5m台车等很多项目中；在烧结机尾部星轮齿板采用修正后的齿形，有效改善烧结机台车的起拱现象。目前这些技术不仅应用于90%以上的烧结机设计中，而且在老产品改造项目中也逐渐应用。各大钢厂实践证明，这些新结构和新技术极大地降低了烧结机设备的总体漏风量，提升烧结机生产效率，实现了烧结机生产的效益最大化。

（7）复合造块技术。我国炼铁工艺铁矿石造块生产中烧结占据支配地位，酸、碱炉料不平衡成为长期困扰我国钢铁企业的难题。新世纪以来，自产细粒铁精矿供应量迅速增加，远超过现有球团生产的处理能力，细粒铁精矿的高效利用和酸碱炉料不平衡成为我国钢铁生产必须解决的紧迫问题。我国炼铁技术人员突破铁矿造块现有生产模式的限制，创造性地提出了复合造块的技术思想，发明了铁矿粉复合造块法。与烧结法相比，该技术提高生产率20%以上，节约固体燃耗10%以上，碳、氢、硫氧化合物的排放明显下降，且该方法还具有大幅提高难处理含铁资源利用率的优势，并在包钢得到应用，解决了包钢炼铁生产炉料不平衡以及难处理自产精矿利用率低的问题，经济社会效益十分显著。

（8）低MgO优质烧结矿制备技术。降低烧结工艺中MgO添加量，不仅可以更加容易满足高炉冶炼对炉渣MgO/Al_2O_3的要求，同时也可以改善烧结工艺中因添加过多的MgO导致烧结工艺生产效率下降、烧结工序能耗偏高、烧结矿转鼓强度下降以及高温软熔性能变差等负面影响，但是作为其代价是将使烧结矿的低温还原粉化性能变差。近年来开发了MgO高效添加方法，形成了低MgO优质烧结矿制备技术。采用该技术不仅可以有效地减少烧结工艺中MgO的添加量，提高烧结工艺的生产效率，降低烧结工序能耗，改善烧结矿的转鼓强度和高温软熔性能，同时还能改善烧结矿的低温还原粉化性能。工业应用表明，在MgO添加不变的前提下，烧结低温还原粉化指标改善了约 4 个百分点，若维持低温还原粉化指标不变，可降低 MgO 添加量。另外，采用此技术也可减少或停喷个别企业仍使用烧结矿喷洒 $CaCl_2$溶液的做法，提高设备的使用寿命。

3.3　高品质球团生产技术

（1）大型带式焙烧机球团核心技术。带式球团工艺过程包括：原料处理与准备系统、造球系统、焙烧系统及成品运输系统。其中焙烧系统是技术的核心，由布料系统、燃烧系统和热风循环系统组成。整个焙烧系统是一个热工过程，而热工过程是借助于燃烧系统和风流系统实现的，这是一个相当大而复杂的热交换过程，在这一过程中，工艺参数、设备性能、系统控制至关重要。以球团矿作为高炉炼铁主要原料的优势和球团矿对高炉指标改善的价值已日趋明显。高炉大比例使用球团矿后，对球团矿质量提出了更高的要求，如熔剂性球团矿、镁质球团矿等。由于带式球团焙烧机具有对原料适应性强的工艺特点，再加上其大型化优势，将推动带式球团工艺的发展。目前大型带式焙烧机技术及装备的国产化全部实现，不再依赖进口，为我国球团事业的发展打下坚实基础。

（2）熔剂性球团技术。熔剂性球团矿是指在配料过程中，添加有含 CaO 的矿物生产的球团矿（四元碱度 R_4>0.82）。熔剂性球团矿的焙烧温度较低，在此温度下停留时间较短时，显微结构为赤铁矿连晶，局部有固体扩散而生成铁酸钙。当焙烧温度较高且在高温下停留时间较长时，则形成赤铁矿和铁酸钙的交织结构。熔剂性球团可以使球团还原性及软熔性能得到改善。通过不断摸索和攻关，湛钢球团已基本实现了熔剂性球团的连续稳定生产，成品球团矿的主要性能指标也得到了有效地改善。首钢京唐带式焙烧机实现了熔剂性球团的稳定生产，首钢京唐 3 号高炉投标以来，球团比例一直在 50%以上，长期维持 55%，燃料比 485kg/t，煤气利用率 52%，效果达到预期。这为超大型高炉实现高比例球团冶炼提供了有力支持，同时对推动钢铁企业节能环保、提升技术经济指标具有十分重要的参考价值和借鉴意义。

（3）含钛含镁球团技术。随着高炉强化冶炼，使用钛矿或钛球护炉已成为很多钢铁厂稳定生产和延长高炉寿命的主要手段之一。而随着需求量的增加，钛矿和钛球价格不断上升，对高炉炼铁和成本带来了很大的影响。球团矿代替块矿在高炉上应用，既达到补炉护炉，保证炉缸安全，延长高炉寿命的目的，又能起到高效生产的作用。首钢技术研究院在含镁添加剂和含钛资源的选择、热工制度的优化控制等方面进行了大量的创新研究，并在京唐公司大型带式焙烧机上实现了含钛含镁低硅多功能球团矿的生产和应用。含钛含镁球团矿生产工艺技术，不仅使用了低价含钛矿粉资源，而且生产出了物化性能和冶金性能优良的含钛球团矿，为炼铁使用粉矿护炉、降低成本、改善综合炉料冶金性能提供了很好的借鉴依据，为开发多功能球团矿奠定了基础，同时对钢铁企业提升高炉技术经济指标、促进节能减排、实现高炉长寿和降低炼铁成本开辟了新的方向。

3.4　高效长寿高炉炼铁技术

（1）特大型高炉应用煤气干法除尘技术。高炉煤气除尘类型分为干法除尘和湿法除尘两种，与传统高炉煤气湿法除尘相比，干法除尘不仅简化了工艺系统，占地面积小，投资少，基本不消耗水、电，从根本上解决了二次水污染及污泥的处理问题。宝钢1号高炉干法除尘系统为中国首次在特大型高炉上应用干法除尘技术，经过近几年的生产实践，干法除尘系统运行良好。在使用干法除尘系统过程中，高炉煤气中的氯离子和酸性物质会使得煤气管道存在严重的腐蚀问题，通过改进防腐工艺、增设喷淋塔等可以降低干法除尘系统对煤气系统腐蚀的影响。干法除尘系统在大型高炉上推广应用积累了重要的操作经验，配合煤气余压发电系统，可以合理回收利用煤气显热，显著提高发电水平，有效降低吨铁能耗，是一项有效的重大综合节能环保技术。

（2）高效低耗特大型高炉关键技术。$4000m^3$以上特大型高炉生产效率高，能耗低，排放少，是炼铁业实现集约化绿色发展的重大技术。我国冶金科技工作者针对特大型高炉体量及尺寸加大带来的煤气流分布不均等重大技术难点展开研究，经过多年的自主创新，取得了一整套覆盖特大型高炉工艺理论、设计体系、核心装备、智能控制的关键技术及成果，首创了$4000m^3$级以上特大型高炉高效低耗的工艺理论及设计体系，为我国高炉的大型化发展奠定了基础。同时开发了新型无料钟炉顶控制技术、高风温顶燃式热风炉、节能环保水渣转鼓等核心装备技术，以及高炉智能生产管理系统，为实现高效低耗的生产提供了装备和控制技术保障。该技术创建了以炉腹煤气量指数为核心的新指标体系，从本质上反映炉内煤气流特征，建立了炉内状况与生产指标的内在联系；提出特大型高炉炉腹煤气量指数的合理区间为$56\sim65m^3/(min \cdot m^2)$之间，为特大型高炉实现高效低耗的科学设计和生产指导奠定了理论基础。该成果推广到国内外21座$4000m^3$级以上高炉，产生了巨大的经济和社会效益。项目成果应用的宝钢3号高炉一代炉役19年，单位炉容产铁量15700t，一代炉役平均焦比（含焦丁）302kg/t，煤比196kg/t，燃料比498kg/t，达到国际领先水平。该成果数次击败国外工程巨头，输出到越南台塑$2\times4350m^3$高炉、印度Tatakpo 2号$5870m^3$高炉等具备重大国际影响力的项目，为中国特大型高炉技术建立了全球领先地位。

（3）无料钟炉顶技术。宝钢湛钢高炉采用了由宝钢、中冶赛迪、秦冶重工共同研发的具有国内自主知识产权的新一代BCQ无料钟炉顶装料设备，由中冶赛迪设备成套。BCQ无料钟炉顶装料设备的主要技术指标达到国际先进水平，部分关键指标（如α角控制精度、溜槽倾动速度、对炉顶高温的适应性等）相比国外同类产品更具有独特的优势，打破了国外公司在国际大型无料钟炉顶技术上的长期垄断。BCQ 无料钟炉顶装备在湛钢高炉上投入应用后，设备运行平稳，状况良好，各项运行指标优异，达到或优于设计指标。尤其是其耐高温高压特性、快速响应、高冷却效率等特性，为湛钢高炉实现高顶压、高顶温、高 TRT 发电、灵活布料、节能减排等先进生产操作和优异生产指标提供了重要保障。

（4）现代高炉最佳镁铝比冶炼技术。我国进口矿量逐年增加，导致高炉渣Al_2O_3含量随之增大。为适应高 Al_2O_3炉渣操作，控制炉渣适宜的 MgO 含量是有效措施之一。东北大学系统地研究了 MgO 对烧结—球团—高炉冶炼的影响规律及作用机理，并开展了大量的实验室和工业试验，建立了最佳镁铝比操作的理论体系，从根本上改变了长期以来高炉炼铁工艺中镁铝比操作的传统观念，促进了高炉炼铁技术的进步。经过在梅钢 4 号、5 号高炉及其烧结工序上成功应用，将镁铝比降至 0.43，渣量降低 11.48kg/tHM，燃料比降至 492.5kg/tHM（降低 1.5kg/tHM）。不仅降低了炼铁成本，还减少 CO_2和废弃物排放，取得了显著的经济、社会效益。

（5）高炉高比例球团技术。球团工艺近年得到全面发展与推广。我国各大钢铁企业在大比例球团领域进行了探索。首钢技术研究院和首钢伊钢现场的技术人员一起开展了球团降硅提碱度、改善冶金性能攻关研究，攻克了熔剂性球团矿焙烧温度控制难、配熔剂时预热球强度低、回转窑易结圈、球团产量低质量差等诸多技术难题，并于 2018 年实现了首钢伊钢高炉全球团冶炼及稳定运行，技术经济指标改善，吨铁成本降低 200 元以上。此外，2018 年，京唐公司炼铁部高炉进行了两次配用碱性球的大球比试验，球团比最高达到 50%。在总结前两次大球团比冶炼工业试验的基础上，围绕稳定中心煤气，提前对装料制度做小幅调整，尽量减少其他调整因素，逐步探索出一套与现在生产相适应的大球团比冶炼规律。从 2019 年 5 月份开始高炉稳步提高球团比，一直到 6 月 10 日高炉球团比达到了 52%，6 月底至今，高炉球团比保持在 55%。其间，高炉压量关系平稳，炉况持续稳定，为铁水产量质量的稳定提供了保障，真正实现了大比例球团入炉冶炼。

（6）热压铁焦低碳炼铁技术。铁焦是一种新型低碳炼铁炉料，高炉使用铁焦可降低热储备区温度，提高冶炼效率，降低焦比，减少 CO_2排放。国内对铁焦制备及应用高度关注，正加强相关关键技术的研发。《钢铁工业调整升级规划（2016—2020）》明确提出将复合铁焦新技术作为绿色改造升级发展重点的前沿储备节能减排技术。东北大学目前正与某企业开展应用合作研究，并开展深入的工业化试验，验证实际效果。据估算，该技术投资少，应用于实际高炉后节能减排和降低成本效果显著，为我国低碳高炉炼铁起到了示范和推动作用。

（7）高炉长寿技术。基于大量高炉破损调查案例的分析总结，树立了以渣皮控制为核心的铜冷却壁长寿技术理念。我国高炉工作者提出了延长炉腹至炉身下部寿命完整的技术理念，即："无（或少）过热冷却体系+留住渣皮"。所谓无过热的冷却体系就是在高炉任何工况条件下冷却设备的工作温度都不会超过它的允许使用温度，从而达到冷却设备烧不坏的目的。对于"留住渣皮"，我们则更应关注薄壁高炉的炉腰直径、炉身角以及炉腹角，炉腰冷却壁的热面安装直径应该接近操作内型的炉腰直径，它们之间的偏差只是反"脱落—形成"的渣皮，其厚度不过20~40mm。因此，炉身部位的冷却壁安装角度就应该是高炉操作内型的炉身角，将炉腹角维持在74°~78°之间，对于冷却设备的正常工作是有利的。在炉缸寿命方面，提出了以保护层控制为核心的长寿理念，炉缸采用优质的耐火材料必不可少，炭砖与冷却系统对于高炉长寿来说缺一不可。我国学者在开发研究高炉微孔和超微孔炭砖的进程中，根据高炉的实际状况，不仅把热导率和微孔指标，而且把铁水熔蚀指数纳入行业标准中，为全面评价炉缸用炭砖的质量提供了良好的依据。经过努力，我国已经有一批特大型高炉寿命达到十年以上，宝武3号高炉达到19年，进入世界先进行列，宝武2号高炉、太钢5号高炉达到14年；马钢A号、B号高炉达到12年；鞍钢1号高炉、鲅鱼圈2号高炉、本钢1高炉达到11年。

（8）高炉高风温技术。高炉高风温技术是高炉降低焦比、提高喷煤量、提高能源转换效率的重要途径。目前，大型高炉的设计风温一般为1250~1300℃，提高风温是21世纪高炉炼铁的重要技术特征之一。近年来风温逐年提高，2016年全国平均风温达到了1168℃。我国已完全掌握单烧低热值高炉煤气达到风温1250±20℃的整套技术。高风温是现代高炉的重要技术特征，顶燃式热风炉是高风温热风炉技术的重大突破，在国内基本取代了传统的内燃式和外燃式热风炉。

（9）高炉可视化及大数据技术。当前，云计算、物联网、大数据等信息技术将加速企业从中国制造向"中国智造"转变的进程。而工业大数据是实现智能制造的基础，是企业转型升级抢占未来制高点的关键。大数据智能互联平台的构建，将推动炼铁厂实现低成本、高效率的冶炼，持续保持钢厂在行业中的竞争力。对于高炉可视化，目前主要存在两种方式，一种是通过相关设备对炉内情况进行直接检测的手段，如红外炉顶成像、风口热成像以及激光测料面技术等；另一种则是依据高炉生产参数，通过相关物理、化学、传热传质等成熟的基础理论进行模拟，获得炉内状况，对高炉生产进行指导，如炉缸炉底侵蚀模型、布料与料层预测模型等，近两年均取得了显著进步。

3.5 非高炉炼铁技术

（1）熔融还原技术。经过几年的探索与实践，山东墨龙公司在吸纳原有奎纳纳 HIsmelt 熔融还原工艺流程核心技术的基础上，结合中国超高纯特种铸造生铁生产的经验，在如何保证冶炼过程的连续化、发展熔融还原炉（SRV）长寿技术、提高资源利用率等关键性问题上，取得重大技术革新和技术突破。山东墨龙HIsmelt工艺自运行以来，多项生产及技术指标均创造了该流程的历史纪录。最长连续稳定运行时间长达153天，且生产中的经济技术指标远超历史最高水平。2017年最大日均产量达1930吨，月产量达5.17万吨，是HIsmelt工艺过去历史最高产量两倍以上。相较于HIsmelt工艺过去生产15万吨需更换5次炉衬的情况，墨龙HIsmelt熔融还原炉寿命明显延长，至2017年底已生产25万吨，炉衬仅有轻微侵蚀。

宝武集团将Corex炉搬迁到八钢，新疆的煤炭资源丰富，当地的铁矿石资源也更符合Corex工艺要求。八钢立足本地矿产和煤炭，优化配矿配煤，改进工艺，优化设备，进行各种废弃物入炉试验，都取得了良好效果。Corex炉煤气量巨大，且氮比例较低，可作为化工的原料气体，八钢正积极探索新型的冶金—煤化工耦合工艺。通过Corex在八钢的实际生产证明：在一定的资源条件下，Corex炉可以具有与传统高炉一样的成本竞争力。

（2）气基直接还原技术。气基直接还原具有工艺流程短、反应温度低、能源消耗小、污染物排放少、产品质量高等优势，在未来炼铁生产中将起到日益重要的作用。然而，由于缺乏充足廉价的工业用天然气，气基竖炉直接还原技术在我国的发展受到阻碍。近年来，为了开发具有中国自主知识产权的气基竖炉还原炼铁技术，并有效整合改质焦炉煤气或煤制气，打破天然气资源的束缚，中国中晋冶金科技有限公司与北京科技大学合作，共同开发适于中国的焦炉煤气改质（煤制气）—气基竖炉制备还原铁技术，并申报多项专利。该技术的研发，为我国气基直接还原技术的发展打下了坚实的基础。

3.6 智能工厂

随着互联网+、人工智能、大数据、云服务、卫星定位系统、工业机器人以及先进的检测手段的引入，智能制造在钢铁冶炼流程中已经开始逐步凸显。宝钢作为行业先进技术的集大成者，计划用10年左右时间，完成智能制造雏形的建设，建成“智慧制造的城市钢厂”，现已建成了无人值守综合原料场、全球首套大型高炉控制中心以及1580热轧智能车间等示范项目。

3.7 钢铁企业尘泥二次资源与社会废弃物协同处理技术

当前的环保政策要求钢铁企业自身产生的尘泥二次资源不能外排和外销，只能内部消化处理。但尘泥中锌、钾、钠等有害元素含量较高，若直接回配烧结会造成高炉内有害元素的循环富集，严重影响高炉的稳定运行。目前典型的尘泥处理工艺（转底炉、OxyCup、回转窑等）在处理效率、有价元素综合利用、产品性能等方面都有待改善。未来应开发一种具有我国自主知识产权的、高效综合利用钢铁企业尘泥二次资源及社会废弃物资源的新技术，有效解决固体废弃物处理问题，实现钢铁企业与城市的和谐共存。

3.8 低碳炼铁技术

高炉作为超高效率反应器，未来仍将占据主导地位。我国高炉整体燃料比水平相比国际先进水平还差距明显。应立足目前炼铁工艺流程，以降低高炉燃料消耗量作为减少炼铁整体碳量的关键，尤其是大型高炉，追求高炉接近还原平衡、完全利用燃料化学能为未来研发的主攻方向。具体技术包括：提高炉身工作效率；炉顶脱除 CO_2并循环使用；开发高品质球团，发展带式焙烧机，提高单台设备产能；提高烧结矿质量，发展预还原烧结矿、微波烧结等；开发高强度焦炭、电加热焦炉技术。

此外，高炉喷吹氢气技术可大幅提高高炉生产效率，减少 CO_2的排放，应重点研究高炉喷吹氢气的喷吹位置、喷吹量等喷吹方式，掌握喷吹氢气对炉料在炉内反应进程以及高炉操作的影响规律。

3.9 绿色炼铁技术

绿色炼铁技术在未来的需求主要集中在非高炉炼铁技术，包括直接还原和熔融还原两大工艺。其优势在于摆脱了焦煤资源短缺对钢铁工业发展的羁绊，取消了烧结及焦化工艺环节，适应了日益严格的环境保护要求，并且能有效降低钢铁流程的产品综合能耗，解决废钢短缺及质量不断恶化的问题，为生产洁净钢、优质钢等高端产品提供纯净的铁源材料，还可实现资源的综合利用。因此，积极发展非高炉炼铁，提高短流程电炉炼钢的比例，是钢铁工业改善产品和能源结构、减少 CO_2排放、促进钢铁工业可持续发展的绿色工艺。

参 考 文 献

[1] 陆隆文. 武钢有限高炉长寿技术 [N]. 世界金属导报，2018-06-19（B02）.

[2] 程申涛. 宝钢 1 号高炉干法除尘技术应用及改进实绩 [J]. 中国冶金，2018，28（6）：48-51.

[3] 杨天钧. 持续改进原燃料质量，提高精细化操作水平努力实现绿色高效炼铁生产 [N]. 世界金属导报，2018-05-15（B02）.

[4] 杨飞. 高炉长寿技术的应用与研究 [J]. 中国设备工程，2018（8）：192-193.

[5] 赵娜，尤翔宇. 干式除尘技术在国内有色冶炼行业的应用及发展趋势 [J]. 有色金属科学与工程，2018，9（2）：96-102.

[6] 邓涛，陈奎，王云，夏万顺．邯钢1号高炉长寿生产实践［J］．炼铁，2018，37（2）：15-18.
[7] 李建军，刘德辉．鞍钢3200m^{3}高炉大修停炉操作实践［J］．鞍钢技术，2018（2）：42-45.
[8] 齐利国，段云祥．LT干法静电除尘技术的发展及探讨［J］．重型机械，2018（2）：1-4.
[9] 金福禄．浅谈炼铁高炉冶金技术的应用与发展［J］．山西冶金，2018，41（1）：39-40.
[10] 敖爱国，梁利生，贾海宁．宝钢湛江钢铁高炉系统耐火材料的配置与应用［J］．耐火材料，2018，52（1）：35-39.
[11] 胡风喜，王聪渊，段新民，李明．高炉长寿浅析［J］．四川冶金，2018，40（1）：39-42.
[12] 周帅，张化斌，王包明．宁钢1号高炉炉缸长寿维护实践［J］．浙江冶金，2018（1）：40-43.
[13] 张福明．冶金煤气干法除尘技术创新与成就［A］．中国金属学会．第十一届中国钢铁年会论文集—S15．能源与环保［C］，2017：7.
[14] 张怀春．炼铁冶金环保与节能技术研究［J］．电子测试，2017（16）：114-115.
[15] 田果，王忠，陈若平，刘鹏南．煤气干法除尘技术在八钢欧冶炉的应用［J］．新疆钢铁，2017（3）：49-52.
[16] 邱国兴，蔡南，刘越，刘志明，葛启桢，张慧书．高炉高风温技术概述［J］．冶金能源，2017，36（S1）：70-73.
[17] 郭宏烈，黄俊杰．首钢京唐5500m^{3}高炉富氧喷煤实践［J］．炼铁，2016，35（6）：30-32.
[18] 丁雁翔，时新磊，张海辰．北钢2号高炉富氧喷煤操作实践［J］．黑龙江冶金，2016，36（5）：39-41.
[19] 高征铠．高炉可视化技术［A］．2015年炼铁共性技术研讨会论文集［C］，2015：7.
[20] 赵加佩．铁矿石烧结过程的数值模拟与试验验证［D］．杭州：浙江大学，2012：200.
[21] 张金良．熔剂性赤铁矿球团焙烧特性及高炉还原行为研究［D］．长沙：中南大学，2012：73.
[22] 郭瑞，汪琦，张松．溶损反应动力学对焦炭溶损后强度的影响［J］．煤炭转化，2012（2）：12-16.
[23] 赵宏博，程树森．高炉碱金属富集区域钾、钠加剧焦炭劣化新认识及其量化控制模型［J］．北京科技大学学报，2012（3）：333-341.
[24] 黄艳芳．复合黏结剂铁矿球团氧化焙烧、还原行为研究［D］．长沙：中南大学，2012：172.
[25] 吴胜利，王代军，李林．当代大型烧结技术的进步［J］．钢铁，2012（9）：1-8.
[26] 梁利生．宝钢3号高炉长寿技术的研究［D］．沈阳：东北大学，2012.
[27] 胡友明．铁矿石烧结优化配矿的基础与应用研究［D］．长沙：中南大学，2011：109.
[28] 张浩浩．烧结余热竖罐式回收工艺流程及阻力特性研究［D］．沈阳：东北大学，2011：80.
[29] 吴增福，郑绥旭．500万吨链箅机—回转窑球团工艺及装备［J］．冶金能源，2016（1）：

7-10.
[30] 张天．中国碳排放权交易与课征碳税比较研究［D］．长春：吉林大学，2015：57.
[31] 张伟．氧气高炉炼铁基础理论与工艺优化研究［D］．沈阳：东北大学，2015：190.
[32] 王学斌．氧气高炉炼铁工艺的发展及现状［J］．莱钢科技，2015，8（1）：1-3.
[33] 张慧轩．铁焦气化反应机理的研究［D］．武汉：武汉科技大学，2015：77.
[34] 杨杰．气氛和金属化合物对飞灰二噁英低温影响特性研究［D］．杭州：浙江大学，2015：158.
[35] 金鹏，姜泽毅，包成，陆元翔，张欣欣．炉顶煤气循环氧气高炉的能耗和碳排放［J］．冶金能源，2015（5）：11-18.
[36] 余文．高磷鲕状赤铁矿含碳球团制备及直接还原—磁选研究［D］．北京：北京科技大学，2015：132.
[37] 本刊讯．低碳炼铁技术：非高炉闪速炼铁工程研究［J］．钢铁，2015（8）：100.
[38] 张福明，王渠生，韩志国，等．大型带式焙烧机球团技术创新与应用［A］．“十届中国钢铁年会”暨“六届宝钢学术年会”，上海，2015：7.
[39] 王代军，吴胜利．赤铁矿制备镁球团矿的研究与应用［J］．钢铁，2015（10）：25-29.
[40] Naito M，Takeda K，Matsui Y. Ironmaking technology for the last 100 years：Deployment to advanced technologies from introduction of technological know-how，and evolution to next-generation process［J］. ISIJ International，2015，55（1）：7-35.
[41] 陈祖睿．铁矿石烧结过程中二噁英的减排控制研究［D］．杭州：浙江大学，2014：85.
[42] 易凌云．铁矿球团 CO-H_2 混合气体气基直接还原基础研究［D］．长沙：中南大学，2013：140.
[43] 许佳平．煤气和天然气中 CO_2 化学脱除试验研究［D］．杭州：浙江大学，2013：94.
[44] 苏步新，张建良，国宏伟，曹维超，傅源获，白亚楠．基于主成分分析的高炉喷吹煤优化配煤模型［J］．重庆大学学报，2013（11）：51-57.
[45] 李文琦．优化烧结料层透气性和温度场的研究［D］．长沙：中南大学，2012：75.
[46] 李彩虹．球团矿竖炉氧化焙烧过程中的强度变化规律［D］．唐山：河北理工大学，2010：72.
[47] 吴胜利，戴宇明，Dauter Oliveira，裴元东，徐健，韩宏亮．基于铁矿粉高温特性互补的烧结优化配矿［J］．北京科技大学学报，2010（6）：719-724.
[48] 俞勇梅，何晓蕾，李咸伟．烧结过程中二噁英的排放和生成机理研究进展［J］．世界钢铁，2009（6）：1-6.
[49] 孙培永，张利雄，姚志龙，闵恩泽．新型反应器和过程强化技术在生物柴油制备中的应用研究进展［J］．石油学报（石油加工），2008（1）：1-8.
[50] 周春林，刘春明，董亚锋，沙永志．国外炼铁状况及中国炼铁发展方向［J］．钢铁，2008，43（12）：1-6.
[51] 石磊，陈荣欢，王如意．钢铁工业含铁尘泥的资源化利用现状与发展方向［J］．中国资源综合利用，2008（2）：12-15.
[52] 仲伟龙．化学吸收技术研究［D］．杭州：浙江大学，2008.
[53] 袁雪涛，米舰君，赵文丰．唐钢 2560m^3 高炉钛矿护炉实践［J］．炼铁技术通讯，2007

(2)：2-3.

[54] 刘文权．对我国球团矿生产发展的认识和思考 [J]. 炼铁，2006 (3)：10-13.

[55] 黄柱成，张元波，陈耀铭，庄剑鸣．以赤铁矿为主配加磁铁矿制备的氧化球团矿显微结构 [J]. 中南工业大学学报（自然科学版），2003 (6)：606-610.

[56] 李永全．高炉钛矿护炉的机理研究 [J]. 宝钢技术，2002 (1)：12-16.

4 非高炉炼铁

高炉炼铁工艺经过两百多年的发展已经逐渐走向成熟，其能耗和排放已经接近理论极限，其对高污染的造块工艺的依赖使其在“绿色发展”新时代面临前所未有的挑战。炼铁工艺要想从根本上解决能耗、排放以及资源问题，必须开发全新的工艺，摆脱对造块的依赖，并且拓宽其资源和能源可用范围。近年来，非高炉炼铁工艺取得了前所未有的进步，熔融还原（Corex、Finex、HIsmelt）以及直接还原（Midrex）均实现了连续工业化生产，并且具备良好的经济效益[1~6]，本章将对这些典型工艺进行详细介绍。

4.1 直接还原方法

4.1.1 竖炉法直接还原经典工艺——Midrex 工艺

Midrex 法是 Midrex 公司开发成功的。Midrex 公司原为美国俄勒冈州波特兰市 Midland Ross 公司下属的一个子公司，后来被 Korff 集团接管，最后被该集团售给了日本神户钢铁公司。该技术的经营权由 Korff 工程公司、奥钢联、鲁奇公司与 Midrex 共享[4,5]。

4.1.1.1 Midrex 工艺流程

Midrex 属于气基直接还原，流程原理如图 4-1 所示[1,5]。还原气是用天然气经催化裂化制取得到。裂化时还有炉顶煤气参与，炉顶煤气含 CO 与 H_2 共 70%左右。经洗涤后，约 60%~70%加压送入混合室，与当量天然气混合均匀。混合气先进入一个换热器进行预热，换热器热源是转化炉尾气。预热后的混合气送入转化炉中，由一组镍质催化反应管进行催化裂化反应，转化成还原气。还原气含 CO 及 H_2 共 95%左右，温度为 850~900℃。转化的反应式为：

$$CH_4 + H_2O = CO + 3H_2 \qquad \Delta H = 2.06 \times 10^5 J$$

$$CH_4 + CO_2 = 2CO + 2H_2 \qquad \Delta H = 2.46 \times 10^5 J$$

剩余的炉顶煤气作为燃料，与适量的天然气在混合室混合后，送入转化炉反应管外的燃烧空间。助燃用的空气也要在换热器中预热，以提高燃烧温度。转化炉燃烧尾气中含 O_2 小于 1%。高温尾气首先排入一个换热器，依次对助燃空气和混合气进行预热。经烟气换热器后，一部分经洗涤加压，作为密封气送入炉顶和炉底的气封装置。其余部分通过一个排烟机送入烟囱，排入大气。

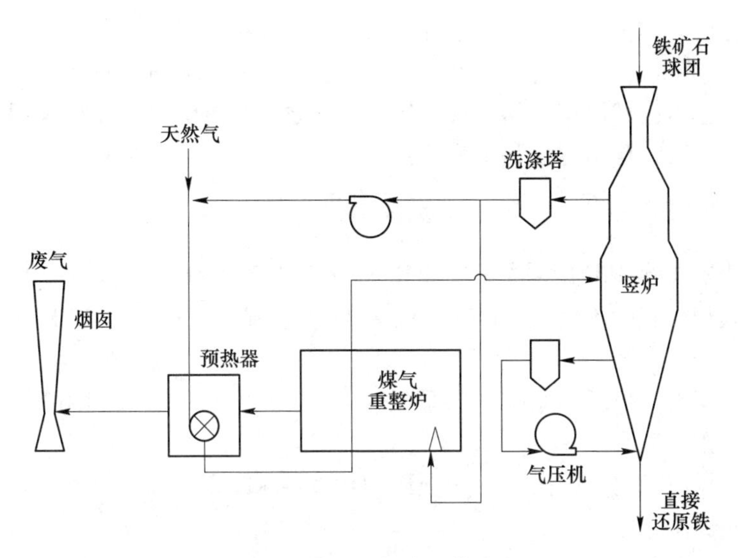

图 4-1 Midrex 标准工艺流程

还原过程在一个竖炉中完成。Midrex 竖炉属于对流移动床反应器，分为预热段、还原段和冷却段三个部分。预热段和还原段之间没有明确的界限，一般统称还原段。

矿石装入竖炉后在下降运动中首先进入还原段，其温度主要由还原气温度决定，大部分区域在 800℃以上，接近炉顶的小段区域内，床层温度才迅速降低。在还原段内，矿石与上升的还原气作用，迅速升温，完成预热过程。随着温度的升高，矿石的还原反应逐渐加速，形成海绵铁后进入冷却段。冷却段内，有一个煤气洗涤器和一个煤气加压机，造成一股自下而上的冷却气流。海绵铁进入冷却段后在冷却气流中冷却至接近环境温度排出炉外。

4.1.1.2 Midrex 技术特点

Midrex 竖炉的炉内热量来源于还原气物理热[6]。炉内还原气入口处的温度约为 820℃。还原段内的温度基本保持这个数值不变。炉料在这个温度区内约停留 6h。在此期间内，铁氧化物完成自 FeO 至金属铁的全部还原过程。还原终点位于还原气喷嘴平面下方。

还原气向上离开还原段，进入预热段。在预热段内，矿石要完成预热过程和高价铁至浮氏体的还原，这些过程消耗大量的物理热。因此，还原气在预热段迅速降温，离开竖炉时温度为 400℃左右。在异常炉况下，炉顶煤气温度可高达 700℃。炉料在预热段约停留 30min，高价铁至 FeO 的还原主要发生于 693～820℃的温度区间。

矿石经过预热段和还原段进入冷却段时，全部还原过程已经完成。循环冷却气的进口温度为30~50℃。出口温度一般为450℃左右。炉料在冷却段的停留时间为3~5h。Midrex炉衬保温性能较高，炉壳温度一般不超过100℃。

炉料在竖炉内共停留10h左右。其中在还原段约停留6h。由停留时间和矿石堆密度可用下式计算出容积利用系数：

$$\eta_V = \frac{24W}{Kt}$$

式中，η_V为竖炉容积利用系数，即24h每立方米竖炉有效容积生产的海绵铁吨数；W为入炉矿石的堆密度，t/m^3，取2.8；K为矿比，t/t，取1.4；t为停留时间，h。

可分别算出，竖炉还原段利用系数为8，还原段与预热段利用系数为7.38，全炉利用系数一般为4.8。

Midrex竖炉采用常压操作，炉顶压力约为40kPa，还原气压力约为223kPa。操作指标如表4-1所示。

表4-1 Midrex竖炉操作指标

<table>
<tr><td colspan="2">产品成分</td><td colspan="4">煤 气 成 分</td></tr>
<tr><td>TFe/%</td><td>92~96</td><td colspan="2">还原煤气</td><td colspan="2">炉顶煤气</td></tr>
<tr><td>MFe/%</td><td>>91</td><td>CO_2/%</td><td>0.5~3</td><td>CO_2/%</td><td>16~22</td></tr>
<tr><td>金属化率/%</td><td>>91</td><td>CO/%</td><td>24~36</td><td>CO/%</td><td>16~25</td></tr>
<tr><td>$SiO_2+Al_2O_3$/%</td><td>≈3</td><td>H_2/%</td><td>40~60</td><td>H_2/%</td><td>30~47</td></tr>
<tr><td>CaO+MgO/%</td><td><1</td><td>CH_4/%</td><td>≈3</td><td>CH_4/%</td><td>—</td></tr>
<tr><td>C/%</td><td>1.2~2.0</td><td>N_2/%</td><td>12~15</td><td>N_2/%</td><td>9~22</td></tr>
<tr><td>P/%</td><td>0.25</td><td rowspan="3">还原煤气氧化度/%</td><td rowspan="3"><5</td><td rowspan="3">竖炉煤气利用率/%</td><td rowspan="3">>40</td></tr>
<tr><td>S/%</td><td>0.01</td></tr>
<tr><td>产品耐压/kg</td><td>>50</td></tr>
</table>

注：利用系数按还原带计算9~12t/(m^3·d)；作业强度80~106t/(m^2·d)；热耗10.2~10.5GJ/t；作业率333天/年；水耗（新水）1.5t/t；动力电耗100kW·h/t。

Midrex有三个相对不同的流程分支：EDR法、炉顶煤气冷却法和热压块法。其中，EDR与原标准流程区别较大，该工艺与传统的竖炉工艺的主要区别在于：

（1）竖炉热源由电力提供而不是由还原气提供；

（2）入炉料由矿石和煤组成；

（3）EDR流程所用还原剂由煤的气化反应提供；

（4）由于EDR流程炉内不依靠还原剂提供热量，竖炉料柱内的气流量远低于气基直接还原竖炉。该特点有利于使用低透气性矿煤混合炉料。

EDR竖炉截面呈矩形，在炉衬内表面装有数组对称的耐热钢的电极，通过电极放电为竖炉的还原提供所需的热量。

矿石、煤粉和石灰石组成的混合料由炉顶装入，自上向下逆煤气流运动。在煤气流和电极共同作用下，炉料温度逐渐升高，依次形成预热段和还原段。还原后的海绵铁经冷却段冷却后，排出炉外。

按照气路的划分，EDR 流程可以分为两种，如图 4-2 所示。

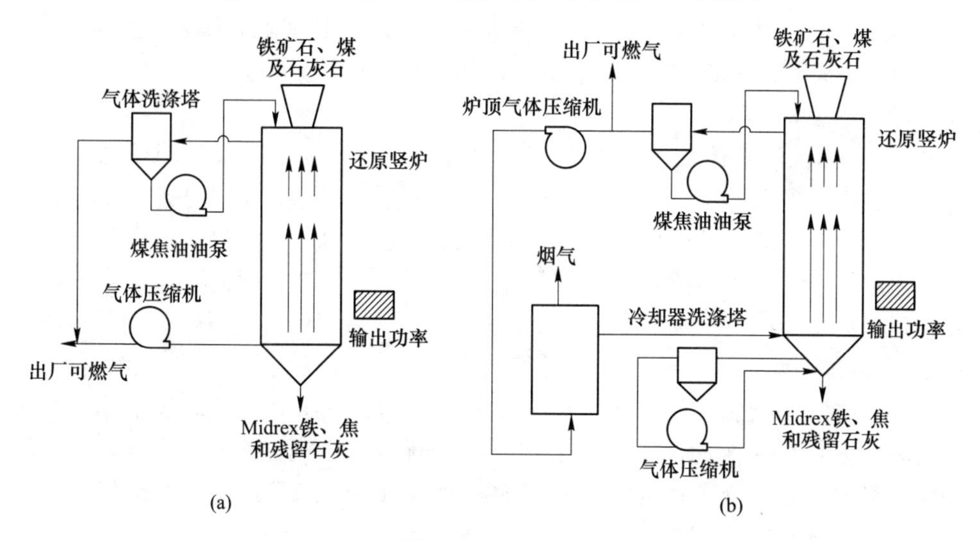

图 4-2 EDR 流程

图 4-2（a）是一般流程。炉内反应之后形成的炉顶煤气排出竖炉后，经过洗涤脱除煤焦油后得到净煤气。净煤气一部分作为竖炉底部的冷却气，冷却海绵铁，另一部分可出厂作为可燃气。脱除的煤焦油可以通过一个油泵返回竖炉再次利用。图 4-2 中（b）流程与（a）流程的主要区别在于炉顶煤气的处理：（1）净化后的煤气经过加热后，再进入竖炉循环利用；（2）采用了经典的 Midrex 流程中的冷却气循环方式，对热海绵铁进行冷却。

而 Midrex 工艺的其他两个分支与原流程没有大的区别，分述如下：

（1）炉顶煤气冷却法是针对含硫较高的铁矿而开发的。它的特点是采用净炉顶煤气作为冷却剂。完成冷却过程后的炉顶煤气再作为裂化剂与天然气混合，然后通入转化炉制取还原气。标准流程对矿石含硫要求极严格，炉顶煤气冷却流程则可放宽对矿石含硫的要求。由于两个流程的区别不大，在生产过程中可作为两种不同的操作方式以适应不同硫含量的矿石供应。

在冷却海绵铁的过程中，炉顶煤气通过硫在海绵铁上的沉积和下列反应使含硫量明显降低：

$$H_2S + Fe = H_2 + FeS$$

流程的脱硫效果已通过几种重要矿石的试验得到证实。炉顶煤气的硫中，约 30%～70%可在冷却过程中被海绵铁脱除。在海绵铁含硫不超标的前提下，煤气中含硫气体约可降至10×10^{-6}以下，从而避免了裂化造气过程镍催化剂的中毒失效。前已提及，采用炉顶煤气冷却方式的 Midrex 竖炉可将矿石含硫上限从0.01%放宽至0.02%。

（2）热压块法与标准流程的差别在于产品处理。完成还原过程后的海绵铁在标准流程中通过强迫对流冷却至接近环境温度；热压块流程则没有这一强迫冷却过程。而是将海绵铁在热态下送入压块机，压制成 90mm×60mm×30mm 的海绵铁块。

约700℃的海绵铁由竖炉排入一个中间料仓。然后通过螺旋给料机送入热压机。从热压机出来的海绵铁块呈现连成一体的串状，通过破串机破碎成单一的压块后，再送入冷却槽进行水浴冷却。冷却后即为海绵铁压块产品。

海绵铁压块的优良品质使其在炼钢工序中深受欢迎。因此，新建的 Midrex 直接还原厂多采用热压块工艺。马来西亚 SGI 公司所属的直接还原厂就是一个年产 65 万吨的 600 型 Midrex 热压块海绵铁生产厂。该厂建于 1981 年，耗资 10 亿美元。主要装置包括一台直径为 5.5m 的还原竖炉，一座 12 室 427 支反应管的还原气转化炉，三台能力均为 50t/h 的热压机及配套破串机和冷却槽。竖炉炉顶的炉料分配器由 6 个分配管组成，还原气喷嘴有 72 个。该厂原料为 50%的瑞典球团矿，50%的澳大利亚块矿。生产指标如表 4-2 所示。

表 4-2 热压块流程典型生产指标

气耗/GJ·t^{-1}	电耗/kW·h·t^{-1}	产品合格率/%	产品 TFe/%	产品含 C/%	产率/t·h^{-1}
9.5	127	94	94	1.23	86.5

4.1.1.3 Midrex 最新技术动向

（1）DRI 的热态排出：将 DRI 从竖炉排出的方式，由过去的冷态改为热态排出（HDRI）（以直供电炉的方式），十分有利于总体单位能耗降低和提高生产效率，以此为目的不断进行了技术改进[7~10]。从有利于设备效率出发，实现生产的灵活，采用了两种排出方式组合的方案。即将 HDRI 送入电炉可以有以下三种方式：

1）用热容器向电炉的输送方式，于 1999~2004 年在印度的 Essar 钢铁厂编号为 Module-Ⅰ、Ⅱ、Ⅲ、Ⅳ各套 Midrex 设备所采用；另外，2008 年以来供应的 Lion 设备也采用了这一方式。

2）用热输送带向电炉供应的方式，由 2007 年供沙特钢铁厂的 176 万吨/年 Midrex 设备采用。

3）用重力方式向电炉直供的方式，为 2010 年投产的埃及 176 万吨/年和阿曼 150 万吨/年 Midrex 设备所采用。

（2）由热态排出（HDRI）而产生节能增效效果。

（3）减排 CO_2 的效果。迄今在 Midrex 工艺方面，主要改进是降低下游电炉的总能耗和提高竖炉的生产效率。实际上节能不仅有利于降低成本，还可减少 CO_2 排放量。另外，此工艺以天然气为还原剂，比用煤为还原剂的高炉等炼铁法更有利于减排 CO_2。

（4）和煤炭燃料组合应用。Midrex 工艺除用由天然气改质生成的还原气外，还可用焦炉煤气等作还原剂，这样可使 Midrex 工艺在天然气生产国以外的国家、地区扩大应用。

4.1.2 竖炉法直接还原经典工艺——HYL-Ⅲ工艺

4.1.2.1 工艺概述

HYL-Ⅲ工艺是 Hojalatay Lamia S. A.（Hylsa）公司在墨西哥的蒙特利尔开发成功的。这一工艺的前身是该公司早期开发的间歇式固定床罐式法（HYL-I、HYL-Ⅱ）。1980 年 9 月，墨西哥希尔萨公司在蒙特利尔建了一座年生产能力 200 万吨的竖炉还原装置（HYL-Ⅲ）并投入生产[2,11]。HYL-Ⅲ工艺流程图如图 4-3 所示。

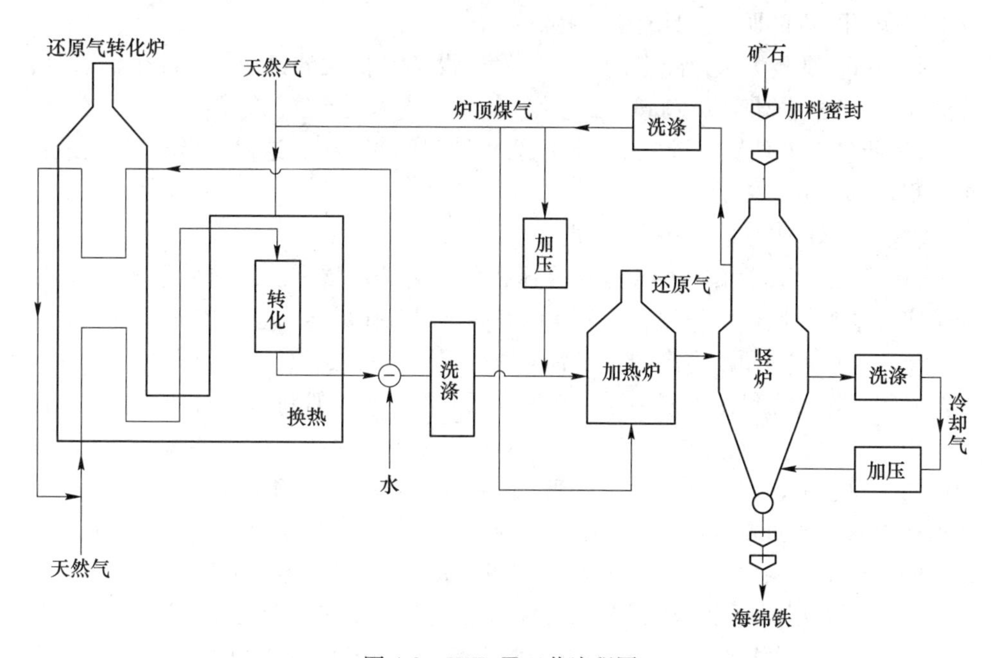

图 4-3 HYL-Ⅲ工艺流程图

还原气以水蒸气为裂化剂，以天然气为原料通过催化裂化反应制取，还原气转化炉以天然气和部分炉顶煤气为燃料[12,13]。燃气余热在烟道换热器中回收，用以预热原料气和水蒸气。从转化炉排出的粗还原气首先通过一个热量回收装置，用于水蒸气的生产。然后通过一个还原气洗涤器清洗冷却，冷凝出过剩水蒸气，使氧化度降低。净还原气与一部分经过清洗加压的炉顶煤气混合，通入一个以炉顶煤气为燃料的加热炉，预热至900~960℃。

从加热炉排出的高温还原气从竖炉的中间部位进入还原段，在与矿石的对流运动中，还原气完成对矿石的还原和预热，然后作为炉顶煤气从炉顶排出竖炉。炉顶煤气首先经过清洗，将还原过程产生的水蒸气冷凝脱除，提高还原势，并除去灰尘，以便加压。清洗后的炉顶煤气分为两路。一路作为燃料气供应还原气加热炉和转化炉。另一路加压后与净还原气混合，预热后作为还原气使用。

可使用球团矿和天然块矿为原料。加料和卸料都有密封装置。料速通过卸料装置中的蜂窝轮排料机进行控制。在还原段完成还原过程的海绵铁继续下降进入冷却段。冷却段的工作原理与 Midrex 类似。可将冷还原气或天然气等作为冷却气补充进循环系统。海绵铁在冷却段中温度降低到50℃左右，然后排出竖炉。

4.1.2.2　HYL-Ⅲ工艺特点

（1）制气部分和还原部分相互独立。HYL-Ⅲ竖炉炉顶煤气经脱水和脱 CO_2 后，直接与重整炉内出来的气体混合，制成还原气，还原设备和制气设备相互独立[14]。因此 HYL-Ⅲ工艺具有以下特点：

1）HYL-Ⅲ竖炉选择配套的还原气发生设备有很大的灵活性，除天然气外，焦炉煤气、发生炉煤气、Corex 工艺尾气等都可成为还原气的原料气；

2）重整炉处理煤气量变小，每吨海绵铁仅为475m^3，这使 HYL-Ⅲ工艺重整炉体积较小，造价较低；

3）可以处理硫含量较高的铁矿。

（2）采用高压操作。由于采用高压操作，竖炉炉顶和炉底均采用球阀密封。为了实现全密封操作，炉顶和炉底均设有间歇式工作的压力仓。铁矿石首先通过炉顶料仓，加入炉顶压力仓中，然后将铁矿石再加入碟形仓中，压力仓上下球阀切换开闭，保持煤气不外漏，通过碟形仓下的四个布料管将铁矿石加入炉内。由于采用了碟形仓，可使铁矿石连续加入炉中。生成的海绵铁通过炉底旋转阀排入炉底两个料仓中，两个压力仓切换使用，可实现竖炉连续排料。HYL-Ⅲ的还原竖炉在49N/cm^2的高压下进行操作，可确保在某一给定体积流量的情况下能给入较大的物料量，从而获得较高的产率，同时降低通过竖炉截面的气流速度。

（3）高温富氢还原。通过天然气和水蒸气在重整炉中催化裂解生产还原气，因此还原气中氢含量高[15]，H_2/CO 为5.6~5.9，使 HYL-Ⅲ竖炉中还原气和铁矿石的反应为吸热反应，入炉还原气温度较高，为930℃。增加还原气中的氢含量，可提高反应速度和生产效率。

（4）原料选择范围广。HYL-Ⅲ工艺可以使用氧化球团、块矿，对铁矿石的化学成分没有严格的限定[16]。特别是由于该反应的还原气不再循环于煤气转化炉，所以允许使用高硫矿。

（5）产品的金属化率和含碳量可单独控制。由于还原和冷却操作条件能分别受到控制[17]，所以能单独对产品的金属化率和碳含量进行调节，直接还原铁的金属化率能达到95%，而含碳量可控制在1.5%~3.0%的范围。

（6）脱除竖炉炉顶煤气中的 H_2O 和 CO_2，减轻了转化中催化剂的负担，降低了还原气的氧化度，提高了还原气的循环利用率。

（7）能够利用天然气重整装置所产生的高压蒸汽进行发电。

4.1.3 回转窑法

4.1.3.1 回转窑法炼铁工作原理

回转窑是最重要的固体还原剂直接还原工艺[15~17]，其工作原理如图4-4所示。利用回转窑还原铁矿石可按不同作业温度生产海绵铁、粒铁及液态生铁，但以低温作业的回转窑海绵铁法最有意义。

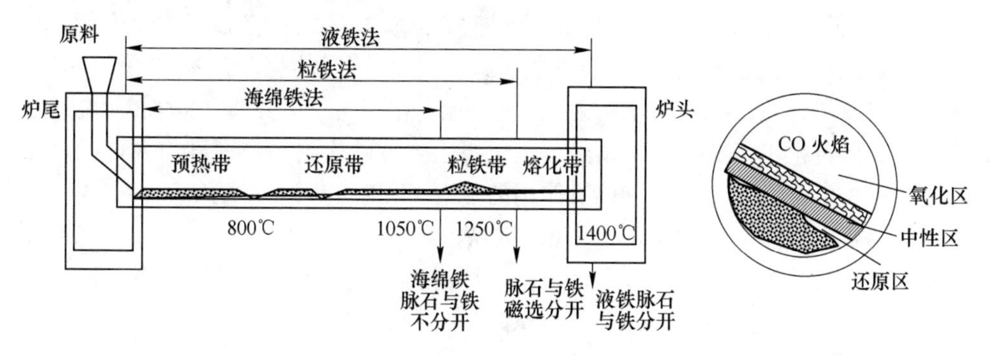

图4-4 回转窑炼铁过程示意图

由细粒煤（0~3mm）作为还原剂，0~3mm的石灰石或白云石做脱硫剂及块状铁矿（5~20mm）组成的炉料由窑尾加入。因窑体有4%的倾斜度，在窑体以4r/min左右的速度旋转时，炉料被推着向窑头行进。

窑头外侧有烧嘴燃烧燃料（煤粉、煤气或者燃油），燃烧废气则由炉尾排出，炉气与炉料逆向运动，炉料在预热段加热、水分蒸发及石灰石分解，达到800℃后，在料层内进行固体碳还原，如图4-5所示。

回转窑内反应放出的CO在氧化区被氧化，并提供还原反应所需要的热量。在还原区与氧化区中间有一个由火焰组成的中性区，炉料表面仅有不甚坚固的薄薄的氧化层，炉料随着窑体翻转再次被还原，有的回转窑设有沿炉体布置并随炉体转动的烧嘴，通入空气以强化燃烧还原放出的CO。

按照炉料出炉温度，回转窑可以生产海绵铁、粒铁及液态生铁。但回转窑海绵铁法是应用最广泛的回转窑冶金工艺。

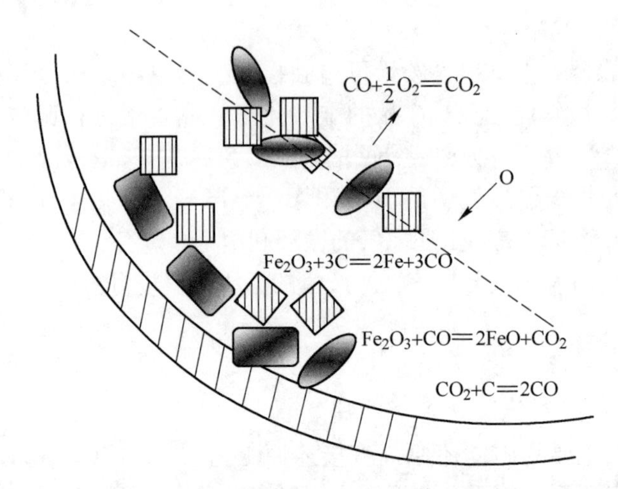

图 4-5　回转窑内铁矿石还原过程示意图

根据固体碳还原分析，在回转窑中炉料必须被加热到一定温度才能进行还原反应，因此炉料的加热速度（预热段长度）对回转窑的生产效率有重要影响。为了加速炉料预热，减少甚至取消回转窑的预热段，在有些回转窑的前面配置了链箅机。链箅机不仅能把炉料预热，也可以使生球硬化到一定程度，允许回转窑直接使用未经焙烧的生球。链箅机使用的能源是回收的回转窑尾气。只有当炉料加热到 800℃以上时才能开始还原出海绵铁。

回转窑窑内进行的反应过程，可以按炉料运动、传热、还原反应及杂质的气化分别加以分析。

4.1.3.2　回转窑内矿石的还原

影响回转窑还原的因素有[2]：

（1）碳的反应性（R_b）。碳的反应性常常具有重大的影响。一般条件下，碳的气化反应成为回转窑中还原过程的限制环节。反应性不良的无烟煤及焦粉做还原剂时，回转窑生产率严重降低，这时需要提高操作温度而又容易造成结圈事故。

（2）配碳量。配碳量越高，一般而言，还原越快。当使用无烟煤还原剂时，为了保证一定的还原速度，常配加过剩碳量，为理论值的 100%～200%。

（3）温度。温度对还原及碳的气化都有促进的效果，尤其对碳的气化效果明显。当还原剂反应性不好时，温度的提高尤其重要。但是，提高温度受限于灰分熔点及矿石的软化点。因此，使窑内温度有控制地达到可能最高的极限，是重要的操作原则。

（4）填充率。填充率提高，即减少矿石的氧化程度，有利于矿石的还原。

（5）触媒效应。添加有效的催化剂（如 Li、Na、K 等）或使催化剂与还原剂接触条件改善，如使用含碳球团，可以大大改善还原过程。

当根据传热模型求出回转窑内预热时间 τ_h 及根据还原模型求出回转窑还原时间 τ_R 后，可以确定矿石在回转窑中的总停留时间 τ_Σ：

$$\tau_\Sigma = \tau_h + \tau_R$$

并可确定回转窑的生产效率，即回转窑利用系数 $\eta_V(t/(m^3 \cdot d))$：

$$\eta_V = \frac{24}{\tau_\Sigma} \phi_s \frac{Fe_V}{Fe_p}$$

由上式看出，停留时间的缩短（意味着还原及热交换加快）能增加回转窑生产率。但是某一因素如果同时使 ϕ_s 和 Fe_V 降低，则可能引起相反的效果。最明显的因素是增大配碳比，这虽然使还原加快，τ_R 减小，但由于碳的密度小体积大，增加配碳比将会显著地减小每立方米炉料中的含铁量。其结果是配碳比增加到一定程度后，回转窑的生产率反而降低。

提高填充率 ϕ_s 也有矛盾的效果。虽然填充率 ϕ_s 提高有利于减小 τ_R，但却使传热条件变坏，而使 τ_h 增大，总的效果并不明显。只有在使用链箅机进行预热炉料时，提高 ϕ_s 才有明显的效果。

4.1.3.3 回转窑对硫及有害杂质的去除

回转窑中燃料及矿石都带入硫，在高温下，硫大部分转入气流中。由于回转窑气流中 H_2 含量很少，气态硫以 COS 为主，而 COS 既可以被 CaO 吸收也可以被 Fe 吸收，方程式如下：

$$CaO + COS = CaS + CO_2$$

$$Fe + COS = FeS + CO$$

没有被吸收的 COS 则被排出窑外，气化脱除的硫可占总脱除量的 20%～50%，但 CaO 比 Fe 吸收 COS 的效果更好，因此炉料中的 CaO 越多，则气化脱硫率也就越低。

遗留在窑中的硫呈现 CaS 或者 FeS 的形式，如炉料中多加 CaO，CaO 吸收硫的反应大量发展，则气流中的 P_{COS} 降低，要注意也有可能产生气相脱硫的逆向反应：

$$FeS + CO = Fe + COS$$

回转窑燃料中的硫首先被 Fe 所吸收，而使矿石中的硫含量升高，只有大量加入的脱硫剂（石灰石或白云石）在高温下分解成 CaO 后，才能使气氛中的 P_{COS} 大幅度降低，从而进行 FeS 的脱除，使铁中的硫含量降低。

按照上述回转窑中 CaO 脱硫的机理，这一过程按照 $CaO + COS = CaS + CO_2$ 和 $Fe + COS = FeS + CO$ 进行，两式相加则得到如下反应：

$$CaO + FeS + CO = Fe + CaS + CO_2$$

此式在回转窑作业温度下平衡常数很大，因此在回转窑中加入 CaO（或者

$CaCO_3$）能很好地脱硫。但是应该注意，MgO 在 900℃时并不能进行类似的反应，因而不能作为脱硫剂，这是因为白云石中的 CaO 能吸收硫，而白云石在焙烧后仍有良好的强度，粒状含硫的白云石易于和海绵铁分开。

但是脱硫剂 CaO 加入回转窑也有一系列不利的效果，如：

（1）减少硫的挥发率；

（2）增加燃料消耗，同时增加入炉的硫量；

（3）降低炉料含铁量，因而降低生产率。

由于回转窑中有相当大的不填充炉料空间，气流可以不受阻碍地排出，加之废气温度高（大于 600℃），气化温度低的物质可能以气态排出或冷凝成粉末随气流排出。一般氧化物沸点都较高且不易气化，只有那些易被还原而且其元素或低价氧化物沸点又低的物质才能被大量地挥发出去。

4.1.4　转底炉法

4.1.4.1　概述

转底炉煤基直接还原是最近三十年间发展起来的炼铁新工艺，主体设备源于轧钢用的环形加热炉，是一种具有环形炉膛和可以转动的炉底的一种冶金工业炉，最初只是用于处理含铁废料。转底炉煤基直接还原法由于反应速度快、原料适应性强等特点近年来得到了快速发展。

转底炉工艺有很多种，其中已实现工业化的有 Fastmet、Inmetco 和 ITmk3 等工艺。自 20 世纪 50 年代美国 Ross 公司（著名直接还原公司 Midrex 前身）首次开发出转底炉工艺——Fastmet 工艺以来，加拿大和比利时又相继开发了 Inmetco 和 Comet 工艺，使转底炉直接还原生产海绵铁工艺不断得到完善和发展。在此基础上，日本又开发出转底炉粒铁工艺——ITmk3 和 HI-QIP 工艺。同时，北京科技大学冶金喷枪研究中心在含碳球团直接还原的实验室实验中发现了珠铁析出的现象，并结合转底炉技术申请了转底炉煤基热风熔融还原炼铁法，又称恰普法（Coal Hot-Air Rotary Hearth Furnace Process，CHARP）的专利。

4.1.4.2　转底炉工艺原理

A　转底炉工艺流程

转底炉工艺的主体设备为转底炉，是一个底部可以转动的环形高温窑炉，其烧嘴位于炉膛上部，所用燃料可以是天然气、燃油，也可以是煤粉等。图 4-6 为转底炉剖视图，图 4-7 为转底炉本体横截面和平面布置图。转底炉由环形炉床、内外侧壁、炉顶、燃烧系统等组成。侧壁、炉顶固定不动，炉床由炉底传动机构带动循环旋转，将加入炉内的炉料经过预热区、高温区、冷却区后还原成海绵铁排出炉外。炉内分为进、出料区和燃烧区。燃烧区内外侧壁均配有不同数量的烧嘴，通过管道送入的燃气配助燃空气燃烧产生的热量来控制每个区的温度。

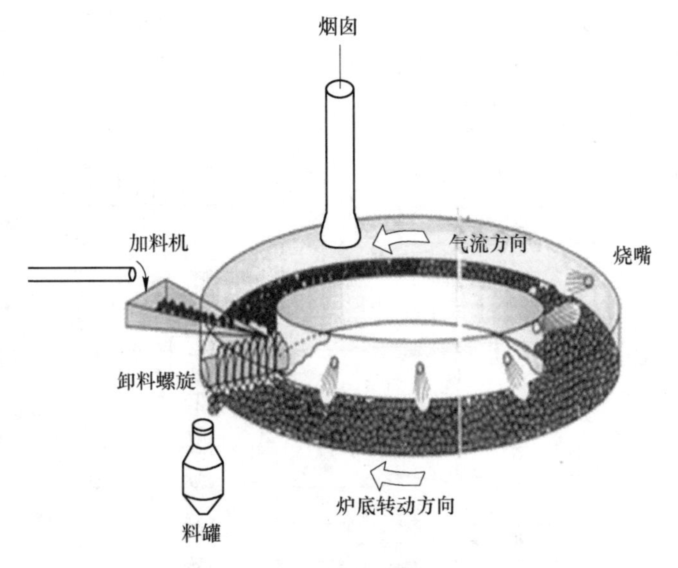

图 4-6 转底炉剖视图

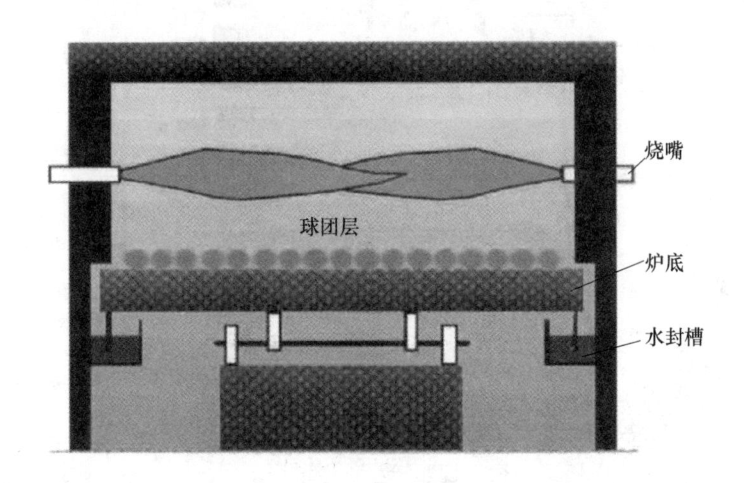

图 4-7 转底炉本体横截面和平面布置图

转底炉工艺的流程为：在矿粉内配入一定量的煤粉，然后加入适量黏结剂及水分，充分混匀后，用圆盘造球机或对辊压球机进行造球得到含碳球团。利用废热气将湿的含碳球团烘干得到干球，烘干后的球团强度得到改善，从而降低了原料的损耗，并且还能提高转底炉的生产效率。干球通过布料机均匀地分布在转底炉的炉底上，炉底在转动的过程中，依次经过预热段和还原段，然后在 1000~1300℃的高温下还原 15~20min，便得到产品。转底炉排出废气所携带的热能可以用蓄热室和换热器进行回收，回收的热能可以将煤气和助燃空气预热到指定温度。经过换热后的废气，再用于湿球的烘干，最后经过除尘器排入大气。其工艺流程如图 4-8 所示。转底炉内还原过程示意图如图 4-9 所示。

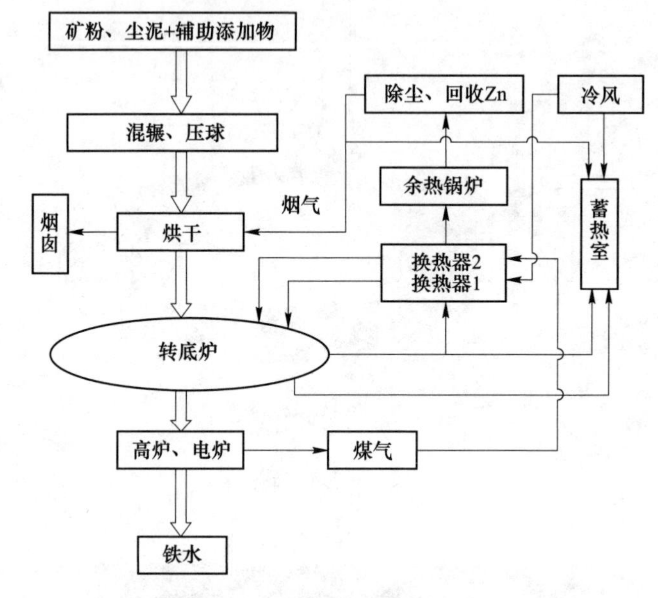

图 4-8 转底炉工艺流程图

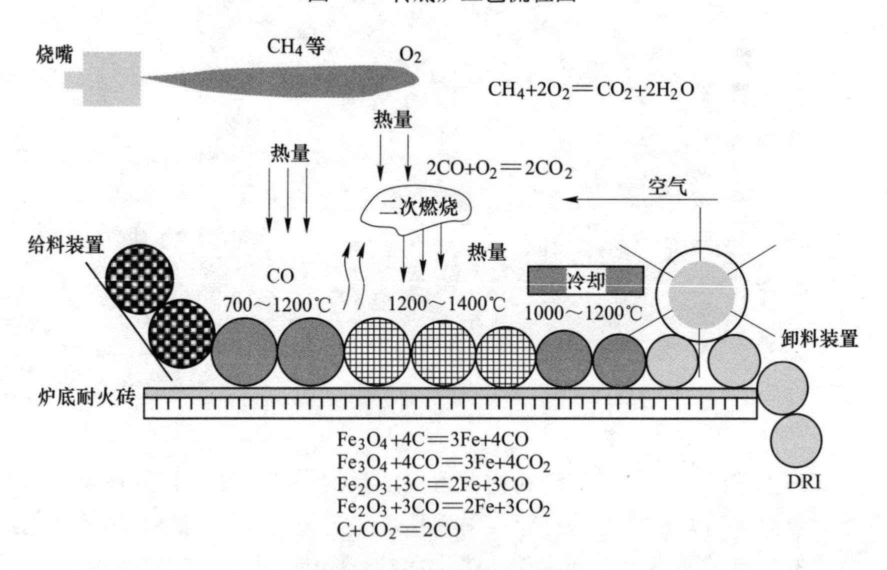

图 4-9 转底炉还原示意图

虽然转底炉生产的 DRI 具有成分稳定等优点，但是其杂质成分较多，这些杂质成分主要来自铁矿石或者含铁废料中的脉石及作为还原剂的煤粉中的灰分。灰分和脉石的存在以及工艺温度较低，使得还原出来的金属铁难以连接，从而造成

DRI疏松且强度较低。

B 转底炉工艺特点

转底炉法不再使用焦炭，而是采用煤作为还原剂，减少了炼焦、烧结等工艺，加上设备简单，易于操作，使得整个工艺过程成本低廉。与其他方法相比，转底炉工艺显得既简单又经济。该工艺的优越性表现在以下几个方面：

（1）原料和能源的灵活性大。转底炉工艺不仅可以用于处理含铁粉料，并且还可以用于铁矿石的直接还原，特别是对于难以冶炼的复合矿物，因此，其原料适用范围较广。转底炉工艺的还原剂可以为煤粉、焦炭或木炭等，供热燃料可以使用天然气、煤气、丙烷、燃油和煤粉等，因此，不同地域可以依据当地条件选择合适的能源，从而可以扩大转底炉工艺的应用范围。

（2）反应速度快，生产成本较低。转底炉可以实现高温快速还原，生产周期短，只需10~20min。与其他炼铁工艺相比，转底炉工艺在铁矿石、能源和基建投资上有很大优势，而这些投资的生产成本占炼铁工艺的80%~90%。此外，转底炉整个工艺流程比较紧凑，自动化程度高，可靠性较高，便于操作和维护。

（3）可实现余热回收，环保措施良好。废气中含有大量显热，可作为预热空气干燥的原材料，也可生产蒸汽。根据所选还原剂中挥发物多少，每吨直接还原铁可副产电0.3~0.5MW·h。转底炉的封闭性相对较好，还原过程中产生的气体可以通过烟气回收系统进行收集处理，并且可以利用气体所携带的热能。此外，含碳球团与炉底保持相对静止，因而在还原过程中也不易产生粉尘，进而降低了污染。

但是，转底炉工艺也有其技术和设备上的难点和不足之处，主要有：

（1）辐射传热，影响生产效率。转底炉中含碳球团的热量靠辐射获得，而辐射传热的效率较低，这严重影响了转底炉本身的热效率。一般认为，转底炉内热量的利用率不到50%，其余部分由烟气带走。因此，总的来说，转底炉工艺的热效率低于高炉、回转窑等炼铁设备和工艺。

（2）硫及脉石成分高。含碳球团内配入大量煤粉，带入硫的同时也带入了大量脉石成分，这无疑增加了金属化球团中的脉石含量，降低了金属化球团的铁品位，也就是降低了金属化球团的质量。此外，若选用无机黏结剂进行造球，还会进一步降低金属化球团的质量。因此，转底炉工艺中应尽量选用高品位的铁矿石以及低硫低灰分的煤粉，来尽量提高金属化球团的质量来满足电炉的使用。

（3）炉内热工制度与气氛不易控制。对于转底炉工艺来说，炉内气氛分为两段较好，因为前段是氧化性气氛可以迅速提高炉温，后段是还原性气氛有助于迅速还原，这均可以提高转底炉的生产效率。但是，气氛分段控制的实现是比较困难的。这就需要在完善相关基础试验的基础上，汲取国内外关键技术，根据不同的处理原料来完善工艺和设备。

C　转底炉的主要功能

转底炉煤基直接还原最初的目的只是用于处理含铁废料，但很快就有美国、德国、日本等国将其转而开发应用于铁矿石的直接还原，并受到了冶金界的普遍关注。近几年来，由于炼铁工作者对转底炉工艺的广泛研究和开发，逐步完善和验证了转底炉工艺的先进性，也丰富和提高了煤基直接还原的理论内涵。目前，转底炉主要有以下三个功能：

（1）处理钢铁企业高锌含铁粉尘。钢铁生产过程中会产生各种含铁尘泥，其中含锌量低的可以返回烧结加以循环利用，而含锌量高的则不能用于烧结，否则将影响烧结矿质量和高炉操作。转底炉工艺能够有效回收钢铁企业含锌粉尘中的铁、碳和锌，一般不需要另外配煤，直接利用粉尘中的碳还原氧化铁和氧化锌，通常金属化率能达到70%，脱锌率能达到80%以上。

（2）铁精矿的煤基直接还原。通过外配煤工艺，将铁精矿粉与煤粉按一定的比例混合，在添加一定的黏结剂的条件下造球，然后在转底炉内进行高温还原反应，实现铁氧化物的还原，获得的产品一般用于炼钢转炉或电炉，作为部分添加料。用转底炉生产供电炉的海绵铁（DRI），必须有高品位的铁矿石和低灰分的煤炭，我国缺少这两个条件，因此有较大的难度。用一般含铁63%~65%的铁矿粉和含灰分10%左右的煤炭，生产不出高品位的海绵铁（DRI）。因此，转底炉作为熔融还原的预还原设备比较合适。

（3）冶炼钒钛磁铁矿等复合矿。我国西部有储量极大的钒钛磁铁矿资源，通过外配煤工艺，将钒钛矿与煤粉按一定的比例混合，在添加一定的黏结剂的条件下造球，然后在转底炉内进行高温还原反应，实现铁氧化物的还原。产品经后续的熔分炉处理，钛进入渣中形成富钛渣，含钒铁水进一步进入提钒炼钢工序，从而实现铁、钛、钒的有效分离和回收。

4.1.4.3　转底炉工艺介绍

转底炉直接还原是最近三十年间发展起来的新工艺，由于该工艺原料适应范围广、能耗低、环保措施得力等优点，因而最近几十年间受到了普遍关注，并得到了很大的发展。

转底炉工艺属于非高炉炼铁范畴，有很多种。主要转底炉工艺如表4-3所示。

表4-3　转底炉工艺

工艺名称	工艺特点
IDP	由美国动力钢公司开发，拥有目前世界上最大炼铁转底炉，年产50万吨铁水，转底炉外径为50m，炉床宽7m，以铁精矿为原料，煤作为还原剂；经造球、干燥后将干球加入转底炉，以天然气为燃料进行还原，然后用密闭罐运往埋弧电炉熔分。获得铁水和渣，热料温度900℃。投产后遇到一系列问题，从1999年到2000年4次停炉改造，2004年重新生产

续表 4-3

工艺名称	工 艺 特 点
Comet	比利时的 CRM 研究中心开发，从 1997 年 2 月到 6 月，试验装置上进行了两个系列的试验，证明了设备运转的可靠性。特点：不造球，将铁矿粉和煤粉分层铺在转底炉上，已得到较好小型试验结果，但还有待工业试验证实
DryIron	由美国 MR&E 公司开发。基本工艺与 Fastmet 和 Inmetco 相同，特点是采用了无黏结剂干压块技术、能源利用及环保方面的最新技术以及合理的转底炉设计，克服了通常煤基还原带来的粉化、脉石含铁高、硫高、金属化率低等缺点。1997 年 4 月，美国田纳西州的 Jackson 建成年处理 20 万吨粉尘的 DryIron 转底炉，处理电炉粉尘及有色冶金废弃物。2001 年，日本新日铁光厂建成外径 15m 的 DryIron 转底炉处理粉尘
RedSmelt	德国曼内斯曼公司于 1985 年获得 Inmetco 转底炉技术许可证，并将其与埋弧电炉组成 RedSmelt 法熔融还原炼铁水工艺。1996 年 5 月意大利 Italimpianti 公司和曼内斯曼合并，在意大利 Genova 建一套模拟转底炉箱式实验装置，计划为 NSM 带钢厂（年产 150 万吨）的炼钢电弧炉提供铁水热装
HI-QIP	HI-QIP（High Quality Iron Pebble Process）是日本 JFE 开发的转底炉工艺，可以直接使用铁矿粉和煤粉进行冶炼。该工艺典型特点是把含碳料层作为转底炉的耐火衬、熔融铁的铸模和辅助还原剂，因而投资少，成本低，且产品质量高
Primus	卢森堡 PaulWurth 开发，直接使用铁矿粉，不用造块设备。主要装置为多层转底炉。其炉腔温度可以达到 1100℃。该方法可用于分离原料中所含的金属锌与铅，还可以分离铁组分内的碱金属，这些成分的挥发有助于提高直接还原铁中铁的品位

A 国外转底炉介绍

国外有报道的具有一定生产规模的部分转底炉情况如表 4-4 所示。

表 4-4 国外部分转底炉

厂名	外径/m	宽/m	转速 /min·r^{-1}	金属化率 /%	单位投资 /美元·t^{-1}	产能 /kt·a^{-1}	投产年份
美国 Inmetco	16.7	4.3	15~20	96	160~180	90	1978
美国 Dynamics	50.0	7.0	—	85	100~120	520	1998
新日铁广畑	21.5	2.8	3.75	90	—	140	2000
新日铁君津 1	24.0	4.0	10~20	75~85	—	130	2000
新日铁君津 2	—	—	—	>70	—	100	2002
新日铁光厂	15.0	—	15	—	—	28	2001
神户加古川	8.5	1.25	—	85	—	11	2001

B 国内转底炉介绍

我国从 20 世纪 90 年代开始，先后在舞阳、鞍山等地建成试验装置或工业化试生产装置。随着钢铁工业发展、环境保护的需要，含铁尘泥的处理，复合矿的综合利用，以及扩大产能的需要，转底炉工艺备受人们关注。目前，国内已有龙蟒、荣程、攀钢、沙钢、日照、莱钢、马钢等7条直接还原冶炼生产线，用于处理钒钛磁铁矿、含钛海砂、钢铁厂含锌粉尘、难选低品位铁矿、红土矿、普通铁精矿等原料。国内转底炉情况如表4-5所示。

表4-5 国内部分转底炉

所在地	外径/m	底宽/m	产能/万吨·年$^{-1}$	金属化率/%	投产年份	处理对象	技术来源
河南舞阳	3.4	0.8	0.35	—	1992		北京科技大学
辽宁鞍山	7.3	1.8	1.0	85	1996		北京科技大学
山西明亮	13.5	2.8	7.0	85	—	精矿粉	北京科技大学
四川龙蟒	16.4	4.0	10.0	75	2010	钒钛磁铁矿	核心设备引进美国，热工系统神雾设计
攀钢	—	—	10.0	85~90	2009	钒钛磁铁矿	神雾
马钢	20.5	4.9	20.0	80	2009	含锌尘泥	新日铁引进
日钢	21	5	2×20	80	2010		钢铁研究总院
莱钢	21	5	20.0	>70	2010	含铁粉尘	北京科技大学
天津荣钢	65	10	100	80~90	2010	精矿粉	神雾
沙钢	—	—	30	>80	2011	含锌尘泥	神雾
宝武湛江			20		2016	固废处理含锌含铁尘泥	中冶赛迪

我国工业化转底炉中，以综合利用复合矿为目的的有四川龙蟒、攀枝花的转底炉；以处理高锌含铁尘泥为目的的有马钢、莱钢和沙钢的转底炉；以生产预还原炉料为目的的有山西翼城和天津荣程等厂的转底炉。

（1）四川龙蟒集团的转底炉。四川龙蟒集团从2003年起开始开发攀枝花红格矿区的钒钛磁铁矿，2004年，确定了钒钛磁铁矿转底炉煤基直接还原—电炉熔分（Fastmelt工艺）综合回收铁、钛、钒新流程工艺路线。2010年6月，项目已完成工业化试验和流程与装备优化阶段工作，初步实现80%负荷状态下长周期稳定运行，各项技术指标已圆满达到预定目标。

在转底炉和电炉运行期间，DRI金属化率稳定在7%~80%，电炉富钛渣TiO_2品位可达50%，比当地钛精矿TiO_2品位高出4%~6%，富钛渣的商业价值已接近或等同于钛精矿。

钒钛磁铁矿转底炉直接还原的主要工艺流程是：

1）将钒钛磁铁矿铁精矿粉与煤粉混合后，用黏结剂将之压制成球团；

2）将球团通过布料机布置在转底炉炉底，一般入炉温度在1000℃以上；

3）转底炉加热用煤气或天然气，加热温度控制在1300～1400℃；

4）经过15～25min的还原，得到的金属化率70%～85%的DRI，通过螺旋排料机将之排到炉外；

5）从转底炉出来的DRI可以排到密闭的或用惰性气体保护的保温容器中，以防止其再氧化，或直接进入到电炉中进行渣铁熔化分离；

6）电炉熔分后得到含钒钛的铁水和钛渣。

电炉熔分得到的铁水和钛渣成分如表4-6和表4-7所示。

表4-6 电炉生产的铁水化学成分 （%）

炉数	项目	铁水温度/℃	C	S	V	Cr
40	平均值	1320	2.94	0.39	0.47	0.36
	波动范围	1312～1425	2.62～3.52	0.21～0.58	0.26～0.70	0.08～0.70

表4-7 电炉生产的钛渣化学成分 （%）

炉数	项目	炉渣温度/℃	FeO	TiO_2	V_2O_5	CaO	MgO	Al_2O_3	Cr_2O_3	SiO_2
35	平均值	1542	2.38	47.49	0.46	9.05	8.17	17.04	0.12	13.82
	波动范围	1500～1570	0.76～4.59	47.31～49.97	0.36～0.94	6.20～10.85	6.00～9.13	13.98～18.60	0.04～0.30	11.49～15.98

（2）莱芜钢铁的转底炉。山东莱芜钢铁集团有限公司作为1000万吨以上产能的特大型钢铁企业，烧结、炼铁、炼钢等工艺环节每年将产生百余万吨的含铁粉尘，如何充分回收利用这些含铁废弃物既是一个严重的环保问题，也直接关系到企业的原料供应、企业的经济效益和社会效益等一系列问题。莱钢2010年钢产量为1100万吨，粉尘产生量为101万吨，其中烧结电除尘灰、高炉布袋除尘灰、炼钢的转炉污泥和干法除尘灰属于含锌尘泥，总量为34.1万吨，占总粉尘产生量的33.76%。

莱钢的转底炉工程由莱钢和北京科技大学合作，是国内第一家具有自主知识产权的、以钢铁厂粉尘为原料的转底炉生产线。莱钢转底炉是国家发展改革委循环经济高技术产业化重大专项项目，该项目于2007年通过了国家发展改革委审批，获得国家补助基金1500万元，用于产业化研发和工艺技术示范，于2010年12月底完成烘炉，2011年3月正式投运，年处理32万吨含锌粉尘。

从2010年12月开始，莱钢转底炉进入试生产和设备磨合整改阶段，磨合期间生产出了一批金属化球团，但由于操作缺乏经验，一直未能稳定操作制度，随着磨合期圆满过渡和部分零部件的修配整改完成，生产工艺已经打通，设备可以稳定、顺畅运行。生产过程中球团金属化率最高达到85.90%，转底炉高温区达到1356.3℃，低温区达到1129.2℃。

4.2 熔融还原方法

4.2.1 Corex 工艺

4.2.1.1 工艺流程

Corex 的工艺流程如图 4-10 所示。由图 4-10 可见，Corex 装置由上部还原竖炉、煤气除尘调温系统和下部熔融气化炉组成。

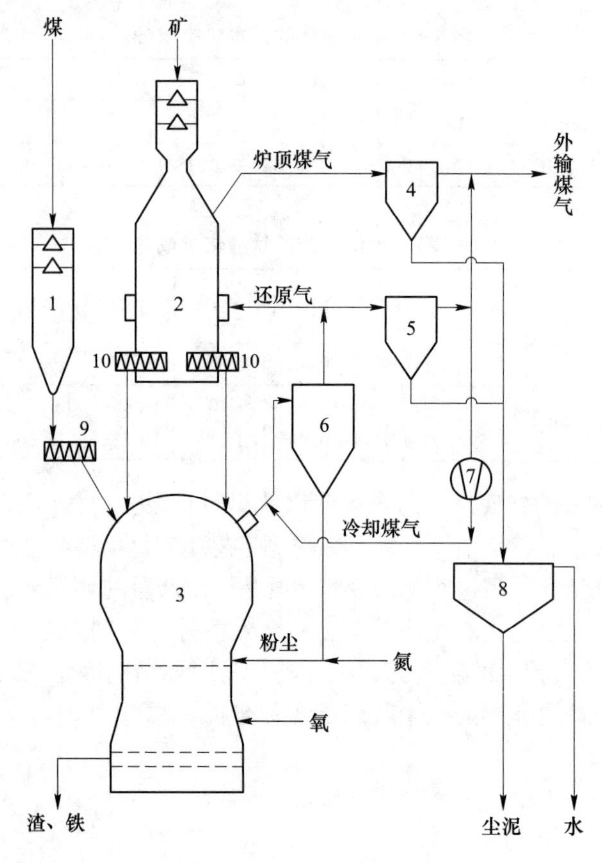

图 4-10 Corex 工艺流程图

1—加煤料斗；2—还原竖炉；3—熔融气化炉；4—炉顶煤气清洗；5—冷却煤气清洗；6—热旋风除尘器；7—煤气加压泵；8—沉淀池；9—熔炼煤螺旋；10—海绵铁螺旋

上部的还原竖炉类似 Midrex 竖炉，采用顶装块矿（天然矿、球团矿或烧结矿），在下降过程中完成预热和还原过程，最后还原成金属化率 90%~93%的海绵铁，然后通过螺旋给料机送入下部熔融气化炉[18]。

还原煤气除尘调温系统主要包含热旋风除尘器、下部煤气水冷洗涤器和竖炉炉顶煤气洗涤器三部分。

熔融气化炉出来的煤气成分大致为 CO 占 70%，H_2 占 25%，CO_2+CH_4 占 5%。煤气温度为 1000~1150℃，在此温度下所有的 C_mH_n 化合物可以全部裂解为单分子化合物，防止焦油堵塞煤气系统管道[19,20]。从熔融气化炉出来的高温热煤气和一定比例冷煤气混合降温后，进入热旋风除尘器，粗颗粒粉尘沉降，由粉尘喷嘴回送到熔融气化炉；除尘后的煤气约 90%进入还原竖炉，剩余煤气进入煤气水冷洗涤器；冷煤气一部分用于调整热煤气温度，一部分用于外供。与此同时，由于煤气可以带走一部分钾钠化合物，具有排碱作用[21]。

还原竖炉炉顶煤气成分大致为 CO 占 45%，H_2 占 18%，$CO+CH_4$ 占 37%，含尘量较小。排出的煤气温度约 215℃，经洗涤后输出送至用户，煤气发热值为 7.5MJ/m^3[22]。

Corex 工艺装备下部熔融气化炉承担产生铁水和造气两个功能。煤和海绵铁从顶部加入，氧气由下部吹入，最终燃烧生成 CO，并释放热量，使尚未还原的氧化铁最终还原，并进行渗碳和渣铁分离；与此同时，铁浴熔池中不断上升的气流与煤相遇，快速热分解而释放出挥发分，并最终气化，形成还原煤气，而后由熔融气化炉送到上部还原竖炉[23]。

Corex 流程的工艺特点主要有：

（1）可以不用焦煤。焦煤在世界范围内是一种紧缺的资源，而且供应越来越紧张，钢铁行业的发展更加剧了这一趋势。因此，从长远来看，钢铁工业如果要做到可持续发展就必须摆脱对冶金焦的依赖。Corex 工艺可以少用甚至不用焦煤，以煤代替焦炭，符合这一趋势[24]。

（2）环境污染减小。Corex 工艺使用煤而不使用焦炭，减少了炼焦过程产生的废气、废水对环境造成的污染。据统计，Corex 工艺排放的 SO_2、粉尘以及 CO_2 量均小于传统炼铁工艺[25,26]。

（3）Corex 流程易于调节。由还原竖炉排入熔融气化炉的金属化球团可以随时采样分析，有利于及时调整炉况和铁水成分。熔剂主要从还原竖炉加入，也可以少量直接加入熔融气化炉，这样可以在 3~4h 内精确调整炉渣碱度[27]。

（4）对碱金属不敏感。众所周知，高炉内碱金属富集十分严重。Corex 工艺即使使用碱金属含量高的矿石，熔融气化炉内也没有发现碱金属大量富集的现象。这是由于 Corex 工艺采用底吹氧工艺，大大减少了碱金属的还原，使碱金属以碳酸盐的形式随煤气输出到炉外，再经洗涤处理后得以脱除。

4.2.1.2 原燃料要求

以下是印度 JINDAL 钢铁公司 Corex 流程对原燃料的要求。

（1）含铁原料。铁矿石和球团矿的物理性能同样是提高生产率的决定因素。允许粒度在 8~20mm。为了减少渣量，铁矿石的全铁含量大于 60%，SiO_2 与 Al_2O_3 含量之和小于 6%，如表 4-8 所示[28]。

表 4-8 Corex 工艺中铁矿石及球团矿成分与物理性能

项 目	参 数	分析值
化学成分/%	TFe	>60
	$SiO_2+Al_2O_3$	<6
	P	<0.1
	S	<0.03
转鼓试验	转鼓指数（+0.3mm）/%	>95
	磨损指数（-0.5mm）/%	>5
静态还原试验（荷重下）	还原速度/%·min^{-1}	>0.4
	金属化率/%	>90
粉碎指数（-0.3mm）/%	块矿	<30
	球团矿	<10
磨损指数（-0.5mm）/%	块矿	<5
	球团矿	<3

(2) 对煤性能的要求。Corex 工艺中，煤的挥发分和半焦提供热量与煤气，靠半焦及焦炭保证下层固定床的透气性。同时，煤也应该保持一定的粒度，粒度太小，会造成煤气从终还原炉带出的粉尘太多，除尘条件恶化。适宜的粒度为 10~50mm[43]。

煤在熔融气化炉中受热后，挥发分分解为 CO 和 H_2。从挥发分分解吸热和最终煤气成分来看，Corex 工艺用煤的成分应该有一个最佳的范围，既能产生足够的煤气量，又不会对热制度产生太大的影响。

除了煤的工业分析和元素分析外，半焦的高温性能也是对煤的基本要求。这些性能包括反应后半焦强度（*CSR*）和半焦反应性指数（*CRI*），用以评价其对 Corex 工艺的适应性。从预还原竖炉加入的预还原矿和熔剂熔化时，床层中的半焦脱除挥发分后，应该仍然保持稳定状态。在炉料下降过程中，氧气在风口前回旋区产生的 CO_2 将半焦气化，发生焦炭的溶损反应生成 CO。在半焦床中，如果溶损反应进行太快，则碳的消耗量增加，最终导致气流分布不均匀和半焦床热量不平衡。所以，应该考察煤反应后的半焦强度（*CSR*）、半焦反应性指数（*CRI*）。

为了调节半焦床的透气性，除 *CSR* 和 *CRI* 指标外，半焦的平均粒度（*MPS*）和热爆裂性也是必要的。随着煤平均粒度的减小，半焦床的透气性会降低，甚至可能形成管道。这样，煤气的显热不能充分传到半焦床，导致铁水温度降低，产量减少。非焦煤的平均粒度优选在 20~25mm。当 *MPS* 和 *CPS* 降低时，常常会观察到更多压力峰值。表 4-9 给出了印度金达尔（Jindal）钢铁公司 Corex 工艺装置所用煤的典型标准[29]。

表 4-9 Corex 用煤的典型标准

项 目	指 标	参考值
煤的工业分析	含水量/%	<4
	FC/%	>59
	VM/%	25~27
	灰分/%	<11
	S/%	<0.6
	热值/kJ · kg^{-1}	>29000
反应后指标	*CSR*(+10mm)/%	>45
	CRI/%	<5
	热爆裂指数（+10mm)/%	>80
	热爆裂指数（-2mm)/%	<3
	裂解热/kJ · kg^{-1}	越小越好
	MPS/mm	20~25

（3）对熔剂质量的要求。为了造渣和脱硫，需要加入一定比例的熔剂，一般以白云石和石灰石为主。理论上，熔剂应由预还原炉顶部加入。考虑到迅速调节炉渣碱度的需要，熔剂也可由加煤系统直接加到熔融气化炉中。设计上，直接加入熔融气化炉的能力最大按总熔剂量的 30%考虑，至于预还原炉则应按 100%的能力设计。加入熔融气化炉的熔剂粒度应比加入预还原炉的粒度小，分别为：熔融气化炉为 4~10mm，预还原炉为 6~16mm。熔剂化学成分如表 4-10 所示[30]。

表 4-10 Corex 用熔剂化学成分

名称	化学成分/%						
	CaO	MgO	Al_2O_3+SiO_2	P_2O_5	SO_2	SiO_2	酸不溶物
石灰石	≥50		≤3.0	≤0.04	≤0.025	≤3.0	
白云石		≥19			≤6.0	≤10	

4.2.1.3 宝钢罗泾 Corex C-3000 装置

国际钢铁界瞩目的宝钢罗泾 Corex C-3000 是我国熔融还原工艺的首次尝试。它是随着原“上钢三厂”因世博会用地的搬迁应运而生。罗泾分两期建成了两座熔融还原炉。1 号 Corex 炉于 2007 年 11 月 8 日投产出铁，2 号 Corex 炉于 2011 年 3 月 28 日投产出铁。

宝钢的 Corex C-3000 装置也是由还原竖炉和熔融气化炉组成，利用煤和氧气在熔融气化炉下部风口回旋区燃烧的热量，粒煤落入熔融气化炉上部半焦床层上完成焦化、气化过程，产生热还原气体。煤气离开熔融气化炉后与冷煤气混合调节到800~850℃，再经热旋风除尘器粗除尘后进入上部的还原竖炉。从料仓出来的球团矿、焦炭和熔剂按照一定比例混合后，由皮带输送、万向布料器布料，进入还原竖炉，炉料在不断下降过程中被来自熔融气化炉的还原气体还原成海绵铁。热态海绵铁通过螺旋排料机连续加入熔融气化炉中，落到由煤脱除挥发分后形成的半焦床层上，进一步还原熔化、渗碳并进入炉缸形成炉渣和铁水。出铁后，通过撇渣器，铁水进入鱼雷罐中[31,32]。

Corex C-3000装置使用的矿种包括南非Sishen块矿、CVRD球团矿、Samarco球团矿、DRI烧结筛下粉和球团筛下粉。其配比如表4-11所示。该工艺使用的燃料主要是符合奥钢联（VAI）质量要求的块煤，以及部分山西焦和小块焦。由于熔融气化炉中炉温控制和煤气量的需要，挥发分较高的块煤成为用量较大的煤种。表4-12是燃料消耗的总量和配比[31]。

表4-11　原料配比

项目	CVRD球团	Samarco球团	Sishen块矿	烧结粉矿	CVRD球团粉	DRI	合计
总量/kg	730066	78019	50969	43725	6836.2	7049.5	916665.8
单耗/kg	1182.85	126.41	82.58	70.84	11.08	11.42	1485.18
配比/%	79.64	8.51	5.56	4.77	0.75	0.77	100.00

注：表中的单耗数据是以全部铁量（合格+不合格铁）计算。

表4-12　原燃料消耗的总量和配比

项目	块煤	Samarco球团	Sishen块矿	烧结粉矿	CVRD球团粉	DRI	合计
耗量/kg	152989	32020.8	33975.1	123004.0	11127.7	516.7	641883.3
单耗/kg	247.87	518.90	55.05	199.29	18.03	0.84	1039.98
配比/%	23.83	49.90	5.29	19.16	1.73	0.08	100.00

可是Corex C-3000生不逢时，投产以后正遇到钢铁业供大于求，特别是中厚板产品全面走向亏损的时期，最终只能全面停产。因此两座Corex炉分别于2011年10月18日和2012年9月10日停炉，其中1号炉2012年迁到新疆八一钢铁厂，经过八钢工程技术人员历时3年对13个系统236个项目的工艺技术改进革新后，于2015年6月18日正式点火投产，并自主命名“欧冶1号炉”，设计年产铁水150万吨，相当于八钢3座小高炉年产量的总和，是目前全球最大最先进的炼铁炉。这是八钢在发展循环经济、调整产业结构、打造绿色环保钢铁业的道路上迈出的又一大步。

由图4-11可见：1号Corex C-3000装置的月产量大致在7万~10万吨之间，波动很大；2号Corex C-3000装置波动有所减小，但也在8万~10万吨之间，这种产量的波动，对企业的物流和生产稳定造成了不利影响。生产期间没有一个月超过 11 万吨，而月产达产的标准是 12.5 万吨，其主要原因，一方面是熔炼率低，达不到设计 180t/h 水平；另一方面是作业率波动大，而影响作业率的主要因素是设备故障引起的非计划休风率高、竖炉黏结引起的炉况不顺和竖炉清空作业。由于后来市场不好，当然也有压产的因素。

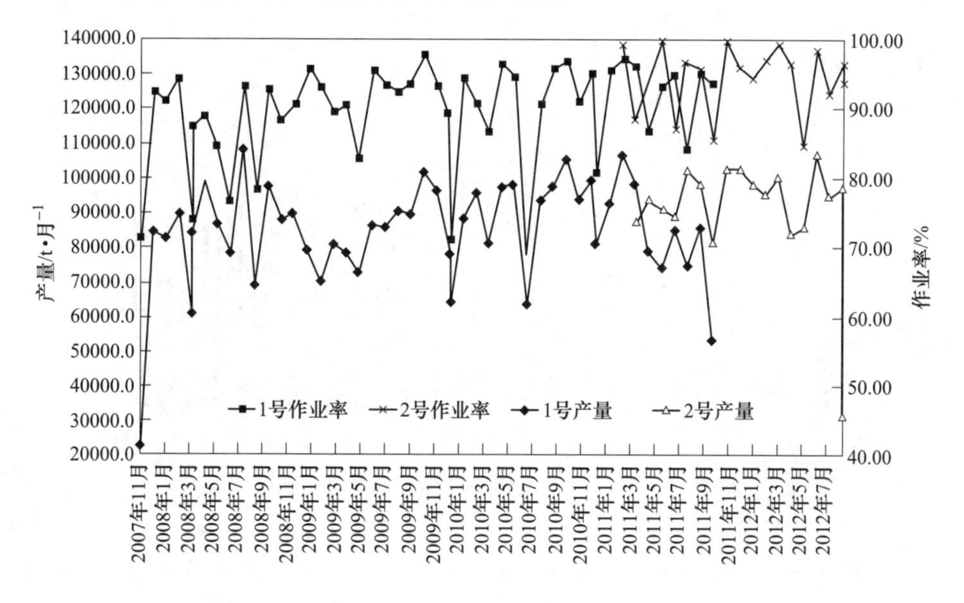

图 4-11 宝钢罗泾 Corex C-3000 装置的产量和作业率

由图 4-12 可见：1 号 Corex 装置燃料比高，焦炭比例也高，而且两者的波动都很大，说明了炉况不稳定；2 号 Corex 装置燃料比和焦炭比例都大幅降低，而且波动较小，说明 2 号 Corex 装置的炉况稳定性比 1 号 Corex 装置大有进步。影响燃料比和焦比的主要因素是竖炉生产的 DRI 的金属化率，金属化率低下必然会影响熔融气化炉的热量不足，被迫提高燃料比和焦炭比例。由于 2 号 Corex 装置的竖炉安装了 AGD（Areal Gas Distribution）管道，使竖炉的煤气流分布趋于合理，DRI 金属化率明显提高，是 2 号 Corex 装置降低燃料比和焦炭比例的主要原因。

1 号 Corex 装置由于设计上存在缺陷，煤气流难以穿透竖炉中心，加上操作理念上缺乏经验，竖炉长期采用中心加粉矿操作，过分发展边缘煤气流，以至于 DRI 金属化率一直偏低，如图 4-13 所示。2 号 Corex 装置设计上做了改进，消除了竖炉加粉矿操作，再加上原料筛分系统的优化，DRI 的金属化率比 1 号炉高出 20%左右，燃料比相应大幅度下降。图 4-14 显示出了金属化率和燃料比的相关关系。

2 号 Corex 装置的燃料比已经达到和低于设计指标 980kg/t 铁（湿量），焦炭比例在 13%~15%范围，应当说与南非萨尔达纳的 Corex 装置相仿，大大低于印

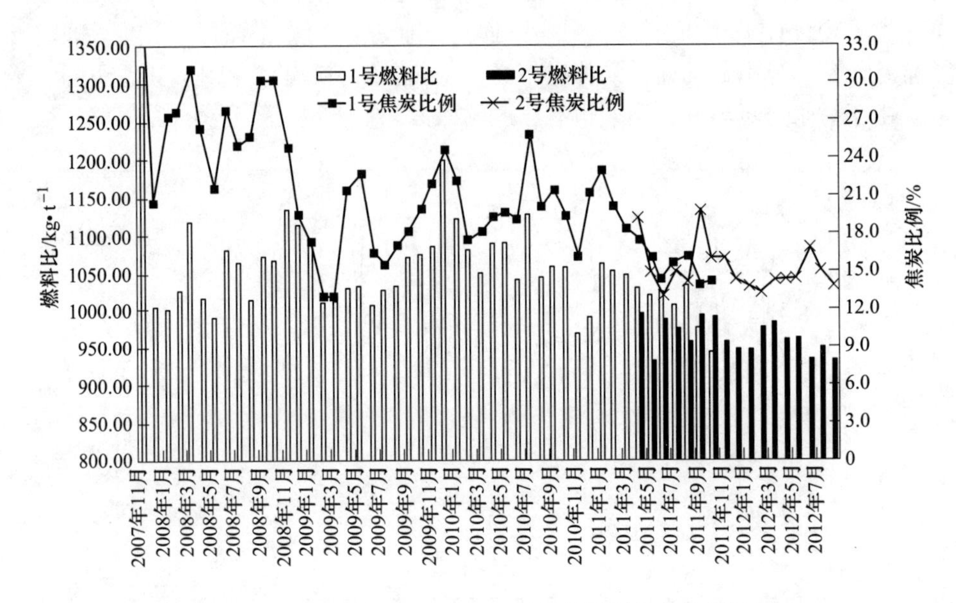

图 4-12　宝钢罗泾 Corex C-3000 装置的燃料比和焦炭比例

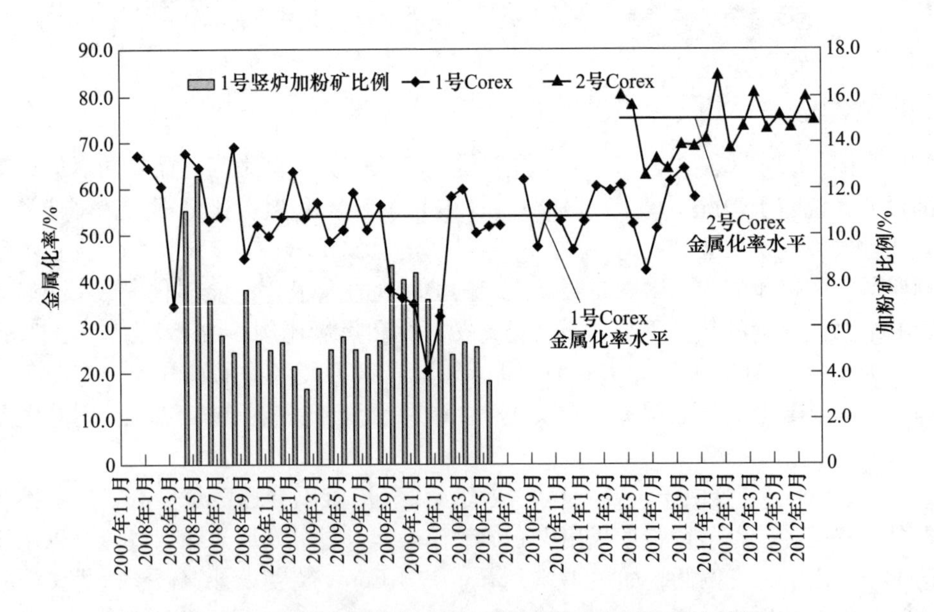

图 4-13　宝钢罗泾两座 Corex C-3000 装置金属化率比较图

度金达尔的水平（大约低 20%）。至于奥钢联的原设计指标焦炭比例 5%，生产实践证明，并不符合 Corex 生产的实际情况。

在注重节能减排的今天，工序能耗是评价一种工艺技术十分重要的参数。

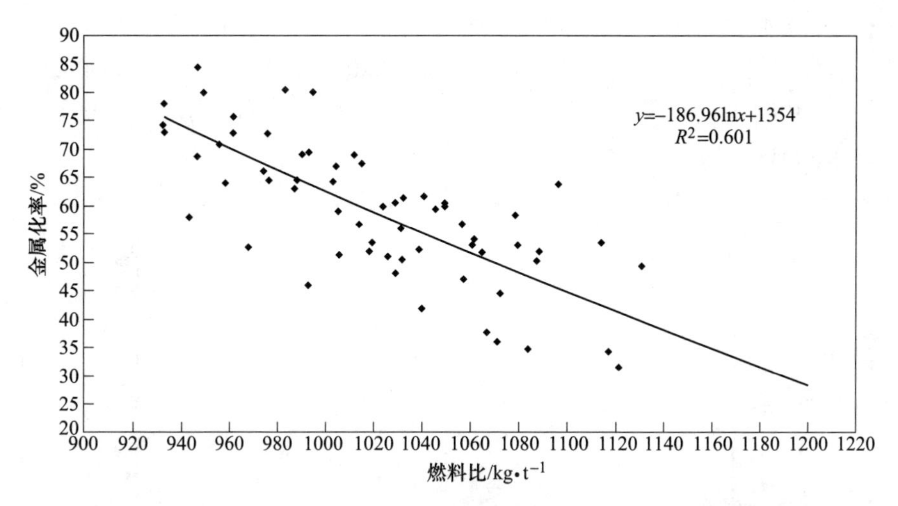

图 4-14 宝钢 Corex C-3000 装置金属化率与燃料比的相关关系图
（根据 2 号 Corex 所有月均数据统计回归）

Corex 工序能耗的设计值原来是 440. 5kg/t，而实际情况却大有区别，如图 4-15 所示。说明能耗设计值可能仅仅考虑了 Corex 本系统（包括：炉子本体、喷煤、煤干燥、煤压块、铸铁机），而未包括球团矿和焦炭的制造能耗；有些专家指出，能耗计算的折算系数与高炉采用的数据也有所差异。

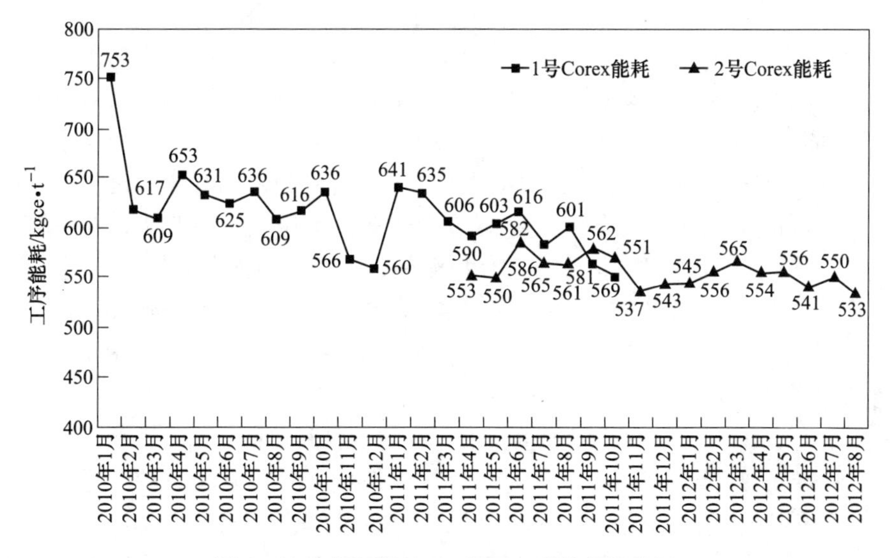

图 4-15 宝钢罗泾 Corex 装置工序能耗趋势图
（数据来源：罗泾厂能源月报）

Corex 铁水成本较高，缺乏竞争力，是罗泾 Corex 停炉最主要和最直接的原因。Corex 铁水成本几乎与主原料成本，即矿价上升呈相同趋势，这与高炉铁水成本走势的规律是一样的。罗泾 Corex 与某厂 2500m^3 高炉铁水成本分项比较如图4-16所示。由图 4-16 可见，2 号 Corex 装置铁水成本比 2500m^3 高炉高出 605 元/吨，在钢铁微利时代更显得缺乏竞争力。

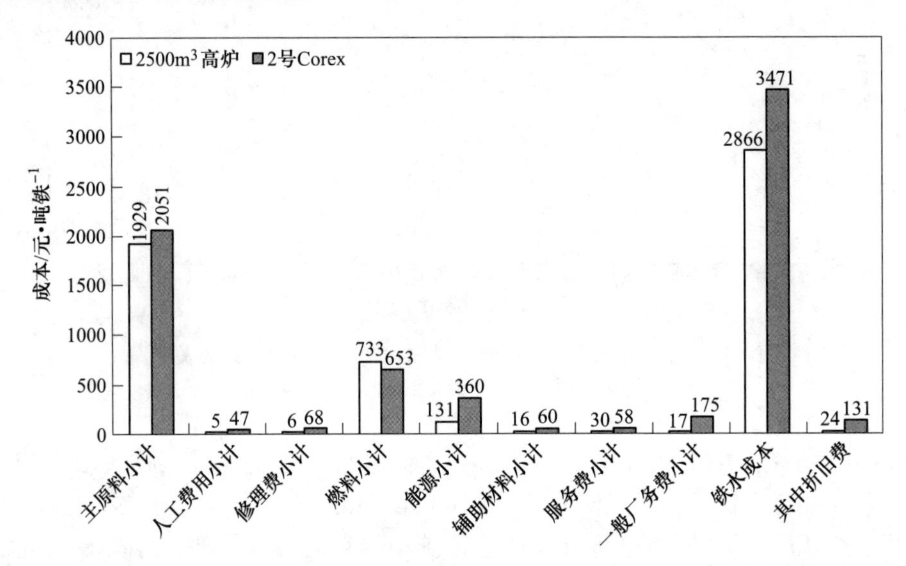

图 4-16　宝钢 Corex 装置与某厂 2500m^3 高炉铁水成本分项比较图

（根据 2011～2012 年各自的成本报表数据进行对比）

Corex 的设备远比高炉复杂，所以发生故障的几率也相应升高，休风次数多，休风时间长。图 4-17 所示为 1 号 Corex 装置停炉前 12 个月和 2 号 Corex 装置整个生产期间的数据。应当说这一段时期也是 Corex 管理和操作有较大进步的最佳时期，2 号 Corex 装置在吸取了 1 号装置教训的基础上做了不少改进，是卓有成效的。尽管如此，Corex 的休风次数和休风时间也还远远高于高炉。

由图 4-18 可见，引起 1 号 Corex 装置休风的主要因素的影响程度排序如下：第一位是风口损坏，第二位是竖炉黏结，第三位是上料系统故障或堵塞，第四位是螺旋堵塞，第五位是粉尘线故障。

宝钢罗泾 Corex C-3000 装置生产中存在的主要问题：

（1）入炉原料在原料厂堆积时粒度产生偏析，取料方法尚待改进。常常因为入炉料粉末比例波动较大，造成 Corex C-3000 装置炉况发生波动。

（2）含铁粉末经过还原后达到一定的金属化率时，在高温挤压条件下容易黏结，导致竖炉出现黏结现象。

（3）竖炉操作中，熔融气化炉的高温煤气经 DRI 螺旋落料管有时反窜到上部竖炉，由于高温煤气携带部分煤尘及含铁尘进入竖炉，对竖炉行程造成严重的影响。

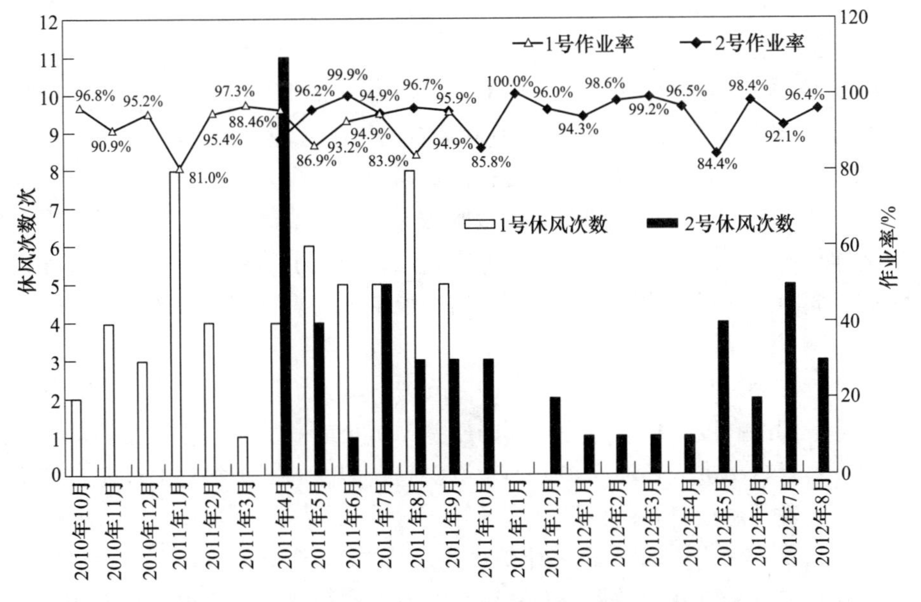

图 4-17 宝钢罗泾 Corex 装置休风次数和作业率推移图

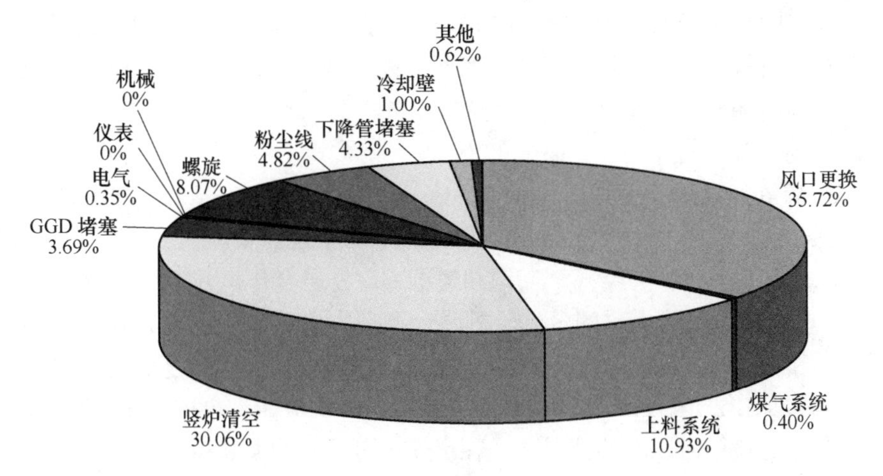

图 4-18 宝钢罗泾 1 号 Corex 装置休风主要原因所占比例图

（以检修的主工事分布，在主工事的时间段内处理的子项目内容不计在内，

可以看出哪些工事是影响 Corex 作业率不高的主要原因）

（4）南非 Sishen 块矿使用过程中，竖炉内压差升高，其原因尚待进一步研究。

（5）竖炉 DRI 金属化率的波动，将直接影响熔融气化炉的直接还原反应，从而影响耗碳量和炉内热制度，值得关注。

近年来，随着Corex工艺在世界各个地区的不断应用，宝钢Corex装置也有很大改进，主要在以下几个方面：

（1）单体产能在不断增大。从Corex C-1000的30万吨/年，C-2000的70万~90万吨/年，到宝钢的Corex C-3000装置的150万吨/年，规模在不断扩大。

（2）Corex C-3000装置设计方面有许多创新。吸收大型高炉富氧喷煤及高炉长寿的经验，采用3段铜冷却壁加强冷却效果；炉腹角增大到22°，增大了半焦床层的体积；为了减轻铁水对炉缸的冲刷侵蚀，增加了出铁口的长度以及死铁层的深度；同时，缩小了拱顶自由空间，增加了拱顶的氧气烧嘴；改进了炉尘再循环系统。

（3）Corex C-3000装置的竖炉有许多改进。增大了还原竖炉煤气围管的直径以及围管下部的高度，增大竖炉下部的压差；防止或减少了熔融气化炉煤气通过海绵铁下料管直接进入还原竖炉，不至于引起竖炉内局部炉料过热产生黏结；与此同时，改进了耐火材料的设计。

（4）竖炉煤气分布和熔融气化炉中布料方式得到大大改善。为了解决还原竖炉布料粒度偏析、密度偏析以及料面分布不均匀等特点，竖炉布料方式由原来的蜘蛛布料方式改为Gimbal型动态布料器布料，有效改善了竖炉内的煤气分布，提高了煤气的利用率及海绵铁质量的均匀性。此外，熔融气化炉海绵铁采用了角度可调的挡料板，通过对挡料板角度的调节来控制海绵铁的布料。熔融气化炉煤的布料方式增加了Gimbal型环形旋转动态布料器，可根据需要，对煤的布料方式及范围进行有效的控制。

（5）煤气实现了综合利用。通常，Corex装置的煤气一般用于加热炉，但热效率较低，也无法全部利用Corex炉煤气，导致部分剩余煤气只能向大气放散。为更好高效利用Corex炉煤气，宝钢和美国GE公司合作，建成了钢铁行业第一套利用Corex炉煤气为燃料的蒸汽轮机联合循环发电机组。同时，移植宝钢分公司高炉煤气余压发电技术，在Corex炉中配套建设TRT余压透平发电机组，将Corex炉煤气输出过程中产生的剩余压力能转变为机械能，再进一步转化为电能。该机组在不消耗任何原料的情况下，稳定发电可达6000kW·h。

（6）块煤高效干燥取得突破。Corex流程要求煤的水分在5%以下入炉，而通常精煤的水分为8%左右，因此在进入Corex之前需要进行干燥。宝钢集团引进奥地利Binder公司的振动流化床式干燥机。该型干燥机主要包括5个系统：振动流化床系统、热气体发生器系统（烧嘴系统）、除尘系统、水系统以及控制系统。

（7）煤气脱湿技术的创新。由于Corex煤气含有大量的饱和水，在管道输送过程中容易凝结，维护难度增大且带来严重的安全隐患。为了减少上述不利因素，在Corex煤气进能源管廊前进行脱湿处理，采用了冷冻法的煤气脱湿装置，通过热量交换的方式降低煤气的温度，使冷凝水析出。该脱湿装置为两级脱湿，第一级为溴化锂冷冻机冷水脱湿，温度为8℃。第二级为盐水冷冻机脱湿，温度为5.3℃。煤气复温是利用冷冻机38℃冷却水与Corex煤气热交换，复温至25℃，最终由脱湿器送出至煤气输送管网。

（8）先进的冷却系统。Corex C-3000装置冷却系统在Corex C-2000的基础上有重大改进，采用了三大冷却水系统，即冷却壁水系统、工艺水系统和设备水系统，有效地解决了影响气化炉寿命的制约问题，同时大量采用密闭循环系统，减少了水的消耗，有力地降低了炼铁成本。

4.2.1.4 Corex流程的展望

就整个Corex流程而言，尚有一些值得改进之处：

（1）螺旋给料器及其耐火材料外套的寿命有待进一步延长。1993年1~6月，南非依斯科尔公司的Corex装置的作业率为93%。其中计划性检修为3%，其他是因热旋风除尘器和螺旋给料器事故而被迫休风，其后经过4~5年的改进和调整，其目标是极大减少事故停工率，仅仅每月计划检修8h[19]。

（2）Corex输出煤气应该充分利用。Corex工艺单位产量的煤耗较高，吨铁氧耗也较高，因此如何充分利用该工艺所输出的煤气是提高Corex工艺经济效益的关键，结合考虑到取消焦炉后整个冶金联合企业的煤气平衡，Corex输出煤气应该得到充分利用。

（3）进一步减少过程热损失。在Corex工艺中存在一个很特殊的环节——煤气降温。在Corex流程中，从其终还原炉输出煤气的温度在1100~1150℃之间，这种煤气在进入预还原炉之前必须经过降温处理，将气温度降到850℃左右。仅这一降温处理就使系统损失热量80~90MJ/t，折合标准煤25~30kg/t。如何回收这一能量，在技术上和回收成本上也是问题。

（4）入炉硫负荷较大。从依斯科尔的Corex装置的运行现状来看，其煤耗在1100kg/t左右，而一般煤炭的含硫量均在1.0%左右，因此在使用一般块煤的情况下，燃料一项就将使该工艺的硫负荷高达12kg/t以上，再加上其他原料带入的硫，该工艺的硫负荷将高达一般高炉硫负荷的2倍以上。这样势必造成其铁水含硫量偏高。

（5）块煤资源问题。由于当今采煤多以机械化方式，原煤含粉率较高，该工艺中单一使用块煤也是一个潜在的问题。与此同时，块煤在运输过程中会产生粉煤。因此，如能有效利用这些粉煤，将能使Corex工艺具有更强的生命力，那么，粉煤的冷压块技术将可能是一种很好的解决途径。

4.2.2 Finex工艺

Finex工艺是在Corex工艺基础上进行开发的，浦项钢铁公司（POSCO）与奥地利奥钢联（VAI），从1992年就开始联合研发Finex技术。1995年，韩国浦项的Corex C-2000投产，感到其工艺存在诸多不足，如还原竖炉中炉料黏结严重，影响顺行和作业率；燃料比高；煤种要求太苛刻等，更加速了Finex流程的开发。

Finex工艺是一种用丰富的铁矿粉和非焦煤，直接生产铁水的新的熔融还原工艺，其技术思想是使用一组流化床代替原有竖炉作为还原单元，同时配以粉煤压块和煤粉喷吹系统。该工艺不需要烧结和炼焦等预处理工序，与高炉炼铁工艺相比，可望降低工序成本，减少污染物的产生。

韩国浦项在试验室进行了铁矿粉流态化还原工艺试验，以及15t/d试验厂流态化还原试验。获得必要的操作数据后，于2001年1月投资约1.31亿美元建设年产能力为60万吨的Finex 0.6型示范工厂，并于2003年5月29日竣工投产。在利用原有的Corex熔融气化炉基础上，新设计安装了流化床还原反应装置。该Finex装置对铁矿石的成分、粒度组成及品种无严格的限制，可直接使用粒度为0~8mm的烧结用粉矿，其中粒度为1~8mm的粉矿的含量达到50%以上；并可使用100%非焦煤，煤种适用范围很广。流化床连续运行了7个多星期，并无维修后停炉，超过了4周的预设目标值。该套装置于2004年初连续运行，操作中进一步完善了工艺参数，顺利打通了流程。

2004年8月，POSCO又投资4.16亿美元开始建设年产铁水150万吨的工业生产厂，并于2007年4月投产。通过50天的运行，生产能力达到设计水平88%，产量达到2300t/d，吨铁燃料消耗740~750kg/t，喷煤250~280kg/t，该生产线一直运行正常。2014年6月，建成200万吨/年的3号Finex工业化生产工厂，目前已达产。目前1号Finex示范场已停产，炉子凉后观察里面的炉型，供研究用。2号、3号炉正常生产，2018年7~8月2号炉检修，增加煤气预热回收系统，更新部分老化设备。

4.2.2.1 工艺流程

Finex的工艺流程如图4-19所示，主要由3个工序组成：流化床预还原装置、DRI粉压块装置和熔融气化炉装置[34]。首先，铁矿粉被置于流化床反应装置的上部，流化床由4级反应器组成，粉矿和添加剂（粒度8mm以下）由矿槽经提升后进入流化床反应器（R4反应器）。炉料在R4中干燥预热，并因重力依次进入R2和R3反应器中进行预还原，最后在底部的R1反应器中基本完成还原。经R1输出的细颗粒状的直接还原铁（DRI），在热状态下被压制成热压块（HCI），储存在预热炉中，然后装入熔融气化炉[35]。

反应方程式如下：

$$3Fe_2O_3 + CO = 2Fe_3O_4 + CO_2$$

$$3Fe_2O_3 + H_2 = 2Fe_3O_4 + H_2O$$

$$Fe_3O_4 + CO \longrightarrow 3FeO + CO_2$$
$$Fe_3O_4 + H_2 \longrightarrow 3FeO + H_2O$$
$$FeO + CO \longrightarrow Fe + CO_2$$
$$FeO + H_2 \longrightarrow Fe + H_2O$$

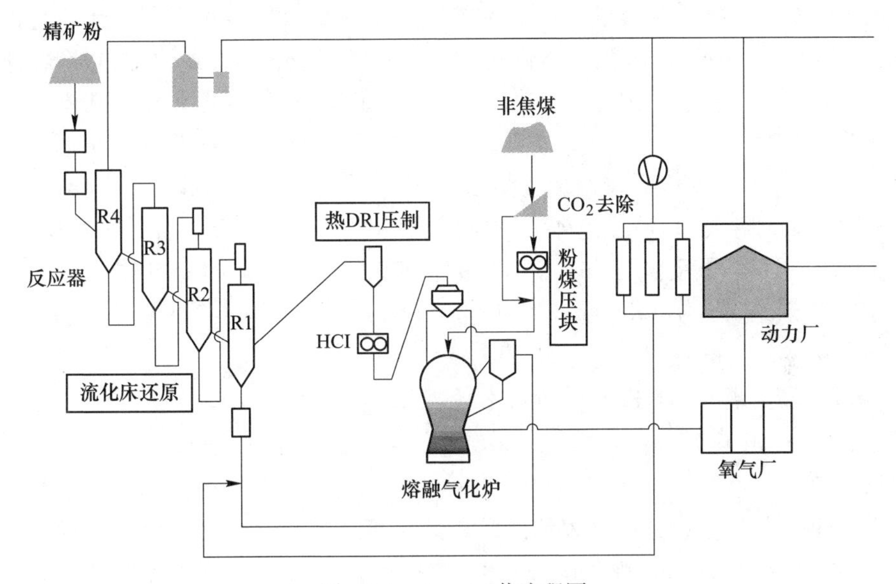

图 4-19 Finex 工艺流程图

如图 4-20 所示，在还原温度小于 570℃时，后两个阶段合二为一，反应方程式如下：

$$1/4Fe_3O_4+CO \longrightarrow 3/4Fe+CO_2$$
$$1/4Fe_3O_4+H_2 \longrightarrow 3/4Fe+H_2O$$

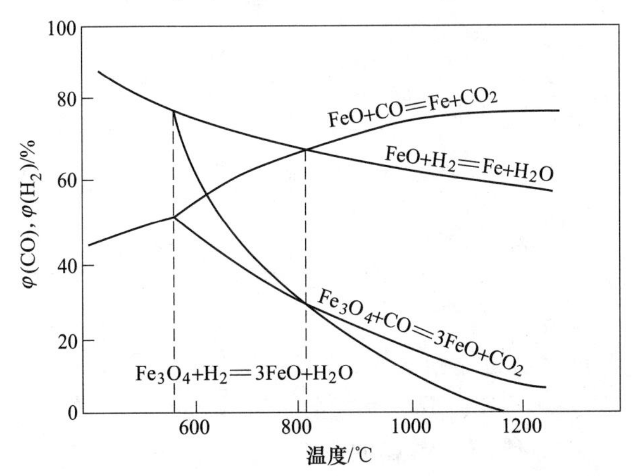

图 4-20 不同温度下 CO、H_2 还原铁氧化物平衡气相成分

上述过程的第二步，粉矿在流化床还原后进入压块工序，变成热压铁块（HCI）；煤通过筛分处理，粒度80mm以下的块煤通过加煤管道直接装入熔融气化炉，小于8mm的粉煤加入有机黏结剂，机械压成煤块，加到熔融气化炉中[36]。

第三步，压块煤在熔融气化炉中燃烧产生热量，把经流化床中还原过的热压铁块熔化成铁水和炉渣。粉矿和非焦煤中的硫分以无害化方式随炉渣排出[37]，在煤的处理过程中并不产生煤焦油和BTX（苯、甲苯、二甲苯）等副产品[38]。熔融气化炉中产生的热还原气体，通入R1反应器并依次再通过R2、R3、R4反应器，反应后排出成为炉顶煤气。煤气经除尘净化后，约41%通过加压及变压吸附去除CO_2，使煤气中的CO_2从33%降到3%，然后回到R1反应器作为还原气体再行利用，以节约煤的消耗。当煤比为850kg/t时，输出可利用的剩余煤气约为1530Nm^3/t，单位热值约为7044kJ/Nm^3，总热值约为10760MJ/t。

4.2.2.2 Finex工艺流程的技术经济指标

A 原燃料条件

a 铁矿粉

Finex工艺省去了高炉流程的烧结、炼焦工艺，直接采用资源丰富而且廉价的平均粒度为1~1.5mm铁粉矿（目前来自澳大利亚），其粒度分布如表4-13所示。TFe为60%~62%，在进入流化床之前，矿粉要经过干燥处理，使水分小于1%，适量配加石灰和白云石，以调节炉渣碱度。

表4-13 Finex具有代表性的铁矿粉粒径分布（质量分数）

粒径分布/mm	质量分数/%	粒径分布/mm	质量分数/%
+8	3.0	1~0.5	11.4
8~5	15.5	0.5~0.25	10.2
5~3	16.6	0.25~0.125	4.9
3~1	24.6	-0.125	17.6

b 燃料

Finex所使用的燃料为煤和焦炭，相应的指标要求如表4-14所示[39]。采用100%粉煤压制型煤入炉，其型煤（粒径约14.57mm）配用了20%焦煤，50%半炼焦煤，30%动力煤，使用的粉煤的灰分为6%~8%，型煤的强度达到焦炭的0.8，因此可以仅用5%~10%小块焦炭炼铁，喷煤量可达250~300kg/t。

表 4-14 Finex 用煤和焦炭的主要指标表

燃料类别	A_d（灰分）/%	*S*（硫分）/%	挥发分/%	粒度/mm	*CRI*（反应性）/%	*CSR*（反应后强度）/%
喷吹煤	8~10	0.3~0.5	18~32	70~80	—	—
型煤	8~10	0.3~0.5	18~32	60	—	—
焦炭	≤12	≤0.5	—	—	≤27	≥63

B 主要工艺特点

POSCO Finex 2.0 的主要工艺特点为：

（1）充分利用资源，减少资源制约。Finex 工艺可以 100%使用非焦煤，而且对煤适用范围很广[40]。图 4-21 为 Finex 工艺煤种的适用范围。浦项在试验中采用过的煤种十分广泛：固定碳 52.49%~72.26%，挥发分 18.37%~38.32%，灰分 7.32%~16.67%。因为可以通过粉煤混合压块的方法来调节其成分，试验证明对煤种并无严格的限制。块煤 80mm 以下可直接入炉，8mm 以下经压块后入炉。浦项公司目前使用压制型煤 60%~70%，喷煤粉 15%~20%，其余为块煤。非焦煤的使用既解决了匮缺的炼焦煤资源供应问题，又降低了生铁的生产成本。

浦项公司在试验时使用过的矿石成分为：TFe 56.7%~67.7%，脉石 2.93%~10.7%，Al_2O_3 0.71%~2.7%。试验表明，Finex 工艺对铁矿石的成分和粒度组成及品种无严格的限制。粉矿的直接使用，既降低了原料加工成本，同时又拓宽了铁矿资源供应渠道。图 4-22 为 Finex 工艺矿石的适用范围。

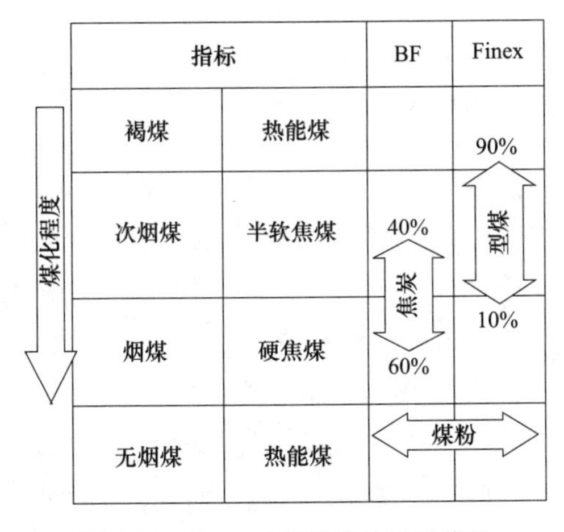

图 4-21 Finex 工艺煤种的适用范围

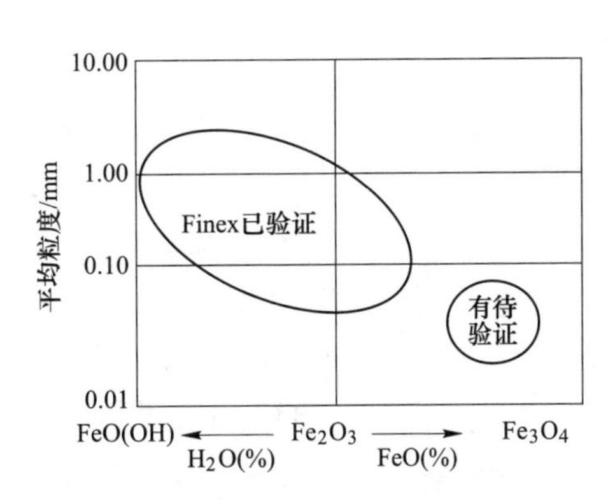

图 4-22 Finex 工艺矿石的适用范围

（2）大幅度减少污染，提高环保水平。Finex 工艺因不需要传统工艺必需的炼焦、烧结、球团等环境污染严重的工艺（Corex 工艺常常需要使用球团矿），因而可明显减少对大气和水域的污染。Finex 的流程本身也可以大幅度减少排放，如图 4-23 所示。首先，熔融气化炉内的煤的燃烧和气化因使用纯氧，所以极少产生 NO_x；而煤中的硫，在熔融气化炉中生成 H_2S，随还原煤气进入流化床，在流化状态下与加入的熔剂生成 CaS 和 MgS，最终在熔融气化炉中随炉渣排出，故 SO_x的排出量与高炉相比，数量大为减少；铁水中的硫含量与高炉相近，约为 0.015%~0.025%。此外，因为熔融气化炉中煤是在高温下进行气化，所以不会产生二噁英。与此同时，Finex 工艺是一个紧凑密闭的流程，故烟尘的排放量也更低。

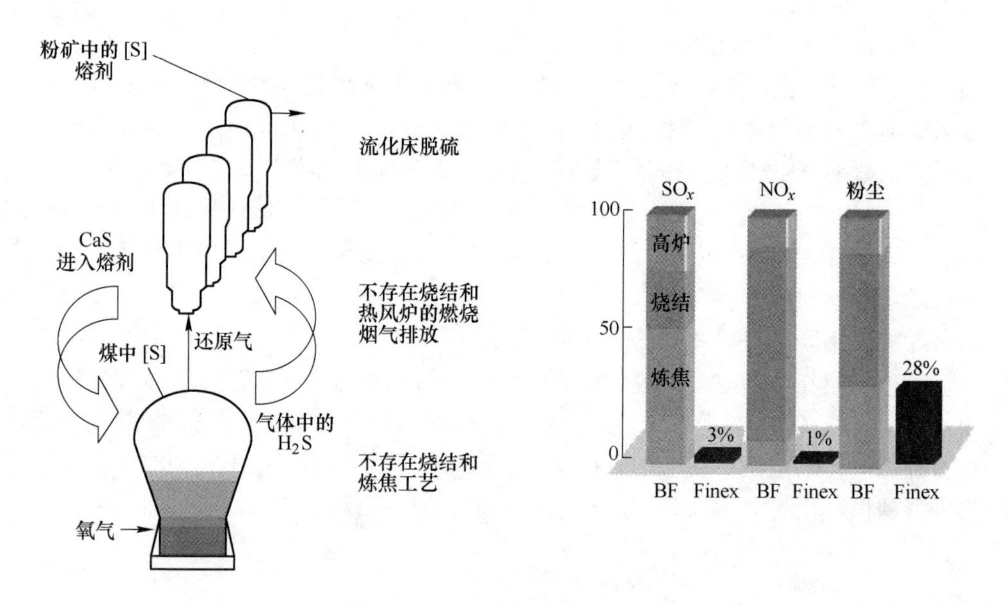

图 4-23 Finex 与高炉环保排放水平比较

据浦项公司发表的资料，Finex 工艺产生的 SO_x、NO_x和粉尘的排放量分别为高炉工艺流程的 6%、4%和 21%，也没有焦化过程含酚、氰污水的排放。因此，可以认为 Finex 是一种环境友好型的清洁生产工艺。

（3）流化床和全流程可以连续稳定运行。Finex 流程将流化床生产的金属化率 60%~70%的海绵铁粉热压成为热压铁块（HCI），当时温度控制在 720~750℃，再将 650℃的 HCI（或从原料场供应冷 HCI）加入熔化气化炉上部的预热炉中预热后入炉。预热后的入炉原料质量、工艺参数十分稳定。而此前，Corex 预还原竖炉加入块矿时，因大量热爆裂，造成高粉化率及局部过热黏结成块，引起竖炉气流分布紊乱，使 Corex 流程金属化率经常波动，从而影响到熔融气化炉操作顺行。实事求是地比较，Finex 熔融气化炉工艺操作的稳定性比 Corex 高，但是由于在高温条件下使用的设备多，工艺操作的稳定性比高炉要低一些。

C 成本比较

a 生产成本

生产成本是工厂选择流程和工艺技术的最重要依据。目前 Finex 的炉渣二元碱度 1.2，MgO 约 11%，由于 MgO 高，可以使用一部分低价矿降低铁水成本，渣中的 Al_2O_3 高达 18%~20%仍可顺行冶炼。渣比约 300kg/t，除尘灰约 50~60kg/t。

一个典型的配矿方案是低成本的新西兰海砂 5%、印度粉矿 15%、本溪铁精粉 30%（其余为 TFe65%的巴西矿粉）直接入炉冶炼，因此 Finex 铁水的制造成本可比相同产能的高炉流程低 5%。但比 4000m^3级巨型高炉要高约 3%。

b 设备投资

浦项公司宣称其 Finex 的设备投资为相同产能高炉流程（包括烧结、炼焦、高炉）的 85%。其中熔融气化炉约占 40%，流化床约占 30%，制氧占 20%，其他（包括原料处理、型煤、喷煤及煤气变压吸附脱除 CO_2 加压循环设备等）约占 10%。

图 4-24 为两座 Finex 1.5Mt/a 和 1 座 3Mt/a 的高炉的设备投资比较图。

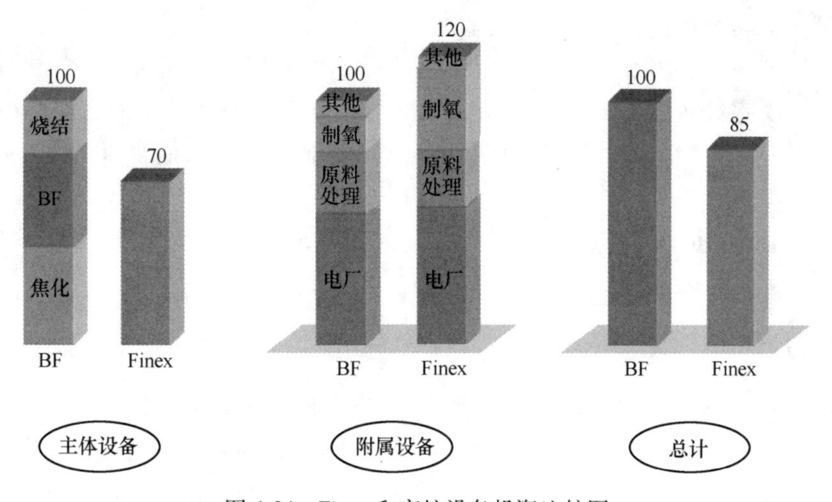

图 4-24 Finex 和高炉设备投资比较图

4.2.2.3 Finex 工艺应用前景

浦项公司于 2003 年和 2007 年分别投产 60 万吨/年和 150 万吨/年的 Finex 装置，2011 年 6 月，该公司开工建设 200 万吨 Finex 2.0 工程。与此同时，韩国浦项和现代集团还在建设传统高炉，表明 Finex 至今还不能完全取代高炉。

Finex 技术从研发到现在仅有十余年，尚未进入成熟和大力推广阶段，许多专家认为，还有一些不完善和有待改进的地方，主要表现在：

（1）现阶段能耗高于相同产能的高炉流程。Finex 入炉矿石品位 61%，原煤灰分 6%~8%，使用 20%的主焦煤，约 40%的弱黏结性焦煤（即 1/3 焦煤）、

50kg/t 小块焦；预还原时热压铁块需要多耗能，煤气脱除二氧化碳消耗电能。在上述原燃料和工艺条件下，2008 年浦项 Finex 工艺的煤比为 728～796kg/t（干基），焦炭占 7%～13%，在现有技术发展阶段，应该说 Finex 的能耗要比高炉高，比预期还有一定差距。

（2）现阶段 Finex 的综合成本比高炉高。Finex 工艺虽然摆脱了高炉配烧结和球团，但生产原料仍需配一定比例的焦炭，且增加了多级流化床、热压铁块、大型制氧、二氧化碳脱除装置，在我国目前条件下，投资不一定像韩国浦项公司介绍的比高炉流程低。

由于 Finex 工艺，因风口寿命短和熔融气化炉每 8 周要检修一次（18h/次），流化床黏结需定期清理等原因，生产作业率提高尚有困难，并且增加了热压铁块和脱除二氧化碳耗电成本，固定成本和维修成本增加，应该说生产运行成本较高。

（3）现阶段 Finex 生产稳定性低于高炉。Finex 高温条件下使用的设备多，操作的稳定性、设备的作业率低于高炉，易造成钢铁联合企业生产物流的不平衡，可能会影响企业整体效率和效益。

（4）Finex 现在生产仍需 7%～13%的焦炭，粉煤压块需配约 20%的焦煤，并没有完全摆脱对炼焦煤和焦炉的依赖。Finex 现在使用的铁矿粉平均粒度约 1mm（粒度范围 0.1～10mm），是否适应我国自产的精矿粉（一般而言 200 目占 40%以上）还需要进行系统的验证。

（5）浦项 Finex 2.0 装置推迟投产，其投产后的运行效果如何，还有待于验证。

4.2.3 HIsmelt 工艺

HIsmelt 熔融还原法是现澳大利亚 CRA 公司和美国米德里克斯（Midrex）公司共同组建的 HIsmelt 公司在原有基础上，继续研究开发的一种熔融还原工艺。这种熔融还原法起源于德国克劳克纳（Klockner）公司和澳大利亚 CRA 公司合作开发的一种熔融还原方法。

HIsmelt 工艺的开发相对也经历了较长的时间，从 1980 年开始研发，经历了初期的试验炉试验以及两个阶段的试验厂阶段（分别为 1 万吨/年的 SSPP 和 10 万吨/年 HRDF），一直到在西澳大利亚的奎那那地区兴建了年产 80 万吨的世界首家商业工厂。工厂于 2003 年 1 月动工建设，2005 年 4 月建成并开始热调试，从 2005 年 11 月开始了为期 3 年的达产运行：2006 年底实现 50%，2007 年实现 80%，2008 年实现 85%。期间主要问题大多由外围设备引起，在这些问题得以解决后生产率逐步上升。2008 年 12 月，由于受世界金融危机影响，生铁市场低迷，HIsmelt 奎那那示范厂于 2008 年年底停产，关闭且不再复产。

山东省墨龙公司一直致力于新冶金工艺、技术、装备的研究，根据自身发展的需求，在2012年决定利用HIsmelt的技术及大部分奎那那工厂设备，并通过进一步优化工艺流程，在寿光市建设了新的HIsmelt熔融还原厂。墨龙公司目前拥有HIsmelt全部知识产权，在经历了九次工业试验后，目前已掌握HIsmelt熔融还原工艺的生产规律，可实现稳定高效生产。

4.2.3.1 澳大利亚奎那那HIsmelt工业生产研究

A 设备与工艺

奎那那HIsmelt厂80万吨SRV熔融还原炉内部结构如图4-25所示。HIsmelt工艺的核心是SRV熔融还原炉，它是由上部水冷炉壳和下部砌耐火材料的炉缸组成。工艺的特点是将铁矿粉和煤通过倾角向下的水冷喷枪直接喷入还原炉内铁浴中。喷入的煤粉经过加热和裂解后熔于铁水，并且保持4%的含碳量。喷入的矿石与含碳金属铁反应而熔炼开始。SRV熔融还原炉下部保持低氧势，使反应得以进行，还原动力学条件使得炉渣中亚铁的含量保持在5%~6%。

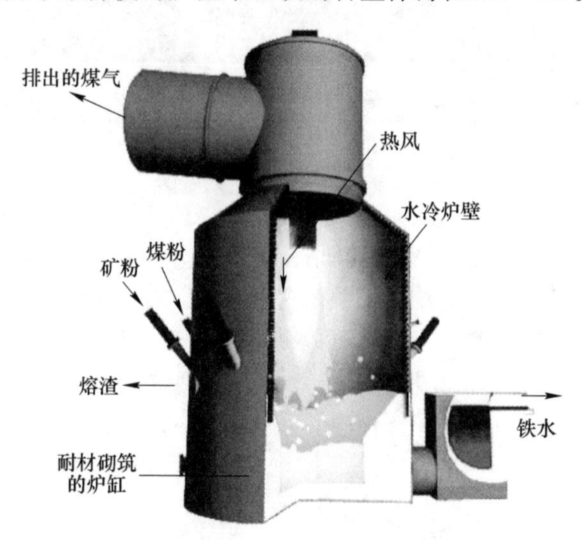

图4-25 奎那那HIsmelt厂SRV熔融还原炉内部图

熔池产生的气体（主要为CO）在炉内上部空间进行二次燃烧，提供热平衡所需的能量。富氧热风（含氧35%，温度1200℃）通过顶部热风喷枪鼓入炉内，燃烧反应在氧势相对较高的上部区域进行。产生煤气一般二次燃烧率约为50%~60%。

HIsmelt工艺的关键是要有效地实现上部区域（氧化区）和下部区域（还原区）之间的热传导，以便保持这一氧势梯度。具体来说就是大量的液滴在两个区域之间喷溅，夹带热量。一部分热量通过水冷壁和喷枪散失，剩下的用于熔炼过程。炉渣通过水冷渣口定期排出，铁水连续经过前置炉流出。连续出铁主要考虑该技术的安全性，原因是要对铁水液面进行控制，确保其与水冷喷枪保持一定的距离。

奎那那 HIsmelt 厂热风炉系统如图 4-26 所示。空气由热风炉加热到 1200℃，热风炉用的燃料使用自身产生的煤气，并辅以部分天然气或其他富化煤气。该热风炉系统的理想风温为 1200℃。一般为了提高产量，会对冷风进行富氧操作，其含氧量在 30%~40%之间。

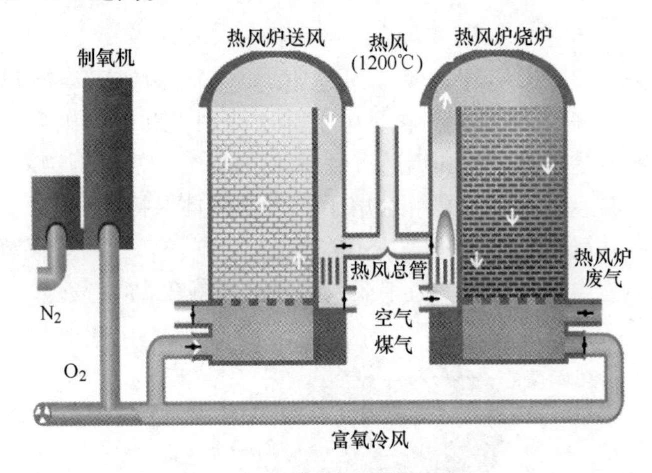

图 4-26　热风炉系统示意图

奎那那 HIsmelt 厂矿粉喷吹系统如图 4-27 所示。矿粉在预热器中预热至约 800℃，随后矿粉送至喷吹系统，并喷吹进入 SRV 熔融还原炉。矿粉粒度一般在 6mm 左右，矿粉的来源较为宽泛，可以使用赤铁矿、磁铁矿、褐铁矿或者高磷矿和工艺废料，如高炉和转炉除尘灰、污泥和轧钢铁皮等。

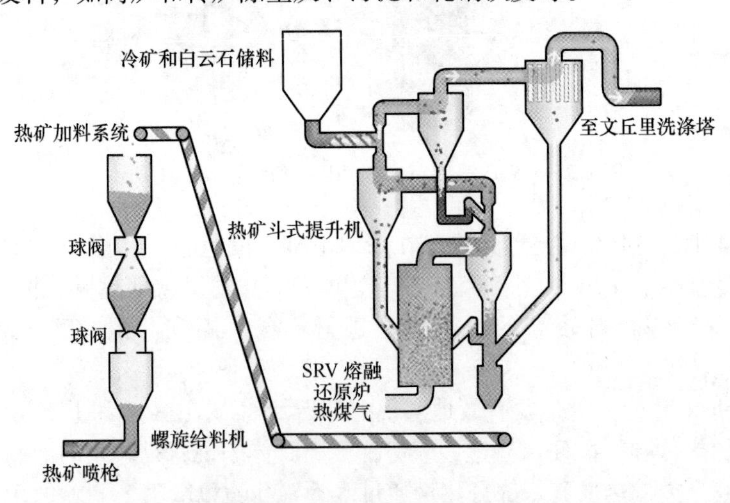

图 4-27　矿粉喷吹系统示意图

奎那那 HIsmelt 厂煤气系统如图 4-28 所示。从 SRV 熔融还原炉气化烟罩排出烟气温度大约为 1450℃，经冷却降至大约 1000℃之后，约 50%、温度为 1000℃的 SRV 熔融还原炉煤气送至预热器，剩余的煤气则经过除尘、冷却后，用作电厂燃料或热风炉烧炉煤气；SRV 熔融还原炉产生的煤气热值为 2~3GJ/Nm^3。

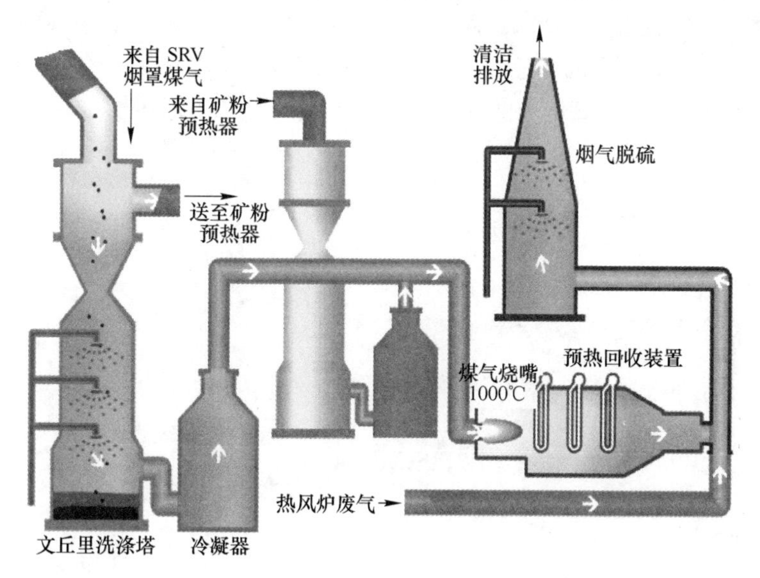

图 4-28 煤气系统

B 生产调试指标

奎那那地区 80 万吨 HIsmelt 厂在生产调试过程中的最大生产率如图 4-29 所示。图 4-29 为随着时间推移所得到的最大小时铁水生产率。这里的最高生产率是维系了 10 小时或更长时间建立的稳态状态的生产率（需要注意的是，SRV 熔

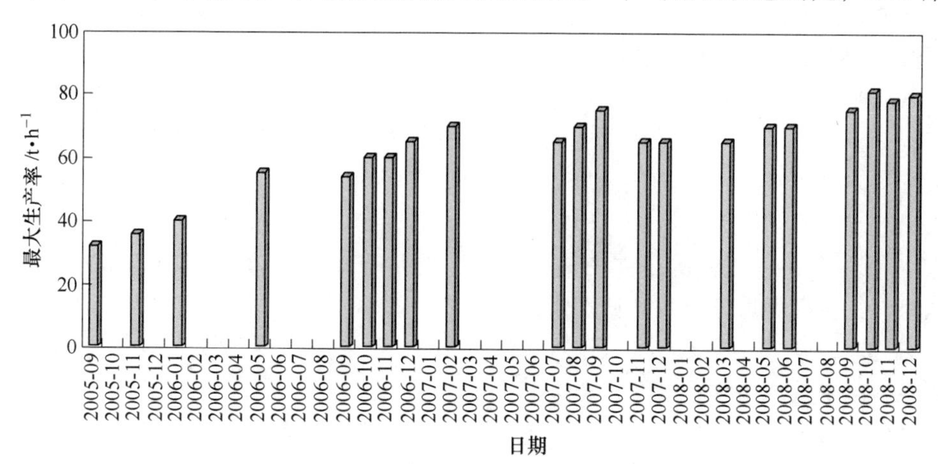

图 4-29 奎那那地区 HIsmelt 厂区生产调试数据

融还原炉达到稳定生产状态要比高炉快得多)。从适中生产率开始起，小时产量已稳步增长，达到最大75~80t/h的水平。

奎那那地区80万吨HIsmelt厂的煤比随生产率的变化如图4-30所示。根据其趋势，HIsmelt工艺正在朝着煤比降低到700kg/t的目标迈进。需要注意的是，生产率越高，生铁质量越好，而不是相反。高生产率时，碳含量低（接近4.0%)；与此相对，低生产率时，碳含量为4.5%。磷含量的变化也与之类似。铁水中的硫含量远高于高炉中的硫含量，但可使用标准的钢包铁水脱硫技术，将硫降低到炼钢可以接受的水平。

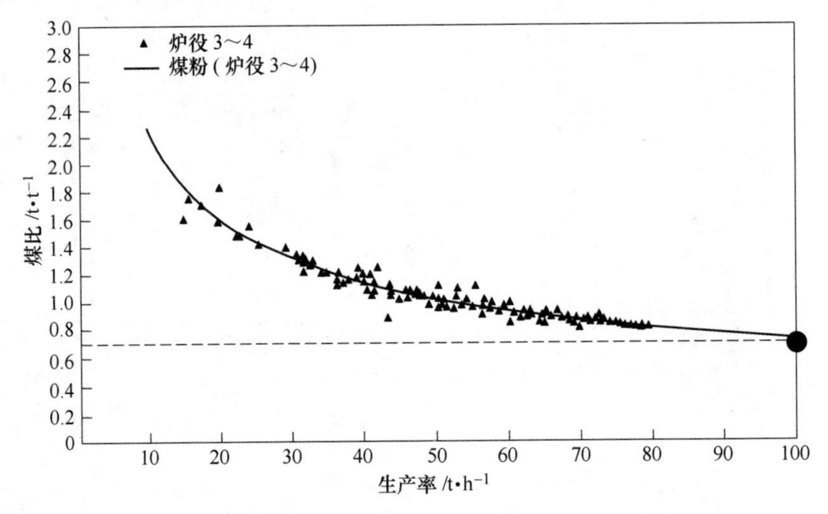

图4-30 奎那那地区HIsmelt厂煤比随生产率的变化

C 原料特点与流程特点

上述特点使其可以处理低品位的原料，即在高炉流程中基本不能使用的经济原料。HIsmelt可使用的原料特点如下：

(1) 对多种含铁原料（赤铁矿、褐铁矿、40%和72%还原率的直接还原铁等）分别进行了试验，并就它们的还原水平对生产的影响进行了评估。此外，还进行了使用30%富氧率的热风以提高反应炉生产能力的试验，试验结果如图4-31所示。

(2) HIsmelt工艺的二次燃烧率较高，通常在60%~70%之间。用冷铁矿粉作原料，使用无烟煤时每吨铁耗煤量为800~1200kg。

(3) 从试验结果看，该工艺对高磷粉矿（含磷量为0.12%）有较好的脱磷效果，脱磷效率平均达85%~95%。

(4) HIsmelt工艺可以直接使用含铁工业废料，将其与矿粉混合喷入，无需进行原料造块，与使用粉矿作业相似，其铁回收率可超过97%。废物里的锌、铅

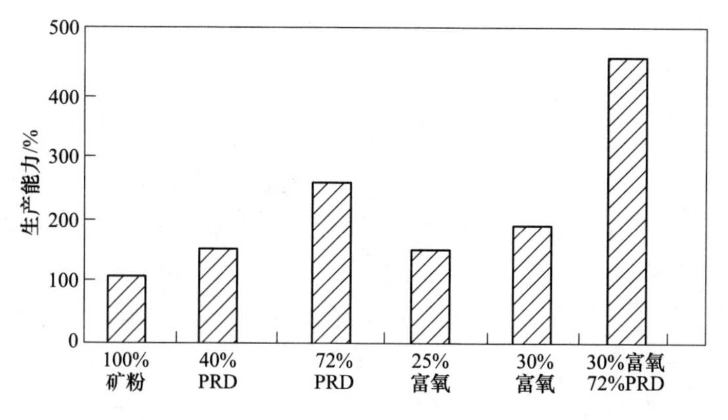

图 4-31 提高熔融气化炉生产能力的试验结果

析出到炉尘中，并可以回收利用。采用高速喷枪进行固体料喷吹的方法，意味着铁水熔池的捕集能力很强，即使超细粉也可以使用。

（5）该工艺对不同挥发分的煤有较好的适应性。使用挥发分含量较高的煤时，因气化和裂化作用，能耗较高。此外，对煤的原始几何形态没有什么要求，煤需磨碎后喷吹入炉。

（6）在整个试验期内，生产的铁水质量较为稳定，但和高炉工艺相比其铁水含硫高。该工艺可以对铁水的温度进行控制，也可对成渣条件进行优化，以达到最佳的生产率，提高铁水质量，减少耐火材料消耗。

（7）耐火材料损耗率较低，预计反应炉连续生产的使用寿命可达到 1 年以上。此外，固体料喷枪磨损率很低，反应炉自启用以来，未出现喷枪水冷系统漏水现象。

（8）由于不使用焦炭及烧结矿，同时还能利用钢铁厂废料，HIsmelt 工艺具有较好的环保效益。

结合奎那那地区 80 万吨生产实践经验，HIsmelt 流程具有以下特点：

（1）单体生产效率高。在 HIsmelt 流程中，燃料中的碳迅速溶解入铁液，这样进入熔池的氧化亚铁主要被铁液中的溶解碳所还原。由于溶解碳还原氧化亚铁的速度比固体碳还原氧化亚铁的速度高出 1~2 个数量级，其还原速度比其他熔融还原方法快。加上喷入煤粉在铁浴中的爆裂和分解，加强了对熔池的搅拌，这种搅拌效果势必比单纯底吹氮气的效果好得多，加强了熔池中渣铁的混合，进一步提高熔池中氧化亚铁的还原速度。此外，浸入式喷吹铁矿粉或用顶吹将矿粉喷入搅拌区，可保证喷入矿粉快速和熔池中的碳反应，此时反应产生的一氧化碳气体又进一步加强了对熔池的搅拌。矿粉和铁浴中溶解碳的直接还原过程，有利于限制渣中的氧化亚铁含量。这是因为矿粉不会像在其他熔融还原过程中那样，先熔于炉渣，然后再和熔渣中的固体碳或铁液中的溶解碳反应。因此，铁浴中矿粉的直接还原速度，并不受限于反应区的工作状态和熔渣中的氧化亚铁的含量，故而 HIsmelt 流程的单体生产效率较其他熔融还原流程的高。

（2）铁浴中碳的回收率高。向铁浴底吹煤粉可以提高碳的回收率，向熔融反应器中浸入式喷煤不仅可以回收煤中的固定碳，而且可以使煤粉挥发分中的碳氢化合物裂解产生碳。SSPP 的研究表明，当煤粉在铁水和熔渣温度下进行快速裂解时，其挥发分中碳的回收率比通常的近似分析法获得的数据高出 10%～30%。碳的回收率是一项重要参数，因为未溶解在铁浴中的碳可能和炉气中的氧或二氧化碳反应，降低二次燃烧率。同时未溶解在铁浴中的碳还会随炉气逸出炉外，这将大大降低燃料的利用率和冶炼强度。

（3）二次燃烧率高。由于在 HIsmelt 流程中煤粉很快被铁液所溶解，可最大限度地降低散入炉气中的碳量，避免碳和炉气中的氧或二氧化碳的反应，从而有利于提高二次燃烧率。在 SSPP 和 HRDF 的试验过程中，其二次燃烧率均可稳定地控制在 60%左右。而在日本 DIOS 的半工业试验中，其二次燃烧率只控制在 30%～50%，美国的 AISI 的半工业试验中二次燃烧率只控制在 40%。此外，采用热风操作，可以限制气相中的氧浓度，缩短溅入气相中的铁液液滴和氧的接触时间，从而进一步提高二次燃烧率。

（4）熔池上部反应强烈，二次燃烧传热速度快。底部喷吹引起熔池强烈的搅拌和产生大量液滴，为在熔池上方形成一个理想的传热区提供了有利的条件。金属液滴就像喷泉形成的喷溅那样进入上部空间，将燃烧区的热量迅速带入熔池，如图 4-32 所示。

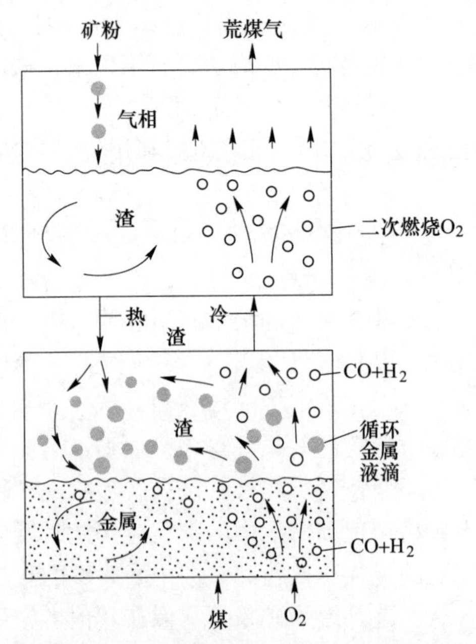

图 4-32　熔渣传递二次燃烧率机制

（5）渣中氧化亚铁含量低，渣层薄，炉衬侵蚀量小。由于采用了底喷燃料，提高碳的回收率，促进煤中挥发分的分解，强化熔池搅拌，从而促进矿粉的快速还原。SSPP 和 HRDF 的试验结果表明，在 HIsmelt 流程中，其熔渣的氧化亚铁可控制在 4%以下。因此，对炉衬的侵蚀程度较其他采用低预还原度操作的熔融还原工艺的小。此外，由于在 HIsmelt 流程中不采用厚渣层操作，渣层厚度小，熔渣对炉衬的侵蚀区域小。炉渣中“与生俱来”的亚铁含量（5%~6%），加之铁水含碳约 4%，形成了独特的脱磷特性。一般来说，约 80%~90%的磷进入炉渣。

（6）吨铁煤耗低。由于 HIsmelt 流程采用了直接向铁液喷吹煤粉的方法，在提高了煤粉中固定碳回收率的同时，能够充分回收煤粉挥发分中的碳。加上采用温度高达 1200℃的热风操作，直接向铁浴提供大量物理热，相当于铁浴总热收入的 18%~20%。因此，HIsmelt 流程的吨铁煤耗势必较其他熔融还原法的低得多。根据 SSPP 和 HRDF 的试验结果和考虑预还原和终还原联动后操作结果的预测，HIsmelt 流程的吨铁煤耗采用低挥发分煤时可降至 600kg/t，采用高挥发分煤时可降至 800kg/t。而日本 DIOS 的报道数据为 850kg/t。

（7）对环境污染较小。直接向铁熔池喷吹煤粉，煤粉挥发分在铁浴温度下充分裂解，从而将无任何碳氢化合物进入煤气，因此完全消除了煤粉挥发分中有害的碳氢化合物对环境的污染。同时煤粉中的硫也将直接被铁液和熔渣所吸收，减少进入煤气的可能性，因此也减少了煤气中的硫氧化物（SO_x）的含量。

尽管 HIsmelt 流程有以上诸多优点，其最佳作业指标如表 4-15 所示，其仍然存在一些尚待改进之处：

（1）吨铁煤气量大，导致煤气物理热损失增加。在 HIsmelt 流程中吨铁煤气量（标态）高达 5224m^3/t（SSPP 试验结果）~6000m^3/t（HRDF 试验结果），同

表 4-15　HIsmelt 最佳作业指标

项　目	指　标	时　间
日最高产量	1834t	2008 年 12 月
周最高产量	11106t	2008 年 12 月
月最高产量	37345t	2008 年 5 月
最低煤耗	810kg/tHM	2007 年 8 月
周最高作业率	99%	2008 年 6 月
连续生产记录	68 天	2006 年 4~6 月
年产量	9000t	2005 年
	89000t	2006 年
	114870t	2007 年
	82218t	截至 2008 年 6 月

时终还原炉逸出的煤气的温度高达1600~1700℃，这样，每冶炼一吨铁水，从终还原炉逸出煤气携带的物理热高达12.78~15.42GJ/t，占总热收入的38.15%~40.26%。而将入炉矿粉从0℃加热至850℃只能回收热量1.5GJ/t左右，即只能回收煤气带走的物理热的10%~12%。因此，剩余的煤气物理热的回收必须通过其他途径进行。在HIsmelt流程中主要采用管式加热器利用煤气中的剩余物理热产生高压蒸汽加以回收，仍嫌不足。

（2）煤气进入预还原流化床之前必须降温。如上所述，逸出终还原炉的煤气的温度高达1600~1700℃。温度如此之高的煤气当然不能直接进入任何形式的预还原炉。在将这样的煤气导入预还原炉之前必须冷却，在Corex、DIOS和AISI等熔融还原流程中，这一点同样也是个问题。

（3）采用底喷煤粉技术，必须用天然气冷却其喷嘴。在SSPP和HRDF的试验过程中证明了采用底喷技术的成功，该技术给HIsmelt流程带来了其他熔融还原法尚无法比拟的优点。但也正因采用了底喷技术，需用天然气保护喷嘴，尽管天然气的消耗量不大，也使HIsmelt流程产生了对天然气的依赖。因此，HIsmelt适合于有天然气资源的地区。

（4）采用底喷煤粉对操作技术要求高。底喷喷嘴上方的蘑菇状物（图4-33）

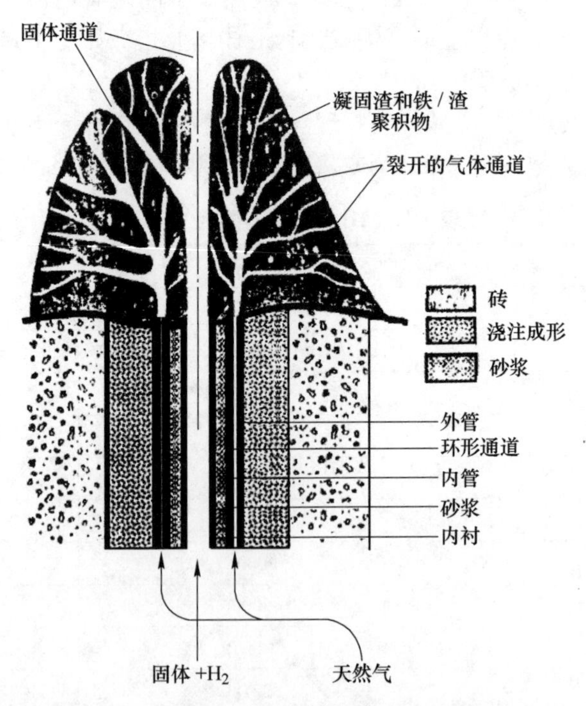

图4-33 喷吹固体物料时蘑菇状凝固物的正常形态

的形状是否保持正常，是 HIsmelt 操作是否稳定的基础。在操作过程中要避免喷嘴被烧毁、耐火衬侵蚀过快、铁液回流、喷嘴堵塞和喷入物料反应不完全等现象。在 SSPP 操作中当采用气固混喷时，为了避免上述情况，要求严格控制气、固量稳定，对于煤粉的计量要求甚高。

（5）要求使用含硫量低的煤种。由于煤粉从铁浴底部直接喷入熔池中的铁熔体，煤粉中的硫进入煤气的可能性减小，这一点对于环境保护来说无疑是有好处的。但是也增加了该工艺过程的脱硫负担。因此，为了保证铁水质量，在无炉外脱硫的情况下必须选用硫含量低的煤种。

D 经验教训

建设奎那那工厂的其中一个目标就是希望在大规模工厂生产情况下，在可控和安全的条件下发现问题，只有这样才可能在进行大规模商业化之前使该技术日臻完善。主要的经验教训在于：

（1）铁水在前置炉（发生在第一次开炉装铁水）中发生冻结还是很麻烦的，原因是重新贯通前置炉和还原炉炉体之间的连通管是很困难的。如果前置炉工作不正常，则无法安全地进行冶炼。在制定了相应的对策之后，没有出现过类似情况。

（2）2007 年 3 月，还原炉内出现了碳平衡失控的状况。结果是出现了泡沫渣现象（部分原因是炉渣温度较低加之矿石喷吹过量）。这种情况在没有被发现情况下持续了 6 个小时，在此期间炉内铁水大部分被熔炼成了半钢。这造成在水冷壁上结瘤约 200～300mm 厚，并由于冷却的作用下，对管路形成了相当大的应力，因此出现水管破裂。有鉴于此，工厂停炉清除了结瘤，并更换了部分水冷壁。具体的对策是开发了相应的软件识别系统，强化了操作人员培训，设置了在线炉尘含碳量反馈系统，进行实时数据监测，以确保及时发现还原炉中是否发生碳的亏损。

（3）2007 年 12 月，由于耐火材料热面机械应力和侵蚀原因，导致还原炉发生铁水烧出事故。事故得以安全处理，并且显示炉体设备周围的安全系统工作正常。事故的核心原因是未能及时监控关键区域耐火材料的状态，以及由此导致的炉壳热态行为。具体的对策，除了操作人员加强培训外，在关键区域设置了永久性炉壳温度测量装置。

这些经验和教训进一步强化了工艺基础。实际上许多独一无二的技术在最初都需要对出现的问题进行分析应对，才能继续向前推进，这些实际生产过程中积累的诀窍将为工艺的最终成功起到重要作用。

HRDF 研究的前 12 个月的试验数据足以证实，从 SSPP 放大的 HIsmelt 工艺接近其预期的性能。其试验结果表明，HIsmelt 流程能够生产出高质量的铁水，同时在其设备建造投资和生产费用上颇具竞争性。HIsmelt 的研究者认为，建造小规模的 HIsmelt 熔融还原流程，其经济效益也可以同大规模的传统的焦炉——

高炉流程相媲美。

HIsmelt 流程的经济优势及它对低品位含铁原料的处理能力，已经可以小规模有效地生产铁水，这一点已被公认。

4.2.3.2 山东墨龙 HIsmelt 生产工艺

A 技术背景

山东墨龙石油机械有限公司根据公司内部发展规划和国家政策需求，于2008年派技术小组赴澳大利亚 HIsmelt 工厂交流学习；2010 年开始，墨龙启动与力拓集团的 HIsmelt 技术授权的商务谈判；2012 年墨龙与力拓集团签订技术许可协议，墨龙主导并协同力拓集团、山东冶金、北京首钢国际、北京科技大学对 HIsmelt 技术进行转化并开展工厂设计，借鉴冶金行业成熟的设备及工程经验，结合 HIsmelt 冶炼工艺的特点，山东墨龙在 HIsmelt 熔融还原工艺流程、关键装备、操作技术以及资源能源等多方面进行了众多改进与创新。期间历经 5 年，投资 16.5 亿元（其中固定资产投资 11.5 亿元，研发及改进支出 5 亿元）以上，经过 9 次热负荷试车，从流程改进、设备改造、生产工艺等多个环节进行了系统性的开发与调整。自 2016 年 12 月份正式生产，截至 2018 年 3 月份，已累计生产 45 万吨，当前日最高产量达到 1930 吨、月产量达到 5.17 万吨，已超过原澳大利亚奎那那工厂的历史最高纪录（澳大利亚 HIsmelt 工厂自 2005 年开始生产至 2008 年共产出铸铁 29.5 万吨）。山东墨龙 HIsmelt 熔融还原项目在 2016 年至今的生产过程中，通过技术创新及改进升级，解决了初始 HIsmelt 熔融还原的诸多问题，确保 HIsmelt 熔融还原长期稳定运行，并在 HIsmelt 操作技术、资源能源综合利用以及环保方面取得创新性进展。目前，山东墨龙石油机械有限公司于全球首次实现了 HIsmelt 熔融还原工艺连续工业化生产。

2017 年 8 月，山东墨龙石油机械有限公司收购力拓在世界范围内所拥有的全部 HIsmelt 商标、专利及知识产权，自此，中国正式拥有 HIsmelt 技术，为目前正在运行 HIsmelt 工厂和 HIsmelt 技术走向国际市场奠定了基础。目前，山东墨龙石油机械股份有限公司独家拥有 HIsmelt 技术核心专利共 166 项，其中包括澳大利亚 HIsmelt 技术专利 153 项，山东墨龙在项目转化实施过程中申请专利 13 项；专利范围覆盖世界 30 多个国家，主要国家包括：美国、澳大利亚、中国、俄罗斯、英国、印度、日本、韩国、巴西、南非及欧共体专利组织；专利内容包括 HIsmelt 技术的设备、工艺流程和 HIsmelt 数据模型等相关环节，例如 SRV 熔融还原炉专利、喷枪专利、HIsmelt 工艺数模等等。此外，根据山东墨龙、塔塔集团两家共同签署的协议，共同拥有 HIsmelt 与 HIsarna 发明专利 266 项，在全球范围内共同拥有使用权，并协同推进非高炉冶炼技术及二氧化碳减排的发展。

山东墨龙根据国际知识产权的保护规则，在世界上 30 多个国家注册并拥有 “HIsmelt” 商标权，同时中文商标在中国、美国、印度注册。商标内容涵盖

HIsmelt 技术中的钢铁类产品、HIsmelt 工厂设备、HIsmelt 工厂的设计、维护和服务等相关内容等，共计 59 项。商标注册国家主要包括：中国、美国、英国、欧盟、德国、日本、韩国、加拿大、印度、巴西、南非、乌克兰、印尼、马来西亚、墨西哥、越南、尼日利亚、奥地利、泰国、比荷卢经济联盟等国家和地区。

B 工艺流程创新

墨龙 HIsmelt 通过对 HIsmelt 熔融还原工艺路线和技术方案进行了优化改进和创新，对部分工艺流程和设备进行了国产化设计和改进，不仅提高了生产稳定运行率，而且大幅降低了生产和初期基建成本，取得了较原设计更好的生产效果与成本效益。

这其中，墨龙 HIsmelt 将矿粉预热预还原的三级循环流化床工艺改进为更为稳定的回转窑工艺是一大改进亮点。

改进前 HIsmelt 是通过高温煤气与铁矿粉在流化床和三级旋风装置内对流换热，达到预热矿粉的目的。但是因铁矿粉对多级旋风装置及流化床内衬的磨损，引起耐火材料的频繁脱落，预热系统故障频繁，以及螺旋输送机的故障，导致设备作业率低下。而墨龙 HIsmelt 则采用了技术可靠的双回转窑工艺进行矿粉预热预还原，从而既实现了矿粉加热和预还原的目的，且回转窑技术成熟、设备运行稳定、作业率高。同时，改进后的预热预还原回转窑系统既可以采用煤粉，也可以采用 SRV 熔融还原炉煤气作为燃料，通过设计了独立的煤粉供应系统，有助于提高 HIsmelt 工艺整体的作业率。改进后的工艺既实现了矿粉的加热、预还原的目的，且技术成熟、稳定。

a 整体工艺流程

墨龙 HIsmelt 熔融还原项目位于寿光中澳高端石油装备工业园，总投资 16.5 亿元（其中固定资产投资 11.5 亿元，研发及改进支出 5 亿元）。墨龙 HIsmelt 以世界上先进的熔融还原冶炼技术为基础，融合墨龙丰富的机械设备制造及使用经验，摒弃了传统高炉的炼焦、烧结工序，而是直接使用煤、矿等原材料，实现了短流程工艺，达到了节能环保，成本大幅下降的目的。技术改造过程中贯彻循环经济理念，采用国外新工艺、新技术，突破制约传统冶金、铸造流程中能源回收利用的瓶颈，实现过程能源的高效回收利用。工艺严格遵循“源头削减，过程控制，末端消灭，实现污染资源化治理”的清洁生产方针，全面提升全流程生产的清洁度。

墨龙 HIsmelt 包括制氧系统、热风系统、双回转窑系统、SRV 熔融还原炉系统、烟气脱硫系统、污水污泥处理系统、海水淡化系统和余热回收综合利用系统等。其中，配套的海水淡化工程，是山东首家采用新技术直接利用地表混合海水进行处理的项目，可实现年产设备冷却水 500 万吨、脱盐水 170 万吨的生产能力，达到了循环经济的目的。该项目全面利用了工艺过程中产生的余热和烟气资源，重点进行了粉尘与硫素等废物脱除处理，遵循了资源循环利用和零排放节能环保的理念。厂区主要布局如图 4-34 所示。相比传统高炉工序的占地面积，墨龙 HIsmelt 总占地面积仅为其 1/4~1/3，极大节约了土地资源。

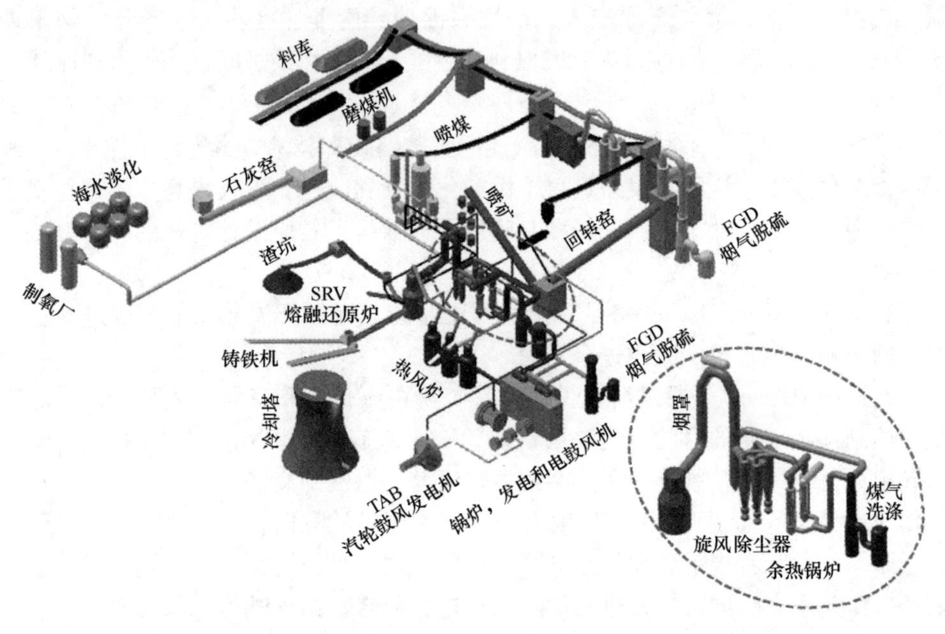

图 4-34　厂区主要系统布置图

墨龙 HIsmelt 的工艺流程属于短流程冶炼，该工艺将煤、铁矿石经预处理（磨煤机磨煤、回转窑预热预还原）后，通过喷吹管线喷入 SRV 熔融还原炉内，在富氧热风的催化作用下进行还原反应，产生铁水、煤气及炉渣，铁水通过调节炉内压力从前置炉流出，煤气供发电厂发电及热风炉使用，炉渣经粒化磁选回收铁资源后外卖，其示意图如图 4-35 所示。

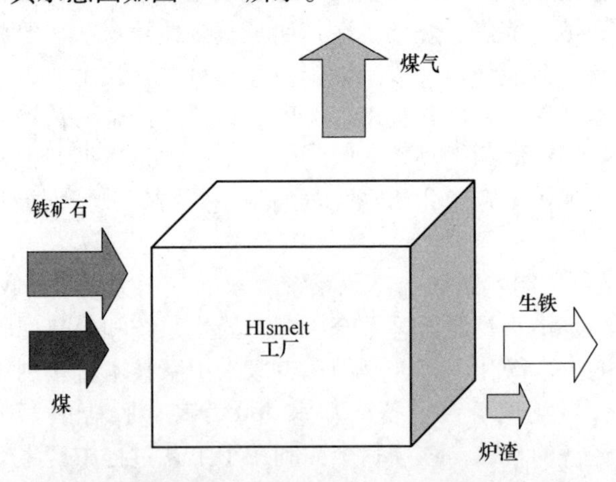

图 4-35　墨龙 HIsmelt 熔融还原工艺物质流示意图

b 原燃料预处理流程

煤、铁矿石、白云石等原料通过卡车和皮带等方式运入厂区后，在原料库大堆存放。喷吹煤通过上料皮带输送至磨煤区域进行研磨和干燥，成品进入干煤仓缓冲存放，通过煤粉喷吹系统的四条线路分别喷入 SRV 熔融还原炉中，石灰粉入厂后直接打入石灰仓，通过两条石灰喷吹系统并入煤喷吹的 2 号和 4 号线，喷入 SRV 熔融还原炉。铁矿石和白云石通过皮带输送至预热预还原系统，先后进入干燥窑和还原窑后出料通过斗式提升机送入热矿仓，通过两条热矿喷吹系统经喷吹管线喷入 SRV 熔融还原炉。

墨龙 HIsmelt 工艺流程图如图 4-36 所示。

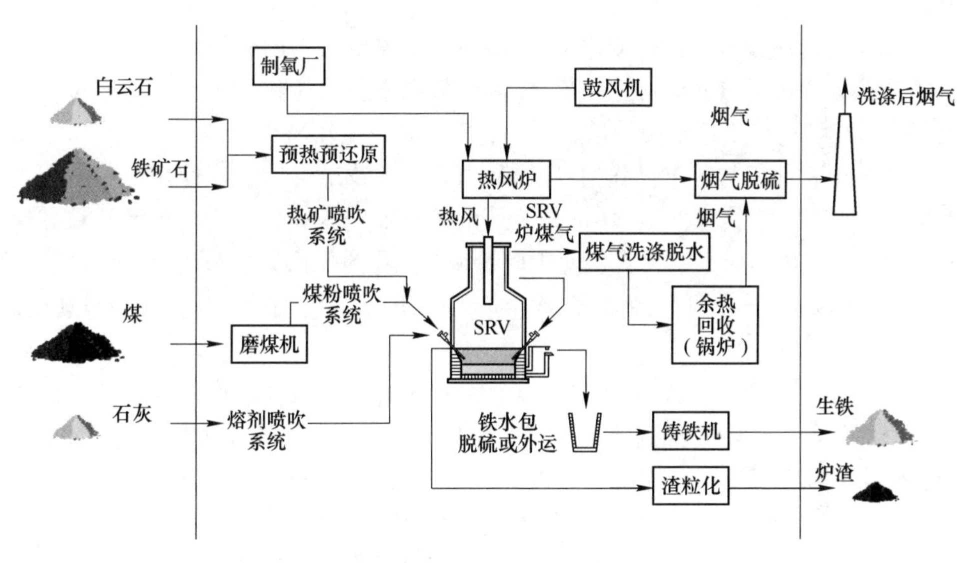

图 4-36 墨龙 HIsmelt 工艺流程图

c SRV 熔融还原炉主工艺流程

所有还原与氧化反应均在 SRV 熔融还原炉内进行，不需要类似烧结、球团、炼焦等高温造块工艺对原料与燃料进行处理，从根源上消除了污染物的产生，从而达到基本没有污染物排放（唯一的污染物为废烟气中含有的少量二氧化硫）的要求，实现了节能与环保的目的。送风系统经过热风炉将 1200℃ 热风鼓入 SRV 熔融还原炉，来自制氧厂的富氧也一同随热风鼓入 SRV 熔融还原炉中。进入炉中的矿、煤在吸收大量热量下发生还原反应还原产生铁与炉渣，同时产生煤气，煤气又与富氧热风发生燃烧反应，产生维持还原反应所需要的大量热量。

d 产品处理及辅助流程

生铁从前置炉溢出，出至铁水包中，部分运至钢厂用作炼钢原料，部分进铸铁机铸成面包铁。炉渣定期排放，经过高压水淬粒化后，经过磁选回收金属铁粒，形成最终的水淬渣。SRV 熔融还原炉中未完全燃烧的煤气经过烟道、旋风除尘、余热锅炉进行除尘和余热回收后，进入煤气洗涤系统进行湿法除尘，得到的净煤气用于热风炉烧炉以及电厂锅炉发电燃料，其燃烧废气进入烟气脱硫系统进行无害化处理，排放物达标后排放。煤气洗涤所用的工业新水由污水处理厂进行处理后循环使用。SRV 熔融还原炉上用的炉体冷却水包括水冷壁冷却水和核心设备冷却水，均通过水泵房的泵组形成闭路循环，可监控是否存在泄漏。

C 工艺流程技术特点

山东墨龙 HIsmelt 熔融还原工艺流程，与传统的高炉工艺技术相比，其优势于：

(1) 工艺流程短，投资成本低。HIsmelt 不需要焦炉和烧结厂或球团厂，因此建设成本降低。HIsmelt 工艺中的许多设备和设施，如热风炉、喷煤系统、发电等都是高炉冶炼工艺常用的设施，因此工厂建设比较简单。

(2) 原料使用与工艺操作简单灵活。HIsmelt 技术可以直接使用粉料，无需大型混匀料场，极大降低了 HIsmelt 工厂的占地面积。操作简变、灵活，具有快速响应特性，操作成本低，直接使用矿粉和非焦煤粉作为原燃料冶炼，原料物料范围广。HIsmelt 技术可直接喷吹传统高炉烧结厂不宜使用的难选低品位铁矿粉，有更大的原料灵活性。

(3) 能量利用率高。山东墨龙 HIsmelt 熔融还原工艺在生产过程中产生的大量蒸汽及富余煤气均可以用于发电，使其生产系统的能源利用效率很高，每小时可发电 5.5 万千瓦时，应用前景广阔。

(4) 铁水质量较好。铁水质量稳定，磷含量很低，基本不含硅，因此可进行少渣炼钢，降低炼钢成本，两者典型成分如表 4-16 所示。

表 4-16 HIsmelt 工艺与高炉生产铁水成分对比

工艺		HIsmelt	高炉
铁水成分/%	C	4.0±0.15	4.5
	Si	<0.01	0.5±0.3
	Mn	<0.02	0.4±0.2
	P	<0.02	0.09±0.02
	S	0.1±0.05	0.04±0.02
温度/℃		1430~1450	1450~1500

此外，墨龙 HIsmelt 熔融还原工艺生产的铁水成分除硫含量外，完全满足我国对于铸造用高纯生铁的行业标准。我国目前 C04 号铸造用高纯生铁的成分牌号标准以及墨龙生铁典型成分如表 4-17 所示。

表 4-17 墨龙 HIsmelt 熔融还原流程铁水典型成分以及我国 C04 号铸造用高纯生铁行业标准 (%)

铁水成分	含量	特级	一级	二级
C	4.15	>3.0	>3.0	>3.0
Si	0.08	<0.50	<0.50	<0.50
Mn	—	<0.02	0.02~0.03	0.03~0.04
P	0.002	<0.05	0.05~0.15	0.15~0.25
S	0.03	<0.02	0.02~0.03	0.03~0.04
其他	0.101	<0.015	0.015~0.025	0.015~0.025

由表 4-17 可得，墨龙 HIsmelt 熔融还原工艺流程冶炼获得的铁水，由于其独特的氧化冶炼环境，除 S 元素外，其铁水 C、Si、Ti、Mn、P 含量均符合我国 C04 牌号高纯铸造生铁的中一级标准。目前，铸造用高纯生铁主要存在三种生产方法：

1）以钒钛磁铁矿精粉为原料，由高炉炼出的铁液含有较低的 Si，一定量的 V、Ti、Cr 和较多的 P。再将该高炉铁液在另外的熔炼炉或专用包内用分步氧化法调节 Si、V、Ti、S、P 等元素的含量，生产出 Ti<0.01%、P 和 Mn 约为 0.02% 的生铁，其中微量元素含量很少，钒渣还可供提取 V_2O 和 TiO_2 之用。

2）以低 P、低 Ti 的优质铁矿精粉为原料，通过高炉低温冶炼和炉前的精细化辅助措施，可生产出 Ti<0.03%、P<0.025%、Mn<0.1%、Si 0.4%~1.2%内可调，微量元素很低的生铁。

3）以海绵铁或普通废钢和增碳剂为炉料，在电弧炉内调控化学成分，得到高纯生铁。与废钢相比，海绵铁的化学成分纯而稳定，但海绵铁中铁的含量在 73%~84%，炉料中 Fe 的收得率低。此外，海绵铁中有脉石带来的杂质，电弧炉冶炼要多加石灰，耗电多，加之增碳量大的缘故，使这种方法的生产成本较高。用固体料间断生产，生产率低，产量不大。

综上，山东墨龙 HIsmelt 熔融还原工艺可以以普通铁水的生产成本（2000 元左右每吨铁），以接近年产 60 万吨的产能，连续化生产特种高纯生铁，为解决我国高纯生铁产量低、污染大的问题提供了有效途径。

（5）更绿色环保的冶金技术。降低环境影响，通过变革性的工艺创新，取消了焦炉、烧结工序，HIsmelt 极大地降低了 SO_2 和 NO_x 的排放，基本遏制了二噁英、呋喃、焦油和酚的污染排放，环保优势明显，其排放情况如图 4-37 所示。

D 技术革新

相较改进前 HIsmelt 工艺，墨龙 HIsmelt 熔融还原工艺在四大方面进行了技术

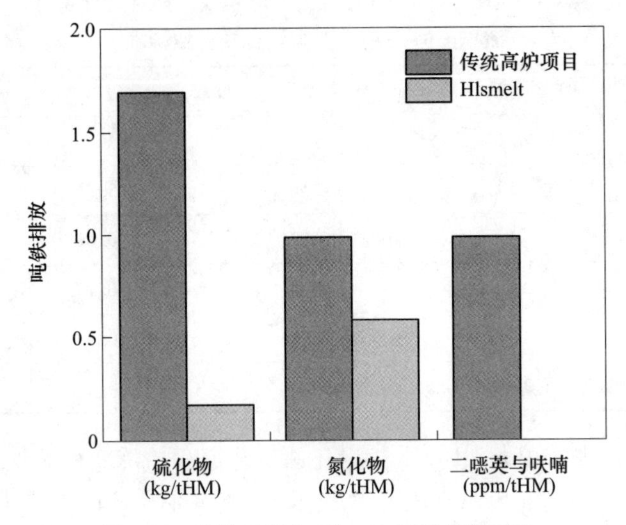

图 4-37 高炉工序与 HIsmelt 吨铁排放对比

革新，概述如下：

（1）工艺流程的创新。采用回转窑+SRV 熔融还原炉，相比于改进前 HIsmelt 的循环流化床+SRV 熔融还原炉的工艺流程，故障率大幅降低，作业率大幅提高。

（2）工艺装备的创新。首次使用了渣区冷却器，提高了炉体渣线区域的冷却强度；采用新型耐火材料，使用铝铬砖替代镁铬砖，大幅提高了炉衬寿命；改进了气化冷却烟道，降低了故障率；使用了墨龙自产的高寿命热矿喷枪，提高了喷枪寿命。

（3）操作技术的创新。开发了矿煤混喷新技术、柔性出铁技术以及快速启停炉技术，形成了一整套科学、规范的操作规程。

（4）资源能源利用创新。包括新增加了旋风除尘与余热锅炉以实现能量回收再利用，厂区产生的含铁细粉废弃物的循环喷吹，炉渣粒化磁选回收金属铁以及海水淡化系统，可供应全厂工业用水与锅炉用水。

通过上述四个方面的技术创新，相比于改进前 HIsmelt 生产期间的最佳指标，墨龙 HIsmelt 技术在产量、生产稳定性、炉衬耐火材料侵蚀上均有了一定程度的提高，最低煤耗指标基本一致，具体如表 4-18 所示。

表 4-18 山东墨龙与改进前 HIsmelt 熔融还原工艺指标对比

项目	墨龙 HIsmelt	时间	改进前 HIsmelt	时间
日最高产量	1930t	2017 年 12 月	1834t	2008 年 12 月
月最高产量	51714t	2017 年 12 月	37345t	2008 年 5 月

续表 4-18

项目	墨龙 HIsmelt	时间	改进前 HIsmelt	时间
最低煤耗	780kg/tHM	2018 年 3 月	810kg/tHM	2007 年 8 月
周最高作业率	100%	2017 年 11 月	99%	2008 年 6 月
连续生产记录	116 天	2018 年 1~4 月	68 天	2006 年 4~6 月
炉衬侵蚀	已生产 45 万吨，未更换炉衬		38.8 万吨更换 5 次炉衬	

4.2.4 HIsarna 工艺

近年来着力开发的 HIsarna 熔融还原法，是欧洲 ULCOS（Ultra Low CO_2 Steelmaking——超低二氧化碳炼钢）项目，和拥有 HIsmelt 熔融还原法全部知识产权的力拓（Rio Tinto Group）公司，两家合作开发的一种新的熔融还原工艺。

如前一节所述，这种熔融还原法起源于荷兰霍戈文钢铁公司、英国钢铁公司和意大利伊尔瓦（Ilva）钢铁公司合作开发的 CCF（Cyclone Converter Furnace）熔融还原法（后属于塔塔钢铁公司）[41]。

2004 年，欧洲钢铁企业发起成立 ULCOS（Ultra Low CO_2 Steelmaking——超低二氧化碳炼钢）项目联盟，目的是为了降低 CO_2 的排放，开发出具有突破性意义的冶炼新工艺，实现欧洲钢铁工业到 2050 年至少减排 50% 的目标。2006 年，ULCOS 项目决定开发 Isarna 熔融还原法（Isarna 一词来源于古老的凯尔特语，意为强金属，即铁），该工艺继承了 CCF 熔融还原法中的旋风熔融预还原炉技术。2008 年 11 月，ULCOS 项目和力拓公司宣布进行合作开发，目的是将 Isarna 工艺中的旋风熔融预还原炉（CCF）与 HIsmelt 的熔融还原炉（SRV）合为一体。为反映这两种技术的融合，ULCOS 项目将 Isarna 重新命名为 HIsarna。由此，HIsarna 熔融还原法正式诞生。

2011 年 4 月，塔塔钢铁公司在荷兰艾默伊登（Ijmuiden）建成一个耗资 2 千万欧元、年产铁水 6.5 万吨的 HIsarna 中试厂，并于 2011 年 5~6 月进行第一炉试验，成功得到合格的铁水。在该中试厂之后，ULCOS 项目联盟计划在 ULCOS 二期项目中建设一个年产 70 万吨铁的半工业化示范厂，继续进行 HIsarna 熔融还原工艺的开发工作。

4.2.4.1 工艺流程

HIsarna 熔融还原法同样属于二步法，包括预还原和终还原。铁矿粉在旋风熔融预还原炉（CCF，简称旋风炉）内预还原和熔化，在下部熔融还原炉（SRV）中进行终还原。该工艺流程直接使用铁矿粉和煤粉，不需粉矿造块和焦化工序，其中煤粉通过煤热解炉，经过热解后形成热的半焦连续加入到熔融还原炉（SRV）中。与高炉流程相比，HIsarna 工艺可以使用更加经济的原燃料，如非结焦煤和不适合在高炉冶炼的品质较差的铁矿石，并可显著减少煤的用量，大

幅减少 CO_2 的排放量。由于 HIsarna 工艺过程使用纯氧，工艺的过程产生的气体几乎可以全部处理，因为其废气中没有氮气，废气处理量很小。因此这使得 HIsarna 工艺十分有利于与碳捕集和储存技术（CCS）相结合，进一步降低 CO_2 的排放。此外，HIsarna 熔融还原法日后还可以应用生物质、天然气或氢气，部分取代煤，形成全新的熔融还原流程[42]。

HIsarna 工艺流程如图 4-38 所示。

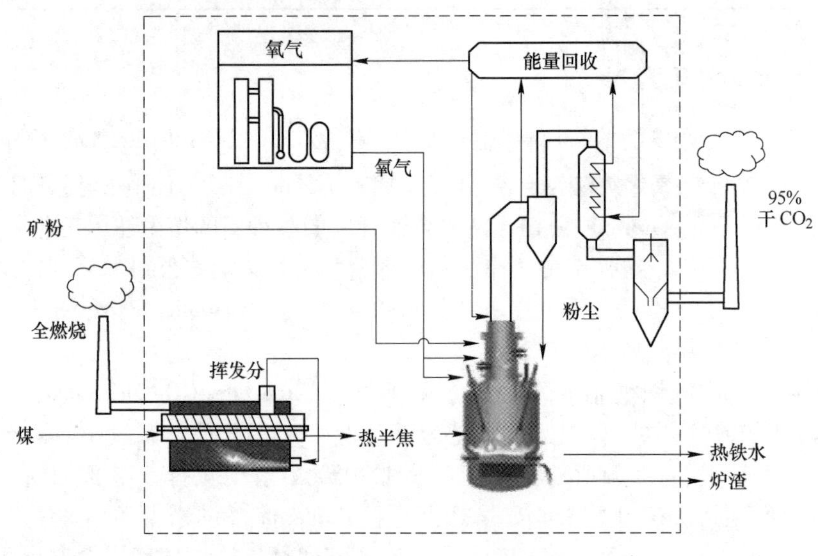

图 4-38　HIsarna 工艺流程示意图

HIsarna 工艺的核心是旋风熔融预还原炉（CCF）和熔融还原炉（SRV）组成的紧凑式反应器，如图 4-39 所示。

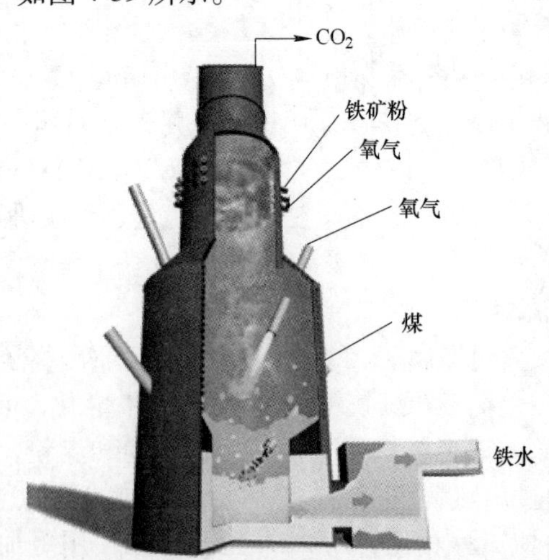

图 4-39　HIsarna 工艺的紧凑式反应器

HIsarna 工艺中，铁矿石预还原和熔化过程以及铁浴熔池终还原过程，通过部分熔融预还原的矿石与铁浴熔池产生的热态高温气流之间的逆流接触，从而紧密连接在一起，这两个过程在物理意义上都是高度紧密结合的[43]，如图 4-40 所示。

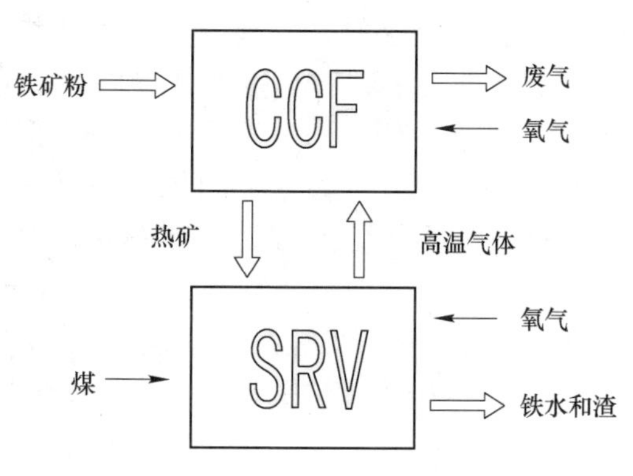

图 4-40 HIsarna 工艺的两个反应阶段

其工艺过程可做如下表述：

（1）铁矿粉、熔剂和氧气一起喷入到 CCF 中时，从 SRV 产生的气体在反应器中部与喷入的氧气接触并燃烧，高温气流上升到 CCF 中熔化并部分还原铁矿粉，同时熔剂加热并分解。然后，熔化的铁矿粉和熔剂在重力的作用下落入到 SRV 炉中。铁矿粉的预热温度约为 1450℃，铁矿粉通过加热和熔池烟气的预还原，可使预还原度达到 20%。

铁矿粉还原反应式为：

$$Fe_xO_y(s) + CO/H_2(g) = Fe_xO_{y-1}(l) + CO_2/H_2O(g)$$

熔剂分解反应为：

$$CaCO_3(s) = CaO(l) + CO_2(g)$$

$$CaMg(CO_3)_2(s) = CaO(l) + MgO(l) + 2CO_2(g)$$

（2）熔化后的铁矿粉直接溶解进入渣层（渣中的 FeO 通常约为 5%~6%），并与溶解在金属熔池里的碳发生直接还原反应，使渣层中的铁终还原，进入金属熔池，同时产生一氧化碳气体。该反应强烈吸热，需要的热量由高温气流的燃烧和铁矿粉物理热来提供。

熔融的铁矿粉还原反应为：

$$Fe_2O_3(l) + [C]/C(s) = 2FeO(l) + CO(g)$$

$$FeO(l) + [C]/C(s) = Fe(l) + CO(g)$$

（3）煤粉在喷入熔池之前，通过煤热解炉部分分解和预热，形成半焦，部分分解所需的热量由挥发分分解燃烧放出的热量供给，这一措施减少了熔池对热量的需求。半焦进入到金属熔池，提供冶炼过程中所需的碳。金属熔池的温度为 1400~1450℃，熔解大约 4%的碳。在金属铁液中硅含量基本为零，相比于高炉铁水，其他次要的元素含量（例如锰、磷、钛）也非常低。

（4）熔炼产生的一氧化碳与煤的气化产物一起，形成向上运动的高温气流。气流向上的运动会在熔池中产生大量飞溅，金属液和炉渣以液滴的形式循环，可以到达反应器的上半部分，实现热量的交换。氧气通过喷枪进入反应器的上半部分，与高温气流接触，使其发生二次燃烧，产生热量，这时煤气温度一般为1450~1500℃，二次燃烧率大约是50%，在CCF顶部时二次燃烧率几乎可以达到100%，这说明，HIsarna工艺很好地实现了与CCS技术紧密结合。

（5）在重力作用下，熔融的铁矿粉、金属液滴和渣滴在重力作用下落入熔池，将热量由反应器上半部分带到铁浴熔池中，补充熔池热量。

HIsarna工艺可进一步分解为以下五个步骤：炉料准备、旋风熔融、二次燃烧、熔池还原、废气处理。每一部分由一个或更多个单元操作组成。这种划分方法，为采用ULCOS评估平台，对工艺过程的热平衡和物料平衡分析，提供了便利条件。

4.2.4.2　HIsarna流程的技术特点

ULCOS项目联盟利用其能耗评估平台，以高炉过程的能量和物料消耗为基准，对HIsarna熔融还原法进行了评估，评估结果与其他工艺评估结果的比较，如表4-19所示。表中还给出了两种CO_2减排支撑技术——生物质替换化石燃料及CCS（CO_2捕集和存储技术）的应用结果。

比较结果表明，HIsarna工艺是净能耗可以低于高炉工艺的唯一技术路线，CO_2的排放也可能降低。此外，由表4-19说明，所有其他工艺的减排效果都好于高炉，特别是在引入了CCS等技术之后，其减排效果会更好[44,45]。这里应该说明，转底炉电炉流程（RHF—EAF）和流化床电炉流程（FB—EAF，FB：Fluidized Bed），CO_2减排较好，这主要得益于二者使用了天然气和电能，而天然气和电能相比煤来说其本身CO_2排放量就很少。ULCOS评估平台和评估方法在应用过程中已对许多流程进行了评估，不仅已对参加ULCOS项目的单位中多座高炉进行评估，而且还对已经开发成功的旋风熔化炉和熔池还原炉等单元设备进行了评估，得到了与实际相近的结果，从而验证了平台的方法在工程中应用的可靠性。

表4-19　ULCOS平台对各种工艺评估结果

流程	高炉流程	RHF—EAF流程	FB—EAF流程	HIsarna流程
主要能耗	100	107	127	83
CO_2排放量	100	89	96	79
生物质替代化石燃料后的最小CO_2排放量	—	62	64	72
采用CCS技术后的最小CO_2排放量	—	43	40	59

注：100%代表高炉的参考能量消耗和CO_2排放。

将HIsarna工艺与之前经过了工业规模开发的工艺，如Romelt、Dios、AISI，以及正处于商业开发阶段的HIsmelt等工艺相比，可以发现，HIsarna工艺不仅继承了这些高比例熔融状态还原（熔融状态下终还原的比例不低于 80%）的优点，它还有其独有的技术特点：

（1）无需炼焦和造块：HIsarna 工艺直接使用粉矿和粉煤进行冶炼，从而省去了普通高炉炼铁过程中的炼焦和原料造块工序，从而大幅度降低了炼铁全部工序的能耗。

（2）原燃料范围广泛：HIsarna 工艺对所使用的煤种要求不高，不需要价格高昂的冶金焦化用煤，从而比较理想地应对了煤矿资源劣化；此外该工艺还可处理高磷矿、高钛矿等难冶炼矿石，广泛使用资源大大降低了成本。

（3）技术比较成熟：HIsarna 工艺的两个核心单元，旋风熔融预还原炉（CCF）和熔融还原炉（SRV），已分别在 Hoogven 和 HIsmelt 公司经过了长期的开发和试验，属于成熟技术，将两者以无缝连接的方式，连接成一体化的紧凑单元。

这样就为反应器的下述六个主要工艺问题的解决提供了有利条件：

（1）降低了反应器下部还原区的二次燃烧率，同时强化了上部氧化区的氧化供热，更好地解决了氧化区和还原区放热和吸热的矛盾。

（2）还原炉上部矿粉大部分还原为亚铁后，以熔融态进入终还原区，为还原炉的亚铁控制提供了方便，从而可与其他水冷技术等互相配合，可以大幅度地提高炉衬寿命。

（3）尾气能量得到了充分利用，排出气体的各种燃气成分均接近零。

（4）使用燃料多样化：HIsarna 工艺添加煤分解炉后，不仅将煤的使用种类扩展到高挥发分，而且可方便地应用生物质等其他燃料。

（5）低碳炼铁：HIsarna 工艺流程短、投资节约；能效高而且资源应用广泛；排放减少；符合低碳低污染炼铁发展方向。

（6）易于采用 CCS 技术：这一流程采用全氧操作，其排放指标低于高炉流程，这样就为应用 CCS 技术提供了条件。

4.2.4.3 HIsarna 流程半工业试验

目前 HIsarna 还原法还处于半工业试验状态，其半工业试验工厂在荷兰的艾默伊登（Ijmuiden），由塔塔钢铁公司于 2011 年 4 月建成，这里以前是塔塔钢铁公司的脱硫试验厂。在此建厂是因为其便利的铁路运输系统、已有的相关设备和合适容量的除尘装置。该试验工厂设计规模为生产铁水 8t/h（大约 13～14t/h 的矿石原料）、喷煤能力为 6t/h。铁矿粉是当地的球团厂所用铁矿粉，由当地的承包商运输（约 15t/h）。所产生的渣和铁水都通过铁路运输。

2011 年 5～6 月，试验厂成功进行了第一炉旋风炉（CCF）熔融还原炉（SRV）的热试验，得到合格的铁水。第一炉试验达到了设计能力的 60%，其各项生产指标如表 4-20 和表 4-21 所示。

表 4-20　生产 1t 铁水所需的原燃料数量

铁矿粉/kg	煤粉/kg	石灰石/kg	白云石/kg	旋风炉负荷/kg	旋风炉氧气/Nm^3	SRV 炉氧气/Nm^3	矿粉载气/Nm^3	煤粉载气/Nm^3
1459	483	66.8	31.8	1606	90.8	281.2	103.5	24.1

表 4-21　生产 1t 铁水的部分技术指标

二次燃烧率/%	旋风燃烧率/%	废气量/Nm^3	废气温度/℃	回收粉尘量/kg	出渣量/kg
42.90	100	987	487	84.2	140

2015 年 12 月 19 日，塔塔钢铁公司表示，正在荷兰艾默伊登厂对 HIsarna 进行试验，并表示 HIsarna 本身已经显示能减少能耗和碳排放至少 20%，如果结合废气捕集与封存，二氧化碳能减少 80%。

4.2.4.4　HIsarna 流程的主要特点

HIsarna 熔融还原法是 ULCOS 欧洲钢铁联盟的一个创新项目，预计将会产生很好的环境和经济的效益。HIsarna 技术的环境效益主要体现在：因为 HIsarna 熔融还原法不需要矿石烧结及炼焦，从而大幅度减少二氧化碳的排放及其他排放物；HIsarna 熔融还原法的经济效益主要在于：可以使用不满足高炉炼铁常规质量要求的廉价原料，以及一些难冶炼矿石；并可以使用范围广泛的各种燃料，而不受到结焦煤日益减少的限制。

当然，HIsarna 熔融还原法目前于研发阶段，但已展现出其独特的技术优势，预计未来将会给非高炉炼铁带来更大革新。

4.2.5　Romelt（PJV）工艺

Romelt 是典型的一步法熔融还原炼铁工艺。之所以称为 Romelt 是为了纪念莫斯科钢铁学院的冶金学家罗米尼兹（V. A. Romenets 和 B. A. Pomehe）[46]。同时该法又称为 PJV。

20 世纪 70 年代后期，莫斯科钢铁学院开始研究一步法熔融还原炼铁新工艺（MISA）。其基本原理是在大容量的、强烈搅拌的熔渣池进行完成各种反应和二次燃烧传热过程[46]。Romelt 的开发起源于 Vanyukov 工艺的工业生产经验。Vanyukov 工艺是一种在液相熔池中采用氧化熔炼的方法精炼硫化铜镍矿的工艺。但 Vanyukov 工艺和 Romelt 工艺在物理化学反应方面有原则性的区别，前者是氧化过程，而后者是还原过程。然而它们的操作原理却很相似，即它们都需要大容量的、靠浸入式喷嘴喷入氧化性气体对其进行强烈搅拌的液态渣池。Vanyukov 工艺的成功经验和各种熔融还原炼铁方法的良好前景，引起了新利佩茨克（Novolipeski）钢铁公司的极大兴趣。新利佩茨克公司在其第二转炉车间的铁水跨的末端建立了一座 Romelt 流程的半工业试验厂。该工业试验装置的有效容积为 140m^3[47]。

1985 年该半工业试验厂开始生产铁水。从 1985 年至 1987 年，Romelt 试验厂发展了创新的操作工艺，并向新利佩茨克冶金公司展示了 Romelt 流程的可行性。截至 1994 年共试炼了 2.7 万吨铁水[46]。1988 年，新利佩茨克冶金公司认同了 Romelt 流程的竞争力，并着手进行年产一百万吨的 Romelt 工业装置的工程设计，以代替准备新建的高炉。

由于前苏联的解体，取消了增加铁产量的计划，此后在俄罗斯，停止了采用 Romelt 工艺生产生铁的计划。新利佩茨克钢铁公司被迫修改原方案，只计划建立一套年产 30 万吨的 Romelt 流程，以利用新利佩茨克钢铁公司的含铁废料生产铁水。这套新建的 Romelt 装置是长寿耐用的，其形式和半工业试验装置一样，只是其生产能力略大些[46]。

4.2.5.1　工艺流程

Romelt 的工艺流程如图 4-41 所示。其工艺过程是将含铁氧化物、矿粉、轧钢皮和所需要的熔剂以及煤粉等不经特殊处理装入原料仓，各种原料从各原料仓按一定的比例，连续地卸在一个普通的皮带机上。搭配好的原料无需混合，直接从 Romelt 熔融还原炉顶部的装料溜槽加入熔融还原炉，然后混合料以“半致密流（Semicompact Stream）”的形式，倾入充有熔渣的反应器[1]。

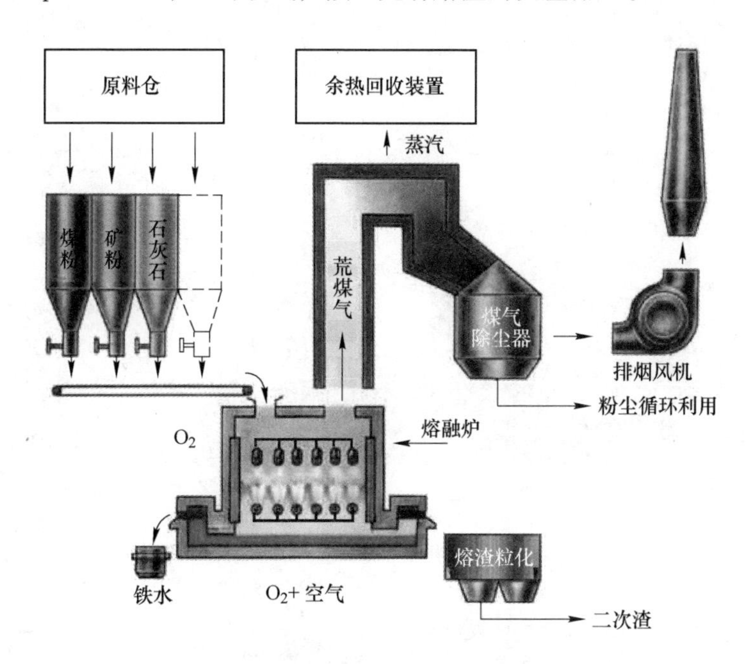

图 4-41　Romelt 工艺流程图

熔池中温度高达 1500~1600℃、被剧烈搅拌的熔渣，吞没了进入熔池的混合料，并使其迅速熔化，混合料中的碳既是还原剂也是燃料。该工艺流程中，一次风是富氧空气，从较低的一排风口喷入熔融的渣层，对渣层进行必要的搅拌，同时将熔渣中的碳燃烧成一氧化碳。二次风是纯氧，经较高的一排风口，从熔池表面喷入，对熔池表面的一氧化碳进行二次燃烧。熔池剧烈的鼓泡和液态渣的飞溅，产生了巨大的反应界面，同时飞溅起来的渣滴返回渣池时，将二次燃烧热量带回熔池。低风口位于相对平静的渣层，金属化的铁液从该处进入金属熔体，同时渣铁从该处开始分离。渣、铁分别从 Romelt 炉两端的虹吸口排出。

Romelt 炉的尾气温度取决于二次燃烧率，一般在 1500~1800℃之间，经余热锅炉后，排入煤气除尘系统。该煤气除尘系统和通常的碱性氧气转炉的除尘系统一样。

Romelt 流程在 24.5Pa（2.5mmH_2O）的弱负压下操作，因此不需特殊密封装置，简化了这一炼铁工艺[46]。

Romelt 半工业试验炉结构尺寸如图 4-42 所示[46]。其炉膛面积为 20m^2，设计生产能力为 36~40t/h。然而其实际的生产率将与入炉原料的含铁量和二次燃烧率有关，当以 80%转炉污泥和 20%高炉瓦斯灰为原料时，其最大的连续产量为 18t/h。目前，Romelt 半工业试验炉的生产能力主要受限于水冷系统冷却能力和煤气系统对其尾气的除尘能力。有时也出现生产率低于 18t/h 的情况，其原因是水冷系统的冷却能力不足[46]。

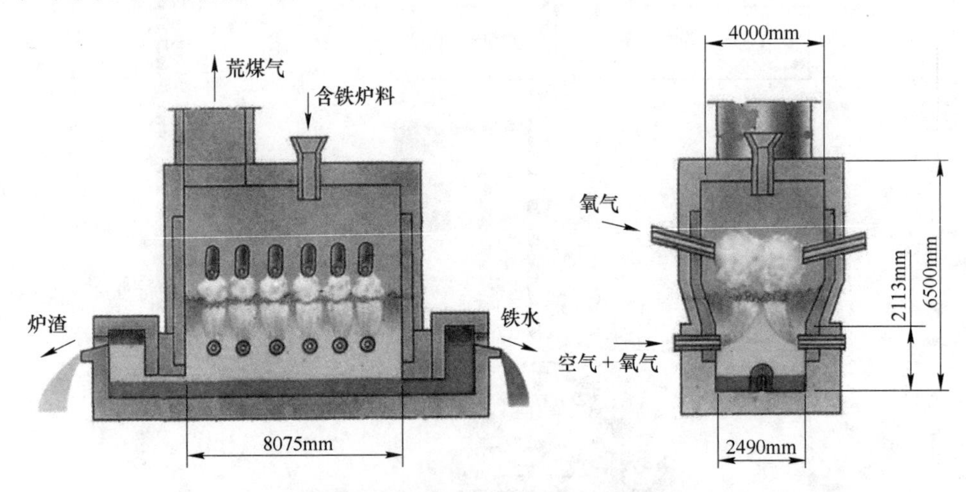

图 4-42　Romelt 半工业试验炉结构尺寸

4.2.5.2　Romelt 流程的技术特点

Romelt 的基本原理就是在大容量和强烈搅拌的熔池内进行各种反应，尤其是熔融液相铁氧化物的还原反应，Romelt 强调二次燃烧和传热过程，从而完成渣铁分离。

Romelt 直接使用粉矿，无需造块，可使用富矿粉、铁精粉或各种含铁原料，所有还原过程在熔融炉内一次完成；熔池内形成强还原气氛，具有较高的铁回收率；适合使用低挥发分的煤做燃料；炉料带入的硫约 80%~90%随煤气排出炉外，8%随炉渣排出，具有较强的脱硫能力；Romelt 流程能够实现高二次燃烧率和高二次燃烧传热效率。此前任何一步法熔融还原的主要限制性环节是各种耐火材料的炉衬承受不住高二次燃烧率时的高温和高氧化亚铁的侵蚀，利用水冷炉壁挂渣方法，使 Romelt 流程解决了以上问题。在 Romelt 炉内，水冷炉壁只用在熔池中的渣层范围内，即水冷炉壁只与熔渣接触，并使熔渣受水冷炉壁的激冷后在水冷炉壁表面形成一定的凝渣层。在炉缸（即铁水区和渣铁虹吸区）使用耐火材料为炉衬。由于这一区域的温度较低，一般熔渣虹吸区的温度为 1450℃，铁水虹吸区的温度为 1375℃[46]，不需特殊的耐火材料。如此可以预料 Romelt 炉将是长寿的，有文献报道，就整体而言，Romelt 装置的炉役可达 6 个月[48]。

Romelt 流程之所以能获得高二次燃烧率和较高的二次燃烧传热效率，是因为以下因素的作用[1]：

（1）对渣层的剧烈搅拌和炉渣的流动提供了较大的反应界面；

（2）溅入二次燃烧区域的渣滴将二次燃烧热带回渣池；

（3）冷料直接加入渣层上部，降低了渣层表面温度，提高了二次燃烧区对渣层的辐射传热。

利用熔渣循环的原理的确能使二次燃烧热量传回熔池。Romelt 炉每平方米截面积的二次燃烧传热能力为 2~5MW/m^2，这种传热能力可使 Romelt 炉在高达 70%的二次燃烧率下操作[1]。试验结果证明，在二次燃烧率为 70%的条件下，Romelt 炉的二次燃烧热效率为 60%~70%[1]。

经装料溜槽进入 Romelt 炉的混合料立即被剧烈搅动的熔渣所吞没，这种不断受到搅拌而翻滚的熔渣成了进入 Romelt 炉的炉料的载体。在 Romelt 炉内，熔渣和炉料的体积比[46]接近 1。由于熔渣不断翻滚，其成分并不十分重要。熔渣中的碳一部分直接将其中液态铁氧化物还原成铁滴，其他部分在渣中循环并与一次风中的氧进行部分燃烧，形成气体还原剂 CO。这样使渣层内部保持很强的还原性，大大降低了最终排出的炉渣中的氧化亚铁含量。这也是 Romelt 流程的一大特点。

在翻滚的渣层中，随着铁氧化物还原的进行，金属铁液滴不断聚集长大，在激烈搅动的渣层内，金属铁液滴的直径大约为 1.6mm，在较为平静的渣层内，铁滴的直径为 3.2mm[46]。当铁滴变得足够大后和（或）铁滴被带入低风口以下的静止的渣层时，在重力的作用下，渣铁开始分离，从而在炉缸的上部形成了一层基本不含铁的渣层，铁水则沉积在炉子底部。当铁达到一定量后开始出铁。排出的炉渣中氧化亚铁含量在 1.5%左右，最高的不超过 3%[46]。

此外，Romelt 流程具有比高炉还强的脱硫能力[48]。Romelt 流程的半工业试验证明，随炉料带入的硫有 80%~90%进入煤气而排出炉外（在高炉中进入煤气的硫只有入炉总硫量的 10%左右）。煤气中的硫在炉尘中的附着程度与炉内的二次燃烧率有关，但这些硫绝大部分是附着在进入煤气的炉尘中，其他部分则以 SO_2 形式存在于煤气中。经净化处理后，煤气中的硫含量可降至原含量的 4%~10%。

Romelt 的研究者通过试验研究发现，在 Romelt 炉内，硫在渣、铁及煤气中的分配机理如下[48]：煤在熔池中高温分解时，煤粉挥发分中的硫一部分随煤中的挥发分直接进入煤气，另一部分则在煤的高温燃烧时烧成 SO_2 进入煤气；而只有很少一部分在向铁滴渗碳时进入铁液。含铁炉料中的硫在熔炼时进入炉渣。另外，由于在 Romelt 炉中熔渣被强烈搅拌，铁滴和熔渣得以充分混合，加强了渣铁间的脱硫效果，因此进入铁滴的硫大部分被熔渣所吸收。此外，熔渣中的硫一部分被喷入渣层的一次风中的氧所燃烧再次被带入煤气。Romelt 试验证明，随炉料带入的硫只有 8%随炉渣排出。因此，对于一般的硫负荷，Romelt 流程可以轻松处理。

4.2.5.3　Romelt 工艺半工业试验

Romelt 流程的半工业试验，头三年是为了开发和验证该工艺是否满足新利佩茨克冶金公司决策层的要求。从 1988 年起至 1993 年，该半工业性试验装置一直在新利佩茨克公司的管理下，进行阶段性的各种工艺条件的试验和演示。1994 年新利佩茨克公司和美国钢铁协会（AISI）签约，为美方专家组进行 Romelt 工艺演示性生产。

迄今为止，Romelt 工艺共试验了 7 种以上的不同含铁原料和不同冶金企业的各种含铁废料，如粉矿、铁精矿、复合矿（包括钒钛矿）、转炉污泥、轧钢皮、含铁/铜/锌的炉渣（铜/锌矿熔炼后的废渣）和含油切屑等[46]。在 Romelt 炉中，熔炼含铁品位低于 28%的各种含铁原料在操作上没有任何困难，但其氧耗和煤耗会随燃料中含铁量的降低而增加，这和人们所预料的一样。

因为 Romelt 半工业试验装置和主转炉炼钢车间共用公共系统，这样该装置只能在不影响新利佩茨克公司正常生产的情况下操作，同时也没有连续处理大量炉料所必需的辅助设备，所以所有的演示性生产和试验炉役都较短。另一方面，罗米尼兹（Romenets）认为，就考察该工艺的可行性和操作指标而言，也没有必要进行更长时间的连续运行试验。因为一旦操作达到稳定状态，两天的操作观察结果和两周的操作观察结果是一样的，由此可以料想，即使再连续观察几个月结果也不会有什么区别。在 1987 年 11~12 月间 Romelt 半工业试验装置曾连续运行了 14 昼夜[46]。

4.2.5.4　Romelt 流程的主要特点

Romelt 流程是典型的一步法，该流程无单独的预还原装置。还原过程和渣铁熔分在同一个装置中完成，因此其设备简单，单位投资小。同时不存在二步法所需的预还原和终还原的生产速度的协调问题，因此操作简单，易于控制。

Romelt 流程直接使用粉矿，对原料要求并不严格。因此，它既可利用富矿粉、铁精矿为原料，也可处理各种含铁废料乃至城市垃圾。

Romelt 流程采用侧吹氧，渣层内还原气氛强，铁的回收率较其他高二次燃烧率的熔融还原流程的高。当以含铁量为 52%的转炉污泥为含铁原料时，铁的回收率为 97.9%，排出的炉渣中含氧化亚铁为 2%左右。

Romelt 流程直接使用粉矿和煤粉，省去了炼焦和铁矿石造块工艺，加上无需预还原装置，其生产成本、单位投资等都比传统的高炉流程低。

较其他高二次燃烧率的熔融还原工艺而言，Romelt 流程中所采用工艺技术比较成熟，对操作技术要求不高。

由于在渣层范围内采用水冷炉壁，避免了高温高氧化亚铁的熔渣对炉衬的侵蚀，Romelt 装置的寿命较其他高二次燃烧率的熔融还原装置长得多。但相比较之下，也正因为 Romelt 装置中采用了水冷炉壁，使其吨铁热损失增大。据罗米尼兹（Romenets）本人计算，Romelt 流程的吨铁热损失为 3.55~5.0GJ 之间。而其他的高二次燃烧率的熔融还原工艺的吨铁热损失在 1.5~2.0GJ 之间。

此外，就所采用的吹氧方式而言，Romelt 采用侧吹，与采用顶吹的熔融还原工艺相比，Romelt 的二次燃烧热效率低于其他高二次燃烧率的熔融还原流程。

Romelt 法由莫斯科钢与合金研究所开发并取得发明专利，新日铁和 Missho Iwai 公司取得了该工艺的商业化设计和设备供货的许可证。1985 年以来已试验性地生产了近 300 次，每次开炉持续约 2 周，几年来共试验加工铁粉矿及钢厂含铁粉尘 3.5 万吨，冶炼出生铁 1.5 万吨。

作为一步法熔融还原炼铁生产工艺，Romelt 法的主要特点是可以直接使用 0~25mm 粉矿、钢铁厂粉尘和廉价的非炼焦煤（<100mm），这可使其原燃料成本比高炉法或竖炉法低 1/3 以上。试验生产中得出的主要生产指标为：铁收得率 95%，最佳煤耗量 1250~1400kg/t，氧耗量约 $800m^3/t$，空气耗量 $200m^3/t$。这种卧式炉的生产率可达 $1.0\sim1.2t/(h\cdot m^2)$。如果作业率能够保证，有效面积 $40m^2$ 的试验装置的生产能力可达到 35 万吨/年。该法生产的铁水成分如表 4-22 所示，矿石品位为 61.5%时高炉流程及 Romelt 流程的吨铁能耗比较如表 4-23 所示。Romelt 流程与高炉流程经济指标对比如表 4-24 所示。

表 4-22 Romelt 法的铁水成分 (%)

C	Mn	Si	S	P
4.0~4.8	0.01~0.20	0.01~0.10	0.05~0.25	0.05~0.15

表 4-23 矿石品位为 61.5%时高炉流程及 Romelt 流程的吨铁能耗比较 （GJ）

消耗项目	烧结—炼焦—高炉流程	Romelt 流程	
		PC=71%	PC=93%
炼焦煤	20.784（716kg）	—	—
非焦煤	—	23.420（862kg）	18.692（688kg）
天然气	4.849（143.9Nm^3）	0.568（17Nm^3）	0.568（17Nm^3）
电耗	3.645（391.2kW）	2.242（233kW）	2.242（233kW）
氧气	0.555（132.0Nm^3）	3.766（893Nm^3）	3.360（799Nm^3）
鼓风、冷却水等	5.062	0.108	0.108
合计	34.891	30.09	24.970
副产品	6.709	—	—
二次能源	4.794	7.733①	3.996①
总计	23.388	22.366	20.974

①在余热锅炉中将 Romelt 尾气的温度降至 600℃时所利用的尾气物理热。

表 4-24 Romelt 流程与高炉流程经济指标对比 （%）

指标	高炉流程	Romelt 流程（PC=71%）	Romelt 流程（PC=93%）
生产成本	100.0	97.4	86.8
单位投资	100.0	59.9	48.8
折旧费用	100.0	85.8	75.2

Romelt 法二次燃烧率为 74%，生产每吨铁将产生 2000m^{3}温度约为 1800℃的废烟气。该法冶炼过程中炉渣碱度为 0.6~1.2，炉渣中 w(FeO) 为 25%~35%，而终渣 w(FeO) 仅为 2.0%~2.5%。为了克服炉渣侵蚀及二次燃烧的剧热，在熔池中采用了水冷炉壁挂渣技术。这种技术用极少的热损失（3%）节约了大量耐火材料，当然同时也存在漏水和爆炸的潜在风险。遗憾的是，虽然小型试验装置和衍生装置曾有耳闻，但是该项目至今仍无建成投产的大型商业化炼铁装置的报道。

4.2.6 OxyCup 工艺

4.2.6.1 工艺流程

随着全球气候变化和资源的减少，人们对工业排放和资源的有效利用提出了更高的要求。因此，整个炼铁工艺必须从废弃物排放大户向废弃物排放最小化和兼备处理社会部分废弃物功能转变，提高资源利用率，采用新型绿色化工艺，走绿色制造的道路[49,50]。钢铁生产过程产生大量粉尘，主要包括烧结、高炉、转炉和电炉生产过程中产生大量粉尘和尘泥。钢铁厂的粉尘处理是当前冶金界的一个研究热点，特别是对于含有有用金属元素的炼钢厂粉尘，其中含有非常宝贵的锌、铁、铅、钙等有价元素。通常电炉粉尘中的锌含量达到20%左右[51]，并且如果粉尘又返回电炉，有时粉尘中锌超过30%[52]。含锌粉尘的处理近十年来引起了国内外冶金学者的广泛关注[53]。传统的处理含锌铁回收料的方法是进行烧结处理，该方法主要缺点是无法脱锌铅等有害元素，锌在高炉中会循环富集，降低炉衬寿命，破坏炉内反应的稳定，影响高炉顺行。目前国内外处理锌铁回收料较好的方法是采用转底炉法、回转窑法和竖炉法。国外许多钢铁厂已经实现工业化处理该类粉尘，有条件的回收其中的铁、锌、铅等有价值的元素[54~57]。但是转底炉法等目前存在生产效率不高等不足。

德国蒂森-克虏伯钢铁公司在2004年开启了对传统冲天炉的工业试验改进，近年来开发出了新型竖炉 OxyCup 工艺，用于处理钢厂含铁类废物（包括含锌粉尘），其主要产品为铁水、熔渣和煤气。该工艺在蒂森厂投产以来，经过不断优化，已经取得了很好的经济和环境效益[58]。太钢近年来引进了该工艺，于2011年4月份投产[59]。随着技术的不断进步，OxyCup 综合了传统冲天炉融化炉料的功能和传统高炉还原炉料的功能。中国钢铁企业每年产生大量含锌含铁尘泥，如何高效地回收其中的有益元素，去除有害元素，是当前面临的一项紧迫任务。OxyCup 竖炉技术可以实现零废弃物排放的目标，对解决这一任务十分重要。因此，研究 OxyCup 的技术思想对中国自主创新研发钢铁企业废弃物处理具有理论指导意义。

该工艺流程如图4-43所示。含铁砖块、焦炭、添加剂和废钢通过炉料加料斗由竖炉上部加入炉内。竖炉内还原所产生的烟气通过加料斗下面的环形排气室排出，经过净化和预热后再由竖炉的中部通入炉内，以供加热炉料和熔化渣铁。生成的渣、铁由竖炉下部排出竖炉。

OxyCup 竖炉内的还原过程如图4-44所示。在竖炉的中上部砖块发生预还原，生成海绵铁。在竖炉的中下部，在2200℃范围内，含铁砖块发生熔分，形成热态金属和熔渣。

TKS 竖炉处理含铁废物工艺的最大优点是：它可以处理钢铁厂所有的含铁废物，包括所有废钢铁、粉尘、铁水罐渣壳和转炉溅渣，以及铁鳞、污泥等，从而达到含铁废物资源的全回收，即“零废物”；其次是该工艺的产品是铁水和炉渣，与高炉产品相似，与其他处理方法比较，该工艺简单。

4.2.6.2 德国蒂森-克虏伯钢铁公司 OxyCup 工艺的技术经济指标

A 原料条件

OxyCup 所用主要原料为自压还原块，它是将钢铁厂的高炉污泥、转炉烟尘等废弃物配加炭粉，并通过水泥固结而成的自还原炉料。其铁品位在45%左右，铁的主要来源为含铁60%左右的转炉烟尘。高炉污泥中含铁量相对转炉烟尘较

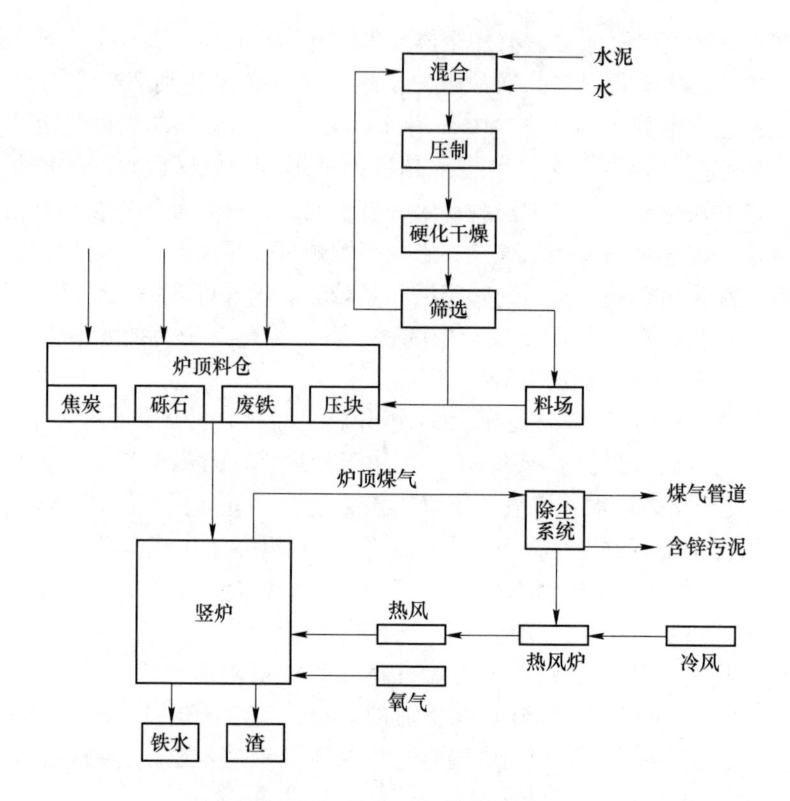

图 4-43　OxyCup 工艺流程图

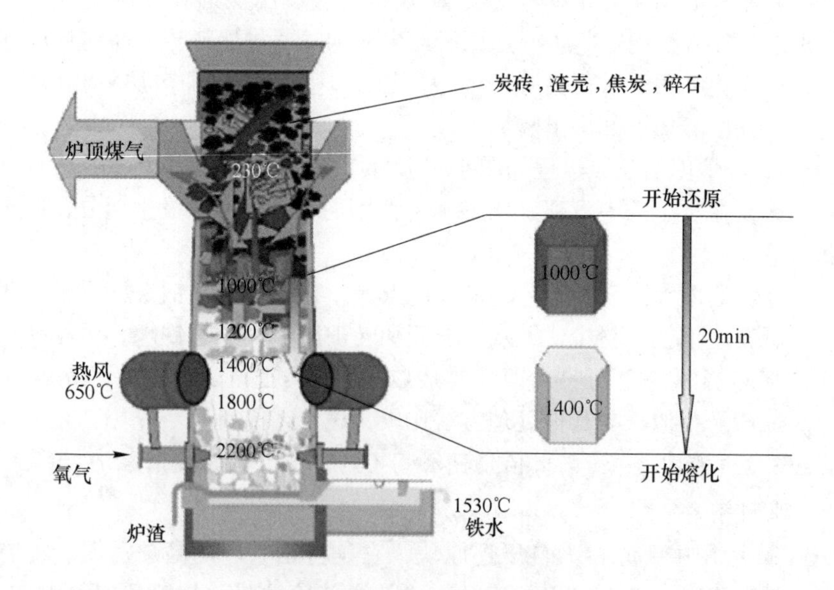

图 4-44　OxyCup 竖炉还原过程

低，但是其中含碳量较高，可以为还原块提供必需的还原剂。为了保证压块充分的自还原，还需要配入足够的炭粉[60]。炭粉可以来源于碎焦炭、石油焦、无烟煤、木炭或煤粉，以及熄焦过程产生的炭粉。炭粉的尺寸需小于1mm，灰分小于20%，灰熔点温度大于1300℃，挥发分小于2%。最后通过水泥将各种粉尘固结成自压还原块。

除了自压还原块之外，OxyCup 的入炉原料还有废铁、焦炭、砾石。由于 OxyCup 竖炉的尺寸受到限制，根据较大冲天炉的经验，处理自压还原块的 OxyCup 竖炉的内径不能超过 3m。这样的 OxyCup 竖炉每年最多能够处理 52 万吨废铁或者 36 万吨还原块。蒂森钢铁公司在 2005 年底通过试验证明了 OxyCup 竖炉能够处理 100%的自压还原块，因此对于任意不超过处理极限量的自压还原块和废铁配方均能够入炉。但是较为稳定和经济的配比为 70%左右还原块和 30%左右废铁。

通常 OxyCup 采用 70%的还原块和 30%的废铁，还原块和废铁的详细成分如表 4-25 所示，根据铁平衡方程以及还原块和废铁的比例分别计算出吨铁的用量，结果见表 4-25。为了保证压块的还原性，需要保证压块内部的碱度大于 1，因此，为了调节炉内的碱度以及最终炉渣碱度，还需在入炉原料中加入 87kg 的砾石。焦炭的用量为 326.67kg/t，表 4-26 已列出其成分。

表 4-25 OxyCup 入炉原料成分表

原料	焦炭用量 /kg·t^{-1}	化合物成分/%									
		Fe_2O_3	FeO	C	ZnO	SiO_2	CaO	MgO	Al_2O_3	MnO	合计
自还原压块	1199.36	39.60	23.76	14.50	1.10	7.34	9.47	2.64	1.43	0.15	100.00
砾石	87.00					48.00	35.00	10.00	7.00		100.00
原料	焦炭用量 /kg·t^{-1}	元素成分/%						化合物成分/%			
		TFe	C	Si	Mn	S	P	SiO_2	CaO	MgO	合计
废铁	527.36	76.78	4.50	0.41	0.29	0.04	0.20	8.48	4.58	4.73	100.00

表 4-26 焦炭成分表 (%)

燃料	固定碳	S	灰分								水分
			FeO	CaO	SiO_2	MgO	Al_2O_3	TiO_2	P_2O_5	SUM	
焦炭	86.69	0.43	0.54	0.53	5.87	0.18	4.43	0.21	0.07	11.83	0.1
			挥发分								
			CO	CO_2	CH_4	H_2	N_2			SUM	
			0.384	0.384	0.039	0.066	0.177			1.05	

B 冶炼生产条件

OxyCup 的预定生铁成分如表 4-27 所示。

表 4-27 OxyCup 预定铁水成分 (%)

Fe	C	Si	Mn	P	S	合计
95.12	3.92	0.50	0.23	0.13	0.10	100.00

OxyCup 竖炉的模型如图 4-45 所示。炉子下方有一个焦炭层，500~620℃的富氧热风通过水冷风口的喷枪吹入炉子内，与焦炭反应产生 1900~2500℃的高温。含铁氧化物与炭粉反应生成金属液滴，之后金属液滴再经过焦炭层渗碳成为铁水。焦炭燃烧产生 CO_2 和 CO 的混合气体，混合气体在上升过程中一部分能量用于为自还原块的内部还原提供热量，另一部分能量用于在气-固对流中预热和熔化炉料。根据蒂森厂的生产经验，生产一吨铁水大约消耗 1100~1200Nm^3 热风和 150~200Nm^3 氧气，以及燃烧在风口处的 200~300kg 的焦炭。在初始计算过程中，设定热风温度为 620℃，鼓风中的氧气浓度为 31.12%，最终出来铁水温度为 1500℃。

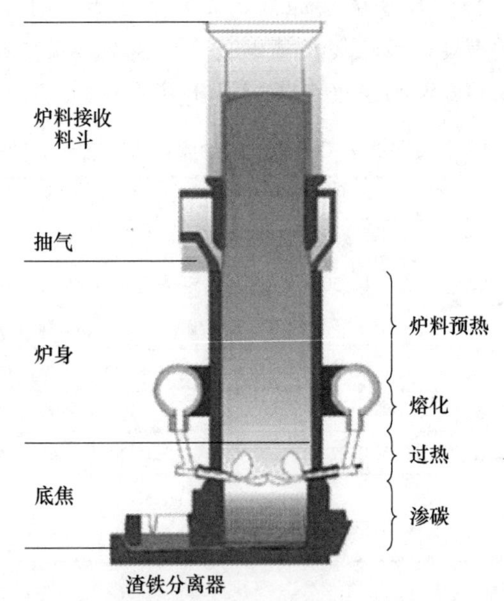

图 4-45 表明 OxyCup 竖炉操作区域和组成的剖视图

由于 OxyCup 竖炉在炉料接受料仓下方有环形炉气集气室，这种布置使得炉顶没有烟气放散，所有炉气从环形集气室内被抽走，因此可以认为炉顶温度为环形集气室与炉身交接处的温度，其大概在 300℃左右，在初始计算中设定为 300℃。炉尘量为 38kg/t，其成分如表 4-28 所示。

表 4-28 OxyCup 竖炉炉尘量及成分

原料	kg/tHM	成分/%									
		TFe	Si	FeO	C	ZnO	SiO_2	CaO	MgO	Al_2O_3	合计
炉尘	38.00	17.89	2.33	23.00	14.00	38.00	5.00	4.00	14.00	2.00	100.00

4.2.6.3 OxyCup 工艺特点

通过计算可以明确 OxyCup 入炉总碳的各个去向，其作用分布如图 4-46 所示。从中可以很显然看出绝大多数碳用于在风口处燃烧为竖炉提供热量，而用于还原的碳只占总碳耗的 33.11%。从前面的计算可知，所有还原需要碳为 159.24kg，然而在自还原块内的碳为 173.91kg，自还原块内的碳对于还原金属氧化物已经完全足够。因此，在 OxyCup 竖炉内，炉料中所加焦炭的作用主要用于在风口燃烧提供能量，并且在炉内下降过程中作为炉内原料的骨架增强透气性。所以，在 OxyCup 竖炉内常采用反应性低、块度大、气孔率小、具有足够抗冲击破碎强度以及灰分和硫分低等特点的铸造焦。

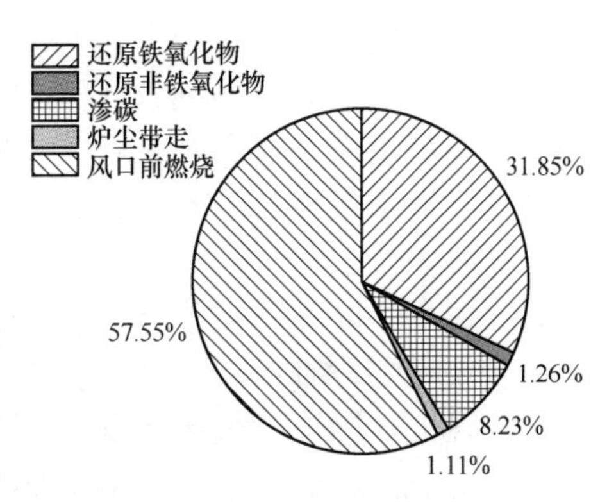

图 4-46 焦炭在 OxyCup 竖炉内的作用分析

与普通高炉炼铁工艺相比，OxyCup 工艺主要利用焦炭的骨架作用，并最大程度上发挥了焦炭的发热剂作用，其焦炭完全燃烧度达到 0.54。而在高炉中为实现还原性气氛，焦炭基本全部为不完全燃烧，从而牺牲了焦炭的部分发热作用。通过计算可知，每千克焦炭完全燃烧放出的热量（32825kJ）大约为不完全燃烧放出热量（9800kJ）的 3 倍，所以 OxyCup 工艺的热量收入中，接近 90%来源于碳的完全燃烧，如图 4-47 所示。并且在热量支出中，由于炉内还原反应发生在

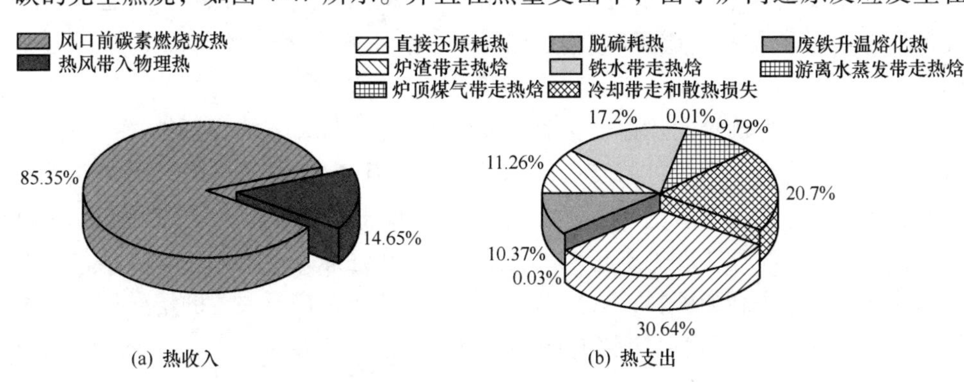

图 4-47 OxyCup 炉内能量的流向比例分布

压块内部，基本全为直接还原。因此，直接还原耗费了大多数热量，最终产生的煤气中 CO 含量占到 30%左右，其热值较高炉煤气热值提高。炉渣和铁水带走热量相对适中，其余主要为废铁升温和炉顶煤气带走热量。此外，由于 OxyCup 炉缸内铁水通过虹吸系统连续流出，所以在炉内焦炭与铁水的接触时间大幅缩短，渗碳作用也很小。

结合以上的分析可以看出，OxyCup 将铁氧化物的还原单独放在压块的内部进行，从而实现还原过程与熔分过程的相对独立；而高炉的还原过程与熔分过程在高温区域则是交叉进行的。所以高炉内的气氛必须是全还原性气氛，而 OxyCup 竖炉内必须存在部分氧化性气氛，以保证部分焦炭的完全燃烧，这也是两种工艺的本质区别。

由于在 OxyCup 冶炼工艺的热量来源中，绝大部分能量来自碳的完全燃烧，而鼓风带入的热量所占的比例很小，提高鼓风温度对于 OxyCup 工艺的热量收入影响不大，起决定性作用的是氧量，这与普通高炉工艺有较大区别。对于高炉工艺，富氧是不能带入热量的，但对于 OxyCup 工艺，富氧是实现碳完全燃烧的先决条件，也是保证热量收入的重要调剂手段。因此，氧气无论作为鼓风中的富氧还是通过分开的喷枪喷入都能带来很多益处，并且大多数情况下效益能够超过氧气成本。特别是当炉料中铁氧化物含量较高时，氧气通过与碳反应能够维持焦炭层足够高的温度来保证炉内反应的顺利进行。

在目前的 OxyCup 工艺中，风温普遍不高，一般为 650℃左右，但富氧程度很高，一般为 30%左右。对于最佳风量和富氧率之间的比例关系，还有待进一步的理论分析研究。

4.3　小结

非高炉炼铁技术是炼铁工业的前沿技术，目前非高炉炼铁正处于不断成熟和向大型化发展的趋势。非高炉炼铁的出现是为了改变炼铁依赖于焦炭资源的现状，至今已经发展形成了以直接还原和熔融还原为主体的非高炉炼铁工业体系。

本章由非高炉炼铁的热力学、动力学基础理论出发，系统介绍了直接还原和熔融还原的历史沿革和工艺特点。以 Midrex 法、HYL-Ⅲ法为代表介绍了气体还原的直接还原方法，深入分析了近年来取得重大进展的 Energiron 法的特点和应用前景。以回转窑和转底炉工艺为代表介绍了固体还原剂的直接还原方法，并且通过收集了近年来新的资料，从技术经济角度分析了被广泛关注的熔融还原代表性流程：Corex 工艺（尤其宝钢 Corex C-3000 工艺）、Finex 工艺、HIsmelt 工艺、Romelt 工艺、OxyCup 工艺等。

参 考 文 献

[1] 王国栋．我国钢铁工业主要技术发展方向［N］．世界金属导报，2017-12-05（F01）．

[2] 马凯辉．还原气氛和温度对 Fe_2O_3 还原粘结强度的影响［A］．中国金属学会．第十一届中国钢铁年会论文集—S01．炼铁与原料［C］．中国金属学会，2017：5.

[3] 田果．八钢欧冶炉煤气干法除尘技术的首次应用及实践［A］．中国金属学会．第十一届中国钢铁年会论文集—S01．炼铁与原料［C］．中国金属学会，2017：5.

[4] 田果，王忠，陈若平，刘鹏南．煤气干法除尘技术在八钢欧冶炉的应用［J］．新疆钢铁，2017（03）：49-52.

[5] 邓蕊．Corex 非高炉炼铁工艺［J］．中国科技信息，2017（14）：63-64.

[6] 林高平，王建跃，戴坚．绿色低碳炼铁技术展望［J］．冶金能源，2017，36（S1）：10-13.

[7] 温大威．北仑钢铁厂 Corex 工艺及 Midrex 工艺配矿方案浅析［J］．宝钢技术，1993（5）：27-32.

[8] Baltazar Anderson Willian de Souza，Castro Jose Adilson de. Development of direct reduction cfd mathematical model：Midrex reactor［A］. The Chinese Society for Metals. Proceedings' Abstracts of Asia Steel International Conference 2012（Asia Steel 2012）［C］，2012：1.

[9] James Mcclelland，杨辉．Midrex 和神户钢铁转底炉技术入门指导［J］．南钢科技与管理，2008（3）：57-59.

[10] 陈宏．HYL-Ⅲ海绵铁生产技术［J］．钢铁，1999（11）：64-67.

[11] Thomas W Hoffman，肖南．Midrex 直接还原炼铁—无损环境之途径［J］．世界环境，1985（4）：39-42.

[12] 邹宗跃．Midrex 直接还原工艺——直接生产洁净钢的方法（Ⅰ）［J］．山东冶金，1994（5）：51-54.

[13] 易明献．关于 Midrex 工艺原料的研究［J］．烧结球团，1994（2）：44-48.

[14] Quintero R，叙里．HYL-Ⅲ的最新动态［J］．烧结球团，1993（6）：34-37.

[15] Quintero R，Becerra J，刘树立．不断进行革新的 HYL-Ⅲ直接还原工艺［J］．烧结球团，1988（5）：60-69.

[16] Raul Quintero，Pranclsco Elias，刘树立．锡卡察厂最新的 HyL-Ⅲ工程［J］．烧结球团，1990（4）：31-36.

[17] Energiron 直接还原设备在阿联酋 Emirates 钢铁公司投产［J］．烧结球团，2010（5）：30.

[18] 张寿荣．关于高炉炼铁工艺和熔融还原炼铁工艺的评述［J］．炼铁，1995，14（2）：45-48.

[19] 沙永志，王凤岐，周渝生．引进 Corex 工艺需要注意的问题［J］．炼铁，1994（2）：38-41.

[20] 吴俐俊，苏允隆．Corex 炼铁法的现状及发展前景［J］．钢铁，1996，31（9）：69-74.

[21] 牟慧妍，周渝生．洁净铁生产工艺的现状［J］．钢铁，1997，32（6）：70-74.

[22] 陈炳庆，张瑞祥，周渝生．Corex 熔融还原炼铁技术［J］．钢铁，1998，33（2）：10-14.

[23] 杨天钧，黄典冰，孔令坛．熔融还原［M］．北京：冶金工业出版社，1998.
[24] 王泽懋，王彦．Corex 流程与高炉流程比较［A］．2005 年中国钢铁年会论文集［C］，2005：390-396.
[25] Zhang Qing. Guo Li. Chen Xudong. Analyses of corex competence［A］. Proceedings of 5th International Congress on the Science and Technology of Ironmaking［C］，2009：1230-1232.
[26] 王臣，曲迎霞，邹宗树，等．Corex 工艺模型软件的开发［J］．过程工程学报，2008，8（2）：73-76.
[27] Sun Guishan. Shi Ke. Zhu Qingjie. Analyses of Corex equipment running status and items of equipment defects eliminating［A］. Proceedings of 5th International Congress on the Science and Technology of Ironmaking［C］，2009：1250-1254.
[28] 钢铁工业技术考察组．南非熔融还原炼铁工艺（Corex 法）的技术考察报告［R］．1993.
[29] Eberle A，Siuka D，Boehm C，Schiffer W. Corex 技术的现状及最新进展［J］．钢铁，2003，38（10）：68-72.
[30] SiukA D，Boehm C，Wieder K. Corex and Finex technology---Process updates 2006［J］. BaoStell BAC 2006：8-16.
[31] 李维国．Corex-3000 生产现状和存在问题的分析［J］．宝钢技术，2008（6）：11-18.
[32] 贾国利，张丙怀，阳还彬，等．Corex 3000 熔融还原炼铁工艺能量利用特征［J］．中国冶金，2007，17（3）：43-47.
[33] 蔡博．对 Corex 炼铁法的分析和评价［J］．炼铁，1992（6）：1-6.
[34] 胡俊鸽，周文涛，毛艳丽．Finex 熔融还原技术的新发展［J］．冶金信息导刊，2007（4）：12-14.
[35] 张绍贤，强文华，李前明．Finex 熔融还原炼铁技术［J］．炼铁，2005（4）：49-52.
[36] 唐恩，周强，翟兴华，阮建波．适合我国发展的非高炉炼铁技术［J］．炼铁，2007（4）：59-62.
[37] 张文静，侯健，王婷婷．Finex 流程的特点以及与高炉流程的比较［J］．甘肃冶金，2011（1）：88-90.
[38] 封常福．POSCO 的 Finex 工艺技术［J］．山东冶金，2004，26（4）：69.
[39] 张龙强，周翔．Finex 与高炉炼铁工艺对比［J］．中国钢铁业，2012（4）：18-21.
[40] 徐书刚，李子木，吕庆．浦项 Finex 熔融还原工艺技术考察［J］．炼铁，2008（5）：59-62.
[41] Koen Meijer. Mark Denys. Jean Lasar. et al. ULCOS：ultra-low CO_2 steelmaking［J］. Ironmaking and Steelmaking. 2009，36（4）：249-251.
[42] Meijer K，Guenther C，Dry R J. HIsarna Pilot Plant Project［C］．北京：中国金属学会，2011.
[43] 王东彦．超低碳炼钢项目中的突破型炼铁技术［J］．世界钢铁，2011（2）：7-12.
[44] Meijer H K A，et al. The cyclone converter furnace（CCF）［A］. 18th Advanced Technology Symposium（Ironmaking 2000）［C］. Myrtle Beack，South Carlina，October 2-4，1994.
[45] Pollock B A. Ironmaking and Steelmaking，1995（1）：33.
[46] Romenets V A. Iron and Steelmaking，1995（1）：37.

[47] Pomehnuap B A. Ctajib, 1993 (6) .

[48] Pomeheu B A. Ctajib, 1990 (8): 20.

[49] Birat J P, Vizioz J P. CO_2 emissions and the steel industry' s available responses to the greenhouse effect [J]. La Revue de Metallurgie, 1999 (10): 1203.

[50] Yin Ruiyu. The problem of green produce and iron and steel making green revolution [J]. Technology and Industry, 2003, 3 (9) .

[51] Hwong-Wen Ma, Kazuyo Matsubae, Kenichi Nakajima, et al. Substance flow analysis of cycle and current status of electric arc furnace dust management for zinc recovery in Taiwan [J]. Resource, Conservation and Recycling, 2011, 56: 134.

[52] Satoshi Itoh, Akira Tsubone, Kazuyo Matsubae, et al. New EAF dust treatment process with the aid of strong magnetic field [J]. ISIJ International, 2008, 48 (10): 1339.

[53] Wang Dongyan, Chen Weiqing, Zhou Rongzhang. The inmetco process dealing with the in plant Zn Pb bearing dusts [J]. Environmental Engineering, 1997, 15 (3): 50.

[54] Yamad S. Simultaneous Recovery of zinc and iron from electric arc furnace dust with a coke-packed bed smelting reduction process [J]. Iron and Steel Engineer, 1998, 74 (8): 64.

[55] Xu Xiusheng, Chen Ping. Study on recycling with Zn in the blast furnace [J]. Express Information of Mining Industry, 2002, 5 (10): 3.

[56] Jiang Jimu. Status and sustainable development of lead and zinc smelting industry in China [J]. The Chinese Journal of Nonferrous Metals, 2004, 14 (1): 55.

[57] Doromin I E, Svyazhin A G. Commercial methods of recycling dust from steelmaking [J]. Metallurgist, 2011, 54: 9.

[58] Jiang Junpu. Application oxicup technology to recycle iron from steel plant residual waste [J]. The World Metal Serially, 2007-03-20.

[59] Lu Jian. Technical research on treatment of zinc and iron containing dust and sludge [J]. Sintering and Pelletizing, 2011, 36 (3): 50.

[60] Gudenau H W, Dieter Senk, Wang Shaowen, et al. Research in the reduction of iron ore agglomerates including coal and C-containing dust [J]. ISIJ International, 2005, 45 (4): 603-608.

5 低成本低排放高炉炼铁生产技术

高炉低成本低排放冶炼生产是炼铁工作者不断追求的目标，本章选取四项减排降耗的关键技术，即大比例球团矿配加冶炼、高炉铁水低硅冶炼、烧结—高炉一体化优化配矿、高炉煤气均压放散回收，通过汇总公开发表的研究论文，从生产实践、使用效果、经验教训等多方面对企业典型生产案例进行阐述，期望进一步推动我国高炉低成本低排放冶炼。

5.1 高炉大比例配加球团矿技术

5.1.1 八钢高炉使用高比例球团矿生产实践

5.1.1.1 八钢高比例球团矿对高炉生产的影响[1]

（1）球团矿自然堆角小，球团矿自然堆角仅24°~27°，而烧结矿自然堆角为31°~35°。由于球团矿滚动性好，当球团矿作为高炉主要炉料时会引起高炉料层分布不均匀，会造成高炉两股煤气流逐渐减弱，长期操作下去会造成炉缸堆积，生铁硫含量控制困难。

（2）酸性球团矿软熔温度偏低，个别球团矿还原时出现异常膨胀或还原迟滞现象，炉料低温还原粉化严重，也造成高炉块状带煤气阻力增大，此时若出现冷却壁漏水或有害元素超标，易造成炉墙结厚。

（3）若过度发展边缘气流来保证炉况顺行，易造成炉墙温度波动大，渣皮不稳定，操作炉型维持不住，生铁硫易超标。此外，在大批重冶炼时，因球团矿粉化率高、矿层厚，造成高炉透气性变差，易形成局部气流过吹或管道，造成炉凉。

（4）当抗压强度低于2000N/个的球团矿大量入炉后，易产生粉末，进而影响干区透气性，并在炉身上部造成结厚，如不及时处理，易形成炉墙结瘤。

5.1.1.2 八钢高比例球团生产实践与应对措施

（1）布料制度探索与实践。针对球团矿堆角小、易滚动的现象，八钢采取了矿中加焦技术，即在每批炉料中配入一定配比的焦炭，起到骨架作用，从而减少球团矿在布料阶段的滚动。当炉况不顺时，采用减少矿批并发展边缘气流方式进行调整，并在此基础上，采取中心加焦技术，适当发展中心气流，稳定边缘气流，从而保证炉墙温度不出现大幅度波动，促进渣皮稳定。此外，定期降低炉渣碱度洗炉，定期倒罐操作，减少布料偏析。

(2) 造渣制度探索与实践。造渣制度以追求适宜炉渣黏度和增强炉渣脱硫能力为目标。在使用高比例酸性球团矿的同时，将烧结矿二元碱度提升至2.85，借助较高的荷重还原软化温度和熔滴温度，以及良好的强度和抗粉化能力，增强料柱的透气性。对渣中二元碱度和MgO含量进行控制，当Al_2O_3>13%时，R_2控制在1.0~1.1，MgO控制在10%~12%；当Al_2O_3<13%时，R_2控制在1.02~1.15，MgO控制在9%~10%，以维持良好的炉渣流动性和脱硫能力。

(3) 原料质量的探索与实践。严格把控炉渣粒级筛分工作，经过槽上、槽下两边筛分后，入炉粉末基本上控制在1%以内。经过技术攻关，将球团矿抗压强度由1400N/个提升至2200N/个。

5.1.1.3 小结

八钢高炉的生产实践经验表明，高比例球团矿的炉料结构虽然会对高炉冶炼带来一定影响，但通过采取一系列有针对性的应对措施，及时分析与总结，炉况稳定性大大提高，并实现了高炉稳定顺行和高产的目的。

5.1.2 沙钢高炉使用高比例球团矿生产实践

在烧结工段大修的背景下，沙钢对高炉炉料结构进行调整[2]，球团矿比例由40%~45%逐步提升到75%。在此情况下，得益于原料准备充分，操作得当，高炉炉况实现稳定顺行。

5.1.2.1 沙钢炼铁原料成分及炉料结构

2002年1~11月沙钢高炉的原料成分如表5-1所示。10月炉料结构平均为：56.96%烧结矿+42.48%球团矿+0.56%南非块矿，11月炉料结构平均为：40.5%烧结矿+59.5%球团矿，球团矿比例最大时配到75%，装料制度变化如表5-2所示。

表5-1 原料成分及转鼓指数 (%)

矿种		TFe	FeO	SiO_2	CaO	MgO	Al_2O_3	S	R_2	转鼓
烧结矿	提R_2前	57.42	9.87	4.88	8.59	2.06	—	—	1.76	60.4
	提R_2后	55.05	8.09	4.76	12.26	2.42	—	—	2.58	70
印度球团矿		65.55	0.88	3.86	1.52	0.31	0.5	0.003	0.394	—
巴西球团矿		65.83	—	1.01	0.33	0.09	0.33	0.007	0.327	—
南非块矿		65.62	0.55	2.49	0.07	0.13	—	0.020	—	—

表5-2 2号高炉装料制度

时间	装料制度	料线	矿批/t	煤气CO_2/%	球团矿比例/%
2002年10月	2COO↓OCC↓+CC↓	1300	14	20.8	42
2002年10月21日	3COO↓OCC↓+CC↓	1300	14	20.2	50
2002年11月14日	3COO↓OCC↓+CC↓	1300	14.5	21.2	65
2002年11月25日	3COO↓OCC↓+CC↓	1300	14.5	22.0	75

5.1.2.2　沙钢高炉大比例配加球团矿技术措施

（1）提高烧结矿碱度。由于酸性球团矿比例增加，因此，需要提升烧结矿碱度，以降低高炉碱性生熔剂使用量。此外，高碱度烧结矿所具备的良好机械强度和抗粉化能力，以及较高的荷重软化温度和熔滴温度，可以有效配合酸性球团矿，有利于稳定高炉炉况。因此，随着高炉烧结矿配比调整到35%左右，烧结矿的二元碱度从1.7提高到2.7。

（2）调整高炉操作制度：

1）送风制度的调整。球团矿自然堆角小，布料后易滚向高炉中心，这种情况在球团矿配比增大后，高炉中心有加重倾向。因此，采用逐步加大氧量至2000m^3/h，使富氧率达到2.5%，同时采用全风温操作、增大喷煤量等措施来提高鼓风动能，开放中心煤气流，从而活跃中心，避免中心堆积。

2）装料制度的调整。球团矿软化温度低，软熔温度区间大，易导致料柱透气性变差。因此，沙钢一方面适当发展边缘煤气流，减少边缘的矿焦比，适当减小中心焦比例，由原来的“2COO↓OCC↓+CC↓”布料矩阵调整至“3COO↓OCC↓+CC↓”；另一方面，料线由1300mm降低到1400mm，焦炭的布料角度从33°扩大到34°，从而保证中心气流开放。依据高炉十字测温曲线（图5-1），煤气流分布是典型的双峰曲线，说明高炉透气性良好，且此时煤气利用率可达48%以上。

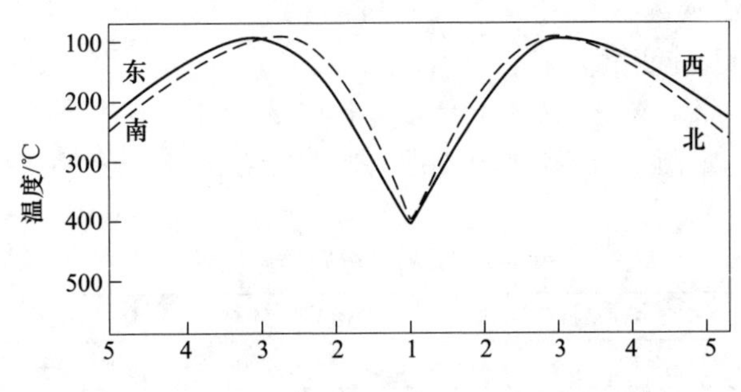

图5-1　2号高炉11月25日“十”字测温曲线

3）造渣制度和热制度的调整。球团矿配比增加后，易导致炉渣流动性变差。沙钢采取了适当降低炉渣碱度和提高生铁含硅量的方法（表5-3），从而保证渣铁物理热充沛，且高炉总体顺行状况良好，铁水［Si］含量因造渣制度的调整有所增加。

表5-3　2号高炉炉渣碱度、铁水质量的变化

时间	R_2	[Si]/%	$\delta_{[Si]}$	[S]/%
2002年1~10月	1.08	0.626	0.109	0.055
2002年11月	1.05	0.653	0.128	0.064

5.1.2.3 生产效果

沙钢2号高炉在增加球团矿配用比例后，炉况顺行状态良好，且技术经济指标有不同程度改善，高炉利用系数达到了3.67t/(m^3·d)（表5-4）。

表5-4 2号高炉大比例配用球团矿前后技术指标比较

时间	利用系数 /t·(m^3·d)$^{-1}$	焦比 /kg·t^{-1}	煤比 /kg·t^{-1}	风温 /℃	透气性指数	煤气 CO_2/%
2002年1~10月	3.28	426.07	71.91	1052	9.63	20.1
2002年11月	3.67	379.22	92.88	1028	9.94	22.5

5.1.2.4 小结

沙钢通过配加高碱度烧结矿；增大鼓风动能，开放中心气流；维持合理煤气流分布，以中心气流为主，兼顾好边缘气流；适当降低炉渣碱度和提高生铁含硅量，成功实现了大比例配用球团矿，为国内高炉生产提供了相关经验。

5.1.3 太钢高炉使用高比例球团矿生产实践

太钢曾成功使用高比例球团矿进行冶炼[3]，并重点分析总结了高比例球团矿对高炉内压差的影响，认为压差升高的主要原因是高炉块状带空隙率下降及软熔带位置上移和宽度增加，并提出应对球团矿比例提高造成高炉压差升高的措施：一方面，通过烧结矿球团矿混装、调整装料制度和布料角度及混加焦丁等方式改善透气性；另一方面改善球团矿质量，从而保证了高炉稳定顺行生产。

5.1.3.1 高比例球团矿对高炉压差的影响

工业试验期间，太钢炼铁厂3座高炉（3号、4号、5号）的球团矿比例分别达到35.4%、36.0%、30.5%。对试验期间3座高炉实际入炉球团矿比例与压差数据进行回归分析，结果如下。

A 3号高炉

工业试验期间，3号高炉球团矿比例由30.0%逐步增加至42.5%。在球团矿比例增加的过程中，高炉压差也相应由148kPa逐步升高至170kPa（图5-2）。

由图5-2可以看出，高炉压差受球团矿比例的影响显著，随着球团矿比例增加，高炉压差逐渐升高。对两者进行回归分析，高炉球团矿比例与压差近似呈线性关系，其线性拟合方程为：压差=0.892×球团矿比例+130.341。

B 4号高炉

工业试验期间，4号高炉球团矿比例的调整趋势为：35%→41%→42%→44%，平均配比达到36%，在3座高炉中配比最高。但受球团矿质量波动与供应不稳定、高炉设备不稳定等多方面因素影响，高炉整体对高球团矿比例的接受度较差，炉况波动较频繁，球团矿比例与压差的对应关系也不显著。二者的回归分

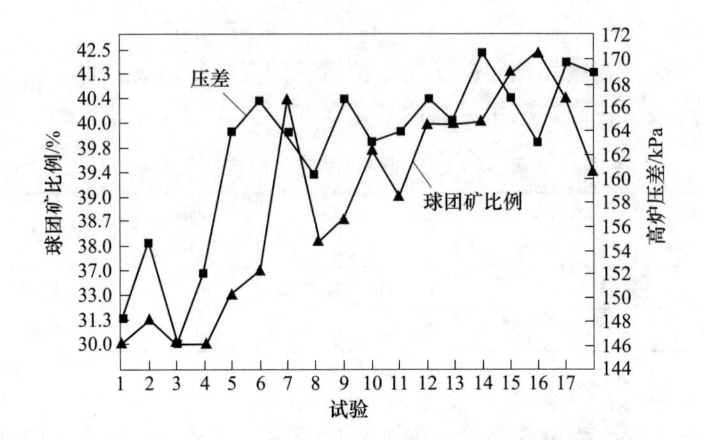

图 5-2 太钢 3 号高炉球团矿比例及高炉压差的变化

析无法得到相关度较高的回归方程。

C 5号高炉

工业试验期间，5 号高炉平均球团矿配比达到 30.5%，最高时曾达到 37%。在球团矿比例增加的过程中，高炉压差由最初的 150kPa 逐步升高至 160kPa（图 5-3）。由图 5-3 可以看出，试验期间高炉压差随球团矿比例的增加而上升。经回归分析，球团矿比例与压差近似呈线性关系，其线性拟合方程为压差 = 0.869×球团矿比例+127.837，以上结果与 3 号高炉得到的回归方程相似。

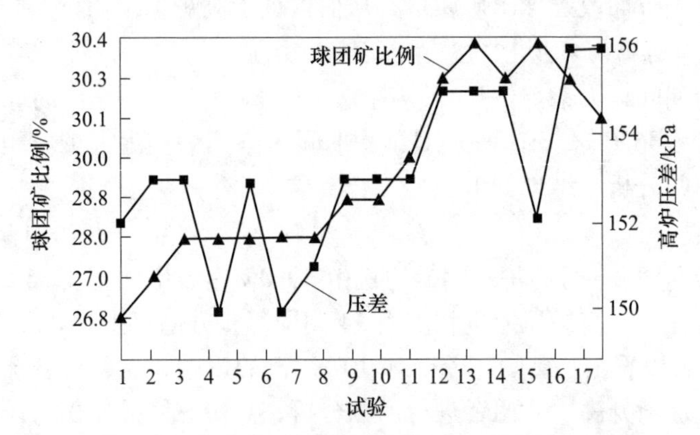

图 5-3 太钢 5 号高炉球团矿比例及高炉压差的变化

5.1.3.2 球团矿比例增加后高炉压差升高的应对措施

由前述分析可知，正常炉况下（主要参数稳定）高炉压差随球团矿比例增加近似呈线性增加关系。对于采用定风量、定顶压操作的高炉而言，压差过高或升高过快可能会带来局部气流失常、热负荷升高、煤气利用率下降等现象，严重时甚至会出现局部管道、崩料等严重影响高炉顺行的炉况。因此，需要对球团矿比例增加后高炉压差进行有效控制。太钢提出，一方面要从调整装料制度入手，改善块状带炉料的空隙率；另一方面要从球团矿质量入手，改善球团矿的冶金性能。

（1）装料制度的调整。球团矿粒度均匀、滚动性好、自然堆角小，因此，球团矿在高炉内的分布与相比烧结矿而言更加难以控制。太钢总结应对高比例球团矿的典型措施和布料控制特点如下：

1）球团矿和烧结矿混装入炉。除简单混装外，还采用了大焦批大矿批，使用小粒烧结矿适当控制边缘气流，以及调整排料顺序增大边缘环带球团矿分布量等措施，从而进一步确保高比例球团矿下的布料稳定性。以 5 号高炉为例，从高炉槽下排料到炉料最终入炉，球团矿与烧结矿共进行 3 次混合，混合位置分别在矿石称量斗、中间斗及高炉上料罐。

2）装料制度和布料角度调整。球团矿比例加大后，5 号高炉通过调整装料角度和档位，调整中心气流和边缘气流分布，保证中心气流的稳定，使炉内压差关系稳定，煤气利用率得到提高。

3）向矿石中混加焦丁，应对球团矿高配比下炉料堆角较小的问题。向矿石中混加焦丁有以下作用：①改善球团矿自身堆角较小的问题；②焦丁在高炉中很快发生碳素溶解反应，有助于保持大块焦炭达到料柱中心后的活性，降低全炉和矿石层压差。5 号高炉焦丁的用量约为 10~15kg/t，随着球团矿比例的进一步提高，可考虑适当提高焦丁用量。

（2）改善球团矿质量。针对工业试验期间太钢高炉使用的主要含铁原料进行高温软化性能检验（表 5-5），结果表明，球团矿与烧结矿相比，具有软化开始温度低、软化区间窄的特点。实验所用含铁原料成分如表 5-6 所示。球团矿 A 需进一步在提铁降硅方面提高质量；球团矿 B 目前受生产设备及工艺参数不稳定的影响，SiO_2 含量波动为高炉日常配料的碱度平衡带来了较大影响，需进一步稳定质量。

表 5-5 太钢含铁原料高温软化性能 （℃）

项目	软化开始温度	软化终了温度	软化区间
球团矿 A	1121	1201.5	80.5
球团矿 B	1068	1168	100
球团矿 C	1131	1246	115
球团矿 D	1157	1266	109

表 5-6　太钢软熔实验用含铁原料成分

项目	TFe/%	MgO/%	FeO/%	SiO_2/%	CaO/%	R_2
球团矿 A	63.77	0.39	0.87	6.59	0.56	
球团矿 B	62.95	0.53	0.26	7.17	0.41	
球团矿 C	57.32	1.63	8.81	4.69	10.50	2.24
球团矿 D	55.37	1.83	6.56	5.34	11.86	2.22

5.1.3.3　小结

通过对太钢生产现场数据的回归分析，得到了高炉球团配比与高炉压差的线性回归分析结果：球团矿比例每增加 1%，高炉全压差增加约 0.869～0.892kPa。此外，提出了应对球团矿比例增加后高炉压差增加的措施：通过烧结球团混装、调整装料和布料角度以及混加焦丁等方式改善透气性，另外也需要改善球团矿冶金性能。

5.2　高炉铁水低硅冶炼技术

5.2.1　首钢京唐高炉铁水低硅生产实践

首钢京唐对两座 $5500m^3$ 高炉曾进行低硅冶炼实践[4]，通过不断优化高炉操作参数，两座高炉均实现了低硅强化冶炼。1 号高炉和 2 号高炉［Si］分别从最高时的 1.7%、1.0%均降低至 0.25%左右，同时高炉运行稳定，经济效益提高显著。此外，通过热力学计算与京唐两座高炉实际运行情况相结合，京唐研究人员利用两座高炉近 5 年日平均生产参数，讨论了影响［Si］的各个因素，分析了实现低硅冶炼的途径，可为大型高炉实现低硅强化冶炼提供参考。

（1）控制铁水温度。1 号高炉和 2 号高炉在 2011 年 1 月～2015 年 6 月期间铁水温度与［Si］的变化如图 5-4 和图 5-5 所示。由图可得，在实际操作过程中［Si］

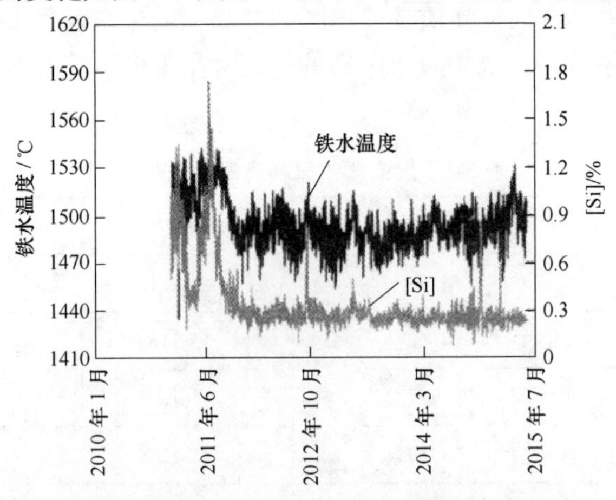

图 5-4　京唐 1 号高炉［Si］与铁水温度的变化

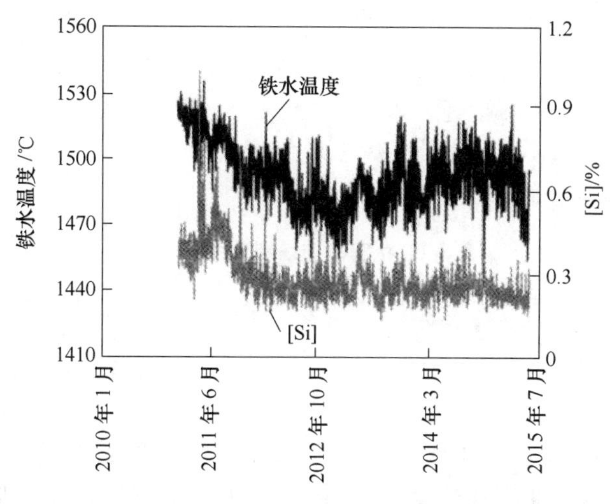

图 5-5 京唐 2 号高炉［Si］与铁水温度的变化

随铁水温度降低而降低，1 号高炉铁水温度在 2011 年 6 月最高达到了 1582℃，相应的［Si］为 1.77%。在 2011 年 10 月之后，1 号高炉基本恢复正常，铁水平均温度控制在 1490~1510℃之间，相应的［Si］在 0.22%~0.32%。2 号高炉铁水温度、［Si］的变化趋势与 1 号高炉类似，铁水平均温度控制在 1480~1507℃，相应的［Si］在 0.20%~0.30%。

在实现低硅冶炼的同时，必须将铁水温度控制在适当的范围，采取的主要措施分为两步：第一，通过不断优化布料操作制度，始终贯彻首钢京唐炼铁“稳定边缘、打开中心；稳定中心、照顾边缘”十六字高炉操作方针，提高了煤气利用率。从图 5-6 可以看出，2012 年 1 月之前，1 号高炉和 2 号高炉平均煤气利用率

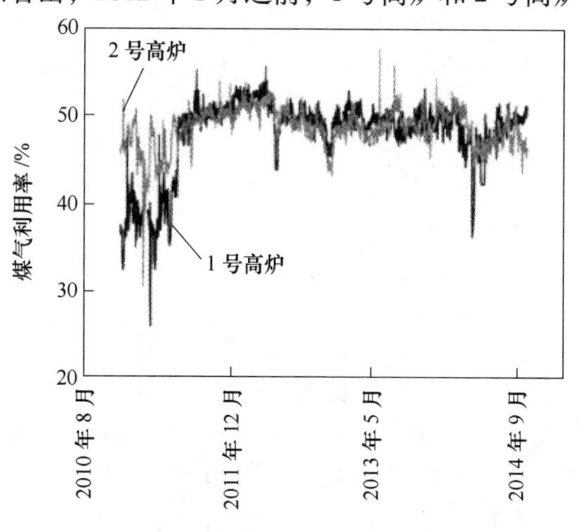

图 5-6 京唐高炉煤气利用率的变化

分别为37%、45%，通过调整布料制度和送风制度，两座高炉的平均煤气利用率均达到50%左右。第二，在保证较高煤气利用率的前提下，提高焦炭负荷，降低燃料比。表5-7为京唐两座高炉2011年至2015平均焦炭负荷。从表中可以看出，从2011年到2015上半年，1号高炉焦炭负荷从3.8增加到5.51，2号高炉焦炭负荷从4.54增加到5.41。

表5-7　京唐高炉焦炭负荷的变化

时间	2011年	2012年	2013年	2014年	2015年上半年
1号高炉	3.8	5.12	5.17	5.28	5.51
2号高炉	4.54	5.22	5.29	5.28	5.41

（2）降低入炉硅量。由于焦炭中二氧化硅含量高于煤粉，因此降低焦比、提高煤比有利于实现低硅冶炼。京唐两座高炉焦比和煤比的变化如图5-7和图5-8所示。2011年1~9月，1号、2号高炉平均焦比分别为525kg/t、366kg/t，煤比为39kg/t、115kg/t，1号、2号高炉由焦炭和煤粉带入高炉的硅量分别为31kg/t、25kg/t。2012年1月至2015年，两座高炉平均焦比和煤比分别为300kg/t、160kg/t，带入炉的硅量为23kg/t，与2011年相比降低了2~8kg/t。

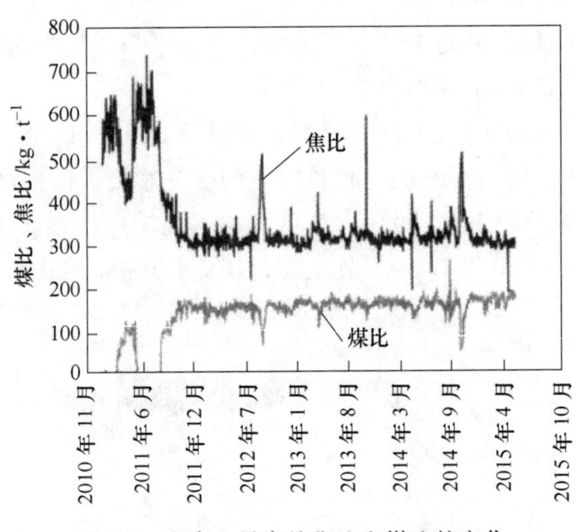

图5-7　京唐1号高炉焦比和煤比的变化

（3）调整送风制度。1号高炉在实现低硅冶炼的过程中，从2011年1月~2012年1月，热风压力从0.4MPa提高到了0.46MPa，顶压从0.23MPa提高至0.26MPa，富氧率提高至3.6%左右，2012年11月风压和顶压同时提高了0.1MPa，富氧率提高至5.0%~5.6%。2号高炉在2011~2015年期间，风压和顶压波动较小，风压基本控制在0.45~0.47MPa，顶压控制在0.26~0.27MPa，富氧率逐步提高至5.0%~5.6%。实际操作过程中，同时提高热风压力与顶压，不

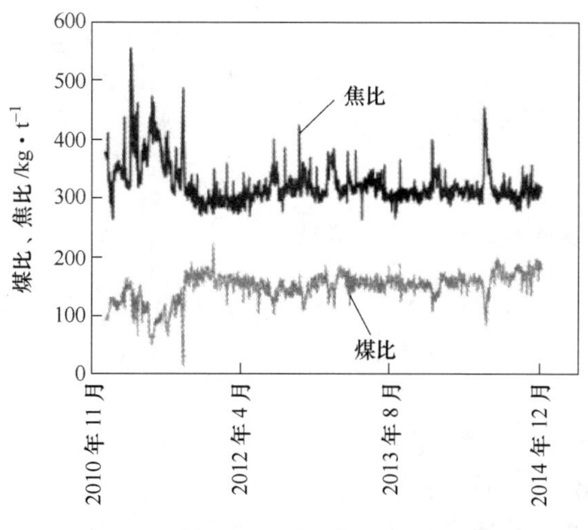

图 5-8 京唐 2 号高炉焦比和煤比的变化

仅可以降低煤气流速，延长煤气停留时间，而且可以提高煤气中 CO 的浓度；鼓风中富氧有利于提高煤气中 CO 浓度，抑制硅的还原，同时可以提高煤粉喷吹量，降低焦比，从而降低入炉的硅量。

（4）优化造渣制度。从热力学角度分析，提高炉渣碱度有利于降低 SiO_2 活度，从而抑制 SiO_2 的还原。通过对生产数据进行统计发现，随着炉渣碱度的提高，[Si] 逐渐降低，但是碱度过高（>1.20）会使炉渣的熔化温度升高。1 号高炉和 2 号高炉在 2011 年炉渣平均碱度分别为 1.19、1.21，2012 年两座高炉平均碱度提高至 1.23，操作过程中发现压差偏高，高炉炉况不稳定。因此，在调整布料制度的同时，对造渣制度进行了调整，2013 年两座高炉的炉渣平均碱度分别降低至 1.17、1.16（图 5-9）。同时，为了解决提高碱度后炉渣流动性变差的问题，在球团矿中加入了适量的 MgO，京唐高炉炉渣 MgO 含量一般均控制在 8%～10%。

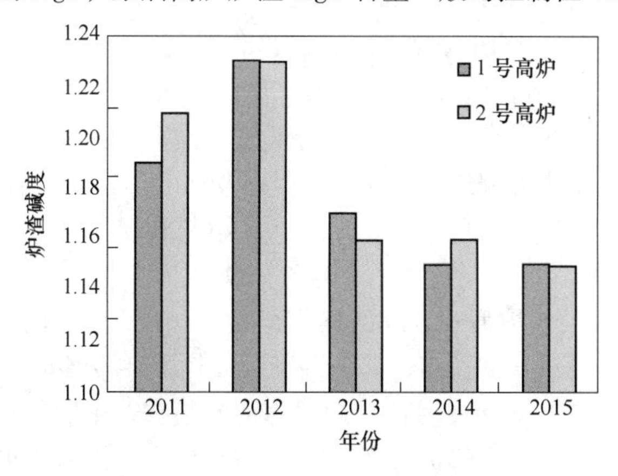

图 5-9 京唐高炉炉渣二元碱度的变化

对以上分析总结如下：首钢京唐对两座 5500m^{3}高炉进行低硅冶炼操作实践，通过控制铁水温度，降低入炉硅量，调整送风制度，以及优化造渣制度的方式，实现了特大型高炉低硅强化冶炼，并将铁水中［Si］含量控制在 0.25%左右。

5.2.2　邯钢 8 号高炉铁水低硅生产实践

邯钢科研人员在对 8 号高炉（3200m^3）推行低硅冶炼为核心的生产攻关历程中，逐步形成了一套“低硅不低热”的低硅低硫冶炼技术[5]。在保持炉况顺行和铁水温度 1510℃以上的前提下，将［Si］从 0.45%降低并稳定在 0.33%左右，最终达到显著提升高炉生产技术指标，降低高炉生产成本的目的。

生产实践表明，炉缸热量充沛、活性好是大型高炉稳定顺行的根基，而［Si］与炉缸热量是呈线性关系的，即［Si］下降，炉缸热量也同步下降。如果简单降低［Si］，必然导致炉缸热量的降低，活性变差，进而破坏炉况顺行。大型高炉要实现低硅冶炼技术的成功，必须做好一系列的配套基础工作，才能保证炉缸热量充沛，活性良好。为此，邯钢 8 号高炉推行“低硅不低热”的冶炼技术，重点在以下方面采取了措施：

（1）优化布料操作模式。邯钢 8 号高炉经过长期的实践摸索，布料制度由开炉初期中心加焦模式逐步演化到目前的“小平台+大漏斗”的布料模式。为了探索出高煤气利用率、低燃料比、低硅低成本的经济冶炼之路，2013 年 3 月开始逐步缩小矿平台宽度到半径的 1/5 左右，扩大焦平台宽度，同时最小角度焦炭圈数到 3 圈，布料矩阵 $C\begin{matrix}43.5^\circ & 41.5^\circ & 39.5^\circ & 37.5^\circ \\ 3 & 3 & 3 & 2\end{matrix}\ O\begin{matrix}43.5^\circ & 41.5^\circ & 39.5^\circ & 37.5^\circ & 34.5^\circ & 31.5^\circ \\ 3 & 3 & 3 & 2 & 2 & 3\end{matrix}$。通过装料制度的调整，最终形成了适应 8 号高炉原燃料特点的“小平台+大漏斗”上部布料模式。通过布料制度优化，8 号高炉探索出了合理的布料矩阵格局，并根据生产变化进行动态微调，取得了良好的冶炼效果。例如：边缘煤气流稳定，中心煤气流开放，高炉压差持续下降，从 185kPa 逐渐下降到 160kPa 左右。高炉此前频繁出现的静压力与煤气利用率波动的现象逐渐消失，煤气利用率开始逐步升高，由 48.4%逐步升高到 51%，燃料比从 539kg/t 降低至 501kg/t（图 5-10）。

（2）保持合理操作炉型。合理的操作炉型是炉况稳定顺行的基础，是低硅低硫冶炼的前提。通过长期摸索，邯钢科研人员制订出邯钢 8 号高炉中上部冷却壁控制标准（表 5-8）。邯钢 8 号高炉炉衬为薄壁结构，采用软水密闭循环冷却，并在炉身下部、炉腰和炉腹热负荷高的位置，装备了 4 段铜冷却壁来保证冷却效果。砖壁合一薄内衬结构模式，设计炉型即操作炉型。高炉日常操作炉型控制的

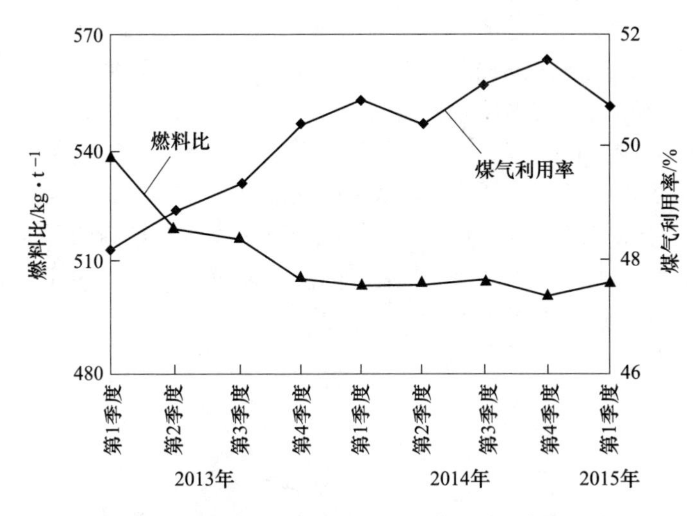

图 5-10 邯钢 8 号高炉燃料比与煤气利用率的变化

方针为炉墙既不发生大量黏结，又无过快侵蚀。在保持操作炉型相对合理的同时，适当控制边缘煤气流，降低高温区高度，使软熔带根部在铜冷却壁区间内。尽量降低滴落带高度和缩短铁滴下降的行程，进而达到抑制硅的还原，降低［Si］的目的。

表 5-8 邯钢 8 号高炉中上部冷却壁温度控制标准

项目	冷却壁	标高/m	控制标准/℃
炉身上部	第 16 段	37.0	65~75
	第 15 段	35.9	75~90
	第 14 段	（未装热电偶）	
炉身中部	第 13 段	32.8	115~135
	第 12 段	（未装热电偶）	
	第 11 段	29.2	100~130
	第 10 段	27.1	60~80
炉身下部	第 8~9 段	22~26	比水温高 3~5
炉腰	第 7 段	20.7	比水温高 5~7
炉腹	第 6 段	17.7	与软水温度基本一致
炉体总水温差			3.5±0.5

（3）优化高炉造渣制度。邯钢原燃料曾面临劣化趋势，含铁原料品位下降，Al_2O_3 等杂质升高；焦炭灰分、硫分升高，高炉硫负荷达到 4kg/t。针对以上情况，邯钢 8 号高炉在造渣制度上采取以下应对手段：1）配合低硅铁冶炼，提升

炉渣碱度，邯钢 8 号高炉炉渣二元碱度逐步从 1.17 提高到 1.27（图 5-11），促进了炉缸热量和脱硫效果的提升。2）重视四元碱度，推行低镁冶炼。随着炉渣中铝等杂质的升高，二元碱度已经不能充分的体现炉渣的性能控制，2013 年以来开始推行四元碱度控制理念，制订了四元碱度不低于 1.0 的操控标准。在四元碱度受控的前提下，适当降低烧结矿 MgO，降低生产成本、改善烧结矿质量和提升品位。虽然近年来炉渣（Al_2O_3）升高到 16%，高炉在控制四元碱度在合理区间的前提下，将（MgO）从 9.5%控制到 7.5%以下，镁铝比从 0.7 降到 0.46，高炉适应性良好（图 5-12）。

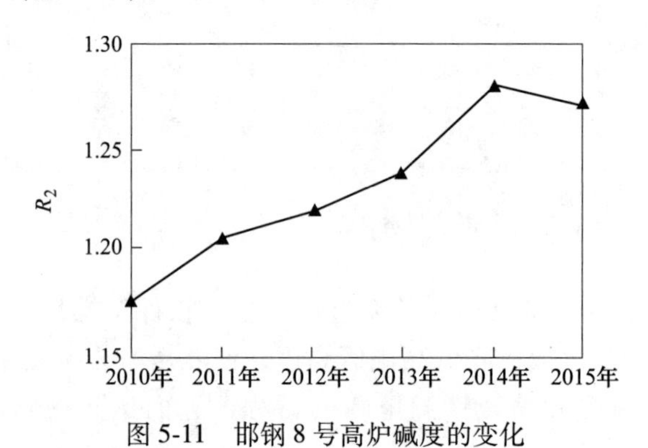

图 5-11 邯钢 8 号高炉碱度的变化

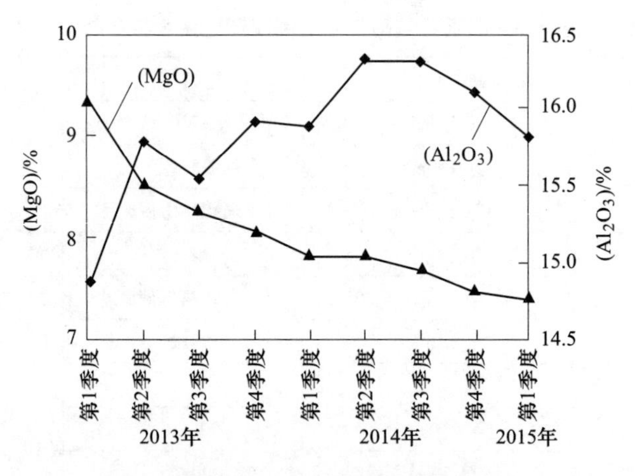

图 5-12 邯钢 8 号高炉炉渣成分的变化

（4）改善送风制度：

1）适当提高顶压。提高顶压可以提高炉内煤气压力，抑制硅氧化物气体的产生，从而降低［Si］。同时，提高顶压有利于炉内热量向下部集中，降低软熔带的高度，从而进一步抑制硅的还原。但是，邯钢 8 号高炉投产之初，常年预留 1 个阀门 20%开度保证安全，导致顶压只有 215kPa，无法再提高。高炉通过技术攻关，重新开发顶压调节软件，在顶压异常升高的紧急情况下，自动打开 TRT 旁通阀（ϕ800mm）快开阀，保证安全。高炉逐步将顶压从 215kPa 提高到 225kPa。

2）提高风温。高风温使炉内高温区下移，有利于软熔带下降，进一步控制硅的还原。同时，高风温保障了炉缸热量充沛，有利于提高渣铁的流动性，促进对硅的氧化，从而降低 [Si]。此外，高风温可以降低燃料比，减少硅氧化物挥发，降低了硅的来源。邯钢 8 号高炉热风炉开炉之初，由操作人员手动调节烧炉煤气和空气的比例完成烧炉过程。由于热风炉使用的煤气压力波动较大，最佳的烧炉煤气和空气比例是动态变化的，人工及时调控至最佳空燃比难度很大。为了解决上述难题，保证热风炉良好的烧炉效果，高炉引进了热风炉全自动烧炉系统。系统实时监控热风炉拱顶温度、煤气压力、空气压力和烟道废气温度等重要参数，并根据以上参数变化趋势及时调整煤气和空气比例，使空燃比始终处于最佳状态。该系统的应用使热风炉大幅度节约煤气降低成本，风温也从 2013 年的 1170℃提高到 2015 年的 1220℃，为高炉实现低硅低硫冶炼创造了有利条件。

3）适当降低风口前理论燃烧温度。理论燃烧温度控制区间由 2230±20℃降低到 2200±20℃，减少了风口区硅的还原。高炉风口高温区是 [Si] 快速升高的区域，降低风口前理论燃烧温度，一方面可以抑制硅的还原反应正向进行，另一方面可以减少硅氧化物气体的生成，最终起到明显降硅作用。

生产效果：邯钢 8 号高炉在保持炉况顺行和铁水温度 1510℃以上的前提下，达到了将 [Si] 从 0.45%降低并稳定在 0.33%左右的水平（图 5-13），实现了高炉长期低硅低硫冶炼生产。该技术的推行，使邯钢 8 号高炉 [Si] 长期稳定在 0.30%~0.35%，[S] 稳定在 0.02%~0.03%，一级品率 97.5%（表 5-9）。

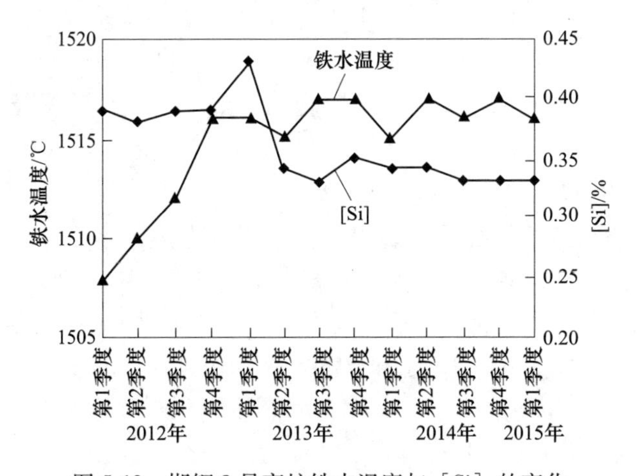

图 5-13 邯钢 8 号高炉铁水温度与 [Si] 的变化

表 5-9　邯钢 8 号高炉技术经济指标

时间	日产量 /t	[Si] /%	一级品率 /%	焦比 /kg·t^{-1}	燃料比 /kg·t^{-1}	风温 /℃	煤气利用率/%	水温差 /℃	炉顶压力 /kPa
2013 年第 1 季度	6848	0.429	91	431.4	539.3	1135	48.2	4.9	207
2013 年第 2 季度	7456	0.342	92	396.2	519.4	1146	48.9	4.4	210
2013 年第 3 季度	7648	0.331	96	367.7	517.0	1169	49.3	4.2	221
2013 年第 4 季度	7872	0.350	90	341.7	505.1	1195	50.4	3.4	222
2014 年第 1 季度	7808	0.354	96	335.4	502.8	1196	50.8	3.2	224
2014 年第 2 季度	7936	0.344	96	340.5	503.7	1218	50.4	3.1	223
2014 年第 3 季度	7616	0.334	98	333.2	505.4	1214	51.1	3.5	225
2014 年第 4 季度	7756	0.332	98	324.8	501.1	1220	51.5	3.3	225
2015 年第 1 季度	7776	0.334	98	330.1	504.2	1193	50.7	3.3	225

对以上分析总结如下：邯钢科研人员为了应对成本挑战，依据开放中心、稳定边缘装料制度调整原则，摸索出了“小平台+大漏斗”的装料制度，实现炉况顺行的同时，大幅提高了煤气利用率，降低了燃料比，为低硅低硫冶炼技术的成功应用提供了基础保障。通过生产实践，逐步掌握了“低硅不低热”冶炼技术，在保持炉缸热量充沛，满足高炉热制度要求的基础上，[Si] 长期保持在较低水平，实现了提升高炉生产技术指标，降低高炉生产成本的目的。

5.2.3　安钢 3 号高炉铁水低硅生产实践

安钢 3 号高炉容积 4800m^3，2013 年开炉投产以来，由于入炉原燃料变化频繁，特别是大量经济矿的使用，对高炉操作带来了一些困难，高炉稳定性差，铁水硅含量不稳定。2015 年 3 号高炉生铁硅含量在 0.43%左右，处于行业偏高水平，安钢科研技术人员通过推行低硅烧结，控制焦炭灰分，并通过铁前工序一体化综合管控措施的有效实施，使 3 号高炉铁水硅含量大幅下降，取得了显著成效[6]。

5.2.3.1　铁前工艺综合管控措施的实施

(1) 强化烧结工序管控，提高烧结矿质量。在烧结生产中，为了稳定和提高烧结矿质量，在对烧结系统工艺技术条件分析和研究的基础上，将烧结料层厚度、点火温度、烧结系统抽风负压以及内返小于 5mm 的配比等参数作为日常重点管控对象。数据显示，1~10 月 3 号烧结系统内返小于 5mm 的比例平均数据为 23.1%，3 号烧结系统料层厚度、点火温度参数均在要求范围内。通过对烧结关键技术参数的综合管控，3 号烧结系统整体生产平稳，烧结系统烧结矿质量稳步改善。同时通过优化烧结配矿，提高烧结矿的品位，降低 SiO_2 含量。2016 年 3

号烧结矿主要成分及技术指标如表5-10所示。

表5-10 3号烧结机烧结矿主要指标及成分

项目	TFe/%	CaO/%	SiO_2/%	Al_2O_3/%	MgO/%	FeO/%	转鼓强度/%	R
2015年	56.47	10	5.22	1.94	1.42	8.07	80.65	1.92
2016年1~10月	56.73	9.94	5.06	1.93	1.74	8.86	81.01	1.97
比较	0.26	-0.06	-0.16	-0.01	0.32	0.79	0.36	0.05

由表5-10可以看出，烧结矿质量较去年稳中有升，在碱度基本稳定的前提下，其中3号烧结矿全铁品位、转鼓强度指标均值比2015年分别升高了0.26%、0.36%，SiO_2含量则比去年降低了0.16%。优质低硅烧结矿为高炉低硅冶炼创造了有利条件。

（2）强化焦化工序管控，稳定和改善焦炭质量。在焦化工序，为了稳定和提高焦炭质量，安钢在配煤环节制定了单罐配比、配合煤配比控制要求，并在炼焦环节，将其主要关键工艺参数：周转时间、推焦电流、高炉煤气机焦侧压力和机焦侧标准温度等指标纳入了全面管控。同时，对混合煤的灰分含量也进行了重点管控，使焦炭灰分稳中有降，由2015年的12.6%降到2016年的12.20%左右。焦炭灰分降低，质量稳定，冷热强度改善，使安钢3号高炉透气性改善，负荷增加，焦比降低，为安钢3号高炉冶炼低硅生铁创造了有利条件。2016年1~12月五炼焦焦炭冷热强度走势如图5-14所示。

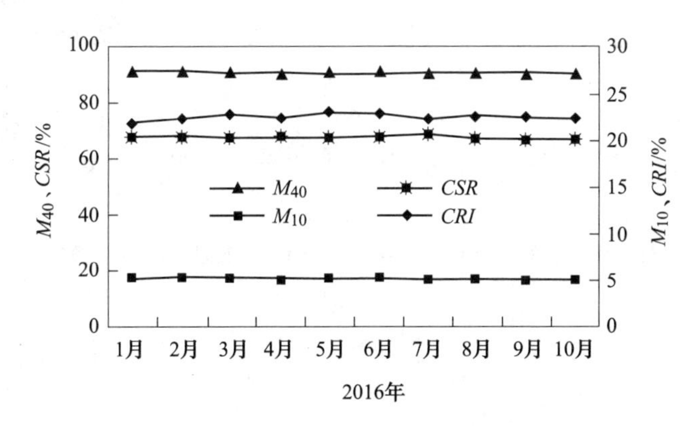

图5-14 2016年1~10月五炼焦焦炭冷热强度走势图

（3）强化炼铁工序管控，推行高炉低硅冶炼技术。基于低硅生铁冶炼机理和高炉内硅的还原机理，在管控高炉入炉原燃料硅含量的前提下，通过控制风口前理论燃烧温度可以改变SiO_2在高炉内的还原环境，从而达到控制铁水硅含量的目的。安钢的生产实践表明，在安钢生产条件下，保持风口前理论燃烧温度在2200~2300℃之间是合适的，有利于低硅冶炼的进行。

同时，在高炉生产中严格执行高炉操作规程，搞好高炉操作稳定炉况。为此，在对安钢3号高炉设备工艺状况和控制参数具体分析和研究的基础上，将风量、风压、铁水物理热、全压差、炉渣碱度及渣中 MgO/Al_2O_3 等参数作为高炉工序岗位标准运行参数进行日常管控。通过对上述高炉工序关键岗位主要参数的日常管控和严加考核，确保了高炉的稳定顺行，为安钢3号高炉降低生铁含硅量提供了保障。3号高炉工序关键岗位部分主要参数管控标准如表5-11所示。

表5-11　3号高炉工序关键岗位部分主要标准运行参数管控表

项　目	控制范围	报警值
风压/kPa	425±10	
风量/$m^3 \cdot min^{-1}$	7250±50	
铁水物理热/℃	1500±10	连续两炉下限警戒
全压差/kPa	170~185	
炉渣碱度	≤1.25	连续两炉超过上限
渣中 MgO/Al_2O_3	0.5~0.55	

5.2.3.2　安钢3号高炉低硅冶炼实施效果

安钢铁前系统通过提高烧结矿质量及品位，控制焦炭灰分，并通过铁前工序一体化综合管控措施的有效实施，对入炉原燃料硅含量有效管控，推行高炉低硅冶炼技术。通过以上措施的有效实施，3号高炉硅含量逐步降低，其主要经济技术指标如表5-12所示。自2016年铁前工艺综合管控措施实施以来，在3号高炉入炉品位、熟料比、风温等基本稳定的前提下，高炉顺行状态良好，产量提高，焦比、燃料比逐步降低；生铁硅含量由2016年1月份的0.41%逐步降至10月份的0.34%；其他主要技术经济指标也稳步改善，达到了高炉稳产低耗的生产效果。

表5-12　安钢3号高炉2016年1~10月主要经济技术指标

日期	利用系数 /$t \cdot (m^3 \cdot d)^{-1}$	焦比 /$kg \cdot t^{-1}$	煤比 /$kg \cdot t^{-1}$	燃料比 /$kg \cdot t^{-1}$	入炉品位 /%	风温 /℃	焦炭负荷 /$t \cdot t^{-1}$	[Si] /%	熟料比 /%
1月	1.58	383	174	598	58.26	1158	4.26	0.41	88.86
2月	1.68	361	160	557	58.75	1162	4.49	0.45	86.01
3月	1.9	329	167	531	58.45	1155	4.93	0.41	89
4月	2.11	314	175	522	58.43	1184	5.19	0.39	88.55
5月	2.16	309	178	520	58.74	1184	5.25	0.32	88.47
6月	2.02	303	175	521	58.49	1172	5.33	0.39	87.72
7月	2.04	305	183	521	58.6	1185	5.31	0.38	86.06

续表 5-12

日期	利用系数 /t·(m^3·d)$^{-1}$	焦比 /kg·t^{-1}	煤比 /kg·t^{-1}	燃料比 /kg·t^{-1}	入炉品位 /%	风温 /℃	焦炭负荷 /t·t^{-1}	[Si] /%	熟料比 /%
8月	2.08	301	182	515	58.47	1191	5.41	0.38	82.91
9月	1.71	345	179	561	58.56	1151	4.7	0.34	88.87
10月	2.09	314	171	520	58.21	1170	5.2	0.34	87.4
平均值	1.94	326	174	537	58.5	1171	5.01	0.38	87.39

5.2.3.3 小结

安钢生产人员的研究实践表明，通过强化铁前原燃料进场和现场管理，对高炉入炉原燃料硅含量进行有效管控，推行高炉低硅冶炼技术，并通过铁前工序一体化综合管控措施的有效实施，可以达到低硅冶炼的目的，带来较大的经济和社会效益。但降低生铁硅含量是一个系统工程，不仅需要稳定的原燃料作保证，还需要高炉的稳定顺行作支撑。

5.2.4 宝钢3号高炉铁水低硅生产实践

宝钢3号高炉（4350m^3）自1994年9月20日投产以来，依靠科技创新和科研攻关，在高炉操作技术上取得重大突破。通过调整布料档位、优化煤气流分布、稳定炉体热负荷，确保炉况稳定顺行，使煤气利用率稳步提高；并通过优化炉料结构、稳定高喷煤比、控制风口反应温度、高顶压、优化炉渣性能等措施，使铁水含［Si］量稳步下降并稳定在0.30%以下，月均最低达到0.23%，同时铁水含［S］量控制在0.020%左右。宝钢3号高炉自1998年5月至2004年主要操作指标如表5-13所示，［Si］、［S］的推移图如图5-15所示。[7]

表5-13 宝钢3号高炉主要操作指标

项　目	1998年	1999年	2000年	2001年	2002年	2003年	2004年
利用系数/t·(m^3·d)$^{-1}$	1.988	2.305	2.293	2.300	2.338	2.353	2.424
焦比/kg·t^{-1}	301.8	292.3	275.3	280.0	269.6	273.5	286.0
煤比/kg·t^{-1}	198.8	206.7	205.9	206.0	202.7	202.8	193.1
小块焦比/kg·t^{-1}	15.0	3.7	14.0	13.9	20.2	16.6	17.0
燃料比/kg·t^{-1}	515.6	502.7	495.2	499.9	492.6	492.9	496.1
O/C	5.308	5.499	5.826	5.726	5.937	5.862	5.626
[Si]/%	0.35	0.31	0.28	0.28	0.27	0.28	0.28
[S]/%	0.019	0.020	0.021	0.020	0.021	0.020	0.021
风温/℃	1221	1246	1246	1248	1248	1248	1246
湿分/g·m^{-3}	18.1	13.7	12.7	12.6	11.9	12.7	12.5
CO利用率/%	51.5	51.5	51.6	51.8	51.8	51.9	52.0

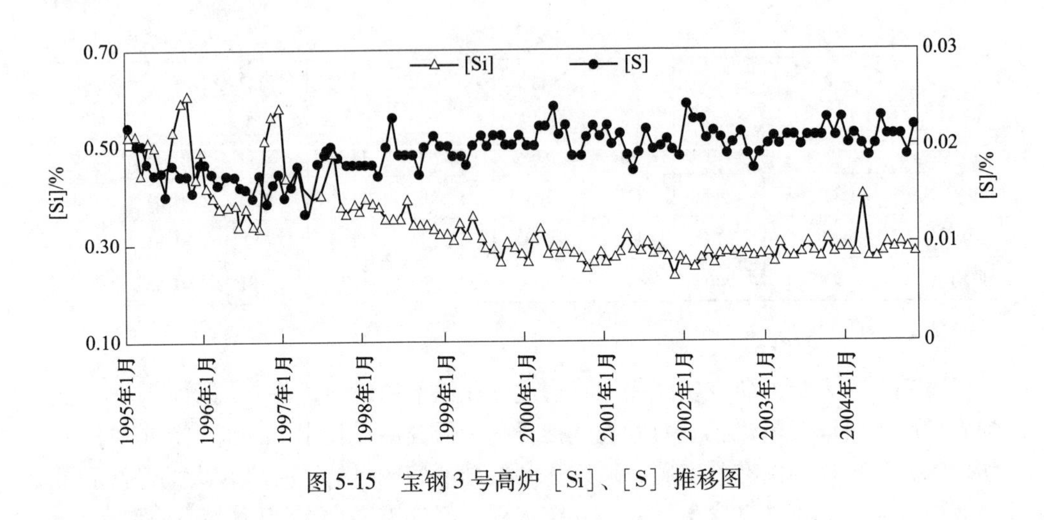

图 5-15　宝钢 3 号高炉［Si］、［S］推移图

宝钢 3 号高炉低硅低硫冶炼生产实践包括：

(1) 确保炉况稳定顺行是低硅低硫冶炼的基础：

1) 调整布料档位，优化煤气流分布。获得合理的煤气流分布的重要手段是调整布料档位。宝钢 3 号高炉以一定的边缘煤气流，稳定中心煤气流，与下部初始煤气流分布相适应的原则来调整布料档位的，从而确保热负荷稳定，煤气利用率提高，炉况稳定顺行。

2) 稳定热负荷。通过宝钢 3 号高炉生产实践，低硅低硫冶炼必须控制热负荷在稳定合理的范围。热负荷过高，对炉体冷却壁寿命产生威胁，而热负荷过低，边缘煤气流过重，炉况不稳定，炉墙渣皮易脱落，影响高炉顺行。根据宝钢 3 号高炉实际情况，认为热负荷控制在 90000MJ/h 左右合适，既可以保护冷却壁，又可以保证高炉稳定顺行。

经过对布料档位的精心调整和操作参数的优化配置，3 号高炉煤气流分布更加合理，炉况稳定顺行，煤气利用率稳步提高并稳定在 51.5%以上。同时，由于煤气利用率提高，直接还原减少，间接还原增加，有利于扩大中温区，降低软熔带位置和滴落带高度，有利于低硅冶炼。炉况的稳定顺行为宝钢 3 号高炉的低硅低硫冶炼创造了条件。

(2) 优化炉料结构，稳定高煤比，降低焦比是宝钢 3 号高炉降硅控硫的根本措施：

1) 减少 SiO_2 入炉。随着宝钢 3 号高炉操作技术的进步，煤比迅速提高，焦比不断降低。由于焦炭和煤粉灰分及灰分中所含 SiO_2 量不同，提高煤比、降低焦比减少了 SiO_2 入炉，从而有效控制 SiO 气体的生成，达到降低铁水硅含量的目的。铁水硅含量与焦比的回归关系如图 5-16 所示。图 5-16 表明，随高炉焦比降低，生铁含［Si］量也不断下降。

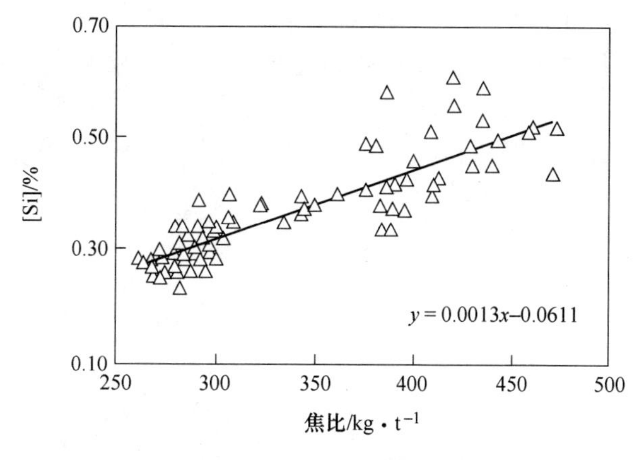

图 5-16 ［Si］含量与焦比的关系

宝钢 3 号高炉 1998 年 1 月焦比 349kg/t，煤比 150kg/t，1999 年 9 月焦比 288kg/t，煤比 206kg/t。宝钢焦炭灰分中 SiO_2 含量约在 5.5%，混合煤灰分中 SiO_2 含量约在 3.5%，由此计算出由于焦比降低减少 SiO_2 入炉量约为 3.33kg/t，而由煤比上升增加 SiO_2 入炉量约为 1.94kg/t，综合考量减少 SiO_2 入炉量约为 1.39kg/t。

2）降低焦炭灰分。铁水硅含量与焦炭灰分回归关系如图 5-17 所示。焦炭灰分的变化将直接影响铁水含［Si］量。因此，要想进一步降低铁水中［Si］的含量，除了提高操作水平、确保高炉稳定顺行以外，需要进一步提高原燃料质量，降低焦炭灰分。

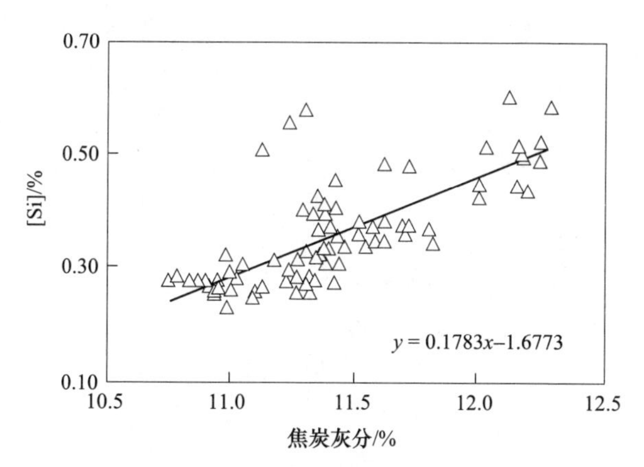

图 5-17 ［Si］含量与焦炭灰分的关系

3）降低风口前理论燃烧温度，抑制［Si］还原。硅在风口区域最高，而且硅的还原反应是吸热反应。因此，随着煤比的提高，风口火焰温度呈下降趋势，可进一步抑制 SiO 气体的生成，起到降硅的作用。1998 年 5 月以前，煤比在 150kg/t 左右，其相应风口前理论燃烧温度值在 2200℃左右，5 月以后，煤比上升到 200kg/t 以上，其值相应降低到 2050℃左右，风口前理论燃烧温度降低 150℃左右，可有效抑制［Si］的还原。［Si］与风口前理论燃烧温度的关系如图 5-18 所示。

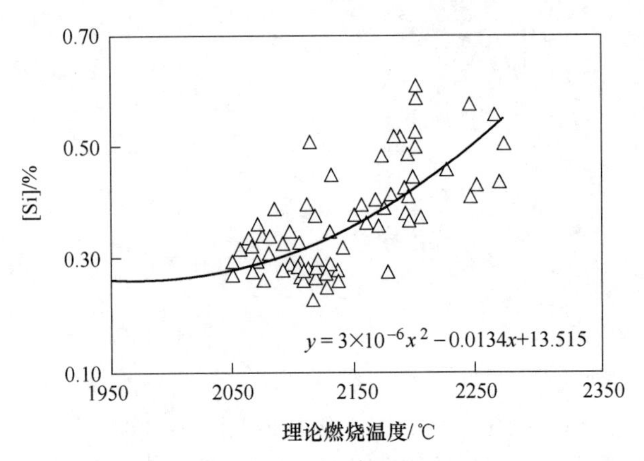

图 5-18 ［Si］与理论燃烧温度的关系

（3）提高利用系数，采用高顶压，缩短反应时间，抑制［Si］还原。随着高炉利用系数的提高，高炉的产量增加，冶炼周期缩短，这就意味着铁滴通过软熔带焦窗的时间变短。也就是说，利用系数提高，降低了铁滴与焦炭中灰分的接触时间，而且铁滴通过高炉料层的时间也相应的减少。伴随着铁滴生成和滴落时间的缩短，进入铁水中的硅将减少。图 5-19 为宝钢 3 号高炉利用系数与铁水含［Si］量关系图，从图中可以看出铁水含［Si］量与利用系数呈明显的负相关性。

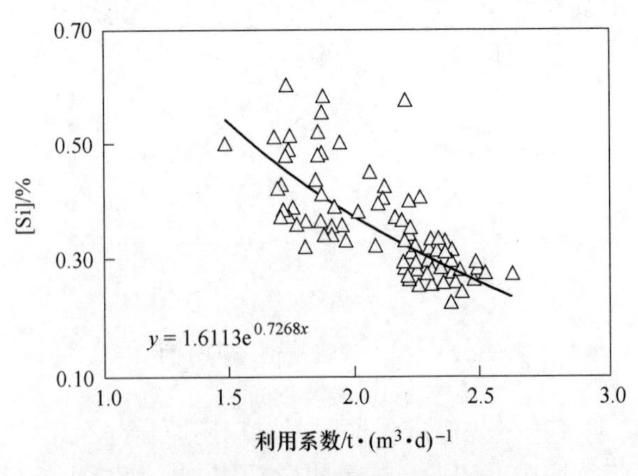

图 5-19 ［Si］与利用系数的关系

同时，宝钢3号高炉在进行高利用系数冶炼时，采用大矿批、高顶压和高富氧率，一方面大矿批和高顶压操作可以降低煤气流速，增加煤气在炉内的停留时间，改善煤气流分布，提高煤气利用率，降低焦比，降低铁水含［Si］量；另一方面高顶压和高富氧率会使炉腹煤气中CO分压P_{CO}上升，可以抑制直接还原的发展，会进一步抑制SiO气体的产生，从而控制反应的进行，降低铁水含［Si］量。炉顶压力对［Si］的影响如图5-20所示。

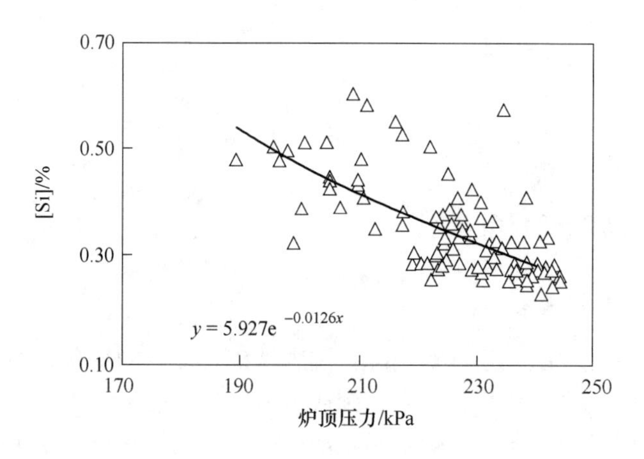

图5-20 炉顶压力对［Si］的影响

（4）优化炉渣性能，改善流动性，提高脱硫能力，抑制［Si］还原。合理的炉渣性能不仅可以减少炉渣中SiO_2与焦炭反应生成的SiO气体量，而且可以促进铁水中［Si］形成SiO_2向炉渣转化，达到降低生铁含［Si］量的目的。

宝钢3号高炉采用了提高炉渣碱度，控制适宜MgO含量的方式优化炉渣性能。提高炉渣碱度可抑制SiO气体的生成，减少硅的还原，同时又可提高脱硫能力。然而，随着CaO含量的增加，炉渣熔化性温度和黏度升高，流动性变差，对低硅冶炼不利，因而碱度必须控制在合适的范围。针对炉渣中Al_2O_3含量在15.0%左右的条件，宝钢3号高炉通过适当提高MgO含量来改善炉渣的流动性，如图5-21所示。宝钢3号高炉实践表明：炉渣成分控制碱度1.20～1.23，(Al_2O_3) 15.0%左右，(MgO) 8.5%左右，渣流动性好，炉缸活跃，可生产低硅低硫生铁。

宝钢3号高炉低硅冶炼的实践经验表明，在保持炉况长期稳定顺行的前提下，通过改善原燃料质量，提高喷煤比，降低焦比，降低焦炭灰分，提高利用系数，优化渣系成分等方式，实现了低硅低硫优质生产，持续保持生铁［Si］含量0.30%以下，［S］含量0.020%左右。

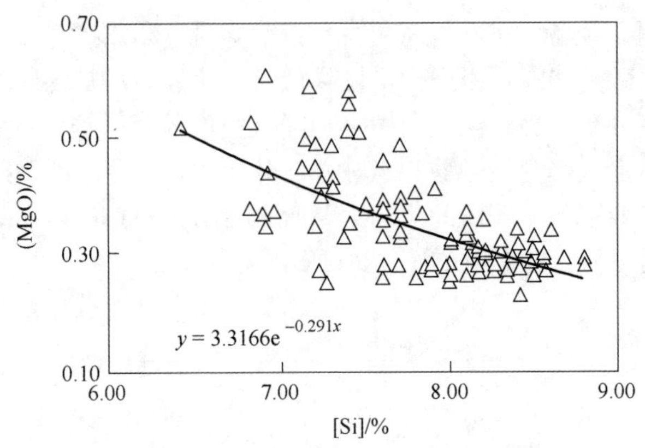

图 5-21 渣中（MgO）对［Si］的影响

5.3 烧结—高炉优化配矿技术

5.3.1 烧结—高炉配矿结构优化

烧结—高炉优化配矿是针对国际、国内铁矿石市场的变化，对烧结、高炉所用主原料配比不断进行优化，以求达到成本最低、性能最佳，改善烧结过程、烧结矿品质、高炉顺行状态及冶炼技术经济指标。河钢唐钢以烧结配矿结构优化为主，高炉配矿结构为辅，系统地开展了优化研究工作，经实际生产验证，取得了满意的效果[8]。

5.3.1.1 烧结、高炉配矿思路及原则

烧结、高炉优化配矿思路及原则为：

（1）利用冀东地区铁矿粉和国外铁矿粉的优势互补，改善烧结矿矿相结构和冶金性能，来满足高炉操作在进一步降成本过程中的新要求。充分考虑国外块矿在高炉内的冶炼行为及对操作的影响。在减少渣量的同时，充分考虑炉渣成分的合理化要求。例如：利用进口铁矿石低 SiO_2 的特点来改善冀东资源条件下高 SiO_2 烧结矿一些缺点，提高入炉品位，降低渣量。

（2）充分研究利用冀东地区铁矿粉市场和国际铁矿石市场上各种矿种的可用性及价格变化来满足最终降低生铁成本的要求。在满足工艺技术上合理搭配的同时，寻求最佳的价格上的合理搭配。遵循大船原则和码头贮料原则，以降低运输费用和弥补厂内贮料能力的不足。

（3）随着配矿结构的优化，烧结、高炉综合技术经济指标的改善，大幅减少粗糙劣质的熔剂料及燃料消耗。

5.3.1.2 烧结、高炉优化配矿的实验室研究工作

工作内容：

（1）对优化结果中进口矿单品种物料对烧结过程及烧结矿品质的影响进行

研究；

（2）对优化结果进行烧结杯试验及相关工艺参数测定、烧结矿冶金性能检测分析；

（3）对存在问题进行理论研究并提出方向性改进措施。

通过上述实验室研究工作，检验各阶段配矿结构优化结果的可行性，目的是改善烧结矿品质。实验室系列研究取得以下结果：

（1）当澳矿粉含量为8%以上，烧结矿碱度 CaO/SiO_2 在 1.0～1.7 时，烧结矿强度出现低凹区，因此应维持烧结矿碱度 CaO/SiO_2 高于 1.8；

（2）烧结矿中 SiO_2 含量大于 6.0%时，是造成烧结矿粉化的主要原因；

（3）配加印度粉可改善澳矿粉对烧结矿强度的影响；

（4）巴西精粉适宜配比为 10%，超过时由于其反应性较差将影响烧结成品率；

（5）高炉渣中 MgO 含量以 8%～12%为宜，烧结矿中 MgO 含量以 2.5%为宜；

（6）巴西块矿热爆性能是限制其配比提高的原因，适宜配比为 10%以下。

5.3.1.3 烧结、高炉配矿结构优化研究应用结果对比

唐钢优化配矿的工作以降低烧结矿中 SiO_2 为宗旨，表 5-14、表 5-15 为 2000～2002 年烧结混匀矿配比组成和烧结矿成分。从表中可以看出，随着印度矿粉直至巴西矿粉的配入，进口矿粉配比逐渐增加，唐钢自产精粉和河北地方精粉配比逐渐降低（澳矿粉配比基本稳定在 13%～14%），烧结矿品位则逐步提高，SiO_2 含量下降。烧结矿 MgO 含量趋于稳定在 2.6%，二元碱度 CaO/SiO_2 则稳定在 1.86 上下。

表 5-14 2000～2002 年烧结混匀矿配比组成 （%）

时间	自产精粉	地方精粉	澳矿粉	印度粉	巴西精粉	巴西 CSF	进口矿合计
2000 年	4.84	38.42	7.77	4.00			11.77
2001 年	16.43	22.05	12.48	16.09	0.97		29.54
2002 年 1～6 月	11.70	12.65	13.97	8.59	12.92	7.34	42.82

表 5-15 2000～2002 年烧结矿成分

时间	TFe/%	SiO_2/%	MgO/%	CaO/SiO_2	还原度/%	低温还原粉化率/%
2000 年	53.04	7.77	3.00	1.71	87.0	11.71
2001 年	55.26	6.22	2.98	1.76	85.5	21.86
2002 年 1～6 月	57.25	5.10	2.60	1.86	82.5	34.29

表 5-16～表 5-18 为 2000、2002 年高炉配矿结构组成、高炉入炉品位、矿耗、成本以及高炉生产技术经济指标。从表中可以看出，唐钢高炉的炉料结构基本稳定在 75%烧结矿+25%酸性炉料（球团矿、生块矿），以巴西块矿替代部分澳块矿是高炉配矿结构优化过程的典型特征。

表 5-16　高炉配矿结构组成　(%)

时间	烧结矿	竖炉球团矿	澳块矿	巴西块矿	钛矿
2000 年	78.04	9.90	10.33		0.41
2001 年	76.52	9.70	12.88	6.39	0.89
2002 年 1~6 月	76.23	9.85	6.74		0.79

表 5-17　高炉入炉品位、矿耗及成本

时间	烧结矿品位 /%	入炉品位 /%	入炉矿耗 /kg · t^{-1}	入炉矿单价 /元 · t^{-1}	入炉矿成本 /元 · t^{-1}
2000 年	53.04	55.10	1763	300.00	528.90
2001 年	55.26	56.87	1691	308.00	520.80
2002 年 1~6 月	57.25	58.60	1640	311.15	510.29

表 5-18　高炉生产技术经济指标

时间	综合焦比 /kg · t^{-1}	入炉焦比 /kg · t^{-1}	煤比 /kg · t^{-1}	小粒焦 /kg · t^{-1}	铁产量 /万吨	平均利用系数 /t · $(m^3 \cdot d)^{-1}$	风温/℃	富氧
2000 年	542.91	457.56	71.64	35.18	344.87	1.933	1040	
2001 年	513.26	388.93	109.39	46.02	383.50	2.068	1079	0.25
2002 年 1~6 月	484.68	352.20	123.25	40.88	202.90	2.207	1081	

5.3.2　烧结高炉配矿结构优化软件开发应用

唐钢自 1993 年开始，配矿结构效益计算经历了高炉、烧结分别手工计算，分别用高炉炉料结构效益计算软件和混匀矿配矿结构计算软件计算两个阶段后，于 1998 年 8 月最终形成了从混匀矿、烧结矿、高炉配矿结构到生铁成本的一体化效益计算软件。该系统的投入，大大缩短了配矿结构效益计算时间，使配矿料结构优化工作的限制环节由原来的效益计算转变成了方案设计。唐钢的实践证明，利用高炉、烧结配矿结构优化软件进行计算，可以将影响因素考虑得更加全面，运算速度快，能准确判定某种矿对于某个单位的综合价值。因此，配矿结构的优化也更为及时、准确，实现了配矿结构始终处于最佳状态的优化目标，并在 2001 年和 2002 年连续两年入炉品位分别较上年升高 2%以上，创造了原燃料成本降低 25~30 元/t（剔除价格因素影响）的好成绩。良好的使用效果使该软件已成为控制原料成本不可缺少的有效工具[9]。

5.3.2.1　高炉、烧结优化配矿软件功能

输入原燃料化学成分、价格等原始数据，以及烧结矿已知配比及 R2 和 MgO、[Si]、炉渣 R_2 等目标参数，就可以自动完成某个方案（表 5-19~表 5-21）的如下内容：

烧结配矿结构的三个未知配比、烧结矿成分、烧结矿单耗及烧结成本；高炉炉料结构、入炉品位、矿耗、入炉矿成本、炉渣成分；某配矿结构方案与基准方案相比，入炉矿成本、焦比、产量及生铁成本的变化值。其中，焦比、产量的变化值包含了［Si］、焦炭 A、入炉品位、入炉 FeO、生矿率等五个因素的影响。生铁成本的变化值包含了入炉矿成本、焦比、产量变化的影响。

考虑到理论计算值与实际结果存在着难以避免的差异，唐钢配矿软件可以试验对烧结矿单耗、烧结矿成本、烧结矿 Fe、SiO_2、生铁矿耗五个参数的修正。通过一次调整各种矿的配比，可分别得出各种矿相同配比变化对烧结矿成本和生铁成本的影响值，从而做出烧结原料和高炉用原料的优劣排序。

表 5-19 高炉炉料结构效益计算

序号	炉料结构				入炉品位/%	入炉矿FeO/%	生矿率/%	矿耗/$t \cdot t^{-1}$	吨铁入炉矿单价/元·t^{-1}	入炉矿/元·t^{-1}		焦比		产量		合计成本增减/元·t^{-1}
	烧结矿/%	澳矿/%	竖炉球/%	…						成本值	成本变化	变化值/kg·t^{-1}	成本增减/元·t^{-1}	变化值/万吨·a^{-1}	成本增减/元·t^{-1}	
基准	75	15	10		58.8	7.2	15	1626	429	697						
1	75	15	10		58.9	7.2	15	1625	423	687	−10	−0.4	−0.4	0.6	−0.1	−10.5
…																
n	75	15	10		59.0	7.2	15	1621	420	680	−17	−1.7	−1.8	2.6	−0.3	−19.2

表 5-20 烧结矿配料结构及成本分析

序号	烧结矿配比/%				烧结矿成分/%						烧结矿成本/元·t^{-1}		烧结矿产量/万吨·a^{-1}
	地方矿	澳矿	巴西	…	Fe	SiO_2	CaO	MgO	Al_2O_3	R_2	成本值	成本变化	
基准	15	20	12		57.3	4.5	9.7	2.6	1.5	2.15	414		645
1	10	25	12		57.4	4.4	9.5	2.6	1.6	2.16	406.9	−7.1	645
…													
n	5	25	17		57.6	4.2	9.3	2.6	1.63	2.21	403.3	−10.7	645

表 5-21 高炉、烧结配矿结构计算参数

序号	焦比	[Si]	炉渣成分/%					烧单耗/$t \cdot t^{-1}$	铁产量/万吨·a^{-1}
			SiO_2	CaO	MgO	Al_2O_3	R_2		
基准	510	0.45	38.3	47	12.6	17.8	1.1	1067	480
1	510	0.45	38.1	46.7	12.8	18.3	1.1	1069	480
…									
n	510	0.45	37.8	46.5	13	18.8	1.1	1068	480

5.3.2.2 高炉、烧结优化配矿软件功能应用实践

2000 年以来，唐钢一直遵循以地方矿为主的烧结配矿结构，虽然从配矿结

构的效益计算结果看，生铁成本最低，但冀东地区精粉 SiO_2 含量太高，相应地烧结矿 SiO_2 高达 7.0%，烧结矿品位仅为 53%，不仅使烧结矿质量难以保证，烧结矿小粒级含量高达 36%左右。加之焦炭质量也不理想，高炉炉况极不稳定，使高炉技术指标受到极大限制。

唐钢技术人员经过反复进行各种配矿结构的效益分析、论证，提出大幅度增加外矿配比，提高烧结矿品位，烧结矿质量的方向，使高炉生产走出低谷，步入良性循环的轨道。同时，烧结矿品位提高及其所带来的炉况长期稳定顺行和焦比、矿耗的大幅度降低，可以弥补外矿价格升高所导致的生铁成本升高。

2001 年初开始，唐钢进行了大胆的探索，外矿配比由原来的 8%增到 30%，使入炉品位由原来的 55%升高到 56.72%，同时焦炭的采购方针改成以大厂焦为主，加强进口管理的措施，使高炉指标有了飞跃性的转变。在 2001 年取得良好效果的基础上，2002 年配矿结构又进行了调整，烧结矿外矿配比进一步增到 46%，高炉使用了品位高、价格比较合理的巴西块代替部分澳矿块，入炉品位达到了 59.05%，实现了高炉长期稳定顺行的良好生产局面。

5.4　高炉煤气均压放散回收技术

5.4.1　高炉炉顶均压放散煤气回收工艺

高炉冶炼生产过程中，炉顶料罐内的均压煤气通过旋风除尘器和消音器后，如不进行回收，则直接排入大气。由于旋风除尘器只能除去煤气中一部分较大直径颗粒的粉尘，其余的粉尘都随着放散煤气直接排入了大气中，并且高炉煤气为含有大量 CO 和少量 H_2、CH_4 等有毒、可燃物的混合气体，这对大气环境尤其是高炉生产区域造成了严重的污染，同时也浪费了这部分煤气能源。另外，均压煤气一般含有较高的水分，通过消音器对空放散时，由于压力突然降低，煤气中的水分容易析出结露，随均压煤气排放的粉尘遇水变湿后常常黏糊、堵塞放散消音器，使其不能正常工作，给高炉的生产维护带来很大困难。

5.4.1.1　高炉炉顶均压放散煤气回收工艺[10]

二次放散法高炉炉顶均压放散煤气回收工艺的主要特点是：充分研究现有高炉煤气布袋除尘广泛使用的情况，结合炉顶放散，巧妙地解决了放散煤气回收问题。特别是对于已投产使用的高炉，很简单地实现改造，投资少，安全可靠，适用于各种类型的高炉。二次放散法高炉炉顶均压放散煤气回收工艺，是将传统炉顶均压一次性放散分为二次放散。二次放散法回收均压放散煤气如图 5-22 所示。

二次放散法回收高炉炉顶均压煤气的工作原理是：利用现有的高炉煤气干法布袋除尘器系统作为高炉炉顶装料罐均压放散煤气的过滤回收工艺及装置。高炉炉顶下料罐进行煤气放散时，联通下料罐和布袋除尘器存在压差，一次均压放散粗煤气进入布袋除尘器箱体。再利用除尘箱体布袋对含尘煤气进行过滤，过滤后

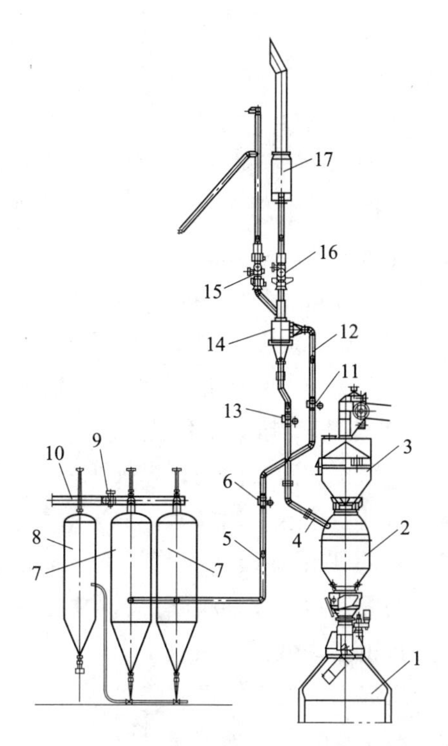

图 5-22 现有技术高炉炉顶均压煤气放散直排大气装置示意图

1—高炉；2—下料罐；3—上料罐；4—均压放散管；5—一次放散管；6—一次放散阀；7—布袋除尘器；8—大灰仓；9—煤气阀 a；10—低压净煤气管网；11—二次放散阀；12—二次放散管；13—煤气阀 b；14—旋风除尘器；15—煤气阀 c；16—煤气阀 d；17—消音器

煤气进入低压净煤气管网，达到回收利用要求的高炉炉顶均压放散煤气回收的目的。

将传统炉顶均压一次性放散改为两次放散，其工艺过程如下。第一次放散：炉顶均压煤气通过一次放散管道进入煤气布袋除尘器，经过除尘后的煤气进入全厂低压净煤气管网，煤气灰尘通过气力输灰装置进入大灰仓。一次放散回收的煤气约为 95%，剩余 5%左右的均压放散煤气经过二次放散管道（12），通过旋风除尘器（14）和消音器（17）除尘、消音后达标排放。其操作流程如下：打开布袋除尘器（7）和低压净煤气管网（10）的连通管道的煤气阀 a（9）；下料罐（2）进行一次均压放散时，煤气阀 b（13）和二次放散阀（11）是关闭的状态，打开一次放散管（5）上控制煤气回收管道通断的一次放散阀（6）。均压煤气通过均压放散管（4）和一次放散管（5）进入布袋除尘器（7），过滤后的净煤气进入低压净煤气管网（10），灰尘通过气力输灰装置进入大灰仓（8），最终实现均压放散煤气的回收利用。一次均压放散回收煤气结束后，关闭煤气阀 a（9）和一次放散阀（6），打开二次放散阀（11）和煤气阀 d（16），下料罐（2）连通大气，下料罐内剩余有5%左右的均压放散煤气经过二次放散管道（12），通过旋风除尘器（14）和消音器（17）除尘、消音后达标排放。

5.4.1.2　高炉炉顶均压放散煤气回收问题分析[11]

（1）回收过程对高炉作业率的影响。均压煤气的回收对炉顶系统的操作会带来一些影响，若回收时间控制不合理，将延长炉顶设备的排压时间，降低炉顶设备的装料富余能力。对煤气回收/放散控制阀的动作时间、纯回收时间和自由放散时间上的设置不同，将会导致装料周期有一定差异。对于采用干法布袋回收工艺的高炉，煤气回收率按90%考虑，经炉顶时序验算，采用合理的控制方案，炉顶装料周期仅增加5~7s，几乎不会影响到高炉的作业率。

（2）压力波动对净化系统的影响。采用湿法清洗回收均压煤气，煤气压力波动是影响除尘效率的主要因素。回收前期，煤气压差大，流速高，除尘效率较高；回收后期，煤气压差降低后流速大幅降低，除尘效率也相应降低，导致回收煤气的平均含尘量较高。通过采用调径文氏管虽然可以起到稳定煤气流速的作用，但由于均压煤气回收的周期短、波动频繁，这给控制系统和调节设备带来了更高的精度控制要求，并且也会降低煤气回收率。

采用干法布袋回收均压煤气，压力波动对除尘效率几乎无影响，但会影响滤袋的使用寿命。布袋除尘所用滤袋通常为玻璃纤维，其抗折性较差，频繁的压力波动冲击易使滤袋破损漏风。为了增强布袋承受煤气脉冲冲击的能力，回收均压煤气的除尘器宜采用外滤式，袋笼设置较密的纵筋和反撑环加强支撑，这样可以有效防止滤袋变形过大，延长其使用寿命。

（3）压力波动对净煤气管网的影响。均压煤气是靠压力差进行回收进入净煤气管网的，其压力存在着周期性的波动。若回收煤气与净煤气的并网点选择在热风炉接口之前，由于回收初期压差大，回收量也大，则会对热风炉的煤气管网造成较大的压力冲击，从而影响热风炉导致其燃烧不稳定；当并网点选择在热风炉接口之后，避开高炉煤气这一最近的关键用户，则并网点与其后的用户保持了相当长的距离，脉冲式的回收煤气与主管网的净煤气可以充分混匀，压力冲击逐渐减弱到很低。

（4）煤气管道积灰问题。均压煤气回收过程中，经过旋风除尘器一次除尘，大颗粒的煤气灰可以部分沉降下来，然后需经过一段较长的回收管道才能到达煤气清洗塔或布袋除尘器。均压煤气在输送过程中，流速会周期性的减慢，其中携带的煤气灰容易沉积在回收管道内，其中最有可能引起积灰的部位是下降管的下部拐弯处。

采用较小口径的回收煤气管道，管道内的气流速度较高，有利于减轻积灰现象，但会增加回收时间或降低煤气回收率。因此，选用适宜口径的煤气回收管道并设置管道清灰设施是很重要的。

（5）布袋除尘对低温煤气的应对。为了应对均压煤气温度低、含湿量大的问题，需要对常规的布袋除尘工艺进行一些改进。通过提高均压煤气温度来提高煤气露点，是防止煤气结露糊袋的主要措施。增强除尘器的蒸汽伴热功能，或采用一定量温度较高的炉顶煤气混入均压煤气，都可以有效提高均压煤气的温度。选择具有良好憎水性能的滤袋，也可以减轻煤气结露带来的糊袋问题。

5.4.2 高炉均压煤气回收技术在梅钢的应用

梅钢公司炼铁厂5号高炉有效容积为4070m^3，为并罐炉顶，设置有两套均排压系统。每套均排压系统均设置有旋风除尘器，旋风除尘器上方有一根均压管路和两根排压管路，其中一根带有消音器的均压管路为常用管路，另一根不带消音器的为备用管路。正常生产过程中，每次对炉内装料前，炉顶料罐先对称量料罐进行充压操作，使料罐内压力和炉顶压力平衡，下密封阀方可开启，然后将物料装入炉内。装料结束后，将称量料罐内高压煤气对空放散，上密封阀方可开启，将上料罐内物料装入下料罐。现有工艺流程图如图5-23所示，梅钢5号高炉对现有均压放散系统进行改造，实现了放散煤气的回收[12]。

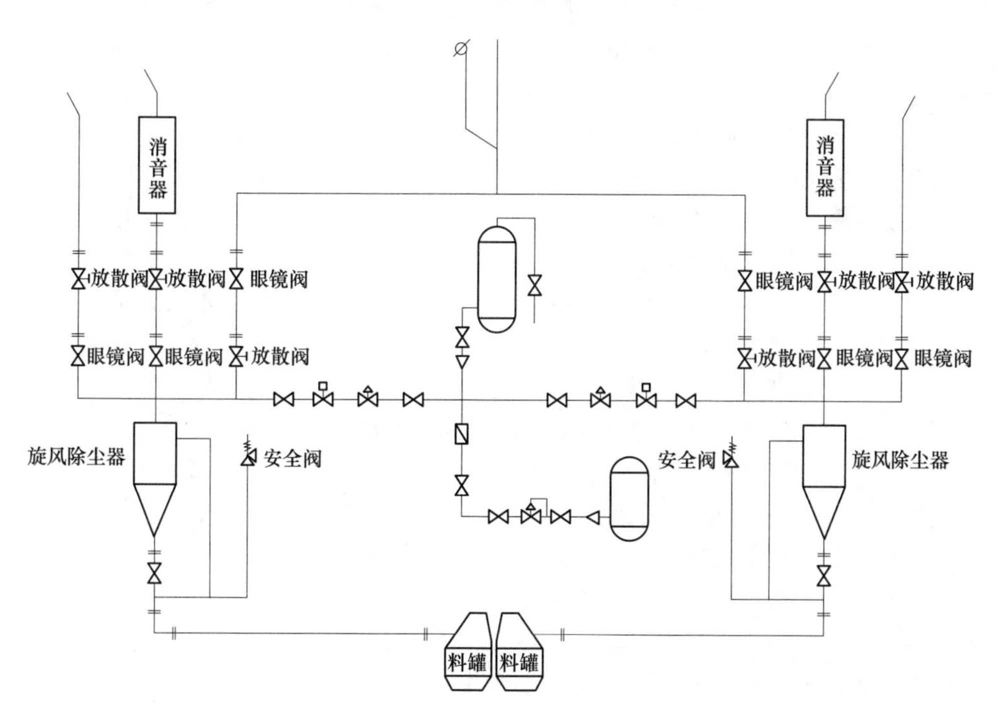

图5-23 炉顶均排压系统工艺流程图

5.4.2.1 炉顶均压煤气回收改造存在的技术难点

炉顶均压煤气为高炉正常生产过程中通过均排压调节炉顶称量料罐内压力的介质，该煤气的回收原理是利用料罐与厂区煤气管网之间的压力差引起煤气的流动，从而达到回收煤气的目的。料罐内放散起始压力约230kPa，减压阀组后煤气管网压力约10kPa。该项目的改造主要存在以下几个技术难点：

（1）料罐与煤气管网之间的压力差较大，并且随着气体的排出料罐压力不断降低，造成回收煤气的压力和流量均不稳定。

（2）放散起始压力较大，对布袋除尘器和煤气管网存在冲击。

（3）根据高炉生产工艺的要求，所给的煤气回收时间约40s，间歇10min左右，如此间歇式循环。均压煤气的回收对炉顶系统的操作会带来一些影响，若回收时间控制不合理，将导致炉顶设备的排压时间变化，影响炉顶设备的装料富裕能力。

5.4.2.2 均压煤气回收改造工艺方案及流程

综合考虑上述技术难点，探讨采用如下工艺方案，高炉均压煤气回收由煤气回收系统和净化系统两部分组成，煤气回收系统位于高炉炉顶，煤气净化系统设在高炉旁边的地面上。

（1）改造工艺方案。高炉改造新增加的煤气回收系统首先由煤气回收管道分别从两套均排压系统的旋风除尘器出口将煤气引出，然后汇总为一根管路沿高炉煤气下降管引至地面上的布袋除尘器。因高炉煤气回收时间约40s，时间较充裕，除尘器设置为一个箱体，过滤面积为1050m^2，风速为0.75m/min。煤气回收管路在进入布袋除尘器前设置一段管径为DN300的限流管，延长煤气通过除尘器时间，可以较好地控制回收时间，减小煤气流量。除尘器既是一个煤气过滤、净化装置，同时除尘器箱体较大的容积也是高压煤气的一个缓冲罐体，有效避免了回收煤气的压力流量大幅波动，消除高压煤气对煤气管网的冲击，从而达到在较短时间内尽可能多地回收煤气的目的。煤气经过除尘净化后引入高炉煤气减压阀组后管网。

（2）改造后工艺流程。改造后，新增煤气回收系统中的均排压阀与高炉炉顶料罐下密封阀连锁，当炉顶下料罐内料排空，下密封阀完全关闭后，对应的新增均排压阀开启。开启40s，新增均排压阀关闭（即煤气回收完成），炉顶原有放散阀开启。当下料罐内压力降为大气压后，上密封阀开启进入下一个装料时序。具体工艺流程如图5-24所示。同时，将该煤气回收设施设计为一个独立系统，高炉炉顶原有均排压系统未做变动，当生产需要不具备煤气回收条件时，停止回收煤气，自动切换到原料罐煤气放散系统。

5.4.2.3 均压煤气回收节能量及效益

均排压系统中称量料罐容积约80m^3，旋风除尘器和管道容积约20m^3，总容积100m^3。称量料罐和旋风除尘器在每次充压过程中一起充压，放散起始压力约

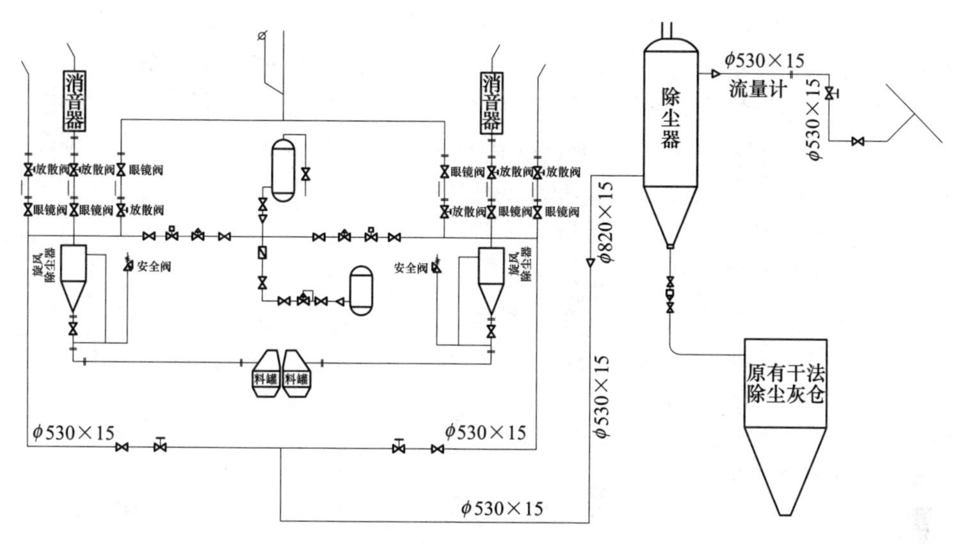

图 5-24 高炉料罐放散煤气回收工艺流程图

230kPa。煤气温度按 50℃考虑，计算起始时料罐和旋风除尘器煤气的标态量。

根据公式 $p_1V_1/T_1=p_2V_2/T_2$ 得出：

$$\frac{(230\text{kPa}+106\text{kPa})\times100\text{m}^3\times273℃}{(273℃+50℃)\times106\text{kPa}}\approx268\text{Nm}^3$$

减压阀组后煤气管网压力 10kPa，回收完成后料罐及旋风除尘器内剩余煤气的标态量：

$$\frac{(10\text{kPa}+106\text{kPa})\times100\text{m}^3\times273℃}{(273℃+50℃)\times106\text{kPa}}\approx92\text{Nm}^3$$

则在理想状态下，回收完成后料罐和煤气管网压力平衡，可以回收的煤气量为二者之差 $268\text{Nm}^3-92\text{Nm}^3=176\text{Nm}^3$。高炉每小时平均放散 12 次，每天平均放散 288 次，则每天可回收煤气约 50688Nm^3，每年按回收 350 天计，每年回收煤气量约 1775 万 Nm^3，折合标煤 2083t。高炉煤气按内部成本价 0.121 元/m^3 计算，则每年回收煤气节约效益为 215 万元。另外，每年减少二氧化碳直接排放量产生的环境效益计算：

$$1775\text{万 Nm}^3\times33\text{GJ/万 Nm}^3\times70.8\text{tC/TJ}\times99\%\approx15000\text{t}$$

式中，高炉煤气燃料低位热值为 33GJ/万 Nm^3；单位热值含碳量 70.8tC/TJ；碳氧化率 99%。

5.4.3 高炉均压煤气回收技术在唐钢的应用

唐钢北区 2 号高炉为并罐炉顶，有效容积为 2000m^3，炉顶压力约 200kPa。料罐容积约 29m^3，设置有两套均排压系统。高炉料罐均压煤气对空排放存在以下三个问题：(1) 产生噪声，影响了厂区周围居民的生活；(2) 炉顶旋风除尘器只能除去煤气中较大直径的粉尘，其余的粉尘都随着放散煤气直接排入了大气中；(3) 高炉煤气中含有大量的 CO 和少量的 H_2、CH_4 等有毒、可燃物的混合气体。近年来，随着日益严峻的气候问题，以及建设低碳、清洁、高效型企业和资源节约、环境友好型企业的要求，唐钢北区 2 号高炉对炉顶均压放散系统进行了改造，实现了均压煤气的有效回收。[13]

5.4.3.1 均压煤气回收系统技术方案

高炉料罐均压放散煤气净化回收技术适用于配备有无料钟炉顶设备的高炉，它主要由均压放散阀组、煤气管道吹扫放散系统、除尘卸输灰系统、氮气系统、煤气管道系统、辅助系统、控制系统组成构成，如图 5-25 所示。

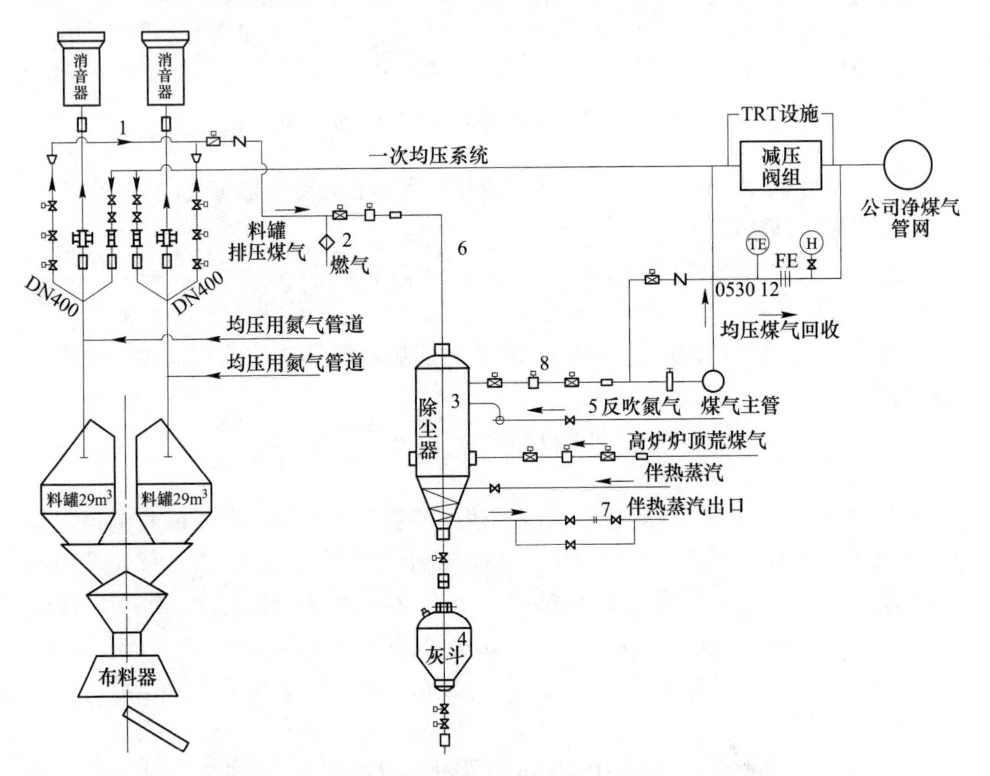

图 5-25 炉顶均压煤气回收系统

1—均压放散阀组；2—煤气管道吹扫放散系统；3—布袋除尘器；4—除尘器卸输灰系统；5—氮气系统；6—煤气管道系统；7—辅助系统；8—控制系统组成

首先从料罐放散管道引出用于煤气回收管道，在炉顶依次设置两套盲板阀和均压放散阀，管路沿高炉煤气下降管引致地面上的布袋除尘器。由于煤气回收时间约 8s，时间较短，瞬间煤气流量较大，煤气平均流量为 3.625m³/s，按此流量计算，每分钟流量约为 217.5m^3/min。为保证布袋除尘器的除尘效果，布袋除尘器滤袋过滤风速最高不超过 0.60m/min。因此，参与过滤的布袋除尘器的过滤面积应不小于 362.5m^2，除尘器利用现有高炉煤气除尘器备用箱体设置为两台 DN6000 箱体（过滤面积为 1340m^2，能够满足过滤要求），除尘箱体一用一备。除尘器箱体较大的容积可作为高压煤气的一个缓冲罐体，可有效消除高压煤气对煤气管网的冲击，从而达到在较短时间内尽可能多地回收煤气的目的。煤气经过除尘净化后引入高炉煤气减压阀组后管网。由于每天回收的煤气量不大，且经除尘器过滤后煤气内含尘量较少，灰斗内每天收集的灰尘量也不多，故卸灰系统可采用 0.5m^3仓泵，将灰尘及时输送到就近的除尘器储灰仓内。

5.4.3.2 环境及经济效益分析

工况下煤气处理量的计算：根据高炉加料罐工作制度，系统中共设有两个加料罐，并联使用，每个加料罐的容积为 29m^3，两个料罐连锁工作，每天放料约 350 次，经计算得出每小时产生的煤气工况量约为 420m^3/h，炉顶压力按照 200kPa，炉顶煤气温度按照 150℃，并网后煤气温度按照 25℃，回收煤气量可按下式计算：

$$\frac{p_1V_1}{T_1}=\frac{p_2V_2}{T_2}$$

按照上式，计算可得回收煤气量为 882Nm^3/h。对于采用干法布袋回收工艺的高炉，煤气回收率按 90%考虑，每天可回收的煤气量为：882Nm^3/h×24h×0.9＝19052Nm^3/d；按煤气价格 0.09 元/Nm^3，每天可回收利用的煤气价值为：19052Nm^3/d×0.09 元/Nm^3＝1715 元/d；按每年 350 天计，每年可产生的经济效益约为：1715 元/d×350d＝60 万元。

由于本系统是加在旋风除尘器（旋风除尘器是粗过滤器，它的排放浓度为 20～30g/Nm^3）后的，使得原有气体经过旋风除尘器后直接排放改为由布袋除尘后再排放，按旋风除尘器后的气体含尘量 25g/Nm^3计，每年少排放的灰尘量为：19052Nm^3/d×25g/Nm^3×350d＝166.7t，减少了空气污染。

参 考 文 献

[1] 刘文壮，安志庆．八钢高炉使用高比例球团矿冶炼实践［J］．新疆钢铁，2006（3）：50-52.

[2] 仵玉玲，李增伟．沙钢高炉大比例配用球团矿的生产实践［C］．2004 年全国炼铁生产技术暨炼铁年会文集．2004：357-358.

[3] 李昊堃，郭汉杰，梁建华．太钢球团矿比例增加后对高炉压差的影响及应对措施［J］．炼铁，2014，33（3）：20-24.

[4] 张贺顺，郭艳永，陈川．首钢京唐 5500m^{3}大型高炉低硅冶炼实践［J］. 炼铁，2016，35（2）：43-46.

[5] 侯健，高远，于俊胜，刘书平．邯钢 8 号高炉低硅低硫冶炼实践［J］. 炼铁，2016，35（1）：40-43.

[6] 秦延华，王洪顺，黎应君．安钢铁前系统强化工艺管控降低 3#高炉铁水硅含量的生产实践［J］. 河南冶金，2017，25（3）：12-13.

[7] 梁利生．宝钢 3 号高炉低硅低硫冶炼［J］. 炼铁，2005（S1）：41-45.

[8] 于勇，姚志超，杨世山，李士琦．烧结、高炉配矿结构优化研究与应用［J］. 钢铁，2004（08）：46-48.

[9] 郭秀英．唐钢高炉、烧结配矿结构优化软件的开发应用［C］. 河北冶金学会炼铁技术暨学术年会论文集．2006：369-371.

[10] 季乐乐，林杨，张金良，崔新亮，张盟，续飞飞，王晖，王军根．二次放散法高炉炉顶均压放散煤气回收工艺［J］. 冶金设备，2016（S2）：47-49.

[11] 王彦军．高炉均压煤气回收探讨［J］. 冶金动力，2012（6）：30-33.

[12] 陆爱娟．高炉均压煤气回收技术在梅钢应用的探讨［J］. 上海节能，2016（5）：277-279.

[13] 田玮．高炉料罐均压放散煤气净化回收技术研究［J］. 河南冶金，2017，25（6）：51-53.

6 保证炉缸安全为重点的高炉长寿技术

随着高炉在设计方面的优化升级和操作理念的科学化，近年来，炼铁企业在高炉长寿方面取得了显著成效。高炉的长寿顺行既有利于降低企业生产成本、提高市场竞争力，又有利于减少污染、保护环境，被视为炼铁技术进步的重要标志和集中体现。但是，高炉寿命主要有两个限制性环节——炉缸炭砖的侵蚀以及炉腹、炉腰和炉身下部冷却壁的破损，只要解决好这两大环节的问题，可基本实现高炉长寿的目标。本章将以炉缸安全为重点，对典型钢企所采用的高炉长寿技术进行详细介绍。

6.1 国内高炉长寿新技术

6.1.1 宝钢 3 号高炉长寿技术

目前国内有记录的寿命最长的高炉是宝钢 3 号高炉。宝钢 3 号高炉于 1994 年 9 月 20 日投产，2013 年 9 月停炉大修，一代炉役寿命近 19 年，单位炉容产铁量为 15800t/m^3。

宝钢 3 号高炉稳定运行了近 19 年，创造了多项宝钢高炉的技术经济指标纪录，其在长寿维护技术方面的经验是：合理的设计；确保入炉原燃料质量稳定，严格控制碱金属和 Zn 的入炉量；操作上保持炉况稳定顺行，避免煤气流的急剧变化；保持足够的冷却强度，改善并稳定水质；采取安装微型冷却器、人工造壁、压浆、喷补、更换冷却壁等措施，同时强化炉底炉缸以及铁口的维护，保证铁口深度，确保侧壁温度安全受控，从而有效保证高炉顺行、长寿[1]。

6.1.1.1 合理的炉型设计

合理的操作炉型对于高炉稳定顺行并获得良好的技术经济指标有着至关重要的意义。宝钢 3 号高炉在进行炉型设计时，充分考虑投产后形成实际操作炉型的合理性，在高径比（*H/D*）、死铁层深度、炉腹角及炉身角等方面进行了设计优化。

与宝钢 1 号、2 号高炉相比，宝钢 3 号高炉高径比（*H/D*）由 2.199 降低到 2.072，这样可以降低煤气流速和炉料的粉化，有利于炉况的稳定顺行和长寿。3 号高炉在增加炉缸高度的同时加深了死铁层深度（由 1.8m 增加到

2.985m)，这样有利于炉缸铁水流场及温度场的合理分布，减少铁水环流对炉缸侧壁和炉底的冲刷侵蚀。随着炉腰直径的扩大，宝钢高炉的炉腹角和炉身角都有减小的趋势，但炉身角减小并不明显。炉腹角减小有利于炉腹煤气的顺畅流动，减小热流冲击，进而有利于在炉腹区域形成稳定的保护性渣皮，保护冷却设备。由于3号高炉炉身上部采用水冷壁（薄壁）、炉身中部以下采用新日铁第3代冷却壁（厚壁），为了获得合理的操作内型，在冷却壁和耐火砖的砌筑方式上进行了优化，并对薄壁与厚壁的交界处进行了圆滑过渡处理，上述结构优化有利于煤气流分布的控制。

6.1.1.2　高效的冷却系统

宝钢3号高炉冷却系统概况如图6-1所示。

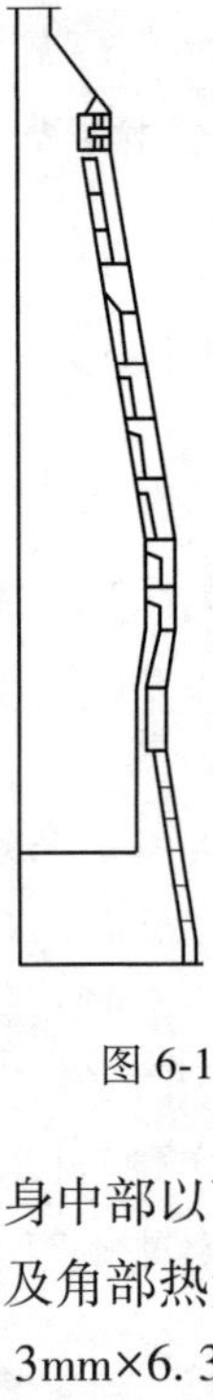

高炉部位	段号	符号	块数	冷却壁形式	本体系	强化系
炉身上部	18 17 16	R3 R2 R1	40 40 40	光面冷却壁		Z
炉身中部	15 14	S5 S4	56 56	镶砖强化冷却壁	Z	J
	13	S3	56	镶砖带凸台强化冷却壁		JΓ
炉身下部	12 11	S2 S1	56 56			SJΓ
炉腰	10 9	B3 B2	56 56			
炉腹	8	B1	56	镶砖强化冷却壁		SJ
风口	7	T	38	光面冷却壁		
炉底炉缸	6 5	H6 H5	52 50	光面水冷壁		TH
	4 3 2 1	H4 H3 H2 H1	20 20 22 20	光面横行水冷壁		Z

图6-1　宝钢3号高炉冷却系统概况

宝钢3号高炉炉身中部以下采用了第三代冷却壁，第三代冷却壁的主要特征是，对于冷却壁四周及角部热负荷高、容易损坏的部位增设了角部水管和背部蛇形管，使水管（ϕ60.3mm×6.3mm）的密度与热负荷成正比例增加，甚至超过热负荷的增加。在这种情况下，水管表面的热流密度不但不升高，反而有所降低，使铸铁冷却壁内部温度下降，水管表面温度降低，避免了局部过热的危险，从根本上避免了水的局部沸腾，提升了冷却系统的安全性。

A　宝钢3号高炉炉缸卧式冷却壁

宝钢3号高炉冷却壁结构如图6-2所示，为卧式冷却壁。该设计与炉缸通常使用的立式冷却壁相比（表6-1），不仅比表面积相对较大，而且较低的水量就可以达到较高的水流速，从而表现出更好的冷却效果。

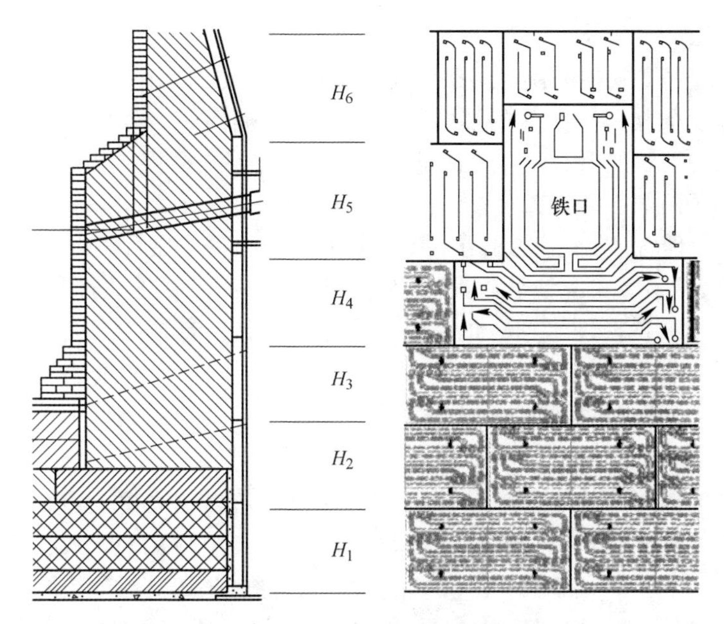

图 6-2 宝钢 3 号高炉炉缸冷却壁结构

表 6-1 卧式冷却壁与立式冷却壁比较

项目	炉缸水量/t·h^{-1}	水管流速/m·s^{-1}	水流密度/t·(m·h)$^{-1}$	比表面积
卧式冷却壁	1380	2.72	119	1.19
立式冷却壁	4250	2.72	81	0.75
立式冷却壁	6250	4	119	0.75

注：水流密度为与水流方向垂直的方向上单位长度所通过的水流量。

另外，采用卧式冷却壁的缝隙比立式冷却壁要少 25%以上，单块冷却壁中奇数编号水管与偶数编号水管的水流方向相反。由此带来的好处有：(1) 奇数与偶数水管有各自的供回水集管，双路供水格局更能确保供水安全；(2) 能够确保水温一致，立式冷却壁串联到最后一块时水温最高，而卧式对流型冷却壁第一块和最后一块水温是一样的，从支管上安装的高精度热电偶可以看出。采用卧式对流型冷却壁，理论上能保证炉缸圆周范围的冷却效果一致，进而使侧壁炭砖凝铁层厚度一致[1]。

B 增设脱气罐、提高脱气效果

宝钢 3 号高炉冷却系统初始设计中，脱气效果欠佳，加上系统漏水，大量补水使水质难以控制，造成水管氧化腐蚀、生成锈板，影响传热，最终导致冷却壁破损。随后通过新增卧式脱气罐，改变了原有系统中的最高标高处流速过快、水气分离无空间的状况，大大降低了水中带气的现象，水质也显著改善。

C 优化水处理技术、改善水质

宝钢3号高炉初始采用亚硝酸盐防腐剂和非氧化性杀菌剂，效果不太理想。随后使用亚硝酸盐和铝酸盐的混合型防腐剂，能提高防腐效果，同时增加除氧剂，除去水中溶解的氧。此外，在正常使用非氧化性杀菌剂的基础上，定期投加含氧化性的杀菌剂，能够有效去除水中的微生物。

优化水处理后，宝钢3号高炉冷却壁纯水水质得到了显著的改善，pH值和铝酸根离子稳定，体系的总铁下降明显。纯水中总铁一直控制在安全线以下，没有因总铁超标而大量置换纯水，从而保护了冷却壁水管，同时也使水系统成本明显下降。

6.1.1.3 稳定的高炉操作技术

A 提高原燃料质量，优化炉料结构

宝钢三期炼焦和烧结分别于1997年、1998年投产，高炉入炉原燃料质量不断提高。入炉品位从1994年的58.5%不断提高到2010年的60.5%，熟料比一直保持在84%左右。3号高炉一贯坚持精料方针，通过采用高品位烧结矿配加少量球团矿和块矿的炉料结构（图6-3），控制较低的渣比。要求烧结矿有足够的冷热强度和良好的还原性，要求焦炭具有较高的冷热强度、较低的反应性和较大的粒度。宝钢3号高炉对入炉有害元素负荷也严格控制，长期要求吨铁入炉碱金属小于2kg，Zn<0.15kg。

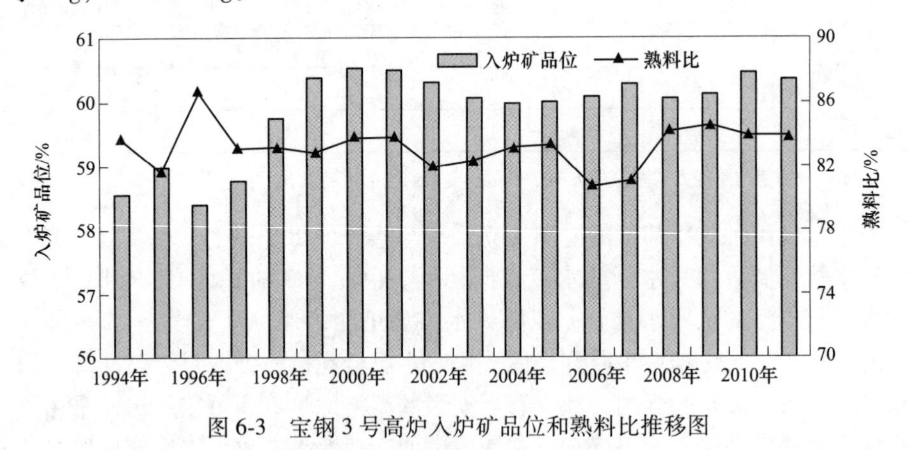

图6-3 宝钢3号高炉入炉矿品位和熟料比推移图

B 优化操作制度，确保煤气流分布合理，炉况稳定顺行

合理的煤气流分布是实现高炉稳定顺行高产长寿的基础。高炉大型化后，确保煤气流分布的稳定合理显得更为重要。宝钢3号高炉的生产实践证明，炉体砖衬损坏的主要原因是受热应力波动的影响。当遇到局部的煤气流冲击，炉墙砖衬温度场发生较大的波动，导致热应力破坏砖衬，加剧水管的破损。

针对这一问题，宝钢3号高炉通过综合运用上部布料档位、料线、批重等装料制度手段，控制炉喉径向合理的 O/C，使边缘与中心煤气量之比合适，并配合下部鼓风动能、理论燃烧温度等送风制度的调整，确保煤气流分布合理，炉况稳定顺行，并取得了世界一流的操作技术经济指标。

高炉下部送风制度是高炉整体运行的一项基础选择，主要是确立合理的炉腹煤气量、回旋区长度、鼓风动能等关键参数，实现一次煤气流合理分布，合适的送风比在其中起关键性作用。从煤气流分布角度，可以确保一定长度的回旋区，高炉一次煤气流趋向中心，使径向分布趋于均匀，保证一定中心气流，使死料柱保持一定温度，维持一定透气和透液性，确保炉缸活跃。同时，减小死料柱体积，有利于吹透炉缸，减缓炉缸渣铁环流对炉缸侧壁侵蚀，延长高炉炉缸寿命。高送风比操作，不仅有利于炉缸长寿，而且可以相对减少高炉边缘煤气量，减缓高炉炉体煤气冲刷侵蚀。同时有利于降低高炉内边缘温度场分布，避免炉腰结厚破坏高炉操作炉型。高炉炉墙结厚，不仅影响高炉顺行，容易出现崩滑料或者悬料，而且由于煤气流不稳定而侵蚀炉墙，因此合理的下部送风制度显得尤为重要。

上部调剂制度与下部煤气流分布匹配，才能实现高炉稳定。布料制度是在一次煤气流合理分布基础上，达到二次煤气流稳定分布的关键。宝钢 3 号高炉开炉初期，由于布料制度不合理，煤气流分布不合理，高炉处于不稳定状态。通过实践摸索，以及对无钟炉顶布料规律研究，探索出一套适合宝钢 3 号高炉的布料制度，典型布料模式：$C_{333222}^{234567}O_{333221}^{234567}$。在此之后，高炉一直处于稳定顺行状态，并保持高煤气利用率冶炼，如图 6-4 所示。说明此布料制度可以达到二次煤气流稳定分布，同时，实现煤气充分利用，适合宝钢 3 号高炉生产条件。宝钢 3 号高炉布

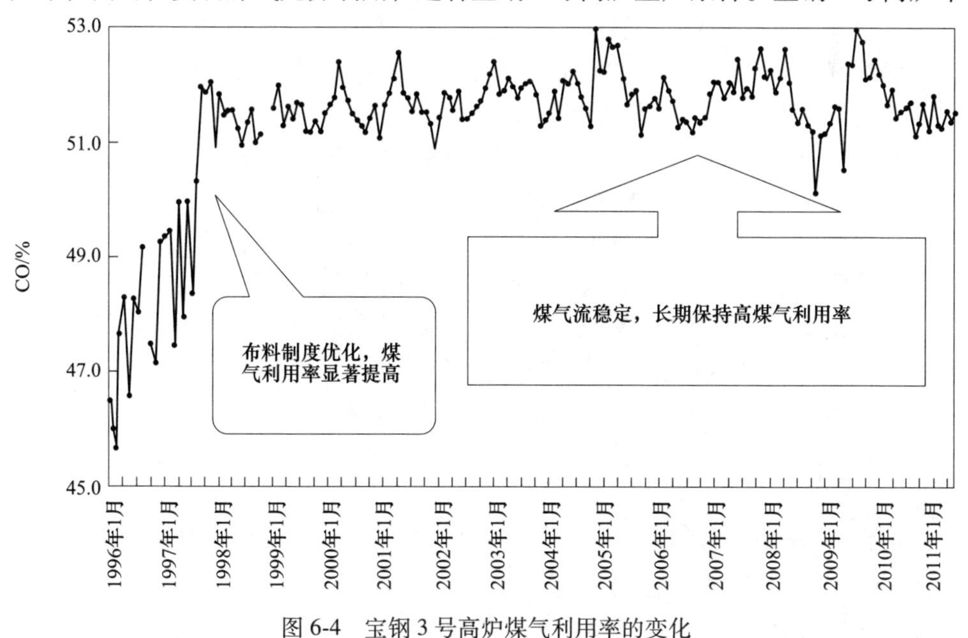

图 6-4　宝钢 3 号高炉煤气利用率的变化

料制度突出特点是：将钟式炉顶布料长板与无钟炉顶多环布料长板有机结合，在高炉边缘形成平台结构。使边缘矿焦按一定比例层状稳定分布，中心按自然堆角形成一定深度的漏斗，并保持相对稳定，达到合理稳定料面形状。平台加漏斗料面形状，可以确保边缘和中心两道气流的稳定，有利于高炉稳定顺行。大型高炉控制适宜边缘气流是上部布料的基础，边缘适宜煤气流控制原则就是使高炉内部温度场和外部强化冷却相对平衡，稳定炉墙热负荷，减缓炉墙侵蚀，保持稳定的操作炉型。宝钢 3 号高炉通过上部布料制度合理调剂，使边缘煤气流均匀稳定，不仅保证高炉边缘有一定煤气流，而且使边缘气流得到有效控制，长期保持稳定的高炉炉体热负荷，避免炉墙渣皮频繁黏结、脱落，以及局部剧烈气流冲刷等对炉墙的侵蚀。至炉役后期，宝钢 3 号高炉炉体仍保持几乎完整的冷却壁设计内型，实现了高炉炉体长寿。

C 加强炉缸炉底维护

宝钢 3 号高炉炉缸状态总体良好，侧壁温度安全受控。随着炉役时间的延长，炉缸部分部位有一定侵蚀，炉缸侧壁温度总体呈上升趋势，因此加强炉缸维护非常重要。

宝钢 3 号高炉投产初期，炉缸给水量为 680m^3/h，水速为 1. 5m/s，冷却水流量和水压低，冷却强度相对不足，炉缸水温差偏高。随后冷却系统增加一台水泵运行，水量水压增加，炉缸的冷却强度得到明显提高，炉缸水温差下降 0. 3℃。

炉缸气隙是影响炉缸有效传热，导致铁口区域容易出现侵蚀的关键因素。宝钢 3 号高炉通过定修期间有计划地更换铁口保护砖和铁口压浆，消除铁口区域煤气泄漏，避免气隙的扩大，保证了炉缸的有效传热。

维护好铁口状况，保证打泥量，保证铁口深度，是确保炉缸长寿的关键技术。为了适当延长出铁时间，减少出铁次数，减少环流对炉缸侧壁的冲刷，随着宝钢 3 号高炉炉龄的增加，铁口深度相应提高到 3. 8±0. 2m，每次出铁时间控制在 140min 左右，日均出铁次数控制在 12 次左右。此外，为了保证打泥量，稳定铁口深度，加强了铁口泥套维护，减少铁口冒泥；加强泥炮管理，在发现泥炮活塞环与炮筒间隙变大时，则需及时更换，避免返泥[3]。

为防止冷却设备破损向炉内漏水，宝钢 3 号高炉加强了对炉顶煤气成分中 H_2 含量、冷却壁纯水补水、风口中套和小套给排水差流量的监控，一旦发现水管破损，马上就进行处置。

6. 1. 2 宝钢 2 号高炉长寿技术

宝钢 2 号高炉于 1991 年 6 月开炉，炉容 4063m^3，一代炉龄（无中修）达到了 15 年 2 个月，单位炉容产铁 11612. 4t/m^3，远远超过了 10 年的设计炉龄，是中国特大型高炉中一代炉龄最长寿的高炉之一[4]。

6.1.2.1 良好的炉缸炉底设计

宝钢2号高炉采用了日本微孔大块炭砖，整个高炉炉缸侧壁径向由一块炭砖砌筑而成，减少了多块炭砖砌筑造成的缝隙。整个侧壁的导热性能在一代炉龄中保持稳定的状态，从而形成比较稳定的凝铁层，将炭砖热面的热应力有效传导出去，这是高炉炉缸长寿的根本所在。为了提高高炉炉缸整体的导热性能，一方面要提高炭砖的导热系数，另一方面还要提高炭砖之间以及冷却设备与炭砖之间的导热性能，避免缝隙的存在。

宝钢2号高炉铁口之间夹角为40°，在一代炉龄中出现铁口间侧壁温度异常上升现象，停炉调查发现此处的炭砖残厚最小，所以大型高炉应加大铁口中心线之间夹角，宝钢新设计的大型高炉中，铁口间夹角都有所增加[5,6]。

6.1.2.2 稳定炉料结构，减少粉矿入炉

宝钢2号高炉熟料率如图6-5所示（其中2002年5~7月进行过间断式低熟料率试验）。根据宝钢2号高炉的长期生产实践证明，维持矿石的熟料率在80%以上是高炉稳定、顺行和长寿的基本保证。

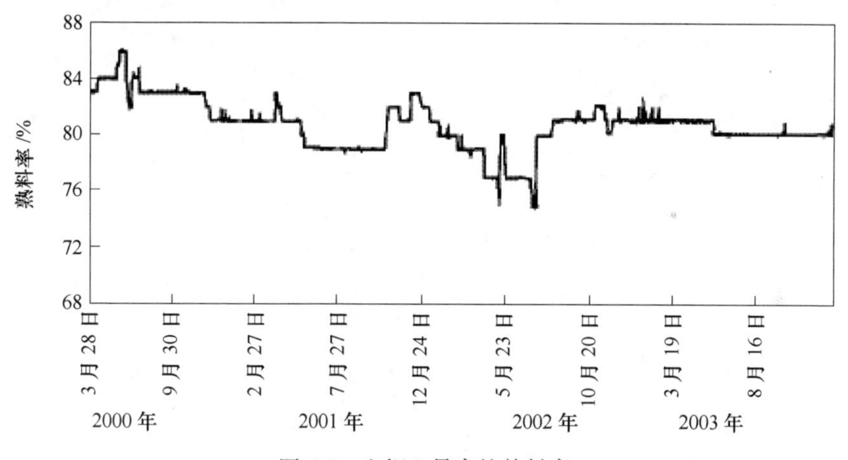

图6-5 宝钢2号高炉熟料率

宝钢2号高炉一直非常注重对原燃料质量的管理，尤其是在高煤比操作条件下，高炉对原燃料的质量提出了更高的要求。减少烧结矿中碱金属和锌的含量是实现高炉长寿的基本保证。通过烧结技术的发展，使入炉烧结矿品位由57%上升到59%左右，入炉烧结矿<10mm比例严格控制在30%以下，烧结矿中的锌含量也由过去的0.04%下降到0.01%的水平。

6.1.2.3 保持一定的边缘煤气流

高炉煤气分布的好坏不仅决定着高炉正常稳定的生产过程，而且也决定着高炉生产的经济运营状况。事实上，煤气流的稳定与否基本能从炉顶煤气的利用情况得以说明。当煤气利用率长期平稳处于高水平时（图6-6），其波动幅度的大

小就意味着炉况的稳定顺行情况。同时在高炉煤气利用率开始出现明显波动时，炉墙上原本已建立的渣皮平衡状况被打破，局部区域出现渣皮松动脱落的现象。另外，高炉煤气流在径向上分布的均匀性也对炉体长寿具有决定性影响。虽然原燃料条件的不断劣化和长期高煤比操作均不利于高炉炉体的长寿维护，但是只要在确保充沛的中心煤气流的同时，控制边缘煤气流具有一定的强度，是可以实现高炉长寿的。边缘煤气流过强会导致炉墙温度始终偏高，不利于炉墙的保护；若边缘煤气流过弱，入炉料中的粉末会在炉墙的局部区域黏结，也会使高炉煤气的通路减少，最终会导致炉况不顺。在炉内压力出现波动的情况下，煤气流会在边缘局部薄弱区域冲出形成不同程度的管道，此时不仅炉况顺行急剧恶化，而且将对炉体长寿产生难以估量的负面影响。长期生产实践证明，保持中心温度稳定在600℃左右，边缘温度在250~350℃符合大型高炉的稳定生产。宝钢2号高炉炉顶温度分布如图6-7所示。

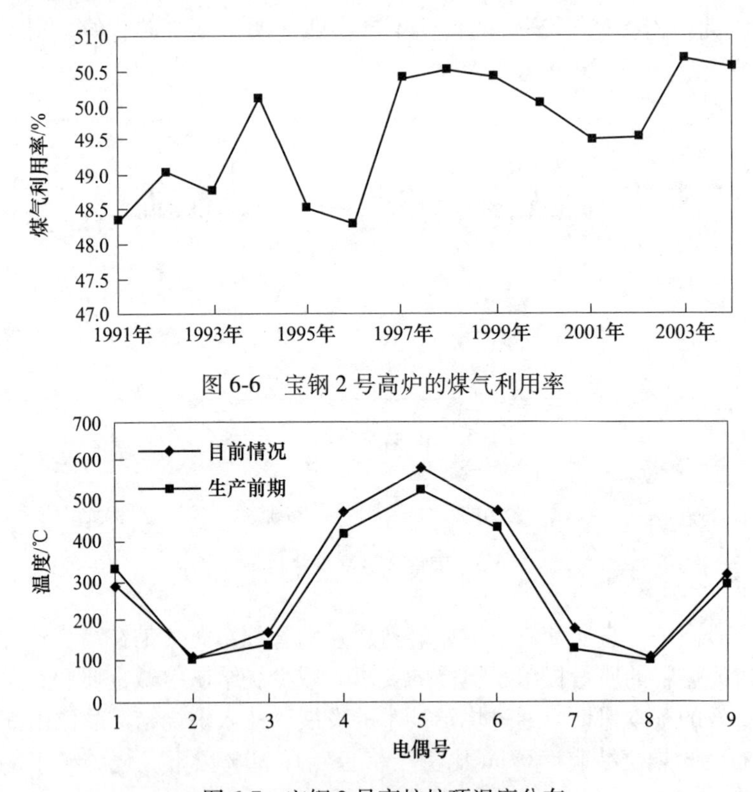

图6-6 宝钢2号高炉的煤气利用率

图6-7 宝钢2号高炉炉顶温度分布

6.1.2.4 加强冷却强度

高炉炉役中后期对宝钢2号高炉炉身冷却系统进行了外增冷却系统改造，将过去的单系统供水改为双系统供水。这样不仅能向每个冷却部位提供充足的水量，而且通过调整不同供水系统的压力保证了不同冷却部位的压力。有关系统改造前后的水量分布和水压变化如图 6-8 和图 6-9 所示。

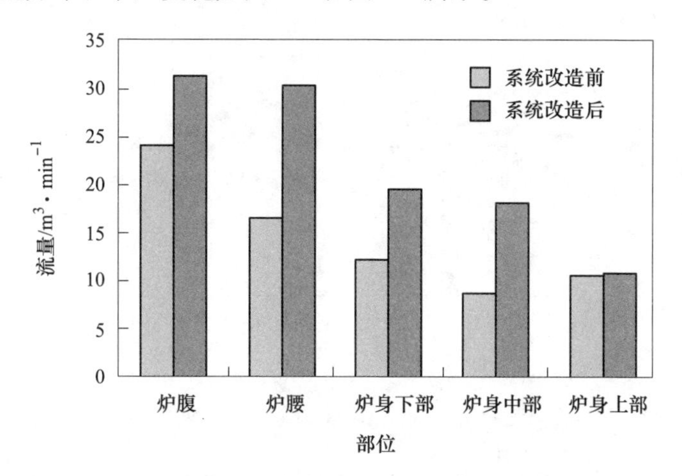

图 6-8　冷却系统改造前后各部位水量变化情况

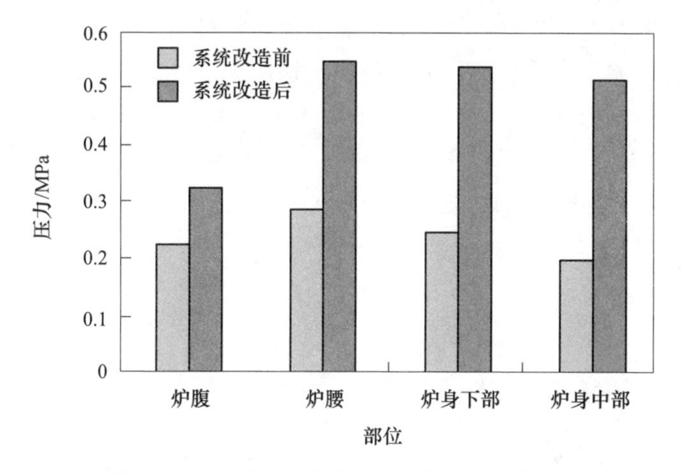

图 6-9　冷却系统改造前后各部位水压变化情况

宝钢 2 号高炉坚持贯彻“水质稳定”的原则，加快对水质的检测频度，定期进行加药处理，使高炉冷却水水质能始终保持在比较理想的水平。生产中对各部位的冷却水水温也有比较严格的要求，一般情况下，是以一定的水温差为管理标准，但是通过降低进水水温同样可以实现强化冷却的效果。经过对炉身冷却系统的改造，现场供水系统提高了调节水温的能力。冷却系统改造前后系统给水温度的变化趋势如图 6-10 所示[7]。

6.1.2.5　炉缸维护技术

宝钢 2 号高炉投产 9 年，随着炉缸维护技术的进步，通过调整操作制度稳定

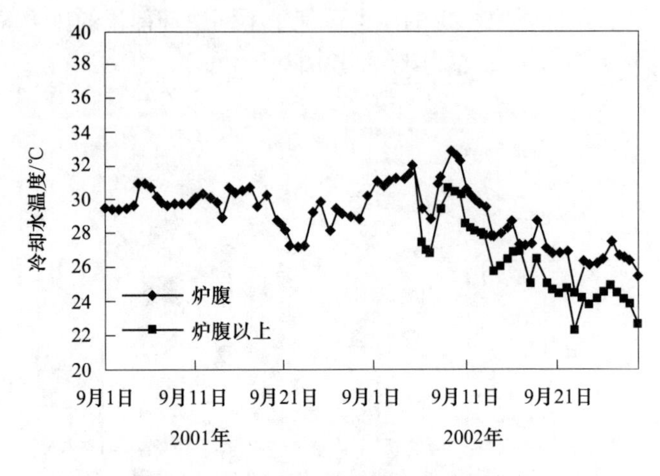

图 6-10 系统改造前后给水温度的变化

炉况顺行、完善钛矿护炉模式、强化出渣铁作业管理等，使炉缸工作稳定，炉缸长寿状态良好。

宝钢 2 号高炉充分总结了 1 号高炉第 1 代炉役时的经验，并结合高炉自身的特点，总结并探索出了适合 2 号高炉特点的钛矿护炉模式。在高炉正常生产条件下，维持 5~6kg/t 的 TiO_2 入炉量，以保证炉缸中钛化物沉积层的厚度稳定。当炉底（或炉缸侧壁）温度上升时，根据每天上升的趋势和平均幅度，以每次增加 TiO_2 入炉量 1~2kg/t 的幅度，相应增加钛矿入炉量，以达到有效地控制炉底温度的目的。图 6-11 为宝钢 2 号高炉 TiO_2 入炉量和炉底温度变化实绩。

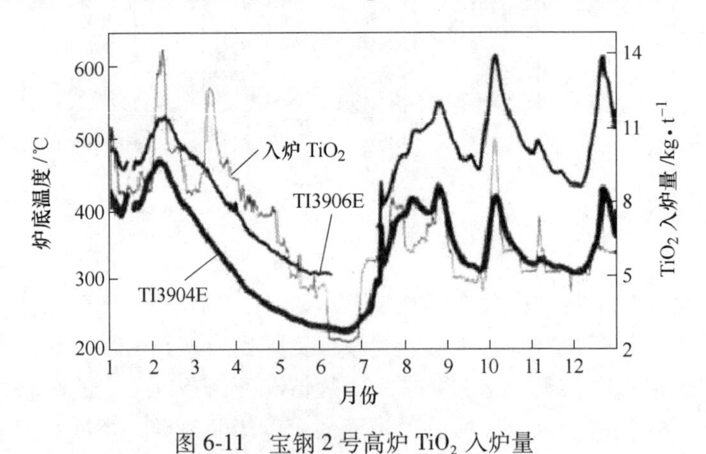

图 6-11 宝钢 2 号高炉 TiO_2 入炉量

6.1.3 武钢 5 号高炉长寿技术

高炉长寿技术一直是武钢高炉工作者重视的研究课题。从 1982 年起列为武钢重点科研项目进行研究。经过 30 多年坚持不懈的努力，取得了多项科研成果，并在实践中丰富和完善，使武钢高炉寿命由 80 年代的每隔三四年进行一次中修，提高到一代炉役不中修可连续生产 10 年以上的先进水平。其中，武钢 1991 年 10 月 19 日建成投产的武钢 5 号高炉（炉容 $3200m^3$），连续生产 15 年零 8 个月，中间没有进行中修和停炉喷补造衬，一代炉龄单位炉容产铁 $11097t/m^3$，其寿命达到了国际先进水平[8]。

武钢 5 号高炉是我国自行设计、施工和调试的大型高炉，当时的设计目标是在不进行中修的条件下，高炉寿命达到 10~12 年，一代平均利用系数达到 $2.0t/(m^3 \cdot d)$。武钢 5 号高炉的建设引进了当时世界最先进的炼铁技术和设备，包括水冷无料钟炉顶、INBA 炉渣粒化装置、软水闭路循环冷却系统、高温内燃式热风炉陶瓷燃烧器、环形出铁场、TRT 余压发电、高性能轴流式鼓风机、TDC3000 集散控制系统等 8 项设备；引进了法国 AM102 型微孔炭砖；还采用了武钢自主开发的球墨铸铁冷却壁以及烧成微孔铝炭砖、磷酸浸渍黏土砖等优质耐火材料。

武钢 5 号高炉采用了武钢 4 号高炉开发成功的水冷炭砖薄炉底技术，死铁层深度由武钢其他高炉的 1.1m 左右加深到 1.9m，适当加大炉缸高度和直径，缩小炉身角、炉腹角与高径比，以提高强化水平。

武钢 5 号高炉是国内第一座从炉底到炉喉钢砖以下全部采用球墨铸铁冷却壁的高炉，共设计 17 段冷却壁。球墨铸铁冷却壁全部由武钢自主研制开发，具有延伸率高（>20%）和抗拉强度高（>400MPa）等特点。1~5 段为光面冷却壁，6~17 段为镶砖冷却壁。6~7 段为炉腹区域，热负荷最高，采用双层水冷管结构，外层为蛇形管。为支撑砖衬，8~15 段设计了水冷管带凸台的结构。17 段冷却壁内不砌砖衬，与条形钢砖相连。冷却壁固定采用滑动点和浮动点相结合的特殊工艺，可以消除冷却壁受热变形剪断冷却水管的弊病。冷却壁水管采用了特制的防渗碳涂料，能有效地防止水管渗碳，并确保水管与铸体不粘连[9]。

武钢 5 号高炉引进了卢森堡的软水闭路循环冷却系统，以达到消除冷却水管结垢、提高冷却能力和节约用水的目的。冷却系统分为冷却壁、风口区、炉底区三个相互独立的子系统，各子系统都设有脱气罐、膨胀罐，可有效消除“气塞”现象，保证各部位的冷却强度。

炉身上部采用磷酸浸渍黏土砖，炉身中部采用烧成微孔铝炭砖，炉腰和炉身下部采用碳化硅结合氮化硅砖，炭砖以上至风口区及炉腹区采用硅线石砖，炉缸下部砌筑 7 层法国 AM102 型微孔炭砖，炉缸上部砌筑 4 层普通炭砖，炉底上部砌筑两层高铝砖，下部采用两层普通炭砖，炉底砖衬厚度 3.2m，为水冷薄炉底结构。

高炉的长寿设计和良好的施工质量只是实现长寿的基础，要实现长寿目标必须从高炉投产起就十分重视操作维护，武钢 5 号高炉在操作中主要采取了以下

措施:

（1）保持软水闭路循环冷却系统正常运行。武钢5号高炉是国内第一座成功应用软水密路循环系统的高炉。在消化引进技术的基础上进行改进，创造出一套行之有效的软水系统管理操作方法[10]。炉役后期，炉衬出现不规则侵蚀，局部冷却壁水管损坏，为此将冷却壁水量适当增加。如开炉初期水量为4410m³/h，后期提高到5800m³/h，水温差由原来的3℃左右降到1.8℃，热负荷低于10000MJ/h。提高冷却强度有利于形成稳定渣皮，对保护冷却壁有明显效果。

（2）改善原燃料质量。武钢5号高炉投产初期设备故障较多，20世纪90年代初原燃料质量差，经常影响生产，以致技术经济指标较差。2002年开始提高进口球团矿配比，由16%提高到24%，到2003年入炉品位提高到60%，熟料率提高到90%，理化性能和冶金性能都有了明显提高。同时改进了筛分设备，提高了筛分效率，将入炉粉末降低到3%以下，为武钢5号高炉长期稳定、顺行、高效、长寿提供了重要保证。

（3）控制煤气流分布，保持合理炉型。武钢5号高炉的操作方针是打通中心，维持一定的边缘气流，高炉布料始终遵循这一原则。具体做法是矿焦布料最大角度相同，维持20%左右的中心加焦量[11]。必要时还可以配合下部调节。高炉操作保护冷却壁主要通过调节控制煤气流分布，维持合理的炉型来实现。具体做法是控制冷却壁的温度、进出水温差和冷却壁的热流强度。实践表明，球墨铸铁冷却壁的温度不得较长时间大于200℃，否则冷却壁热面温度可能超过40℃，引起球墨铸铁冷却壁变质。在正常情况下，武钢5号高炉6段（炉腹）和8段（炉腰）的冷却壁温度变化能敏感地反映炉衬渣壁的形成与脱落等炉型变化。根据经验，6段冷却壁温度控制在100~200℃，8段冷却壁温度控制在80~130℃，冷却壁系统的热负荷稳定有利于炉况顺行。

（4）加强出铁出渣管理。维护好铁口，出净渣铁直接关系到高炉的强化及长寿。铁口过深时铁水对炉底冲击大，炉底侵蚀会加快；铁口过浅则渣铁出不净，对铁口周围冷却壁的安全产生威胁。武钢5号高炉铁口深度一般维持在3m左右。

（5）对损坏的冷却壁进行修复处理。高炉后期局部出现冷却壁垂直水冷管烧坏，1997年成功开发冷却壁水管修复技术，采用插入金属软管修复损坏的冷却壁水管，使用效果良好，延长了冷却壁的寿命。从投产到大修停炉的近16年间，只有炉腹区域的80根冷却垂直水管损坏，损坏率只有2.5%。这为炉役后期的强化冶炼提供了保障并有效延长了高炉寿命。

（6）采用钒钛矿护炉。武钢5号高炉投产两年后，1993年5~6月，炉底第一层炭砖温度升高到610~650℃。为此采用了钒钛矿护炉措施。钒钛矿使用量占入炉总量的2.5%左右，生铁含钛量维持在0.1%~0.15%。半个月后，炉底热电偶温度下降到550℃左右。此后用增减钒钛矿入炉量的方式将炉底第二层热电偶最高温度控制在600~700℃，保证了安全生产。

武钢在总结5号高炉长寿技术的基础上进一步发展了高炉长寿技术，包括炉身下部、炉腰、炉腹及炉缸采用铜冷却壁，炉腹、炉腰和炉身采用薄壁炉衬，仅在冷却壁上镶砖，冷却壁内不砌砖衬，改进炉缸炉底结构等。为总结高炉长寿经验，2006~2007年借高炉大修之机对4号和5号高炉进行了全面的破损调查研究，研究了进一步提高高炉寿命的新途径。

武钢5号高炉第一代炉腹、炉腰和炉身都砌有300~345mm砖衬，根据生产实际观察，炉身中下部砖衬2~3年全部侵蚀，上部使用时间稍长。随后高炉全靠冷却壁维持生产，5号高炉停炉观察炉腹以上冷却壁仍保持完好。由此认为，高炉炉身采用冷却壁镶砖，炉内不另砌砖衬完全可以维持一代高炉生产。如果将冷却壁进一步改进，炉身下部采用铜冷却壁镶砖，提高冷却壁的冷却强度；采用导热系数较高，抗碱性、抗渣性和耐磨性较好的优质 Si_3N_4 结合SiC砖作镶砖，一代高炉寿命20年以上是可能的。由于炉内不另砌砖，冷却壁勾头取消，消除了冷却壁中最容易损坏的薄弱环节，简化了冷却壁结构和制造工艺。2001年5月19日大修开炉的武钢1号高炉及以后新建和大修的4、5、6、7、8号高炉炉身铜冷却壁都采用了不砌砖衬的新型结构。国内大型高炉也广泛采用了这项技术。2005年建成投产的7号高炉，大修后投产的4号、5号及8号高炉炉缸都采用了2~3段铸铜冷却壁。铸铜导热系数比轧制铜略低，轧制铜导热系数一般可达360W/(m·K)，铸铜导热系数为260W/(m·K)。铸铜导热系数虽然稍低，但用于炉缸部位是足够的。对炉缸采用铜冷却壁的必要性尚有一些争议，根据高炉破损调查认为，提高炭砖导热系数，提高冷却强度，可以将炭砖环缝带向炉内推移。经计算，炭砖导热系数达到20W/(m·K)，采用铜冷却壁，环缝带可以推到距冷却壁1m的部位，这样可基本消除环缝的产生。因为环缝的产生主要是K、Na、Zn等有害物渗入炭砖，在生成 K_2CO_3、Na_2CO_3、ZnO、沉积炭的过程中产生膨胀，破坏炭砖，其反应温度为800~1000℃。强化冷却可以将800~1000℃的温度带向炉内推移，因而可有效防止炭砖环缝的产生。

武钢高炉2004年以前一直采用全炭砖炉缸炉底结构，随后有以下变化：

(1) 2004年7月16日，新建的6号高炉开始采用陶瓷杯结构。

(2) 2006年6月28日，投产的7号高炉采用陶瓷杯结构外，炉缸采用铜冷却壁。

(3) 为提高冷却强度，解决炭砖与冷却壁之间碳素捣料导热系数低严重影响传热的问题，在靠冷却壁处砌筑200mm厚的高导热小块炭砖。小块炭砖与冷却壁间只留2mm左右的泥浆缝，小炭砖与大炭砖之间留80mm炭捣料层，如图

6-12 所示，这对提高冷却强度十分有利。

（4）采用了扩大炉缸直径的设计，扩大 200mm，加深死铁层深度，进一步减薄炉底砖衬厚度（总厚度 2.8m）。

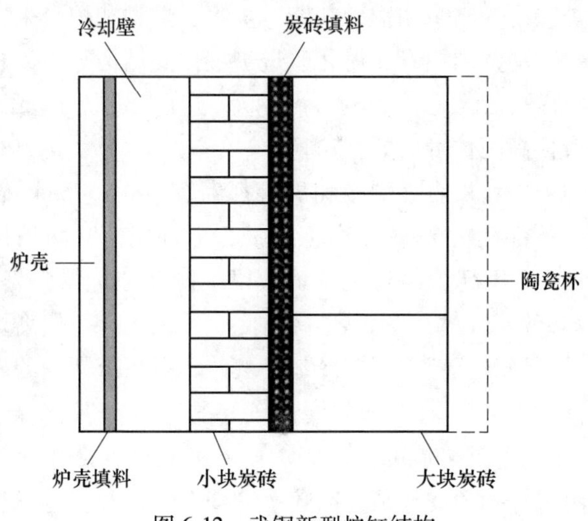

图 6-12　武钢新型炉缸结构

武钢注重高炉炭砖和其他高炉耐火材料的开发研究，开发出几种性能指标先进，具有国际先进水平的炭砖和陶瓷杯用砖，在武钢 4、5、6、7、8 号高炉新建和大修中多次被采用。武钢高炉炉缸炉底用的进口超微孔炭砖、国产超微孔炭砖、石墨砖、微孔刚玉砖、模压小炭砖的性能指标都很先进。特别是炭素捣打料的导热系数已达到 20W/(m·K) 水平。武钢新建高炉设计寿命将达到 20 年以上，这些优质耐火材料为实现新的长寿目标打下了良好基础。

6.1.4　首钢 3 号高炉长寿技术

首钢 3 号高炉于 1993 年 6 月开炉，2010 年 12 月 19 日停产。3 号高炉至停产时，高炉运行状况良好，其一代炉役寿命达到 17.6 年，一代炉役单位炉容产铁量 13991t/m^3，达到国内外高炉高效长寿的先进水平[12]。

高炉高效长寿设计的关键是高炉内型、内衬结构冷却体系、自动化检测的有机结合。首钢高炉炉体通过炉型设计优化，选择矮胖炉型，为高炉生产稳定顺行、高效长寿创造有利条件；通过炉缸炉底的侵蚀机理分析研究，炉缸炉底部位采用“优质高导热炭砖-陶瓷杯”及“高导热炭砖-陶瓷垫”综合炉底内衬结构；炉腹至炉身区域采用软水密闭循环冷却技术、双排管铸铁冷却壁技术、倒扣冷却壁（C 型冷却壁）技术，并实现了合理配置；有针对性地设计炉体自动化检测系统，加强砖衬侵蚀与冷却系统的检测、监控。通过现代高炉长寿技术的综合应用，实现高炉高效长寿的目标[13]。

6.1.4.1 合理的炉缸炉底内衬设计

长寿高炉炉缸炉底的关键是必须采用高质量的炭砖并辅之合理的冷却，通过技术引进和消化吸收，我国大型高炉炉缸炉底内衬设计结构和耐火材料应用已达到国际先进水平。

以美国 UCAR 公司为代表的“导热法”（热压炭砖法）炉缸设计体系已在本钢、首钢、宝钢、包钢、湘钢、鞍钢等企业的大型高炉上得到成功应用；以法国 Savoie 公司为代表的“耐火材料法”（陶瓷杯法）炉缸设计体系在首钢、梅山、鞍钢、沙钢、宣钢等企业的大型高炉上也得到了推广应用。

首钢 3 号高炉炉缸炉底采用“炭质炉缸-综合炉底”结构，首钢 1 号高炉（2536m^3）是“炭质-陶瓷杯复合炉缸炉底”结构。炉缸、炉底交界处即“象脚状”异常侵蚀区，均部分引进了美国 UCAR 公司的小块热压炭块 NMA。这两种结构在首钢均得到成功应用，已取得了长寿业绩。

6.1.4.2 高效的冷却系统设计

A 高炉冷却设备的设计

为使高炉寿命达到 10~15 年，首钢高炉全部采用冷却壁结构，在选择高炉各部位的冷却壁类型时考虑以下因素：（1）炉缸炉底区域。此部位的热负荷虽然较高，但比炉腹以上区域的热负荷要小，并且温度波动较小，在整个炉役中冷却壁前的炭砖衬能很好地保存下来，使冷却壁免受渣铁的侵蚀。因此，在炉底炉缸部位（包括风口带）均采用导热系数较高的灰铸铁（HT200）光面冷却壁，共设 5 段光面冷却壁。（2）高炉中部。这一区域跨越了炉腹、炉腰及炉身下部，是历来冷却壁破损最严重的部位。由于砖衬（渣皮）不能长期稳定地保存下来，冷却壁表面直接暴露在炉内，受到剧烈的热负荷冲击作用、渣铁侵蚀、强烈的煤气流冲刷和炉料的机械磨损等，所以要求此区域的冷却壁有较高的热机械性能及较强的冷却能力。设计时采用了第三代双排管捣料型冷却壁，壁体材质为球墨铸铁（QT400-18），共设 6 段，炉腰及炉身下部冷却壁带凸台。

B 高炉冷却系统的设计

根据首钢多年的实践，得出采用先进的炉缸炉底结构的同时要特别注意炉缸炉底冷却，加强检测与监控。关键部位在选用高导热耐侵蚀的优质炭砖的同时，进行强化冷却。在冷却水量上保持节约的同时不施以制约，在冷却流量的设计能力上充分考虑了调节能力，使冷却流量控制根据生产实践的实际情况实施，从而达到节能降耗的目的。首钢高炉炉底水冷管、炉缸冷却壁（1~5

段)、C型冷却壁、风口设备采用工业净水循环冷却。其中，炉底水冷管，第1、4、5段冷却壁，风口大套采用常压工业水冷却，水压为0.60MPa；第2、3段冷却壁位于炉缸、炉底交界处，即“象脚状”异常侵蚀区，故在此处进行强化冷却，采用中压工业净水循环冷却，压力为1.2MPa；风口中、小套采用高压工业净水循环冷却，压力为1.7MPa。

6.1.4.3 加强高炉的日常维护

A 炉缸工作状态控制

高炉顺行稳定生产要求炉缸工作活跃，中心死料堆具有足够的透气性和透液性，炉缸环流减弱。若炉缸中心死料堆透气性和透液性差，铁水积聚在炉缸边缘，在出铁时易形成铁水环流，导致炉缸内衬局部出现侵蚀，引发炉缸局部过热及炉缸烧穿等事故。炉缸中心死料堆透气性和透液性差，大量渣铁滞留在死料堆中，导致炉缸初始煤气难于渗透到中心，破坏炉内煤气流分布，影响高炉炉内顺行及炉体长寿。因此，要采取活跃炉缸中心死料堆的措施，保持适当的炉缸炉底及侧壁温度，维持活跃的炉缸工作状态。

炉缸侧壁温度、炉缸炉底温度反映了炉缸内的温度场变化。随着产量的提高，炉缸侧壁温度和炉底温度都呈升高趋势；随着煤比的提高，炉缸侧壁温度呈升高趋势而炉底温度呈下降趋势。炉缸工作活跃指数是监测炉缸工作状态的重要参数，为高炉长期高煤比生产下的冶炼参数调整提供依据，以达到高炉的平稳顺行及正常生产。

提高原燃料质量，在高炉下部保持足够、稳定的鼓风动能的基础上，上部装料制度控制中心与边缘煤气流的合理分配从而达到高炉顺行，这些措施有利于提高炉缸工作状态活跃性。通过对炉缸工作活跃指数的监测，及时调整各项高炉冶炼参数，保持活跃指数在正常范围内，实现了高炉在高煤比下的顺行稳定生产。且高炉炉缸侧壁温度保持在较低水平，实现了炉缸的长寿。

B 煤气流分布控制

合理煤气流分布涉及高炉稳定顺行、节能降耗、安全长寿等问题。首钢高炉合理煤气流分布目标：(1) 炉况的稳定顺行；(2) 煤气利用率的提高，燃料比的降低。代表性的煤气分布形态为“中心煤气开、边缘煤气稳定”。中心煤气的“开”表现为中心火柱窄而强，炉况顺行好，煤气利用率高，燃料比低，炉缸工作活跃。边缘煤气流的过分发展，不但会造成炉体热负荷升高，影响高炉长寿，而且煤气利用率变差，能量消耗高，影响高炉长期稳定顺行。边缘煤气流的稳定，有利于冷却壁的保护和渣铁保护层的稳定。中心煤气流对煤气利用、能量消耗、强化冶炼有一定影响，也对边缘煤气流的稳定产生直接影响。高炉合理煤气流分布是实现高炉稳定顺行的基础，在此基础上提高煤气利用率，实现高炉炼铁的节能降耗，实现高炉的高效长寿。

6.2 高炉含钛物料护炉技术

高炉是生产铁水的主体设备，我国拥有 1000m^3 以上的高炉 500 余座，并遵循大型、高效、长寿并举的原则进行新建或大修。随着钢铁工业的发展和技术进步，高炉的寿命已得到大幅提高。然而，由于近年来高炉冶炼强度提高、原燃料品位降低以及有害元素负荷的增加，高炉炉缸炉底的工作条件极其恶劣，炉缸耐火材料侵蚀、破损速度加快，炉缸烧穿事故仍时有发生。由于炉缸储存着高温炽热的铁水，修补异常困难。炉缸炉底是影响高炉寿命的重要因素，炉缸寿命已成为制约高炉寿命的关键环节。目前，高炉长寿问题依然是冶金工作者们所面临的重要难题。

6.2.1 国内外含钛物料护炉技术

6.2.1.1 国外含钛物料护炉技术

钛矿护炉是目前高炉炉役末期维护最常用的手段。国外对含钛物料护炉的研究大多起始于 20 世纪 50~80 年代。日本是世界上最早对含钛物料护炉进行研究的国家，他们在这一领域的研究成果对世界高炉长寿技术的发展起到了重要作用[14]。

早在 20 世纪 50 年代早期，出于保护高炉炉体的目的，日本小仓炼铁厂在烧结矿混合料中配加了一定数量的含钛磁铁矿。该含钛磁铁矿取自日本北海道喷火湾地区，质量优良，粒度均匀。根据以往的经验，在高炉正常作业条件下，大量使用高钛烧结矿（使高炉炉渣中 TiO_2 含量在 2.5%~3.5%）进行冶炼时，高炉会发生炉底升高、炉缸堆积等事故，或由于炉缸直径变小使得高炉操作长期处于失常状态。然而，小仓炼铁厂经过缜密考虑，决定使用高钛烧结矿进行护炉。在护炉情况下，将高炉渣中 TiO_2 含量控制在 4.0%以上，并相应调整了高炉的基本操作制度，使高炉稳定顺行。该厂每吨生铁的含钛磁铁矿用量最高时达到 250kg，相当于每吨铁加入 TiO_2 28kg，炉渣中的 TiO_2 含量最高时达到了 4.8%~5.2%。在这种冶炼条件下，自 1953 年 8 月至 1956 年 6 月该厂高炉生产取得了良好效果。小仓炼铁厂对其多年使用含钛磁铁矿护炉的实践加以总结，得出结果如下：

（1）在高炉正常作业条件下，每吨生铁使用的钛磁铁矿量为 220~230kg，最多达 250kg，相当于 TiO_2 25kg，最高为 28kg。

（2）过去使用含钛磁铁矿的目的在于就地取材降低原料费用。自 1953 年始，则是出于保护炉体的目的，在高炉入炉料中配用了 TiO_2 含量高的含钛磁铁矿，从而消除了炉缸烧穿的事故。

(3) TiO_2 的平衡可以通过适当地调整炉渣碱度和风口直径来实现。此外，还可以调整进入生铁中的 Ti 所消耗的 TiO_2，以及残留于炉内和进入炉渣中的 TiO_2 来实现 TiO_2 的平衡。

小仓炼铁厂使用含钛磁铁矿护炉成功以后，含钛炉料护炉技术在日本得到了全面的应用推广。例如：广畑 1 号高炉、室兰 1 号高炉、室兰 2 号高炉、室兰 3 号高炉等都先后采用了这一护炉技术。

日本钢铁协会在 1972 年出版的《钢铁制造法》中就明确指出，对于正常作业高炉，吨铁应加入相当 5~6kg 的 TiO_2，以便生成钛沉积物来保护炉缸内衬。

1959 年 9 月和 1963 年 7 月，日本川崎钢铁厂 2 号高炉铁口下方发生温度异常升高现象。该厂采取了如下措施：减风 20%，控制出铁次数，堵住其上方的风口，强化该处的冷却，增加炮泥量，炉壳和炭砖之间注入熔铸性泥浆，最后一项措施是 TiO_2 加入量从 5kg/t 增加至 8kg/t，同时增加炉渣碱度，提高铁水中的 Si 含量。经过 22 天的处理，高炉炉况恢复正常。

日本钢管公司福山钢铁厂的 5 号高炉是一座日生产能力为 11000t 的大型高炉。1978 年 6 月，炉缸侧壁温度异常升高，超过炉缸侧壁规定可承受的最高温度（220℃），并且在前 35 天里温度稳步上升，因此将 TiO_2 的加入量由吨铁 5~7kg 迅速增加至吨铁 20kg。通过 TiO_2 的平衡计算表明，在炉缸内有钛化物沉积，以致几天后炉墙温度下降。在随后的 40 天中，TiO_2 的加入量逐步减少到吨铁 10kg。福山铁厂是将含钛物料作为补救措施加入，也就是当炉缸侧壁热电偶指示温度异常上升时，开始增加 TiO_2 的加入量，当温度上升趋势停止并恢复到安全水平时，则减少含钛物料的加入量。

日本和歌山炼铁厂 4 号高炉自点火以来，5 年中曾多次发生铁口下部温度升高的情况，由通常的 150~200℃上升到 300℃以上。该厂采取了增加 TiO_2 加入量、堵风口、增加炮泥量等措施进行处理。特别是 1978 年 10 月以后吨铁 TiO_2 的加入量依次为 12kg、16kg、18kg、20kg（一般情况为 7~8kg），发现当吨铁 TiO_2 的加入量为 12kg 时，铁水中［Ti］由 0.16%升至 0.24%，渣铁流动性良好；吨铁 TiO_2 加入量增加到 16kg 时，铁口下方温度稍有下降，但渣铁的流动性变差，炉内净余 TiO_2（装入-排出）增加；当吨铁 TiO_2 加入量增加到 20kg 时，铁水中［Ti］达到 0.4%，铁口下方温度明显下降，渣铁流动性更加恶化；再恢复到吨铁 TiO_2 加入量 16kg 时，温度仍保持下降，但炉内净余 TiO_2 减少。因此，可用 $(TiO_{2入炉}-TiO_{2排出})/TiO_{2入炉}$（%）来判断护炉的实际效果，且比较直观。这是因为产生钛沉积层主要来自铁水中的钛，而不是渣中的 TiO_2。在不影响高炉顺行的条件下，提高 TiO_2 加入量的同时强化冷却，护炉效果明显变好。

综合小仓炼铁厂1号高炉、川崎厂2号高炉、福山厂5号高炉以及和歌山4号高炉等高炉的含钛物料护炉数据，发现其有效护炉的吨铁 TiO_2 的加入量为5~25kg，最高时为28kg；炉渣中 TiO_2 含量为1.5%~3.5%，最高达4.8%~5.2%；铁水中钛含量为0.08%~0.24%，同时，炉缸渣铁的流动性良好。

英国钢铁公司Redcar炼铁厂1号高炉有效容积为4573m^3，炉缸直径12m，于1979年10月12日投产。1980年11~12月间，炉缸侧壁热电偶指示的温度从正常值150℃连续不断地升高到250℃，每天升高5~6℃。据计算，原来厚1.1m的炉缸炭砖被侵蚀后，局部地方残存厚度仅为0.2m。为了缓解危局，该厂采取了加钛铁矿的护炉措施，期望在炉缸内生成TiC、TiN固溶体，在侧壁上形成钛沉积物保护层。从1981年2月2日起，按吨铁 TiO_2 为12kg加入钛铁矿，1个月后钛铁矿累计入炉量达到3806t，这时炉缸侧壁的温度降低了120℃，炉况恢复正常。护炉结果表明，在炉缸砖衬上确实形成了钛化物保护层，由此可见，含钛物料护炉确实是一项行之有效的护炉新技术。

澳大利亚布罗肯希尔公司纽卡斯尔厂的4号高炉容积为1268m^3，炉缸水温差异常升高后，将 TiO_2 加入量由吨铁6kg增加至20kg。三周后，炉缸的水温差开始降低，高炉炉龄延长了1年。除此之外，堪培拉港4号高炉容积为1883m^3，在护炉时，将 TiO_2 加入量从吨铁2.2kg增加至17kg，也获得了显著的效果。

南非Iscor钢厂1号高炉容积为2075m^3，于1976年投产。该厂将4~40mm的含钛炉渣直接加入高炉，明显延缓了渣铁对炉缸砖衬的侵蚀，从而延长了高炉的一代寿命。

德国蒂森公司1号、2号、8号和9号高炉自2011年1月起，相继通过顶加钛矿护炉，TiO_2 加入量为10~20kg/tHM。墨西哥Ahmsa钢厂5号高炉、巴西Usiminas钢厂3号高炉、德国Rogesa钢厂4号和5号高炉则采用钛煤混喷技术护炉，TiO_2 的加入量为10~15kg/tHM，均取得良好的护炉效果。

总之，自20世纪50年代以来，日本、美国、苏联、英国、澳大利亚、南非、德国、巴西和墨西哥等国已有多座高炉相继采用了含钛物料护炉技术，实践证明其经济效益十分可观，其中部分国外长寿高炉寿命如表6-2所示。

表6-2 国外部分长寿高炉寿命指标

高炉名称	有效容积/m^3	炉役期间	寿命/年	单位炉容产铁量/$t\cdot m^{-3}$
和歌山4号	2700	1982年2月~2009年7月	27.4	—
仓敷厂2号	2857	1979年3月~2003年8月	24.4	15600
千叶厂6号	4500	1977年6月~1998年3月	20.8	13386

续表 6-2

高炉名称	有效容积/m^3	炉役期间	寿命/年	单位炉容产铁量/$t \cdot m^{-3}$
汉博恩 9 号	2132	1988~2006 年	18	15000
光阳 1 号	3800	1983 年 4 月~2002 年 3 月	16.9	11316
光阳 2 号	3800	1988 年 7 月~2005 年 3 月	16.7	13555
广畑 4 号	2548	—	16.3	—
霍戈文 6 号	2678	1986~2002 年	16	12696
大分厂 2 号	5245	1988 年 12 月~2003 年 2 月	15.2	11826
霍戈文 7 号	4450	1991~2006 年	15.0	11034

6.2.1.2 国内含钛物料护炉技术

含钛物料护炉是一种针对炉缸侵蚀有效的护炉方法。近年来，国内越来越多的高炉采用含钛物料护炉，很多研究者针对含钛物料护炉做了大量的工作。

我国自 20 世纪 60 年代中后期也开始对钒钛物料护炉进行研究，实际应用始于柳钢、湘钢，以后武钢、首钢、本钢、重钢、酒钢、马钢、宝钢、太钢和杭钢等一大批大中型高炉以及其他小高炉都采用过含钛物料进行护炉。有效护炉的经验数据是：吨铁 TiO_2 的加入量为 5~20kg；炉渣中 TiO_2 含量为 2%~4%；铁水中的钛含量为 0.10%~0.20%。

在国内现役高炉中，很多高炉正在进行含钛物料护炉，其共同的特征是二层冷却壁所对应的炉衬部位，即“象脚”部位热流强度、水温差或热电偶温度异常升高。主要的护炉措施均采用了含钛物料护炉技术，使用的含钛物料包括含钛块矿、护炉钛球、含钛精矿包芯线、烧结矿加含钛海砂以及含钛炮泥等。加入方式为顶加含钛炉料、从风口喂含钛包芯线以及从铁口加入含钛炮泥等。通过含钛物料护炉后，二层冷却壁温度异常升高现象得到有效控制或温度有所下降，护炉效果明显。经统计得到部分高炉采用含钛物料护炉前后的实际生产数据，将其中一部分高炉的技术指标汇总如表 6-3 所示。

表 6-3 国内部分高炉含钛物料护炉数据汇总

高炉	容积/m^3	含钛护炉剂	护炉前/%		护炉后/%		渣比/$kg \cdot t^{-1}$	碱度	铁水温度/℃
			(TiO_2)	[Ti]	(TiO_2)	[Ti]			
GF2 号	450	海砂+烧结矿	0.60~0.80	0.035~0.042	1.00~1.20	0.08~0.11	400	1.15	1470~1490
LG1 号	1080	含钛包芯线	0.60~0.65	0.030~0.040	1.10~1.30	0.10~0.15	420	1.17	1495~1500
QG2 号	2650	块矿和钛球	0.50~0.64	0.035~0.042	1.65~1.81	0.12~0.14	320	1.15	1505~1510

续表 6-3

高炉	容积 /m^3	含钛护炉剂	护炉前/%		护炉后/%		渣比 /kg · t^{-1}	碱度	铁水温度 /℃
			(TiO_2)	[Ti]	(TiO_2)	[Ti]			
TG1 号	3200	海砂+烧结矿	0.55~0.65	0.038~0.043	2.10~2.52	0.18~0.20	350	1.13	1510~1520
QG3 号	4060	块矿和钛球	0.55~0.68	0.035~0.042	1.85~3.00	0.13~0.29	320	1.15	1505~1510
JT2 号	5500	承德钛球	0.40~0.50	0.031~0.035	1.05~1.10	0.08~0.10	290	1.18	1495~1500

注：以上高炉侵蚀部位均为二层冷却壁处，表现状况为热电偶温度异常升高。

由表 6-3 可知，国内现役高炉中，从容积为 450m^3 的小型高炉到 5500m^3 的巨型高炉，一旦炉缸出现温度异常升高，普遍采用了含钛物料护炉技术。大多数高炉护炉前炉渣中 TiO_2 为 0.40%~0.80%，铁水中钛含量为 0.03%~0.04%；护炉后炉渣中 TiO_2 为 1.00%~3.00%，铁水中钛含量为 0.08%~0.29%；渣比为 290~420kg/t，炉渣二元碱度为 1.15~1.18，小高炉铁水温度范围一般在1450~1470℃，大高炉铁水温度为 1500~1510℃（京唐 2 号高炉因炉温不正常，除外）。可见，使用含钛物料护炉依然是高炉有效护炉的重要手段。

与此同时，我国相继召开了多次全国性的钒钛物料护炉技术经验交流会和研讨会，国内钢铁企业之间在这一领域也经常交流和互相借鉴。随着我国钢铁工业的快速、跨越式发展，高炉数量急剧增加，含钛物料护炉技术也得到日益广泛的应用。国内几乎每座高炉到了中后期，都采用了含钛物料护炉，有效地维护了生产安全，延长高炉寿命，取得良好的效果，在含钛物料护炉技术及应用方面积累了丰富的经验。

6.2.2 高炉含钛物料护炉机理

用含钛物料进行护炉是高炉操作者在高炉炉役中后期常用的炉缸护炉方法。虽然直至今日对于含钛物料护炉的机理还不完全清楚，特别是对 Ti(C,N) 形成和析出行为的了解还不够深入，各种解释有所不同，但下文所述的观点相对而言基本成为共识。

6.2.2.1 护炉过程简要分析

目前，大多数高炉的炉缸侵蚀主要为“象脚”侵蚀，如图 6-13 所示。炉缸“象脚”侵蚀部位与铁水直接接触，由于钛的碳、氮化物易于黏结渣、铁、焦炭形成高黏度团聚物，故以碳氮化钛作为黏结剂形成的团聚物会黏结在破损炉衬处，阻止炉衬进一步磨损、脱落。因此，向高炉内加入含钛物料是一种有效的护炉方法，且铁水中的钛和炉渣中的（TiC）、（TiN）对护炉效果的影响尤为重要。

其中，钛还原进入铁水的量是护炉的关键，在实际生产中，通常以铁水中的钛含量作为含钛护炉的重要参考指标之一。经研究，钛含量为0.12%~0.20%时，可在不引起渣铁黏度显著增大的条件下达到护炉的效果。

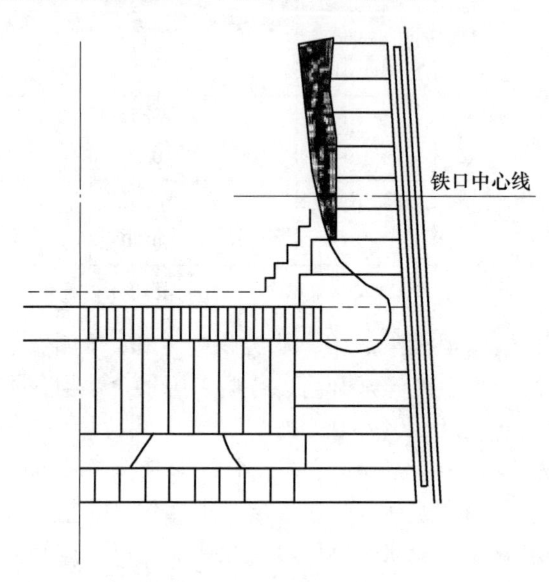

图6-13　炉缸“象脚”侵蚀

在护炉过程中，随着炉缸、炉底被逐步侵蚀，内衬厚度降低导致冷却水水温升高并威胁生产安全时，加入含钛物料之后，经过还原进入铁液的钛明显增加。在炉缸、炉底被侵蚀部位附近的铁水由于距离冷却壁较近，温度较低，导致钛的饱和溶解度下降，从而铁液中的钛会以TiC和TiN的形式析出，沉积在炉缸炉底被侵蚀的部位。另外，未被侵蚀的部位由于耐火材料完好且距离冷却壁较远，故铁水温度较高，钛不会以TiC和TiN的形式析出，即只有在被侵蚀的部位才会有TiC和TiN的析出与沉积，从而达到较好的护炉效果。

6.2.2.2　TiC和TiN的形成及析出

将含有TiO_2的炉料加入高炉后，在软熔带中形成含TiO_2的初渣，并且按照从高价到低价的规律进行还原，即$TiO_2 \rightarrow Ti_3O_5 \rightarrow Ti_2O_3 \rightarrow TiO \rightarrow Ti \rightarrow TiC$（或TiN）。根据热力学条件，温度越高形成的TiC（或TiN）越多。从高炉解剖分析已知，炉内TiC（或TiN）的形成与分布如图6-14所示。

由图6-14可知，TiC、TiN沿高炉高度变化，炉身下部软熔物中有少量的TiC、TiN生成。随着炉料的下降，其含量不断增加，至风口区达到最高值。当初渣通过风口区到达炉缸时，TiC和TiN被大量氧化，其含量又迅速降低。铁水中的钛与碳或氮发生反应生成TiC或TiN，当含TiC或TiN的铁水在炉缸下部周边的低温区时，铁水中的TiC或TiN处于过饱和状态，TiC或TiN将以固态结晶

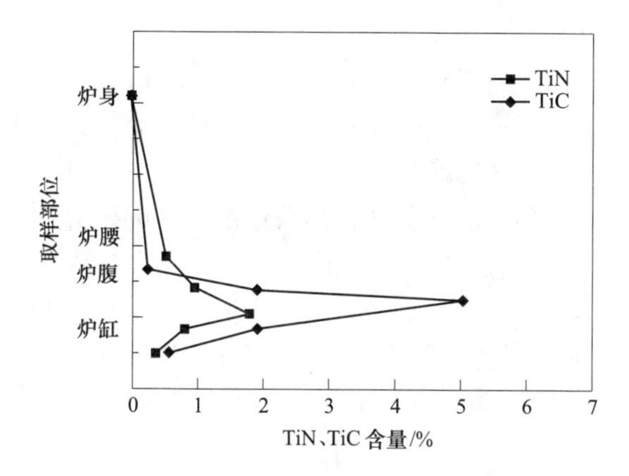

图 6-14 TiC、TiN 含量沿高炉高度上的变化

而析出并沉积于炉缸壁上，多以固溶体型 Ti(C，N) 的形式存在。维持合适的沉积厚度，就能起到护炉效果，沉积越多，护炉效果越好。

6.2.2.3 影响 TiC(或 TiN) 生成的因素

（1）温度。从热力学计算与生产实践结果看，温度的影响最为明显。温度越高，钛的还原越多，从而生成 TiC(或 TiN) 的可能性越大。风口回旋区附近的温度最高，TiC(或 TiN) 含量也最多。但是，在温度相同时，TiC、TiN 的含量各不相同。

（2）气氛。气氛中的氧对 TiC、TiN 的形成有非常敏感的影响，氧位越高其含量越少。试验与生产实践表明，已经还原的钛化物也可以被再次氧化，由此可见体系中氧位越高越不利于钛化物的存在。另一方面，系统中的 N_2 分压的影响也比较明显，当炉内 N_2 分压越高越有利于 TiN 的形成。

（3）渣中 TiO_2 含量。随着炉渣中 TiO_2 浓度的提高，参与还原反应的 TiO_2 也增加。因此，TiO_2 浓度的增加有利于钛的还原与还原量的增加，有利于 TiC 与 TiN 的形成，对护炉有利。

（4）炉渣碱度。铁水中钛含量与铁水中钛和硅的总量有关。炉渣碱度升高意味着铁水中硅含量的降低，这对铁水中钛含量的升高有益，适当提高炉渣的碱度有利于 TiC 与 TiN 形成。

6.2.2.4 含钛炉渣的性能

炉渣中 TiO_2 含量不同，渣的区分也不同。习惯上当 $TiO_2>20\%$ 时称为高钛渣，在 $TiO_2=10\%\sim20\%$ 时称为中钛渣，在 $TiO_2=5\%\sim10\%$ 时称为低钛渣，在 $TiO_2<5\%$ 时为护炉钛渣或称为微钛渣。高钛渣中由于含有大量的熔点高、结晶性强的矿物，其熔化温度比普通炉渣高 100℃ 左右；同时含钛高的炉渣不是普通的均质玻璃渣，它有明显的分层，如形成钙钛矿层，尖晶石层，碳、氮化钛层以及

金属铁层。不能熔化的碳、氮化钛悬浮于渣中，使炉渣变黏稠，并影响渣金反应，这对高炉冶炼不利，但对护炉来说，减缓了炉衬的侵蚀，碳、氮化钛的沉积又起到护炉作用。测试表明，微钛护炉渣与普通渣的黏度变化不大。

6.2.2.5　钛在铁水中的溶解度

目前，基于高炉条件下的钛化物析出及结晶过程的研究，指导高炉护炉、补炉工作，取得显著成效。任允芙、蒋烈英[15]给出了钛在铁水中不同条件下的溶解度。当铁水温度为1200℃时，铁水中钛的溶解度仅为0.012%，一般控制下限为0.08%。董一诚等[16]研究，铁水中Ti≥0.1%，就可以形成Ti(C,N)护炉层。杜鹤桂[17]等通过热力学计算，得出高炉条件下钛在铁水中的溶解度（表6-4）。

表6-4　铁水温度和钛溶解度关系

铁水温度/℃	1350	1400	1450	1500
铁水中Ti浓度/%	0.212	0.299	0.414	0.567

曲彦平[18]等人对钛在铁水中的行为进行了研究，得出碳含量为4.0%时铁水中钛的溶解度随温度的升高而增加，如图6-15所示。

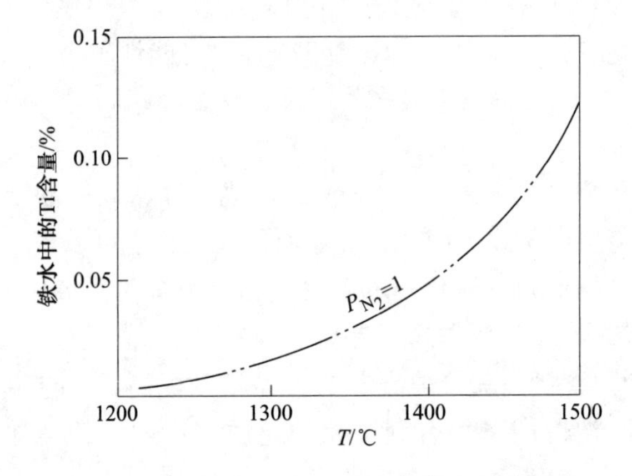

图6-15　碳含量为4.0%时铁水中Ti的溶解度

由此可知，在进行含钛物料护炉时，随着冷却温度的降低，钛在铁水中的溶解度也随之降低，铁水中多余的钛会以TiC、TiN的形式析出，逐渐沉积于温度梯度较低的炉衬破损处，形成TiC、TiN的保护层，阻止铁水对炉衬的进一步侵蚀，从而延长了炉衬的寿命。

另外，铁水中的钛溶解度随温度升高而升高，钛和碳的浓度积超过其饱和溶解度时，会以TiC的形式析出，起到护炉作用。

北京科技大学通过实验研究了钛在铁水中的溶解度，发现在标准大气压、N_2保护下，1150～1250℃时，铁水中钛的溶解度基本上稳定为0.12%；1250～

1400℃时，铁水中钛的溶解度随温度的升高而升高；1400~1550℃时，碳饱和铁水中钛的溶解度均为0.18%，如图6-16所示。因此，得出铁水中的钛含量至少在0.12%以上，冷却后才有钛化物的析出，进而才能起到稳定护炉的作用。

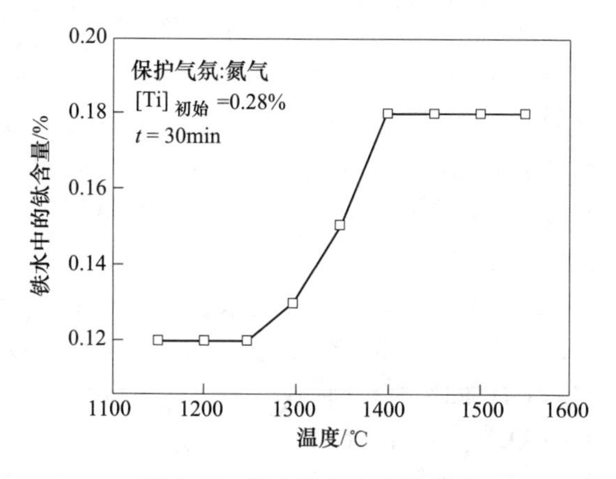

图6-16　钛在铁水中的溶解度

6.2.2.6　钛保护层厚度与部位

炉衬被侵蚀最严重的部位得到的沉积物最多。很多高炉停炉后经破损调查发现，铁水环流所形成的“象脚”位于第一层环炭与第二层环炭交界面位置。“象脚”位置处存在大量的铜色物质，一般为钛的化合物，主要为TiC、TiN或者Ti(C,N)。但“象脚”位置钛的化合物分布并不均匀，其中铁水环流强度较低、冷却强度较大的侵蚀处钛化物富集最为明显，形成大块聚集区，紧贴在炭砖表面，厚度为50~100mm不等；铁水环流强度较高的侵蚀处，尽管冷却强度较大，钛化物也有较为明显的富集，但钛化物并不形成大块聚集，而是以小块晶粒与炭(炭砖或者焦炭颗粒)形成镶嵌结构，厚度较薄；铁水环流强度较高同时冷却强度较小的侵蚀处，通常钛化物很少或未见富集。

6.2.2.7　钛保护层的一般结构

在炉缸“象脚”部位以TiC与TiN为主的富集层中，根据对钛沉积物的微观结构分析可知，TiC与TiN之间以及相互固溶的结果构成不同色调的层状结构，形成与树干横截面很相似的年轮状结构。侵蚀程度越深的部位，年轮越高。钛沉积物的来源是铁水中的TiC与TiN的析出，同时有少量的石墨析出，在温度较低的部位，这种析出与沉积的量最多。

6.2.2.8　含钛物料护炉时的控制条件

从护炉理论与护炉实践可以知道，要取得良好的护炉效果，需要控制好两个主要因素。首先要控制在高温条件下TiO_2的还原条件；其次要控制在低温条件下TiC、TiN从铁水中的析出条件。这两个条件是在护炉过程中要完成的必不可少的工艺任务。

6.2.2.9 含钛物料护炉时合适的加入量

目前，合适加入量的标志有三种：即铁水中钛含量、渣中 TiO_2 的含量以及吨铁钛负荷（TiO_2kg/tHM）。实际上，对于炉缸“象脚”侵蚀而言，钛的沉积物的形成关键是铁水中的钛含量。铁水中钛含量越高，钛沉积物将越容易形成，护炉效果也将越好。有的资料介绍，只要铁水中钛含量能保持在0.08%，就有明显的效果。但从各个铁厂的实际加入量来看，铁水中钛含量在0.10%~0.20%较为合适，有时还要略高一些。各个铁厂一般根据自己的具体情况与护炉经验确定其加入量，同时坚持长期护炉的思想。

北京科技大学[19]根据 Ti 在铁渣中的分配系数的计算结果，计算出当铁水温度为1450~1510℃，进行含钛物料护炉时，钛在铁渣中分配系数为0.08。如果铁水中钛含量为0.12%~0.18%时，含钛物料的适宜加入量为：

$$
\begin{aligned}
W(TiO_2) &= W(TiO_2)_{铁} + W(TiO_2)_{渣} \\
&= (0.12\% \sim 0.18\%) \times [1000 \times (80/48) + 400 \times (1/0.08)] \\
&= 8 \sim 12\text{kg/t}
\end{aligned}
$$

6.2.3 高炉含钛物料护炉方法

目前，高炉生产上常用的含钛物料加入方法有两种：（1）长期少量地加入含钛物料，通常叫预防性护炉（长期加入法）；（2）当炉缸有烧穿危险时大量加入含钛物料，通常叫治疗性护炉（大量加入法），如表6-5所示。

表6-5 常见的护炉方式及钛含量

护炉方式	配钛当量 $TiO_2/kg \cdot t^{-1}$	渣中（TiO_2）/%	铁中［Ti］/%
预防性护炉（长期）	7~10	1~2	0.10~0.15
治疗性护炉（短期）	10~20	2~4	0.15~0.20

长期加入法是指高炉开炉一年左右时加入含钛物料，直至停炉。一般 TiO_2 入炉量为5~6kg/t，当炉缸温度升高时，TiO_2 加入量增加到10~15kg/t。目前，日本大多数高炉和我国部分高炉采用长期加入法，优点有 TiO_2 入炉量较少，对高炉冶炼影响小；缺点是对钛元素利用率低，成本相应增加。

大量加入法一般加入 TiO_2 为10~15kg/t，有时甚至达到20kg/t以上。我国最早采用钒钛矿护炉的柳钢、湘钢等厂就是采用的大量加入 TiO_2 护炉法。其优点是护炉效果较好且钛资源得到充分的利用，但是入炉时机较难掌握，时机若滞后，炉缸有烧穿的危险。

但无论是长期加入还是短期大量加入，在护炉期均需要随炉料连续稳定的加入高炉中，而不能中断，这样才能在高炉内壁破损处形成含有石墨、碳化钛、氮化钛的黏稠保护层，从而延缓炉衬的继续侵蚀，否则达不到护炉的效果，常见的护炉见效次序及时间如表 6-6 所示。

表 6-6 常见的护炉见效次序及时间

见效部位	配钛当量 $TiO_2/kg \cdot t^{-1}$	时间/天
炉缸、炉底结合处	5~10	7~8
缸壁	5~10	10~12
炉底中心	10~20	>30

在目前的高炉含钛物料护炉中，主要采用以下几种含钛物料和相应的加入方法：

（1）风口喷吹钛精粉。从风口喷吹钛精粉，使钛精粉中钛的氧化物在炉缸中直接进行还原，主要的优点是对解决炉缸局部侵蚀有利，首钢与梅钢在 1990 年与 1991 年从风口喷吹过钛精粉。但直接喷吹钛精粉会对风口造成较严重的磨损。目前比较新的方法是采用从高炉风口喂入含钛精粉包芯线的方法进行定点护炉，且该方法正处于研究应用和完善阶段。该方法的不足之处是要堵风口，而且也相对比较“贵”，投入太多，护炉费用太高。

（2）含钛球团护炉。将钛精粉采用冷固结的方法做成球团，从高炉顶部随炉料加入高炉中进行护炉。如首钢、莱钢进行了冷固结含钛球团护炉试验，都取得了成功。

（3）炉顶加入含钛块矿进行护炉。目前有一部分高炉采用这种方法进行护炉。这种方法具有加入方便，无须明显改变高炉工艺操作等特点。但该法也有一些缺点：不能有效处理炉缸局部破损，需要较长的时间才能取得明显的护炉效果。另外，含钛块矿往往含铁品位低，由此带入高炉的有害元素增加，不利于高炉冶炼和护炉。

（4）在炮泥中加入含钛物料。如果高炉炉缸铁口及铁口周围区域出现局部侵蚀现象，可以把含钛物料按一定比例加入炮泥中，使之随炮泥打入铁口，在铁口区生成 TiC、TiN，从而有效保护铁口区及附近的炉衬。

6.3 典型高炉护炉技术

6.3.1 首钢京唐高炉护炉技术

首钢京唐公司钢铁项目一期设计年产铁 898 万吨、钢 970 万吨、钢材 913 万吨，于 2007 年 3 月 12 日开工建设[20]。2009 年 5 月 21 日，1 号 5500m^3 高炉送风点火出铁，随后炼钢、热轧、冷轧部分工序相继投产，一步工程全线贯通；2010 年 6 月 26 日，一期工程竣工投产。

京唐1号高炉设计寿命为25年。其炉缸炉底内衬采用炭砖-陶瓷垫组合结构，炉底采用高导热石墨砖、微孔炭砖、超微孔炭砖和陶瓷垫组合结构，炉缸壁和炉缸、炉底交界处采用热压炭砖，风口、铁口采用组合砖结构。高炉炉体采用全冷却壁结构，炉腹、炉腰以及炉身下部采用4段高效铜冷却壁，炉身中上部采用7段镶砖铸铁冷却壁，炉喉钢砖下部设一段C型水冷壁。炉腹至炉身为冷却壁与砖衬一体化薄壁结构，冷却壁镶砖热面直接喷涂耐火材料。高炉本体炉底、冷却壁、风口全部采用纯水密闭循环冷却系统。首钢京唐1号高炉共42个风口、4个铁口。铁口位于炉缸第四段冷却壁处，风口位于炉缸第六段冷却壁处。42个风口中，34个风口直径为130mm，铁口两侧风口直径为125mm（共8个），风口长度625mm，风口面积0.5495m^2。四个铁口之间的角度情况：1号铁口和2号铁口之间77.14°；2号铁口和3号铁口之间102.86°；3号铁口和4号铁口之间77.14°；4号铁口和1号铁口之间102.86°；炉缸周向共60块冷却壁，288根水管。

2013年8月24日，投产4年零3个月后，首钢京唐1号高炉开始加钛护炉，其局部高温点温度达到341℃。此后又有多次升高，2015年9月27日最高温度达到542℃，局部温度升高很快。

6.3.1.1 含钛物料

首钢京唐1号高炉使用的原料有烧结矿、普通球团矿、块矿、进口钛矿、高品位钛矿、低品位钛矿、承德钛球和自产钛球。几种原料的成分分析如表6-7所示。

表6-7 首钢京唐1号高炉所用的含钛物料化学成分 (%)

原料种类	TFe	SiO_2	Al_2O_3	CaO	MgO	S	TiO_2	TFe+TiO_2
烧结矿	57.40	5.07	1.89	10.22	1.41	0.02	0.18	57.58
普通球团矿	65.47	3.24	0.61	0.69	1.59	0.01	0.08	65.55
块矿	61.95	3.24	1.81	0.07	0.00	0.01	0.08	62.03
进口钛矿	43.44	9.71	5.01	2.33	4.72	0.33	18.60	62.04
高品位钛矿	48.00	6.93	5.71	1.37	2.80	0.32	12.00	60.00
低品位钛矿	44.00	9.87	5.50	1.92	2.52	1.14	11.00	55.00
承德钛球	51.40	6.32	2.37	1.68	1.75	0.02	13.15	64.55
自产钛球	64.99	2.83	0.56	0.72	1.74	0.01	2.09	68.08

由表可知，几种原料中普通球团矿的品位最高为65.47%，自产钛球品位次之。烧结矿、承德钛球和普通块矿的品位居中，进口钛矿、高品位钛矿、低品位钛矿的品位最低。几种原料中都含有钛，其中普通球团矿和块矿钛含量均为0.08%，烧结矿中钛含量为0.18%。作为护炉资源使用的矿石中，进口钛矿含钛

量最高为18.6%，高品位钛矿、低品位钛矿及承德钛球的钛含量居中，自产钛球的钛含量最低为2.09%。将各种原料的品位与钛含量综合来看，得到品位与钛含量之和，其中自产钛球最高为68.08%。虽然自产钛球含钛量最低，但其高品位带来的渣量比较少，对高炉顺行有利。

6.3.1.2 高炉护炉情况

表6-8~表6-10分别为首钢京唐1号高炉操作指标和渣铁成分。从表6-8可以看出，京唐1号高炉利用系数为2.14t/(m^3·d)，焦比为304kg/tHM，相对较低，喷吹煤比为177kg/tHM，相对较高[21]。护炉期间，铁水中钛含量在0.08%~0.15%，渣中TiO_2含量基本保持在1.50%~2.0%之间[22]。

表6-8 首钢京唐1号高炉护炉期间操作指标

项目	高炉有效容积	高炉利用系数	高炉焦比	高炉煤比	铁水温度
指标	5500m^3	2.14t/(m^3·d)	304kg/t	177kg/t	1505℃
项目	高炉风温	铁水中钛含量	炉渣中（TiO_2）含量	炉缸侧壁温度	热电偶插入深度
指标	1218℃	0.08%~0.15%	1.50%~2.0%	542.1℃	100/200/300mm

表6-9 首钢京唐1号高炉在护炉期间的铁水成分 （%）

项目	C	Si	Mn	Ti	P	S
铁水成分	4.3	0.292	0.301	0.094	0.113	0.046

表6-10 首钢京唐1号高炉在护炉期间的炉渣成分（月均） （%）

项目	CaO	SiO_2	Al_2O_3	MgO	TiO_2
炉渣成分	38.13	32.68	14.03	7.37	1.52

6.3.1.3 高炉护炉技术

首钢京唐1号、2号高炉在高炉运行一段时间后，均出现局部温度升高现象。2012年2月7日，首钢京唐2号高炉在开炉不到两年局部温度点升高到504℃。2012年6月5日~7月18日，首钢京唐2号高炉在投产两年后开始加钛护炉。2013年8月24日，首钢京唐1号高炉局部温度升高到304℃，也开始采用加钛护炉。此后，两座高炉均出现温度升高现象，其采取的主要护炉技术总结如下：

（1）加钛+强冷。长期加钛进行护炉，并对钛的加入量进行科学的控制，在炉缸局部点温度较高的情况下，提高钛加入量，但在温度降至安全范围后，要适当减钛。此外，通过调节炉温来提高铁水中钛含量，防止入炉钛矿过高，引起品位下降、渣比升高并降低铁水的流动性，进而影响高炉顺行。首钢京唐高炉入炉钛负荷高时接近10kg/t，一般钛负荷在5~7kg/t左右。

另外，通过加大冷却水流量、降低供水温度，将高温区域的炉衬表面温度降下来，以利于形成 TiC（或 TiN）的结晶物。如京唐 2 号高炉在 2012 年 12 月 27 日除采取控制产量外（负荷降低至 5.22～4.84t/tHM，顶压控制在 2.61～2.57kPa，关上方风口调节阀 25%），同时提高冷却水量，降低进水温度（软水流量 6000～6300m^3/h，进水温度降低至 46～41℃）。

（2）控制适当产量。炉缸温度升高，高炉护炉过程中应维持高炉顺行，减少炉况波动，适当降低高炉产量，减少渣铁生成量和排放次数，有利于减少渣铁环流，在炉缸侧壁形成保护层。2014～2016 年，首钢京唐高炉平均利用系数保持在 2.20～2.30t/(m^3·d）之间，保证了高炉的安全生产。

（3）控制入炉有害元素含量。减少入炉有害元素含量，有利于降低有害元素对炉缸炉底炭砖的侵蚀。在 2012 年 10 月和 2013 年 5 月之间，首钢京唐高炉碱金属含量在 3～4.5kg/tHM 之间波动。2013 年 6 月到 2016 年 2 月，首钢京唐加强了碱金属管控，碱金属含量基本控制在 4kg/tHM 以下。在 2014 年 9 月，首钢京唐高炉将入炉锌负荷控制在 0.25kg/tHM 以下。

（4）加强炉缸区域监控。为加强炉缸炉底区域的监控，首钢京唐高炉在炉底、炉缸的砖衬中共布置了 12 层 548 点热电偶，用于测量炉缸炉底的砖衬温度，在 4 个铁口各有测温点 6 个，共计 24 个测温点。同时，在一段和六段两层水箱出水处（炉缸区域）设有水温测量点，每块水箱设测温点 1 个，共计每层 72 个测温点。并在高炉专家系统上设立炉缸侵蚀模型及报警，以便及时发现异常现象。根据傅里叶导热方程测算炉缸侵蚀厚度，及时了解圆周方向炉缸的侵蚀情况，控制安全侵蚀厚度。

（5）炉缸局部温度较高，初期不易控制时，配合加钛临时堵风口。首钢京唐 2 号高炉第二次护炉时，因其高温点在铁水环流剧烈区域，加钛后利用检修机会临时堵上方两个风口，此后温度降低明显。

6.3.2 太钢高炉护炉技术

太钢 5 号高炉是中国自行设计建造的特大型高炉[23]，设计年产生铁 320 万吨，设计高炉寿命 15 年，有 38 个风口、4 个铁口，采用了 PW 串罐无钟炉顶，炉顶压力 0.25MPa，皮带上料，炉腹至炉身中部选用铜冷却板，软水密闭循环冷却，环保 INBA 法水渣处理系统，炉前大能力 TMT 液压开口机和泥炮等技术设备。高炉炉容 4350m^3，于 2006 年 10 月 13 日建成投产，从 2013 年开始，炉缸温度逐步出现高于 400℃的高温点。2016 年，高炉进入特护期，长时间的采取堵风口、限产、配加 VTI 矿、高焦比等措施护炉，炉况整体稳定性差。2016 年 6 月炉缸温度达到最高点 575℃。高炉设计上，炉身上部共设 3 段镶砖铸铁冷却壁+氮化硅结合碳化硅砖；炉腹至炉身下部采用铜冷却板+碳化硅砖+石墨砖（1～14 层）；炉缸结构是炭砖陶瓷杯结构，侧壁采用美国 UCAR 小炭砖 NMD、NMA 砖；

炉底三层大炭砖+两层刚玉砖，炉底水冷在封板下，炉缸铸铁冷却壁，铁口区为4块铜冷却壁。

太钢5号高炉的生产过程大致可分为以下4个阶段：（1）2006年10月~2009年10月投产初期，逐步掌握大型高炉生产操作，并开始强化，低焦比、高煤比和低硅冶炼；（2）2009年10月~2012年10月稳定高产期，高富氧率和高利用系数生产，其间强化设备管理和技术创新；（3）2012年10月~2015年12月炉役中期，炉内耐火材料局部侵蚀严重，定期硬质压入修复；炉缸侧壁温度升高，间断钛矿护炉；受行业利润下降影响，控制产量[24]；（4）2016年特护阶段，长期堵风口，高焦比，限产；2016年6月尝试中心加焦料制。在高炉运行的十年中，炉缸温度曾多次升高。

6.3.2.1 含钛物料

太钢5号高炉护炉料是含钒钛块矿，钒钛块矿的化学成分如表6-11所示。

表6-11 太钢5号高炉所用的钒钛块矿化学成分 （%）

含钛物料	TFe	TiO_2	SiO_2	Al_2O_3	MgO	CaO	P	S
钒钛块矿	48.97	12.14	6.37	5.60	3.30	0.89	0.04	0.37

由于太钢的产品是不锈钢，护炉采用钒钛块矿，不仅增加钛含量，而且还能起到增加钒的目的。钒钛块矿的TFe品位是48.97%，在钒钛块矿中品位较高；TiO_2含量为12.14%，含量较高；SiO_2含量为6.37%；Al_2O_3含量为5.60%，脉石成分比较高，磷含量为0.04%，硫含量为0.37%。

6.3.2.2 高炉护炉情况

表6-12中的数据是太钢5号高炉护炉期间生产指标的平均值。高炉利用系数为1.916t/(m^3·d)，保持低冶炼状态，焦比365kg/t，煤比160kg/t。吨铁原料为1594kg/t，吨铁原料较低，这是因为太钢炉料的平均铁品位较高，烧结矿吨铁用量为1030kg/t，球团矿吨铁用量为38kg/t，块矿吨铁用量为26kg/t，高炉炉料结构中使用球团矿较多而块矿使用很少，熟料率为98.24%。高炉风温为1237℃，风温较高，炉缸侧壁最高温度为575℃。在冶炼中，铁水成分和炉渣成分也特别重要，这些指标可以反映护炉的基本情况。太钢5号高炉在护炉期间的铁水和炉渣成分如表6-13和表6-14所示。

表6-12 太钢5号高炉护炉期间操作指标

项目	高炉有效容积	高炉利用系数	高炉焦比	高炉煤比	铁水温度
指标	4350m^3	1.916t/(m^3·d)	365kg/t	160kg/t	1520℃
项目	高炉吨铁原料	烧结矿吨铁用量	球团矿吨铁用量	块矿吨铁用量	高炉风温
指标	1594kg/t	1030kg/t	538kg/t	26kg/t	1237℃

续表 6-12

项目	铁水中钛含量	炉渣中 TiO_2 含量	炉缸侧壁温度
指标	0.12%~0.18%	1.60%~1.85%	575℃

表 6-13 太钢 5 号高炉在护炉期间的铁水成分 (%)

项目	Fe	C	Si	Mn	Ti	P	S
铁水成分	—	4.67	0.58	0.05	0.15	0.071	0.031

表 6-14 太钢 5 号高炉在护炉期间的炉渣成分（月平均） (%)

项目	CaO	SiO_2	Al_2O_3	MgO	MnO	TiO_2	S
炉渣成分	41.78	34.95	11.96	6.293	0.090	1.71	1.067

太钢 5 号高炉在护炉期间的平均铁水温度为 1520℃，比不护炉时高约 10℃。铁水中钛含量为 0.15%，铁水中的硅含量为 0.58%，锰含量为 0.05%，硫含量为 0.031%，磷含量为 0.071%。高炉渣量为 269kg/t，炉渣中（CaO）含量为 41.78%，（SiO_2）含量为 34.95%，炉渣碱度较高为 1.19，这样有利于炉渣的流动；（Al_2O_3）含量为 11.96%，（MgO）含量偏低为 6.293%，（TiO_2）含量较高为 1.71%，（S）含量为 1.067%。

6.3.2.3 高炉护炉技术

从表 6-15 中可以看出，8.68m 标高分别在 45°（1 号铁口）、135°（2 号铁口）、270°（3 号、4 号铁口间）3 个方向出现过大于 400℃的高温点，最早出现高温点为 2013 年 3 月；9.68m 标高温度 4 个铁口方向均出现过高值，集中在 2013 年；2016 年创新高，最高值在 3 号、4 号铁口方向，分别为 551℃、575℃；此外，9.535m 标高温度波动较频繁，出现高点次数不多，主要集中在 1 号、2 号、3 号铁口附近；最早出现高温点时间为 2011 年 5 月。炉缸侧壁温度频繁地升高说明炉况稳定性差。从 2013 年起，炉缸温度大于 400℃时开始配用钒钛矿，炉缸温度大于 450℃时休风堵风口。每次护炉时保持铁水中钛含量在 0.12%~0.18%，

表 6-15 太钢 5 号高炉铁口附近（标高 10.5m）炉缸最高温度

铁口	温度最高值/℃	温度最高值标高/m	出现最高值时间
1 号	480	9.68	2014 年 11 月 9 日
2 号	488	8.68	2015 年 5 月 26 日
3 号	551	9.68	2016 年 8 月 4 日
4 号	575	9.68	2016 年 6 月 28 日
270°方向（3 号、4 号间）	469	8.68	2013 年 9 月 16 日
炉芯	540	4.68	2016 年 3 月 21 日

比不护炉时高 0.09%~0.15%，同时硅含量控制在 0.55%~0.81%，比不护炉时高 0.06%~0.2%。护炉期间保持低冶炼水平，产量维持在 8500t/d，利用系数为 1.95t/(m^3·d)。每次护炉配加 VTI 矿一般均配合堵风口，最多时堵 4 个风口，一般配加 3~7 天护炉料，钒钛矿加入量的多少一般根据炉温升高情况而定。在护炉时要有相应的操作制度，如提高冷却强度，维持较低煤比，煤比控制在 150~170kg/t，更换小风口或堵风口，控制炉缸温度高位置铁口出铁量，铁口深度连续低于 3000mm，提高炮泥质量，使用钒钛炮泥等一系列措施。

6.3.3 河钢邯钢高炉护炉技术

河钢集团邯宝炼铁厂两座 3200m^3 高炉炉缸炉底均采用美国 UCAR 公司 NMA、NMD 组合砖和高导热炭砖+陶瓷垫耐火砖（杯）的设计。1 号高炉于 2008 年 4 月 18 日开炉，2 号高炉于 2009 年 4 月 21 日开炉。1 号高炉自 2013 年 3 月 22 日开始，炉缸侧壁标高 8.5m（铁口中心线下 1.5m）处第 8 点（1228B）和第 12 点（1232B）热电偶温度开始逐步攀升，至 9~10 月温度最高上升至 660℃；2014 年 8 月 8.5m 处各点温度再次出现普遍升高的现象，尤其是第 12 点温度上升至 693℃。2 号高炉于 2015 年 2 月开始炉缸标高 7.495m 处热电偶（炉缸侧壁与炉底死铁层相交处）和标高 6.69m（炉缸侧壁陶瓷垫和炉底炭砖相交处）温度不断升高。2015 年 6 月 20 日这两处深点和浅点炭砖温度分别达到 982.7℃、603.5℃和 805℃、546℃，深点和浅点温差大，造成了炉缸“象脚”侵蚀，被迫实施了堵相应风口进而降低冶炼强度的操作。炉缸侧壁温度异常偏高且持续上升，严重威胁高炉的安全生产。通过详细的调查分析，采取了一系列的维护措施，两座高炉炉缸侧壁温度逐步回落，并控制在安全范围内。与此同时，高炉实现了长周期的稳定顺行，并取得了较好的经济技术指标。生产实践表明，采取正确的日常操作措施是高炉炉缸长寿的基础，不采用含钛炉料护炉技术也可以达到维护高炉长寿的目的。

6.3.3.1 煤气流分布的合理控制

（1）上部装料制度调整：

1）矿石批重的调整。矿石批重增大虽能使矿石分布均匀，但也使得中心气流阻力上升，边缘气流阻力也上升。两座高炉正常时，矿批在 90~95t，经过调整矿批降低到 87~90t，料柱透气性得到改善，全压差下降，技术指标得到明显改善。

2）确定合理的布料矩阵。随着生产时间的延长，高炉实际炉容明显扩大，加上原燃料质量下降，造成高炉边缘煤气流不稳定，中心气流变弱。于是逐步上扬布料角度，稳定住了边缘煤气流。另外逐步缩小矿带，布料矩阵由 $C_{333222}^{234567}\ O_{33322}^{23456}$ 逐步过渡为 $C_{222223}^{234567}\ O_{4432}^{2345}$，实现了强化中心、适当抑制边缘与兼顾中间环带的煤气量分布，提高了抗干扰能力，促进了煤气流的均衡稳定。

（2）下部送风制度调整：

1）调整风口面积和风口长度。随着高炉服役时间的延长，高炉风口带温度及炉缸侧壁温度均大幅上升。根据回旋区形态对炉缸环流、一次煤气分布的影响，确定了缩小进风面积、加长风口长度的调整措施，以提高死焦堆透液性，减弱铁水环流侵蚀。两座高炉利用几次休风，将风口面积由 0.4332m^2 缩小至 0.4130m^2，提高了风速及鼓风动能，使回旋区向炉芯方向移动，减弱炉缸侧壁环流的强度。

2）调整风氧使用量。适当增加风量和减少氧气量，提高风速和鼓风动能，保证中心气流充沛，减少边缘气流。高炉炉腹煤气量和透气阻力系数是衡量高炉强化的重要参数，高炉能够通过的煤气量和炉腹煤气量指数取决于炉料的透气性。优化炉料结构，注重实施延伸管理，把握原燃料源头质量，尤其要清晰含铁料成分波动情况、量化振料时间、备料速度等筛分过程，最大限度减少入炉粉末。同时优化排料顺序，各种炉料混合平铺。在排料过程中，不同料种在不同位置有不同的比例，达到满足炉内平台稳定的要求，也为稳定炉腹煤气量和透气阻力系数创造了条件。充分考虑炉腹煤气量和透气性阻力系数这两个参数，力求煤气生成量稳定。将两座高炉炉腹煤气量控制在 7550~7650m^3/min，透气阻力系数在 3.45 左右，炉况稳定性较好。

（3）强化日常操作管理。适当提高硅含量，保持在 0.3%~0.45%，确保铁水物理热在 1515±10℃，炉渣二元碱度控制在 1.25~1.3，铁水一级品率达到了 95%以上，全风温操作，对煤粉、加湿等参数的调剂量做出了量化规定，以确保炉温的稳定，保证风氧量的稳定，从而保证炉况的稳定[25]。

（4）适当降低冶炼强度。当炉缸侧壁温度异常偏高时，可以通过适当降低相应风口的鼓风量，进而降低冶炼强度，以保证炉缸侧壁温度的回落，使得高炉可以安全生产。

（5）提高和稳定热炭质量。提高焦炭质量，降低焦炭灰分和硫分，灰分由 12.5%~13% 降低到 12.0%~12.5%，硫分由 0.85%~0.95% 降低到 0.75%~0.85%[26]。稳定入炉焦炭品种和比例，稳定炉况，保证中心气流充沛，减轻铁水边缘环流。

6.3.3.2　渣铁处理制度化

2014 年 8 月开始逐步提高铁口深度，由 3.3~3.6m 提至 3.5~3.7m，出渣时间由原来的 30min 更改为 20min，铁水流速和铁间隔依然执行原来的标准。日常生产过程中，严抓炉前设备点检工作，维护好铁口泥套，杜绝拉风堵口；稳定打泥量，保持铁口深度及孔道的稳定；每天按 12 炉次组织，保证渣铁出净，以免憋炉而引起的渣皮脱落造成气流波动。为此，1 号高炉对渣铁处理过程制度化，量化操作参数，制定了“炉前操作标准”：铁间隔≤10min，铁口深度3.4~3.6m，出渣时间≤20min，铁水流速5.5~8.5t/min，单铁口出铁时间110~130min等。要求炉前保证出铁质量，一旦出现渣铁流速过慢或出渣时间超时现象，实施重叠出铁，从而保障渣铁及时排放，减少对炉况顺行的影响。

6.3.3.3 冷却系统维护与管理

（1）软水水量及进水温度的调整。2013年7月软水流量提至4930m^3/h，2014年10月随着产量的提高，冷却壁水量再次提到4930m^3/h。同时增加炉缸温度偏高部位的局部水量，水速由设计的1.78m/s提高到2.3m/s，软水进水温度控制由38~40℃降至35~36℃，有效保证了热量的导出。同时为了减少炉缸中心死焦堆体积，改善炉缸中心透液性，适当减少炉底冷却水量，从而提高炉缸中心活跃度。

（2）冷却壁温度的管理。冷却壁的热面温度和渣皮厚度的稳定，起到维持合理炉型作用，从而保证边缘气流的稳定，中心气流的充沛，减轻炉缸铁水环流。根据高炉冶炼条件及操作炉型的变化，适时调节软水进水温度，使冷却壁水温差控制在2~3℃，以确保合理的冶炼炉型（冷却壁正常温度如表6-16所示）。

表6-16 冷却壁正常温度范围

冷却壁	温度范围/℃
5段	43~48
6段	45~50
7段	45~50
8段	50~60
9段	90~120
10段	80~110
11段	140~160
13段	100~130

（3）控制入炉有害元素。碱金属钾、钠会造成炉缸堆积、高炉结瘤、恶化透气性和损坏炉衬，严重的会造成炉况失常，对高炉生产和长寿的危害巨大。同时锌对高炉内衬的侵蚀破坏作用同样不可忽视，锌蒸气的循环富集会造成高炉砖衬脆裂、破损，并导致炉缸炉底炭砖脆化，形成炉缸侧壁炭砖环裂，缩短高炉寿命，对高炉长寿影响严重。

受经济料及低成本思路的影响，高炉入炉有害元素呈现升高趋势。考虑到生产条件，两座高炉执行（K_2O+Na_2O）标准值3.5kg/t，最大值4.0kg/t，ZnO负荷标准值0.37kg/t。通过优化混匀料结构，适当下调炉渣二元碱度，由1.25~1.30下调到1.22~1.27，达到促进排碱的目的。

（4）炉体灌浆。对风口以下炉缸部位整体使用无水碳质泥浆灌浆。2013 年两座高炉利用定休机会，组织了几次炉基和炉缸灌浆。在风口大套下沿开孔各 32 个，每个铁口周围各开孔 4 个，炉基灌浆是在炉底水冷管中心线下 180~200mm 处钻孔，各开孔 6 个。压浆前炉基东北及风口平台煤气严重，火苗较大，压浆后，两座高炉炉基煤气火苗基本消失，4 个铁口框的煤气火减弱，实测煤气浓度明显降低。此次压浆只是冷面压浆，实践表明，灌浆起到了炉壳封煤气的作用，对降低炭砖温度效果有限。

6.3.4 首钢迁钢炼铁厂护炉技术

首钢迁钢有 3 座 $2000m^3$ 以上的高炉，其中 1 号和 2 号高炉有效容积 $2650m^3$，3 号高炉有效容积 $4000m^3$，分别于 2004 年 10 月 8 日、2007 年 1 月 4 日和 2010 年 1 月 8 日投产[27]。高炉炉型按照高效、低耗、长寿的矮胖型炉型设计，以适应迁安地区的原燃料条件和操作条件，满足高炉强化生产。炉缸炉底均采用美国 UCAR 公司的 NMA、NMD 组合砖和高导热炭砖+陶瓷垫耐火砖设计。

2011 年 3 月以来，迁钢 3 座高炉陆续出现炉缸侧壁温度升高的现象，1 号、2 号高炉水温差最高达到 1.4℃，2013 年 3 号高炉也出现炉缸侧壁温度异常的现象[28]。迁钢针对炉缸侧壁温度升高展开了常态化护炉和高炉合理利用系数的探索。

6.3.4.1 含钛物料

首钢迁钢 3 号高炉采用的是钒钛块矿进行护炉，其化学成分如表 6-17 所示。

表 6-17 首钢迁钢 3 号高炉所用的钒钛块矿化学成分 （%）

含钛物料	TFe	FeO	TiO_2	SiO_2	Al_2O_3	MgO	CaO	S
钒钛块矿	50.53	—	12.30	4.08	—	—	1.17	—

首钢迁钢 3 号高炉采用的是常态化护炉，其使用护炉块矿为高品位钒钛块矿，其 TFe 含量为 50.53%，TiO_2 含量为 12.30%，钛含量比国内其他钒钛磁铁矿低。高品位钛矿有利于降低因长期添加钛矿造成的渣量增加，同时可以控制铁水中钛含量[29]。

6.3.4.2 高炉护炉情况

首钢迁钢 3 号高炉在护炉期间的操作指标如表 6-22 所示。

表 6-22~表 6-24 为首钢迁钢 3 号高炉 2018 年 8 月平均生产参数。其利用系数为 $2.36t/(m^3 \cdot d)$，焦比 312kg/t，煤比 167kg/t，燃料比相对较低。吨铁原料为 1562.5kg/t，烧结矿吨铁用量为 1104kg/t，球团矿吨铁用量为 396.9kg/t，块矿吨铁用量为 42.5kg/t。首钢迁钢 3 号高炉炉料结构中使用烧结矿和球团矿较多。高炉风温为 1206℃，高炉渣量为 338kg/t，渣量一般。首钢迁钢 3 号高炉在

护炉期间的铁水和炉渣成分如表6-23和表6-24所示。

首钢迁钢3号高炉铁水中钛含量为0.089%，一般控制在0.08%~0.15%，铁水中的硅含量为0.36%，锰含量为0.13%，硫含量为0.028%，磷含量为0.10%。炉渣中（CaO）含量为40.35%，（SiO_2）含量为33.68%，炉渣碱度为1.20，符合通常要求渣的碱度为1.0~1.2。（Al_2O_3）含量为13.19%，（MgO）含量偏低为7.41%，（TiO_2）含量较高为1.58%。

表6-18 首钢迁钢3号高炉护炉期间操作指标

项目	高炉有效容积	高炉利用系数	高炉焦比	高炉煤比	铁水温度
指标	$4000m^3$	$2.36t/(m^3 \cdot d)$	312kg/t	167kg/t	1490℃
项目	高炉吨铁原料	烧结矿吨铁用量	球团矿吨铁用量	块矿吨铁用量	高炉风温
指标	1562.5kg/t	1104kg/t	396.9kg/t	42.5kg/t	1206℃
项目	高炉渣量	铁水中钛含量	炉渣中（TiO_2）含量	炉缸侧壁温度	热电偶插入深度
指标	338kg/t	0.089%	1.58%	—	—

表6-19 首钢迁钢3号高炉在护炉期间的铁水成分 （%）

项目	Fe	C	Si	Mn	Ti	P	S
铁水成分	94.81	4.57	0.36	0.13	0.089	0.10	0.028

表6-20 首钢迁钢3号高炉在护炉期间的炉渣成分（月均） （%）

项目	CaO	SiO_2	Al_2O_3	MgO	MnO	TiO_2	S
炉渣成分	40.35	33.68	13.19	7.41	—	1.58	1.17

6.3.4.3 高炉护炉技术

针对高炉炉缸侧壁温度升高问题，首钢迁钢3座高炉均采用常态化护炉操作方式，其具体护炉技术总结如下：

（1）降低冶炼强度。炉缸侧壁温度升高，首钢迁钢3号高炉开始通过减风量，降低富氧量，产能由原先的10000t控制到8000t。同时分步将焦炭负荷由5.54降低到5.05，最低时降低至4.91。

（2）控制钛负荷。首钢迁钢针对入炉钛负荷和高炉利用系数、炉缸维护之间的关系进行了探索，从而实现根据高炉冶炼强度变化对入炉钛负荷进行调节。首钢迁钢3号高炉利用系数保持在$2.35t/(m^3 \cdot d)$左右，入炉钛负荷低于5.5kg/t时无法满足炉缸维护的需要，钛负荷保持在8kg/t以上能够有效地维持炉缸侧壁温度。当高炉日产调整到9000t，利用系数为$2.25t/(m^3 \cdot d)$时，入炉负荷保持在3.5kg/t即可满足炉缸维护。

（3）铁口区域维护。针对铁口区域，首钢迁钢3号高炉适当的增加了铁口深度，铁口深度由3.8m增加到4.1m，增加铁口深度能够减缓铁水环流对铁口区域的侵蚀。此外，使用含钛炮泥，加强铁口区域维护。

(4) 提高冷却强度。从2012年1月起首钢迁钢3号高炉提高了炉缸冷却水量，小支管流量由25~27t/h提高至30~34t/h，提高炉缸区域冷却强度。

(5) 高炉操作调整。采用中、上部调剂，对炉缸温度异常区域上部风口进行堵风口，改善该部位铁水环流。上部调整装料制度，对边缘进行疏导，减缓压量关系，从而减轻炉缸压力。

参考文献

[1] 梁利生. 宝钢3号高炉长寿技术的研究 [D]. 沈阳：东北大学，2012.

[2] 王训富. 大型高炉炉缸侵蚀机理与长寿研究 [D]. 上海：上海大学，2018.

[3] 梁利生，沈峰满，魏国，陈永明. 宝钢3号高炉长寿技术实践 [J]. 钢铁. 2009 (11)：7-11.

[4] 宋佛保. 铁水流动剪切应力对高炉炉缸侵蚀影响的数值模拟 [D]. 沈阳：东北大学，2013.

[5] 徐飞. 宝钢4号高炉炉缸侧壁温度控制技术 [D]. 沈阳：东北大学，2015.

[6] 王训富，刘振均，孙国军. 宝钢2号高炉炉缸破损调查及机理研究 [J]. 钢铁，2009 (9)：7-10.

[7] 薛庆国. 高炉炉墙的传热学研究 [D]. 北京：北京科技大学，2001.

[8] 张建鹏，黄晓琳，唐少波. 武钢5号高炉高效高产操作实践 [J]. 武钢技术，2010 (2)：16-19.

[9] 宋木森，于仲洁，熊亚非. 李怀远. 武钢高炉长寿技术实践 [A]. 中国金属学会. 2008年全国炼铁生产技术会议暨炼铁年会文集（下）[C]. 2008：4.

[10] 胡望明. 大型钢铁企业可持续发展研究 [D]. 武汉：武汉理工大学，2005.

[11] 郑魁. 无料钟高炉炉顶布料模型研究 [D]. 昆明：昆明理工大学，2005.

[12] 杨思然. 首钢三号高炉工业遗产的评价研究 [D]. 西安：西安建筑科技大学，2014.

[13] 温太阳，丁汝才. 首秦高炉长寿技术实践 [J]. 中国冶金，2009 (11)：7-11.

[14] 饶家庭，王敦旭，谢洪恩. 高炉配加含钛物料护炉分析 [A]. 中国金属学会. 2014年全国炼铁生产技术会暨炼铁学术年会文集（下）[C]. 2014：5.

[15] 任允芙，蒋烈英，左广庆. 高炉内钛沉积物的矿物组成及其生成机理的研究 [J]. 钢铁，1988 (5)：1-5.

[16] 董一诚，余绍儒. 钛在高炉内的行为及其对炉缸炉底寿命的影响 [J]. 钢铁，1988 (2)：3-8.

[17] 杜鹤桂，沈峰满. 含TiO_2熔渣与铁液之间钛的行为 [J]. 东北工学院学报，1986 (1)：107-112.

[18] 曲彦平，杜鹤桂. 钛在铁水中的行为 [J]. 沈阳工业大学学报，2000 (3)：190-192.

[19] 韦勐方. 含钛物料还原行为及其护炉机理研究 [D]. 北京：北京科技大学，2013.

[20] 王天义，胡东风，温星，邱士俊．京唐钢铁烧结烟气脱硫工艺选择及思考 [J]．中国冶金，2011 (11)：1-4.
[21] 张福明，钱世崇，张建毛，庆武，苏维．首钢京唐 5500m^{3}高炉采用的新技术 [J]．钢铁，2011 (2)：12-17.
[22] 庄辉，刘长江．京唐 1 号高炉低燃料比冶炼技术 [J]．中国冶金，2017 (10)：49-53.
[23] 张福明．中国高炉炼铁技术装备发展成就与展望 [J]．钢铁，2019 (11)：1-8.
[24] 唐顺兵，王红斌，李夯为，赵新民，郑伟．太钢 5 号高炉各生产阶段的特点 [J]．炼铁，2016 (2)：1-4.
[25] 刘志朝．邯宝 3200m^{3}高炉均衡稳定高效生产实践 [J]．炼铁．2013 (2)：1-6.
[26] 柳祎，陈奎．邯宝高炉有害元素分析及对策．[J]．炼铁，2014 (4)：41-44.
[27] 王冬青，徐萌，竺维春．首钢高炉喷吹煤种的灰熔融特性 [J]．中国冶金，2019 (12)：7-13.
[28] 万雷，龚鑫，郑敬先，赵京雁，吕金华，王宇哲，张海滨．迁钢高炉炉缸维护技术 [J]．炼铁．2015 (5)：11-14.
[29] 刘东辉，王晓哲，张建良，刘征建，焦克新，姜春鹤．高炉护炉用含钛物料应用现状及调研分析 [J]．中国冶金，2018 (2)：5-22.

7 高炉富氧喷煤综合鼓风技术

高炉炼铁技术由于经济指标良好、工艺简单、生产规模大、能耗低、效率高和生铁质量好等优点，使其生铁产量仍旧占世界总铁产量的90%以上。但高炉冶炼依赖高质量的焦炭，而炼焦工艺又存在着流程长、投资大、能耗高和污染排放物多等缺点。高炉富氧喷煤技术是指在向高炉富氧鼓风的同时从风口向高炉内直接喷吹煤粉，以价格低廉、储量丰富的无烟煤、烟煤替代日趋缺乏且价格相对昂贵的焦炭，同时减小了炼焦对环境带来的压力。该技术是实现传统高炉炼铁工艺高喷煤比、低焦比、高利用系数和低污染物排放的重要措施。

7.1 高炉富氧喷煤技术进展

改革开放四十年以来，中国钢铁工业进入了一个快速发展的时期。1996 年中国钢产量超过了 1 亿吨，2005 年钢产量 3.5 亿吨，2019 年钢产量 9.96 亿吨。目前中国正处于工业化中期阶段，国民经济建设需要大量钢铁产品的支撑，中国钢铁行业的快速发展为中国经济的快速平稳增长提供了重要的保证。在快速发展的同时，传统的高炉炼铁模式也面临一系列的难题。

随着对矿产资源的开发利用，可利用矿石的品位在逐步下降，优质矿藏储量也越来越少，这对于优化高炉炼铁的炉料结构非常不利。高炉炼铁生产对冶金焦有很强的依赖性，然而焦煤储量非常有限，焦煤的资源越来越少。即使像我国这样富有焦煤资源的国家，其供应也越来越紧张和困难。特别是焦炭价格成倍上升，导致了生铁成本的大幅上升，这已成为远离焦煤产地的钢铁企业发展的瓶颈。高炉炼铁系统主要的能源来源是煤和焦炭，在生产过程不但能耗巨大而且会产生大量的污染物和 CO_2。根据对我国 CO_2 排放的统计，工业领域占全国 CO_2 排放的 70%，民用领域占 30%，其中钢铁工业 CO_2 排放量占工业排放 16%左右，占全国 CO_2 排放的 11.2%左右。因此，作为典型的能源和资源密集型行业，中国钢铁企业的生产成本中环境保护成本所占比例越来越高。

在未来一段时间中，中国钢铁的生产仍将以高炉—转炉长流程为主，而且高炉仍是炼铁生产的主体，直接还原、熔融还原技术的发展普及还面临一系列问题。在我国，直接还原工艺的研究开发虽然进行了数十年，目前仍未形成一定的规模，主要原因是我国没有充分的天然气资源供给直接还原工艺使用，这种状态在未来也不会改变。因此，国外占直接还原总产量80%的高效天然气气基还原工艺不适合于我国。宝钢 Corex-3000 经过从罗泾到新疆的生产经验表明，该工艺的运行成本高于高炉炼铁流程。在未来的几十年中可以预见高炉炼铁流程在国内将仍占据主导地位。

高炉富氧喷煤对现代高炉炼铁技术来说是一项重要的技术革新，是20世纪90年代以来炼铁结构调整的核心，对于钢铁行业的结构优化、节能减排和可持续发展具有重大意义。高炉富氧喷煤，提高鼓风中的氧含量，一方面可以促进煤粉在风口前的充分燃烧，另一方面通过减少带入高炉中氮气的含量提高高炉煤气热值，拓宽了高炉煤气的利用范围，提高了高炉煤气的利用价值，增加了企业效益。

对现代高炉炼铁技术而言，发展高炉富氧喷煤是具有革命性的重大措施。高炉富氧喷吹煤粉工艺意义的主要表现可以分为以下几个方面：

（1）高炉富氧喷吹煤粉以价格低廉的煤粉替代价格昂贵且日益贫乏的冶金焦炭，可以缓解我国主焦煤资源短缺的压力，优化高炉炼铁生产的燃料结构，实现结构节能。由于喷吹煤粉品种多、分布广，不仅缓解了我国主焦煤的短缺，同时也降低了炼铁系统喷吹煤的采购成本。

（2）高炉富氧喷吹煤粉工艺减少了冶炼过程焦炭消耗量，降低了生铁冶炼成本，同时也缓和了钢铁企业对焦煤资源的需求和减少了炼焦工艺基建设备的投资。与此同时，高炉生产可以充分利用钢铁企业氧气资源，减少氧气空放量，达到规模制氧，降低单位氧气成本。

（3）高炉富氧喷吹煤粉之后，煤气中 CO 和 H_2 含量增加，惰性气体含量减少，煤气还原势提高，促进烧结矿、球团矿以及块矿在上部炉料区域间接还原的发展，降低高炉冶炼直接还原度，有利于降低高炉燃料比。

（4）高炉喷吹煤粉燃烧气化过程释放出来的 H_2 比焦炭多，煤气中 H_2 含量提高，提高了煤气在高炉内部的还原能力和穿透能力，有利于矿石还原和高炉操作指标的改善。

（5）高炉富氧喷吹煤粉对高炉生产关键操作参数的影响具有互补作用，两者的结合不仅可以改善高炉炉缸工作状态，保证高炉生产稳定顺行，同时还是调节炉况热制度的有效手段。

（6）降低炼焦过程对环境的污染。高炉富氧喷吹煤粉代替焦炭，减少高炉炼铁生产对焦炭的需求量，从而减少焦炉座数和生产的焦炭数量，降低炼焦生产过程对环境的污染。

7.2　富氧喷煤对高炉冶炼过程的影响

7.2.1　富氧对煤粉燃烧的影响

7.2.1.1　煤粉着火过程

着火过程是指燃料与氧化剂分子均匀混合之后，从开始化学反应到温度升高达到激烈的燃烧反应之前的瞬间过程。为了使可燃混合物着火和燃烧，可能有两种方式：

（1）使混合物整个容积同时达到某一温度，当超过这一温度时，混合物便自动地、不再要外界作用达到燃烧状态，这种过程叫作“自然着火”，俗称“着火”；

（2）在冷的混合物中，用一个热源，先引起局部着火燃烧，然后自动地向其他地方传播，最终使整个混合物都达到着火燃烧，这种过程叫作“被迫着火”，俗称“点火”。

7.2.1.2　挥发分的析出燃烧

高炉煤粉燃烧时，挥发物燃烧可能与半焦燃烧交织在一起。一般来说，挥发物燃烧速度取决于其逸出速度。对于小颗粒，挥发物燃烧速度的限制性环节在于挥发物的燃烧速度，而不是挥发物从多孔基体中的逸出速度，而大颗粒则相反（这里大颗粒与小颗粒的界限是100μm）。

7.2.1.3　残炭燃烧

固定碳的燃烧是在表面进行的，碳与气相的 O_2、CO_2 和 H_2O 的反应都是气固相反应，所以它遵循着气—固相反应的一般规律。固定碳与周围气体发生的反应有很多种。此外，随着温度的升高，碳表面的反应也加速，生成的 CO 量更多。CO 在扩散途中遇到氧气燃烧生成 CO_2，同时耗尽了远处扩散过来的全部 O_2，生成的 CO_2 则同时向碳粒表面及远处扩散。

7.2.1.4　煤粉的燃尽时间

A　碳球的燃烧

燃烧反应处于扩散区，也就是 O_2 扩散到碳球的表面就与碳在一起烧掉。表面上的氧浓度很小，可以认为 $C_b=0$。又假定碳球表面上的化学反应是 $C+O_2 \rightarrow CO_2$，碳燃烧以后生成的 CO_2 向外扩散逸走，CO_2 与碳没有发生二次反应。假定碳球与周围气体之间没有相对运动（即相对运动的雷诺数等于零），由于煤粒直径很小，它基本是跟随直吹管内热风一起运动的，所以这一假设与实际基本相符。假定碳球周围的气体浓度分布均匀，这样就用传质规律，可以采用 $N\mu_d=2$，可得碳球表面的燃烧速度，按每平方米表面上每秒所消耗掉的氧量千克数来表示，应为：

$$\frac{d\delta}{d\tau}=-\frac{2K_{b}^{C}}{\rho_{r}}=-\frac{4\beta DC_{\infty}}{\rho_{r}}\frac{1}{\delta} \tag{7-1}$$

积分可得：

$$\int_{\delta_0}^{\delta}\delta d\delta=-\int_{0}^{\tau}\frac{4\beta DC_{\infty}}{\rho_{r}}d\tau \tag{7-2}$$

式中 ρ_r——碳的直径；

δ_0——碳球的初始直径；

δ——经过燃烧时间 τ 之后的直径。

设 C_{∞} 等均不变，于是：

$$\frac{\delta^2-\delta_0^2}{2}=-\frac{4\beta DC_{\infty}}{\rho_{r}}\tau \tag{7-3}$$

最后得到：

$$\delta^2=\delta_0^2-K\tau \tag{7-4}$$

式中 K——比例常数，可用下式求得：

$$K=\frac{8\beta DC_{\infty}}{\rho_{r}} \tag{7-5}$$

式（7-4）称为碳球燃烧的直径平方-直线规律。

碳球的燃尽时间 τ_r 也可由式（7-4）求出。令 $\delta=0$，即得：

$$\tau_{r}=\frac{\delta^2}{K} \tag{7-6}$$

由式（7-6）可知，碳球的燃尽时间是和它的直径平方成正比的。从这一点讲，煤粉越细，越有利提高它们的燃烧效率。

B 煤粒的燃尽过程

煤受热时，块粒表面上和渗在缝隙里的水分蒸发出来，就变成干燥的煤。同时，逐渐使最易断裂的链状和环状烃挥发出来，也就是说逐渐析出挥发分。若外界温度较高，又含有一定的氧，那么挥发出来的气化烃就会首先达到着火条件而燃烧起来。

当温度继续升高而使煤中较难分解的烃也析出而挥发掉以后，剩下来的就是石墨晶格结构的微小晶粒组成的结合体，常称为焦炭。焦炭由固定碳和一些矿物质组成。焦炭比挥发分难着火。挥发分燃烧时，一方面可供给热量给焦炭把它加热到赤热状态，另一方面暂时把氧都抢去烧掉了，所以焦炭常在煤的大部分挥发分烧掉以后才开始燃烧。

煤的着火过程的关键在于挥发分。炭化程度浅的煤，其挥发分比炭化程度深的煤多，而且挥发分的活性也较强，所以着火也较容易。此外，如果煤在矿藏或储运中已氧化，作为挥发分主要成分的烃受到氧化后它的活性就增强（然而发热量却要降低），所以着火要容易一些。

内在灰分是均匀分布于可燃质中的。在焦炭粒从外表到中心一层一层地燃烧至尽的过程中，外层的内在灰分就裹在内层焦炭上，形成一层灰壳。灰壳妨碍氧从外面到焦炭的扩散，这个现象叫裹灰。裹灰妨碍焦炭的燃尽。

一种乙炔直热式煤粉燃烧装置，如图 7-1 所示。这种装置是采用乙炔燃烧产生的高温火焰直接加热冷风，由于乙炔与氧气完全燃烧时发热值高达 1303. 4kJ/mol，少量的乙炔与氧气混合燃烧就能将混入的冷风迅速加热至 1100℃甚至更高的温度。图中反应管直径为 40mm，总长为 1. 1m，其中 0. 5m 为冷风加热段，中间约 0. 3m 的恒温段为煤粉燃烧反应段。后部 0. 3m（由于散热较多，温度降低，煤粉在此段中反应量已很少）是为维持恒温段温度而设的。在反应管上分别装有煤粉喷枪、氧气喷枪、热电偶、取气孔以及煤粉残渣试样收集器。实验中取气采用排气法，并用针筒抽取气体成分经气相色谱仪分析得到。固体试样收集采用 400 目不锈钢筛过滤气体而收集，得到的试样通过马弗炉分析灰分含量来计算其燃烧率大小，即：

$$\eta = \frac{A_1 - A_0}{A_1(1 - A_0)} \times 100\%$$

式中，A_0 为原煤的灰分含量；A_1 为燃烧后残渣的灰分含量。

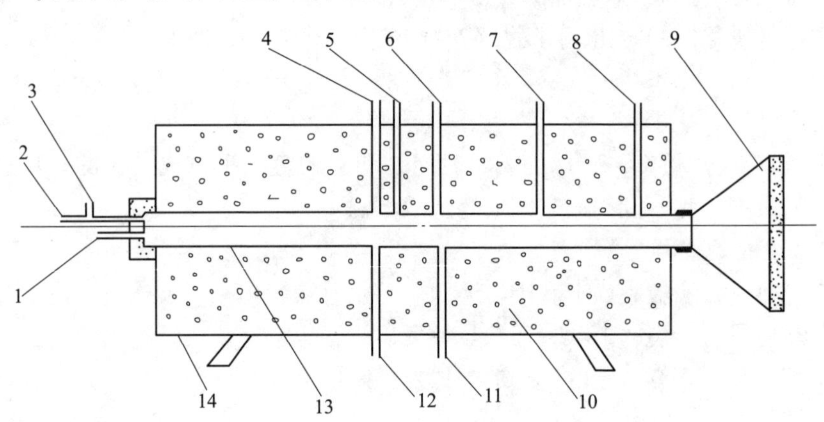

图 7-1 乙炔直热式煤粉燃烧装置示意图

1—乙炔枪插入口；2—冷风入口；3—氧气入口；4，12—煤粉喷入口；5—热电偶插入口；6~8—取样口；9—煤粉残渣收集器；10—耐火纤维；11—煤粉或氧气喷入口；13—反应管；14—炉壳

7.2.1.5 富氧喷煤模拟

由图 7-1 可见，实验时一部分氧气从乙炔枪加入，用来燃烧乙炔提供热量；一部分氧气混入冷风中形成不同含氧浓度的热风。设冷风流量由 $V_{气}$ 的空气和 $V_{氧}$ 的氧气组成，其总量不变且为 V_0，即有：

$$V_{气} + V_{氧} = V_0 \tag{7-7}$$

设将它们加热到要求的温度所需的热量为 Q，则：

$$Q = (c_{p,气}V_{气} + c_{p,氧}V_{氧})\Delta t \tag{7-8}$$

式中，$c_{p,气}$，$c_{p,氧}$分别为空气和氧气的比热容；Δt 为加热前后的温差。

已知乙炔的热值为 Q_0，则加热所需乙炔气的流量为：

$$V_{乙炔} = \frac{Q}{Q_0} \tag{7-9}$$

由反应方程式可知，乙炔燃烧产生的 CO_2 和 H_2O 总量是乙炔流量的 3 倍，即：

$$V_{二氧化碳} + V_{水} = 3V_{乙炔} \tag{7-10}$$

那么，形成的热风中的氧气浓度即为：

$$\varphi_{氧} = \frac{V_{气} \times 0.21 + V_{氧}}{V_{气} + V_{氧} + 3V_{乙炔}} \tag{7-11}$$

当煤粉喷吹流量为 W，且煤粉中碳含量为 C 时，则可进一步求出煤粉燃烧的初始 O/C 原子比，即：

$$\frac{\mathrm{O}}{\mathrm{C}} = \frac{(V_{气} \times 0.21 + V_{氧})\rho_{氧}}{WC} \times \frac{24}{32} \tag{7-12}$$

式中，$\rho_{氧}$为氧气的密度。

本案例选取冷风流量为 $11m^3/h$，热风温度为1200℃，喷煤量为30g/min，氧气浓度范围为21%~30%。如假定煤粉含碳量为80%，则可由式（7-2）~式（7-6）联立求解出不同氧气浓度需要加入的空气和氧气流量，以及相应的O/C 原子比，如表7-1 所示。

表 7-1 实验时氧气浓度与 O/C 比值的对应关系

$P_{氧}/\%$	21	22	23	24	25	26	27	28	29	30
$V_{气}/m^3 \cdot h^{-1}$	10.77	10.62	10.47	10.32	10.17	10.02	9.88	9.72	9.57	9.42
$V_{氧}/m^3 \cdot h^{-1}$	0.23	0.38	0.53	0.68	0.83	0.98	1.12	1.28	1.43	1.58
O/C	1.85	1.94	2.03	2.12	2.21	2.30	2.38	2.47	2.56	2.65

实验时，先打开乙炔枪，将反应管预热到一定温度；再开冷风，将冷风的空气流量和氧气流量按表的计算值调好。在升温过程中取气，分析热风中的氧气含量。根据分析结果再调整空气和氧气的流量，待调好氧气浓度后，温度也达到要求值，即开始实验。分离式氧煤枪的煤粉喷枪与氧气喷枪之间的距离为60mm。

实验采用了两种不同变质程度的煤种，它们是高变质程度阳泉无烟煤（1号）和中变质程度大同烟煤（2 号）。两种煤的粒度范围较宽，与实际喷吹用煤粒度分布相似，其工业分析和粒度上限及平均粒径列于表 7-2 和表 7-3。

表 7-2　实验用煤种的工业分析

煤种＼成分/%	水分	挥发分	灰分	固定碳
	M_{ad}	V_{ad}	A_{ad}	FC_{ad}
1 号	1.7	10.00	22.19	66.11
2 号	4.0	24.20	15.82	55.98

表 7-3　实验用煤种的粒度上限及平均粒径

煤种	1 号	2 号
粒度上限/mm	0.28	0.18
平均粒径/mm	0.065	0.055
小于 0.074mm 占比/%	60	71

分别选取了 1 号、2 号两种煤混合粒度中几个粒级的煤粉进行实验。它们的粒级范围及平均粒径列于表 7-4。

表 7-4　实验用煤粉的粒级范围及平均粒径　（μm）

煤种	1 号			2 号		
粒级范围	150～180	80～120	50～70	120～180	60～80	20～60
平均粒径	160	90	60	150	70	25

7.2.1.6　不同煤种富氧燃烧结果

无烟煤（1 号）采用不同富氧方式燃烧时，氧气浓度对燃烧率的影响如图 7-2 所示。

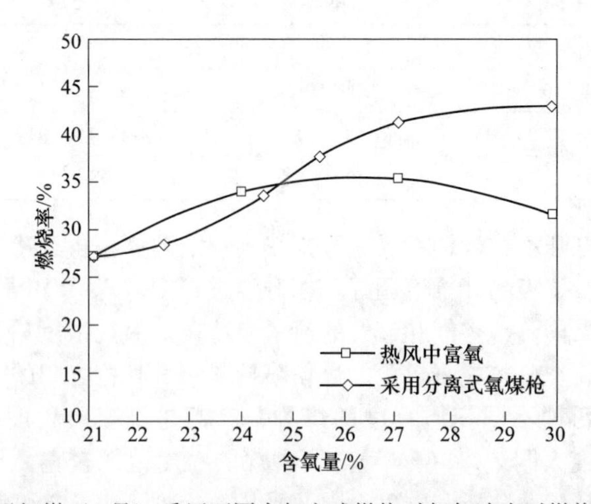

图 7-2　无烟煤（1 号）采用不同富氧方式燃烧时氧气浓度对燃烧率的影响

比较热风富氧和采用分离式氧煤枪富氧对应的燃烧率，由图 7-2 可以看出，当氧气浓度低于 24.5%时，前者略高于后者；当氧气浓度在 24.5%~27%范围内时，前者随氧气浓度增加已不再变化，而后者还有较大的增长势头；当氧气浓度高于 27%时，前者随氧气浓度增加开始缓慢下降，后者也增加很平缓。下面从煤粉燃烧的各个阶段以及高变质煤种的燃烧特点对上述结果作如下分析。

煤粉颗粒受热后，将发生快速热分解、挥发分燃烧以及固定碳的燃烧等过程。由于煤粉的热分解速度相对于固定碳的燃烧速度很快，煤粉颗粒又很小，故可以认为这几个过程是分开进行的，即有：

$$t = t_h + t_p + t_c \tag{7-13}$$

式中，t 为煤粉颗粒燃尽所需的时间；t_h为颗粒加热到热分解温度所需的时间；t_p为颗粒完成热分解所需的时间；t_c为剩余的供颗粒中固定碳燃烧的时间。

煤粉的热分解速度不仅与颗粒的升温速度、所达到的最终温度有关，还与颗粒本身热分解物质的含量有关。考虑了加热时间后，弱黏结性煤热分解失重率的经验公式可写成：

$$W = VM_0(1 - c_1)Q\left\{1 - \exp\left[-c_2\exp\left(-\frac{c_3}{T}\right)\right]\right\} \tag{7-14}$$

式中，W 为热解失重率；T 为等温热分解的温度；t 为颗粒在温度 T 下的等温停留时间；c_1、c_2、c_3 为可调常数；Q 为由试验确定的系数，它表示热解时煤的失重量与煤和炭的工业分析挥发分差值的比值。

高变质煤种在热分解和固定碳微烧过程中对温度的要求均较高。当采用分离式氧煤枪时，由于适当地避开了煤粉颗粒的加热和热分解过程，颗粒先被热风迅速加热并发生了部分热分解反应，颗粒温度已经得到较大的提高。此时再接触到冷的氧气，则颗粒表面温度不会下降太多，足以与氧气发生反应。图中采用分离式氧煤枪且当氧气浓度低于 24.5%时，由于颗粒表面氧气浓度增加得不明显，故燃烧效果略低于热风中富氧的情形；当氧气浓度在 24.5%~27%范围时，燃烧率由于颗粒表面浓度的增加而明显高于热风中富氧的燃烧率；当氧气浓度大于 27%时，采用分离式氧煤枪富氧的燃烧过程也变为表面反应速率系数即温度为限制环节的动力学控制过程。可见，在本试验条件下，对于高变质程度无烟煤，氧气浓度在 24.5%~27%时，采用分离式氧煤枪富氧较好；氧气浓度高于 27%时，富氧的同时还要相应提高热风温度才有效果。

在温度略低于 1300℃时，固定碳表面首先几乎全部被溶入表层的氧分子所占满。然后，一部分碳表面（设其份额为 q）发生络合，其余部分在另一氧分子撞击下发生离解，这两个过程的化学反应方程式如下：

络合：
$$3C + 2O_2 \longequal C_3O_4 \tag{7-15}$$
离解：
$$C_3O_4 + C + O_2 \longequal 2CO_2 + 2CO \tag{7-16}$$

可见，固定碳的燃烧反应是由溶解、络合以及在撞击下离解诸环节串联而成的。其中，溶解这个环节的速度常数很大，可忽略不计。于是颗粒表面上氧消耗速度（相当于燃烧速度）为：

$$k = k_1 q = k_2 C_b (1 - q) \tag{7-17}$$

式中，k_1 为络合速度常数；k_2 为撞击下离解的速度常数；C_b为氧的表面浓度；q 为碳表面的络合份额。

将式（7-17）中的 q 消去，得到：

$$k = \frac{1}{\dfrac{1}{k_1} + \dfrac{1}{k_2 C_b}} \tag{7-18}$$

由上式可以看出，当颗粒表面氧气浓度 C_b 较低时，$\frac{1}{k_1} \ll \frac{1}{k_2 C_b}$，则有 $k = k_2 C_b$。此时燃烧为一级反应，即碳表面上不仅氧的溶解顺利，固溶络合也很顺利。反应决定于频率不很大的氧分子撞击而引起的离解速度，故燃烧率随着氧气浓度的增加而提高。当氧气浓度增加到一定程度，使得 $\frac{1}{k_1} \gg \frac{1}{k_2 C_b}$ 时，则有 $k = k_1$，燃烧变为零级反应。此时碳表面上虽然氧分子的撞击频率很大，但反应决定于较慢的固溶络合速度，而与氧气浓度及氧分子的撞击频率无关，即燃烧率不再随氧气浓度的增加而提高，甚至可能由于颗粒表面氧分压过高，氧分子在表面吸附太多，抑制了反应产物的逸出，而导致燃烧率的降低。

7.2.1.7 不同粒径煤粉富氧燃烧结果分析

分别选取无烟煤（1 号）和中等变质程度烟煤（2 号）混合粒度中的几个窄粒级，并采用热风中富氧的方式对其燃烧效果进行了实验。图 7-3 为无烟煤（1 号）不同粒径的颗粒在不同氧气浓度下的燃烧效果。由图 7-3 可见，粒径范围为 150～180μm 的颗粒在氧气浓度从 21%增加到 30%的过程中燃烧率只增加了约 3%。结合其工业分析可以看出，颗粒中的固定碳基本上尚未开始燃烧。粒径范围 80～120μm 的颗粒在氧气浓度较高时燃烧率开始有较明显的增加，氧气浓度大约在 26.5%时，固定碳的燃烧量开始明显增加；粒径范围为 50～70μm 的颗粒，在氧气浓度约为 23.5%时，燃烧率即开始显著增加。可见，高变质程度煤种不同粒径的颗粒富氧时，燃烧效果差异很大。粗颗粒由于加热所需时间长，表面温度升高得慢，使得热分解开始的时间晚，在有限反应空间和一定的停留时间内，只能进行其热分解过程。因此，氧气浓度的增加只是加快了挥发分的燃烧速度，因固定碳的燃烧尚未进行而无法起到促进作用。中等颗粒一方面由于表面温度升高较快，加热时间较短，热分解过程可以较早完成，从而有时间进行固定碳的燃烧

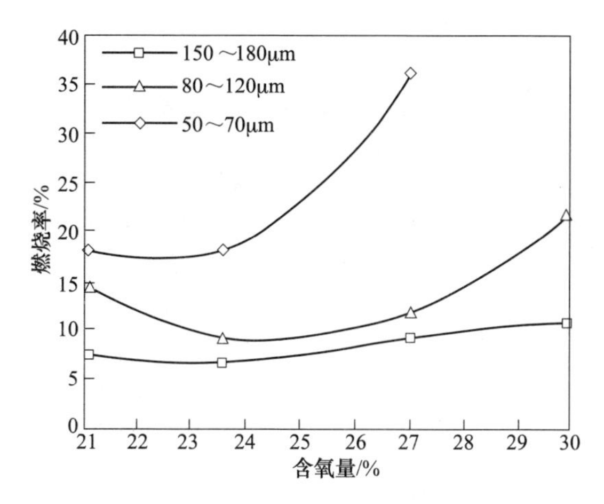

图 7-3 氧气浓度对无烟煤（1 号）不同大小颗粒燃烧率的影响

反应。另一方面，由于其外表面积比粗颗粒明显增大，而对于高变质程度煤种，由于原煤颗粒内部微孔及热分解物质均较少，燃烧以层状燃烧为主，故外表面积增大即意味着反应有效面积的增大，所以此时增大氧气浓度即可加快固定碳的氧化反应，不过要到氧气浓度高于 26.5%左右才有效果。细颗粒由于在表面升温速度及燃烧有效面积两方面都具有很大优势，所以增加氧气浓度，对燃烧效果有显著改善。用此结果还可以从粒径的角度解释图中混合粒度在热风中富氧燃烧的结果，即由于粒径越细，固定碳明显燃烧对应的氧气浓度越低。所以，具有混合粒度的煤粉随着氧气浓度的增加，燃烧率开始由于细小颗粒的固定碳的剧烈燃烧而逐渐增加。当较细颗粒的固定碳大部分已烧掉，剩余颗粒在实验条件下由于热分解尚未完成或燃烧有效面积太低，使得其固定碳无法在氧气作用下燃烧时，混合颗粒的燃烧率即不再随氧气浓度的增加而增加。氧气浓度很高时，对燃烧过程还有可能产生前面提到的副作用。

由此可见，对于高变质程度煤种，只有颗粒较细，富氧时才会产生较明显的燃烧效果。因为不富氧时粒径范围为 50～70μm 的颗粒燃烧率比粒径范围为 80～120μm 的颗粒燃烧率高出约 10%，而氧气浓度为 27%时前者比后者高出约 24%。由此可见，选择细粒度同时配合高富氧是改善高变质程度无烟煤燃烧效果的有效途径，烟煤（2 号）不同粒径的颗粒在不同氧气浓度下的燃烧效果如图 7-4 所示。

由图可见，在本实验条件下，粒径范围为 80～120μm 的粗颗粒与粒径范围为 20～60μm 的细颗粒在氧气浓度较低时具有基本相同的燃烧率，而粒径范围为 60～90μm 的中等颗粒的燃烧率则在整个富氧范围均低于粗颗粒的燃烧率。这可能是由于大颗粒膨胀造成的丰富的内孔面积及小颗粒较多的外表面积具有的优

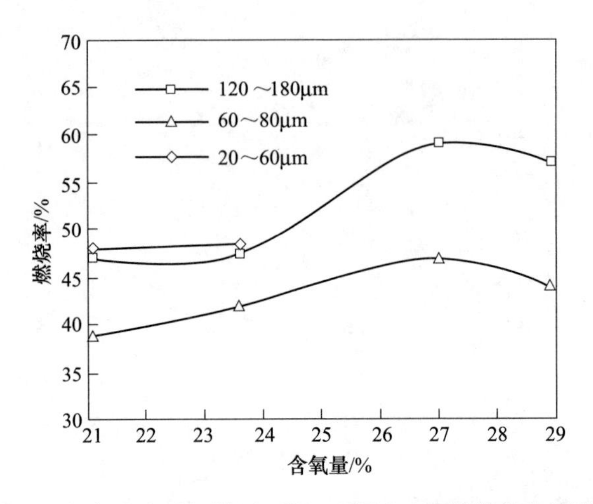

图 7-4 氧气浓度对烟煤（2 号）不同大小颗粒燃烧率的影响

势，使其燃烧率高于相同氧气浓度下中等颗粒的燃烧率。另外，从粗颗粒和中等颗粒的燃烧率随氧气浓度的变化趋势来看，燃烧率在氧气浓度较低时增加并不明显，在氧气浓度较高时还有所降低，只有氧气浓度在 24%～27%时燃烧率才有明显的增加。因此，对于不同煤种和不同粒径，需要选择合适的富氧率。

随着钢铁工业的不断发展，对生铁的需求量越来越大，优质焦炭越来越紧缺，同时由于环保的压力，迫使高炉工作者去寻求节约焦炭的新技术。我国的非焦煤储量丰富且价格相对便宜，大力发展高炉喷吹煤粉技术已成为众多钢铁厂的共同选择。从 2006 年起，我国重点钢铁企业高炉平均喷煤比每年都保持在 130kg/tHM。但高炉喷吹煤粉量超出一定范围后，将会造成煤粉燃烧不充分，风口回旋区理论燃烧温度降低以及炉腹煤气量增加等问题，影响高炉顺行。而鼓风富氧后因其以下的三个优点得到广泛应用：首先，富氧鼓风能够有效提高风口回旋区的理论燃烧温度，可以缓解由于增加燃料喷吹量造成的理论燃烧温度过低，燃料燃烧不充分，炉缸不活跃等影响高炉顺行的不利后果；其次，富氧鼓风之后，减少单位生铁的煤气量，可以适应大量喷吹燃料之后焦炭负荷加重而导致的炉料透气性变坏；最后，富氧鼓风之后，煤气当中氮气含量减少，炉内的还原性气氛增强，促进炉料在高炉中上部的间接还原，直接还原度降低，可以大大提高高炉降低焦比和燃料比的空间。一般认为富氧率每提高 1%，理论燃烧温度升高 35～50℃。单纯考虑富氧鼓风和喷吹煤粉对理论燃烧温度的影响，鼓风富氧率每提高 1%，可增加喷煤量 20kg/tHM 左右。由于富氧条件下高炉内的冶炼条件发生了改变，炉料的冶金行为也将随着高炉内冶炼条件的改变而变化。因此，有必要对富氧高炉条件下炉料的冶金行为及对高炉冶炼过程的影响进行深入系统的研究。

7.2.2 富氧喷煤对矿石还原过程的影响

高炉含铁炉料主要包括烧结矿、球团矿和块矿三种炉料。烧结矿是铁矿粉、燃料和熔剂通过高温加热，在不完全熔化的条件下烧结制成的人造矿。目前生产的烧结矿多为高碱度烧结矿，其粒度均匀，粉末少，还原性与高温软熔性能较好，化学成分稳定，造渣性能良好。球团矿是将细精矿粉在加水的条件下滚动形成生球，再经焙烧固结而成的人造矿，是当前使用最广泛的酸性炉料之一。块矿主要包括赤铁矿、磁铁矿、褐铁矿和菱铁矿。近年来中国的高炉炉料结构也在不断变化，但还是有一定比例生料加熟料按生成要求搭配的烧结矿、球团矿和块矿三种炉料。

7.2.2.1 对矿石间接还原过程的影响

高炉鼓风富氧率越高，产生的煤气成分中惰性气体的含量越低，高炉炉身煤气中 H_2 和 CO 的含量也就越高，使得煤气的还原势大为提高。这种情况尤其在富氧与喷吹燃料（如煤粉、天然气、焦炉煤气或其他富氢气体）相结合的情况下尤为突出。在其他外部条件相同的情况下，随着煤气中 H_2 的含量增加煤气的还原能力几乎直线增加。

但在一定煤气量条件下，高炉炉身部分的最终还原度和煤气中的 H_2 的相对含量 $H_2/(CO+H_2)$ 之值的关系并不是直线，这是因为 H_2 还原能力受温度场的制约。在煤气中 H_2 含量较小时，煤气中 H_2 含量增加会加快铁矿石还原反应速率。但 H_2 含量超过一定值时，由于 H_2 还原吸热，使还原温度降低，当热效应占主导地位时，还原反应明显受阻，这一点可由移动床实验说明。在移动床模拟高炉炉身还原规律实验过程中，有个最佳煤气比。图 7-5 为煤气入口温度、煤气量和还原时间对最佳煤气成分的影响。从图中可以发现在一般竖炉条件下，还原煤气的最佳 $H_2/(CO+H_2)$ 比值在 30%左右，如果其他条件不变，煤气入口温度减小，煤气量减小和还原时间减小时，最佳煤气成分将左移。

李建新等研究了不同富氧率下，煤气成分对浮氏体还原的影响。发现在低富氧率下，当还原温度为 1000℃，还原时间为 90min 时，浮氏体的还原率仅为 53.6%；提高富氧率到 40%，煤气中还原性气体含量由 33%～45%提高到 47%～60%（其中 H_2 含量由 0%提高到 15%），在还原 64.8min 后浮氏体已达到 100%还原；当鼓风含氧量提高到 100%，煤气中的还原性气体成分提高 75%～100%，还原温度降为 900℃时，在还原 64.0min 后浮氏体还原率已达到 100%。

李福民等在富氧喷吹煤气高炉工艺的研究中利用实验室试验，对 H_2 含量在 0%、15%和 30%时，还原煤气对矿石低温还原粉化性能、软化性能的影响进行了研究，结果表明，随氢含量的增加，铁矿石的低温还原粉化性能变坏；炉料的软熔温度区间减小，非常有利于强化高炉冶炼。同时对还原产物进行电镜扫描还发现氢含量升高有利于铁氧化物的还原。

图例	还原时间/min	煤气入口温度/℃	模拟煤气流量/$m^3 \cdot t^{-1}$
1	236	850	1743
2	236	850	1614
3	236	800	1743
4	187	850	1743
5	187	850	1600

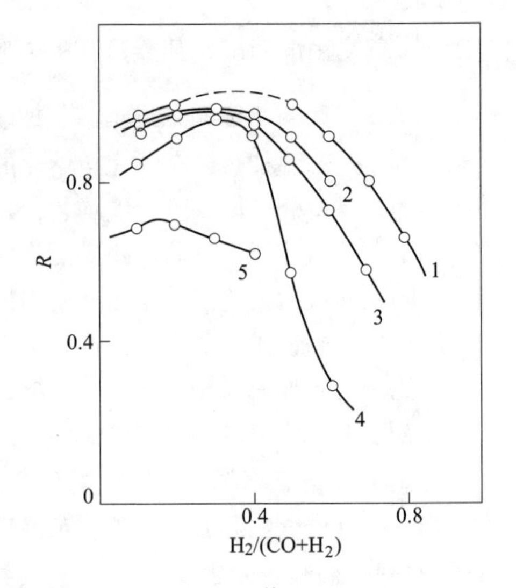

图 7-5　动床还原过程中最佳煤气 $H_2/(CO+H_2)$ 比值

张建良等利用移动床模拟对比了不同富氧率下，煤气成分变化对铁矿石还原性能的影响。模拟试验结果表明，高炉采用全氧鼓风并大量喷吹煤粉后，炉腹部位煤气中的还原性气体（CO 和 H_2）含量将有较大幅度的提高，明显促进炉料在炉身部位的还原过程，提高矿石的还原速率，从而有助于提高高炉的利用系数；同时矿石还原的改善将会使软熔带变薄甚至消失，有利于高炉炉况顺行。

7.2.2.2　对矿石低温还原粉化的影响

低温还原粉化是指含铁炉料在 400~600℃条件下还原时破裂碎化的现象。它是衡量铁矿石在高炉上部块状带性能的一项重要指标，对高炉上部的透气性能具有极大的影响。而与传统高炉相比，富氧高炉的炉身煤气中的 CO 和 H_2 含量都有所提高，由于气体成分发生了变化，还原行为也随之变化。

就烧结矿而言，因为随着富氧喷煤率的提高，还原气体中 CO 和 H_2 的含量也随之增加，还原势也相应提高，促进烧结矿中赤铁矿的还原，产生内应力形成更多的裂纹，随着裂纹扩展使更多赤铁矿被还原，粉化程度加深。在该温度下，碳素析出反应剧烈（$2CO = CO_2+C$）。随 CO 含量增加，反应正向进行，产生碳颗粒附着在裂纹处，碳不断析出聚集形成大颗粒，从而形成更多的裂缝，烧结矿粉化更加严重。H_2 对于粉化性能也会产生影响，一方面 H_2 会还原烧结矿中的铁酸钙。铁酸钙是重要的黏结相，它能形成牢固的熔蚀结构，强度抗裂性都较强。铁酸钙容易被 H_2 还原造成抗裂性能下降。另一方面，H_2 由于分子小，较容易通过扩散进入矿石内部，与内部赤铁矿反应产生裂纹，加剧烧结矿还原粉化。因此，在富氧率较高的条件下，烧结矿的低温还原粉化性能较差。

球团矿的粉化规律与烧结矿相似，随富氧率的增加，还原粉化指数逐渐下降。球团矿的还原粉化机理与烧结矿相似，都是 CO 和 H_2 含量的增加，导致赤铁矿还原增强，内应力增大，产生裂纹进而破碎粉化。但相比之下，球团矿的粉化程度较烧结矿要小得多，全氧条件下的 $RDI_{+6.3}$也在 60%以上，比富氧 26%的烧结矿的 $RDI_{+6.3}$还高。这是由于球团矿的矿物组成比较单一，赤铁矿晶体再结晶，聚集在一起连成一大片，球团矿的强度得到提高。而且球团矿的气孔率大，可以承受较大的内应力产生的体积变化。观察反应后球团矿试样，基本保持了结构的完整性，只是表面部分的 Fe_2O_3 被还原，使得球团矿表面孔隙加大，这样可以消除部分内应力，减少裂纹生成和扩大。因此，球团矿低温还原粉化程度不如烧结矿严重。

7.2.2.3 对球团矿还原膨胀的影响

关于铁矿球团还原膨胀的机理，已形成以下经典理论：

（1）碳沉积膨胀理论。该理论认为在低温还原条件下，CO 分解生成 C，C 在球团的细微孔隙及晶体裂缝内沉积，导致球团膨胀。

（2）碱金属膨胀理论。该理论认为铁矿物或添加剂中所含的碱金属在还原进程中使金属铁的析出增强，铁的高速析出使得球团膨胀加剧。

（3）铁晶须膨胀理论。该理论认为在 FeO 界面析出纤维状的金属铁，它使周围晶粒或颗粒产生松动或位移，这种铁晶须的疯长导致球团体积膨胀。

近年来，国内外对还原膨胀的研究基本上是对以上几种理论的拓展和深化。T. Sharm 研究了还原温度对铁矿球团膨胀行为的影响。研究发现，还原温度较低时，还原速率很慢，以致铁晶须的生长没有发生变化；提高还原温度，还原速率加快，导致铁晶须的生长并产生高度膨胀，并在1000℃时出现最大膨胀率。球团膨胀在临界还原速率下达到最大值，而这一还原速率是由还原温度、还原气体的分压、流量共同起作用的。他指出，球团焙烧温度和时间是通过影响球团孔隙率来影响膨胀率的，焙烧温度越高时，球团孔隙率越大，膨胀就越严重。

A. A. El-Geassy 等人使用不同还原气体对铁矿氧化团块在 700～1100℃下还原，研究发现纯 CO 时 900℃得到 224%的膨胀率，H_2 时 950℃得到 24%的膨胀值，而 50%H_2-50%CO 气氛的膨胀值介于两者之间，膨胀受温度和气氛中 H_2 和 CO 的相对比例影响。他们认为还原中后期还原膨胀的发生主要是因为 Fe/FeO 界面产生的气泡使得球团体积增大。

国内对氧化球团的还原膨胀研究不多，主要是因为长期以来我国球团矿的生产一直是以磁铁精矿为原料，还原膨胀率一般不高，属于正常膨胀。因此，球团矿的还原膨胀这一问题未得到足够重视。但是，现在随着大量国外赤铁精矿的进口，球团矿的还原膨胀问题就变得日益突出了，相关研究有所增多。

熊良勇等人认为，铁矿石煤基还原时的恶性膨胀是由于铁氧化物的晶格内渗入了杂质，引起晶格畸变，使铁离子向有限核心扩散，生成铁晶须所致。

钢铁研究总院的齐渊洪等人对浮氏体还原为金属铁过程中球团的膨胀行为进行了研究，得出结论：在温度为700~800℃时，还原过程受界面化学反应控制，金属铁主要以铁晶须形态析出，球团膨胀率明显增大。当温度高于950℃时，过程由铁离子扩散环节控制，金属铁主要以致密的层状晶形态析出，球团膨胀率较小。在温度为850~900℃时，过程受铁离子扩散和界面化学反应混合控制，金属铁的析出状态介于针状晶与层状晶之间，主要呈短而粗的锥状晶。

许斌等人对球团膨胀影响因素的研究得出以下结论：对于一般的铁矿球团来说，球团还原膨胀主要发生在第Ⅰ阶段，即 Fe_2O_3 转变成 Fe_3O_4 的阶段，其膨胀率因矿石特性的不同有较大差别。第Ⅱ阶段，即 Fe_3O_4 向 FeO_x 还原的阶段，虽继续膨胀，但膨胀率一般不大于14%。第Ⅲ阶段，即 FeO_x 向Fe转变的阶段，球团体积收缩，抗压强度也随之提高。

通过对以上还原膨胀机理的对比可知，还原球团膨胀的基础是铁氧化物的晶型转变，对于大于20%的膨胀机理说法不一。较多研究者认为是由铁晶须的生长导致，也有研究者认为是在球团或团块内部生成的气泡产生较大内应力导致，以及其他的原因。同时，对球团还原速率与动力学规律的研究较多，而对于还原过程的膨胀行为与金属铁析出形态和动力学规律之间的内在联系，目前还缺乏具有普遍指导意义的有关理论。

高炉在富氧喷煤生产时，由于高炉煤气成分和温度分布都会发生变化，会导致还原制度的变化，对球团矿的还原膨胀产生一系列影响。故通常通过改变还原制度，研究对铁矿球团气基还原的影响。实验中所用还原气体为 H_2 含量逐渐增加的，H_2/CO 比值分别为0.5、1.0、1.6、2.6的还原气和 H_2，还原温度为800~1000℃。试验结果如图7-6所示。

从图7-6可以看出，在还原温度相同时，随着还原气体中 H_2 含量的增加，还原速率有逐渐增大的趋势。CO还原气下还原速率最慢，尤其是在800℃时还原120min的还原度仅有79.61%；H_2 还原气下还原速率最快，即使在800℃时还原30min就可以达到99.40%的还原度；混合气体还原时，还原速率介于两者之间，并随着 H_2 含量的增加逐渐加快。由图7-6（a）和（b）可知，即使在低温还原条件下，少量 H_2 的配入就可以使得还原速率有明显提高；而由（e）和（f）可知，$H_2/CO=2.6$ 煤制气和 H_2 还原速率在800~1000℃各温度下已没有明显差异，相同还原温度下达到95%还原度所用时间差均在5min以内。因此，随着还原气体中 H_2 含量的增加，对加速还原反应的影响也逐渐减弱，甚至变得不明显。

当使用同一还原气体时，如图7-6（a）~（f）所示，随着还原温度的提高，还原速率有逐渐加快的趋势。由图7-6（a）可知，当使用CO进行还原时，还原

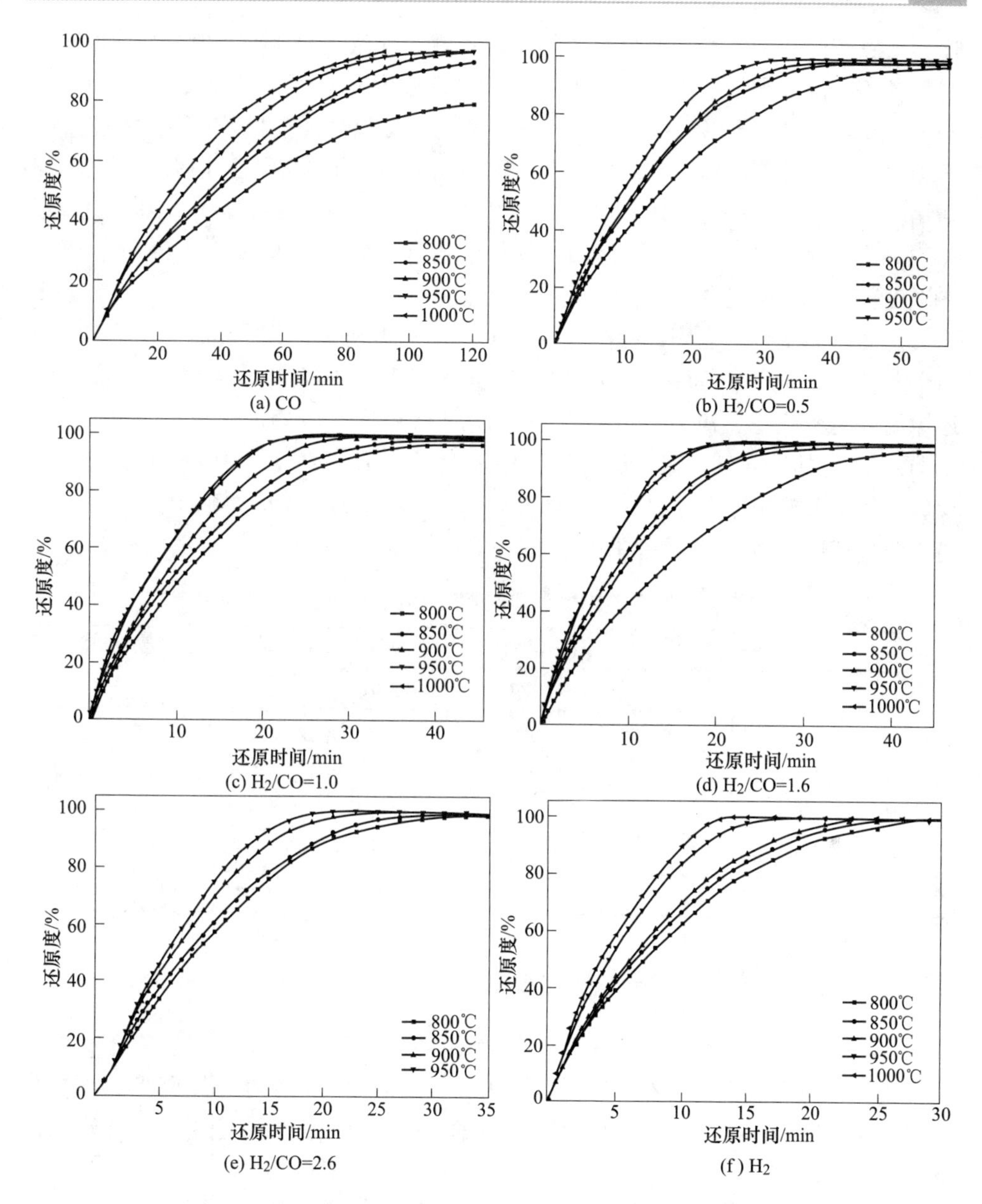

图 7-6 铁矿球团不同还原制度下的还原度随时间的变化曲线

温度每提高 50℃，还原速率都有较大提高；而由图 7-6（c）、（d）和（f）可知，1000℃时还原速率与 950℃相差不大，甚至有所降低，在混合气下 1000℃还原 10min 后出现还原速率低于 950℃的情况。这主要是由于在 1000℃ $H_2/CO=1.0$ 和 1.6 还原气下还原 10min 就可达到 64.75%~74.50%的还原度，快速的反应并不能使得球团内外均匀还原，而在球团的外层会生成更多的金属铁，短时间内迅速形成致密的金属铁壳从而阻碍了气体内扩散，导致还原速率有所降低。

各还原温度和气氛下铁矿球团达到95%还原度时所用时间如表7-5所示。由表7-5可知，相同还原气氛时，球团达到95%还原度所用时间均随温度的提高逐渐缩短；相同还原温度时，球团达到95%还原度所用时间均随 H_2 含量的增加逐渐缩短。但是，当使用 $H_2/CO=1.0$ 气体还原时，还原温度由950℃提高到1000℃达到95%还原度所用时间并没有减少，同时 $H_2/CO=2.6$ 还原气和 H_2 在各温度下达到95%还原度所用时间相差不大。

前面热力学分析表明，提高还原温度可同时改善 H_2 还原反应的动力学和热力学条件，而对CO还原反应的影响却是有利有弊。从表7-5也可以看出，提高还原温度能更好地加快 H_2 还原反应，而对CO还原反应的加速效果较差。当使用 H_2 和CO的混合气体时，反应过程中还会发生 $H_2O+CO = H_2+CO_2$ 的水煤气反应，使得反应速率并不是随 H_2 配比的增加而相应成比例增大。因此，适当提高还原气体中 H_2 的含量和使用较高的还原温度是气基还原较为合适的还原制度。

表7-5 各还原温度和气氛下还原率达到95%时所需的时间 (min)

气氛温度	800℃	850℃	900℃	950℃	1000℃
CO	—	120	102	92	83
$H_2/CO=0.5$	47	34	31	25	—
$H_2/CO=1.0$	35	30	25	20	20
$H_2/CO=1.6$	28	24	23	16	17
$H_2/CO=2.6$	23	23	19	16	—
H_2	23	21	19	14	12

7.2.3 富氧喷煤对焦炭溶损反应的影响

7.2.3.1 富氧喷煤对焦炭反应行为的影响

随着高炉富氧喷煤技术的发展，高炉煤比不断提高，焦比不断降低，高炉焦炭负荷越来越重。高炉富氧喷煤对焦炭质量和性能有很大的影响，主要体现在以下几个方面：

(1) 焦炭在高炉中停留时间延长。由于煤粉在风口燃烧，代替了部分下行焦炭在风口燃烧的消耗，使整个料柱下行速度减慢，延长了焦炭在高炉内的停留时间，使得焦炭与 CO_2 接触机会增多，碳素溶损反应增强，影响焦炭块度和表层结构。提高喷煤量，对焦炭的质量要求也越来越高。

(2) 焦比降低，焦炭单位体积负荷增大。喷煤的目的就是代替一部分焦炭，焦比的降低意味着焦炭单位体积的各方面负荷增大。诸如软熔带焦窗变薄，单位体积承受的液渣、液铁冲刷增强；块焦参与碳素溶损反应失去的质量增多；单位质量的渣/焦比增加，使得还原 Fe、Si、Mn、P 所需的碳相对量增加，以及铁渣渗碳的相对量也增加。

（3）富氧喷煤使煤气流中的 H_2 含量增加。由于喷煤使高炉煤气流中的含 H_2 量增加。H_2 夺取矿石中的氧，形成 H_2O，与焦炭发生水煤气反应。且 H_2O 对焦炭反应活性要强于 CO_2，使焦炭溶损反应加剧，结构发生变化，表层结构变得疏松，块度减小。

（4）铁水、渣量和焦粉增加。喷煤操作比全焦操作的铁水和渣量均增加。铁水流动使焦炭中光学各向异性结构的石墨化程度提高，易于渗碳和发生劣化。在呆滞带渣量的变化范围明显比铁水变化范围大。

喷煤时焦粉量增多，但焦炭含碱量却较低。这是由于焦炭表面向内部含碱量逐渐减少有一个梯度，由于焦炭外层逐渐磨损，残存的焦块中含碱量减少。

7.2.3.2 对焦炭反应后强度的影响

溶损反应会大大影响焦炭 *CSR*，两者相关系数较高，具有重要意义。以下研究主要集中在煤中矿物质对焦炭 *CSR* 的作用。

J. Goscinski 通过对来自世界各地约 70 种单种煤焦炭的 *CSR* 和矿物质组成关系的研究表明，Fe_2O_3、CaO、K_2O、Na_2O 对焦炭溶损反应存在催化作用，使 *CSR* 降低，而 Al_2O_3、SiO_2 能使焦炭 *CSR* 提高。并提出当 Fe_2O_3/CaO 和 SiO_2/Al_2O_3 不同时，炼焦煤的变质程度、黏结性和灰分组成中 K_2O、Na_2O 对 *CSR* 的影响不同。

钱湛芬等研究并发现加入 K、Na、Ba、Fe 使焦炭 *CSR* 下降，其中 Ba 的作用甚至超过 K、Na；加入 Ti、V 使焦炭 *CSR* 有改善的趋势；而加入 F 对其基本上无影响；并且不同焦炭对矿物质吸附能力不同。

M. Sakswa 等认为煤中矿物质组成和最大流动度是焦炭 *CSR* 的决定性因素，提出用碱度指标 $BI = (CaO + MgO + Fe_2O_3 + K_2O + Na_2O)/(SiO_2 + Al_2O_3)$ 和煤的流动度 *MF* 来预测焦炭的 *CSR*。

J. T. Price 等通过把不同量的十八种矿物质分别加入煤中后炭化，研究了不同矿物质对所得焦炭结构和 *CSR* 的作用得出：正长石、石英基本上无作用；刚玉和金红石虽然能使焦炭结构发生稍微变化，但对 *CSR* 几乎没有影响；硫对焦炭结构影响较大，使焦炭光学结构中细粒和极细镶嵌结构明显增加，而使焦炭 *CSR* 略有下降；含镁、钙（除磷灰石外）和铁类矿物质使焦炭 *CSR* 降低，且结构中光学结构单元尺寸变小，尤其是铁类矿物质使 *CSR* 呈线性下降。

O. Kerkkonen 等通过把 15 种矿物质加入煤中炭化，研究这些矿物质对焦炭 *CSR* 的作用。认为方解石（$CaCO_3$）、白云石（$CaMg(CO_3)_2$）、铁白云石（$CaFe(CO_3)_2$）、菱铁矿（$FeCO_3$）、黄铁矿（FeS_2）和碱金属氧化物能使 *CSR* 降低，且降低程度随铁、钙、镁、钾、钠量增加呈线性关系；蒙托石

($((Ca,Na)_{0.7}(Al,Mg,Fe)_4)$)、正长石（$KAlSi_3O_8$）和钠长石（$NaAlSi_3O_8$）对 *CSR* 具有轻微作用。

Marinuste Lindert 等研究了 Fe_2O_3 加入煤中炼焦和直接加入焦炭中对焦炭 *CSR* 的作用区别，发现两种方法都能使焦炭 *CSR* 下降，但 Fe_2O_3 直接加入焦炭后导致 *CSR* 恶化比加入煤中时大得多。

综上所述，催化剂的存在大大加剧了溶损反应的进行，使得焦炭 *CSR* 降低。研究 *CSR* 的目的是尽可能使焦炭虽然受到 CO_2 反应，但仍保持一定强度，以保证高炉内良好的透气性。近十多年来，通过生产实践认为，*CSR* 与 *CRI* 相比更具有生产实际意义。根据日本、澳大利亚、意大利等国生产统计表明，*CSR* 提高 1%，焦比下降 0.4～1.5kg/t，产量增加 0.6%左右。这是由于 *CSR* 好，使得炉腹部分焦炭空隙度高，既有利于气流分布，也使铁水易于滴落入炉缸。由于通常随着焦炭 *CSR* 值越高反应性越低，使得炉身上部 CO_2 溶损反应减弱，CO 利用率增高，降低了焦比。我国宝钢高炉实践表明，只有 *CSR*>66%，高炉喷煤比才能保持在 200kg/t 的水平。

7.2.3.3 对焦炭高温碳化过程的影响

高炉生产中普遍引入了富氧喷煤工艺，这虽然在一定程度上减少了高炉的焦比，但是由于煤粉在风口的燃烧减少了焦炭在风口的燃烧消耗，使高炉中料层下降速度减慢，焦炭在高炉内停留的时间也变长了，焦炭在高炉内参与一系列物理化学变化的时间也会变长。也是因为富氧喷煤工艺，风口回旋区总会存在一些没有完全燃烧的煤粉，这些煤粉随煤气上升，有可能堵塞焦炭与焦炭之间的孔隙，导致高炉压差增大，透气性变差。焦比的下降也导致高炉内焦炭的减少，从而使软熔带焦窗变薄，单位体积承受的液渣、液铁冲刷增强。这些都会使焦炭在随炉料下降过程中物性发生一系列变化。

块状带处于炉腰以上，这里温度一般低于 1000℃，各种矿石及熔剂基本都处于固态状态，因此所有炉料基本保持层状。而且由于炼焦最终温度一般比 1000℃高，所以焦炭受到的热作用比较小，焦炭的结构变化较小，焦炭的热反应性能变化也不大，于是焦炭块度和强度下降都很少，对高炉的透气性等影响不大。

软熔带处于炉腰和炉腹处，这里温度一般为 1000～1300℃。因温度的升高和煤气流的作用，矿石开始逐渐软化熔融，矿石及熔剂层黏度变大，透气性下降明显，于是只有块状焦炭能起到疏松和使气流畅通的作用。但是由于这一区域的温度和 CO_2 含量因素，焦炭与 CO_2 发生剧烈的气化反应，于是焦炭的反应性在此充分显示出来。而且焦炭与 CO_2 发生气化反应后，气孔变化很大，气孔壁变薄，气孔增大且增多。且由于机械应力等作用，微裂纹增多，故导致焦炭强度下降，焦炭粒度减小明显。如果焦炭的反应性过大，反应后的强度必然降低很多，产生的碎焦和焦粉也明显变多，高炉的透气性也必然下降，高炉顺行会受到很大影响。且由于温度已经高于炼焦最终温度，焦炭的结构会进一步变化，煤气中的一些元素会与焦炭中灰分发生反应，生成的物质可能会造成体积膨胀，对焦炭结构具有破坏作用。且温度升高，焦炭中碳基质的有序化程度会进一步增大，焦炭进一步向石墨转变，焦炭中各向同性碳会减少，各向异性碳会增多。

滴落带处于炉腹到炉缸之间，这里温度一般超过1350℃。由于这里矿石及熔剂都已经变为液态，故这里的固体主要是焦炭。滴落带由于煤气中基本不含CO_2，所以焦炭基本不发生气化反应，故能保持一定的强度和粒度，高炉这部分有一定的透气性。但如果由于焦炭在软熔带的气化反应产生了较多的碎焦和焦粉，这一区域的透气性也必然受到影响。由此可见，焦炭热性能的稳定是很重要的。在此高温区域，由于受到高温气体的冲刷，焦炭的结构会进一步破坏，石墨化程度也会更高。

风口回旋区一般处于炉腹到炉缸处，这里温度很高，一般可达2000℃。风口鼓入的热空气在强烈地回旋并且与焦炭发生反应（高炉喷煤时也与煤发生反应），为高炉提供大量热能和还原气体CO。一般要求在风口回旋区的焦炭块度较大，因为块度的完整和承受热力作用的强弱与否对风口区状态有着重要的作用。此时，由于焦炭经历了高温处理，焦炭中的一部分灰分会熔化，与初渣结合，进入高炉渣。

随着焦炭在高炉中的下降，焦炭会与CO_2发生气化反应，与矿石等发生直接还原反应、碱金属侵蚀、渣铁溶蚀、在铁水中溶解、风口处燃烧等化学作用。且因热应力和碰撞、磨损、挤压等机械应力的物理作用，焦炭在下降过程中强度和粒度都会下降，反应性增强，气孔增大，出现粉化现象，从而高炉下部的透气性变差。

综上所述，焦炭在高炉内不断发生降解和裂化反应，其主要降解过程总结如下：焦炭在高炉的块状带内虽受静压挤压、相互碰撞和磨损等作用，但由于散料层所受静压远低于焦炭的抗压强度，撞击和磨损力也较小，故块状带内焦炭强度的降低、块度的减小以及料柱透气性的变差均不明显。进入软熔带后，焦炭受到高温热力，尤其是碳溶反应的作用，使焦炭气孔壁变薄，气孔率增大，强度降低。并在下降过程中受挤压、摩擦作用，使焦炭块度减小和粉化，料柱透气性变差。碳溶反应还受碱金属的催化作用而加速。焦炭在滴落带内，碳溶反应不太剧烈。但因铁水和熔渣的冲刷，以及温度1700℃左右的高温炉气冲击，焦炭中部分灰分蒸发，使焦炭气孔率进一步增大，强度继续降低。进入风口回旋区边界层的焦炭，在强烈高速气流的冲击和剪切作用下很快磨损，进入回旋区后剧烈燃烧，使焦炭粒度急剧减小，强度急剧降低。

焦炭在高炉内的上述降解过程可由图7-7表述。

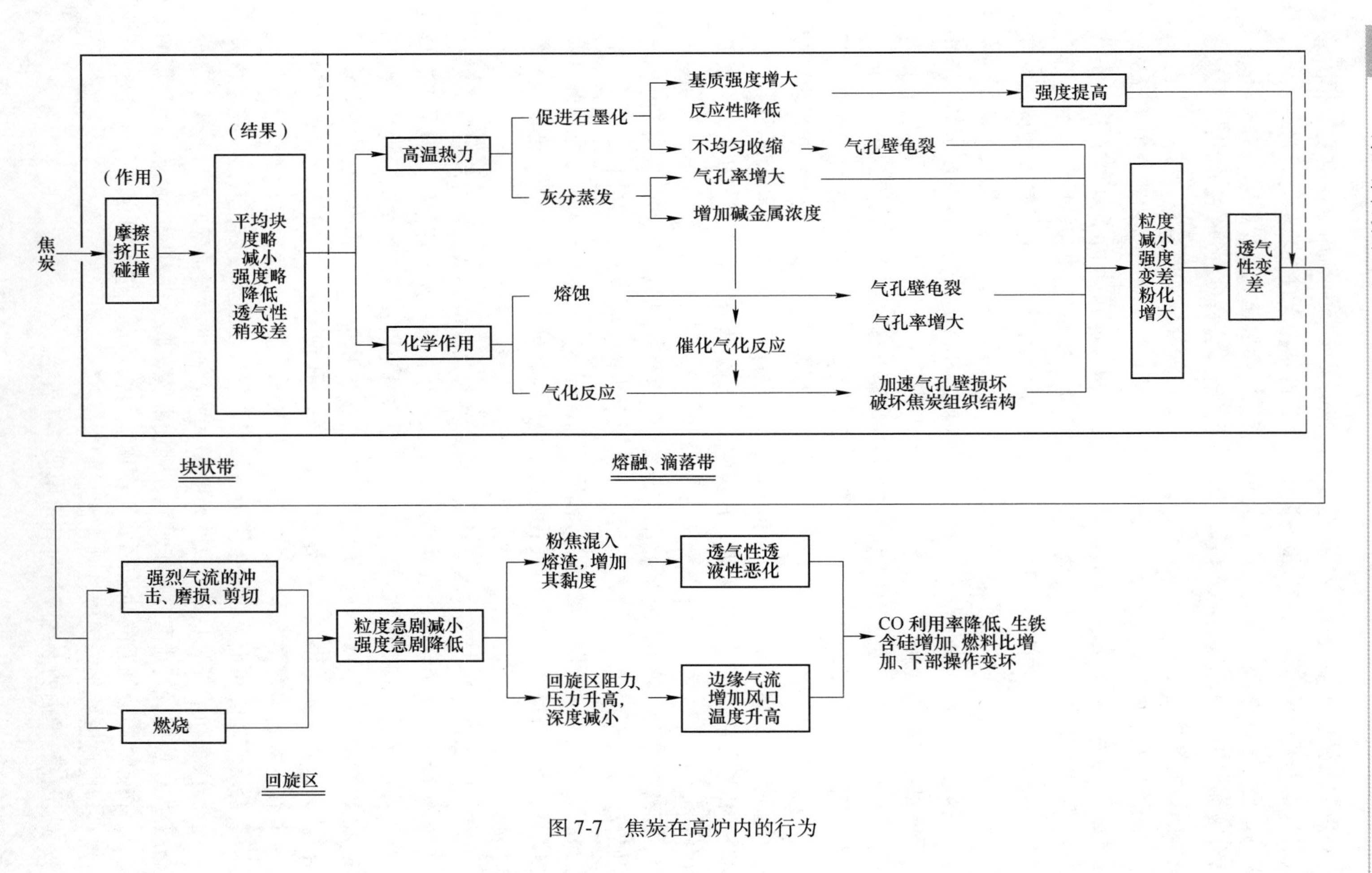

图 7-7 焦炭在高炉内的行为

7.2.4 富氧喷煤对矿石软熔滴落过程的影响

7.2.4.1 对矿石软化性能的影响

通常以炉料收缩4%时所对应的温度作为软化开始温度。它表示炉料在超过这一温度后开始软化变形，料层间的孔隙度开始变小，料柱的透气性开始恶化。以炉料收缩40%时所对应的温度作为软化终了温度。软化开始温度和软化终了温度的差值作为软化区间。它们分别代表软熔带在高炉内的高度和厚度。氢气含量对炉料软化性能的影响实验结果如表7-6所示。

表7-6 H_2含量对炉料软化性能的影响实验结果

实验序号	H_2含量/%	软化开始温度 T_4/℃	软化结束温度 T_{40}/℃	软化区间 $(T_{40}-T_4)$/℃
B1	0	1015	1310	295
B2	4	996	1352	356
B3	8	991	1344	353
B4	12	981	1398	417
B5	16	952	1391	439
B6	20	987	1379	414

图7-8为H_2含量对炉料软化开始温度的影响。从图7-8可以看出，随着煤气中H_2含量增加，炉料软化开始温度随之下降，到H_2含量达到16%以上时，软化开始温度又开始增加。一般认为，炉料的软化温度主要取决于其还原状态，即进入软熔带前炉料的FeO含量。随煤气中H_2含量增加，煤气的还原能力增强，因此还原出的FeO量增加，低熔点物质增多，软化开始温度下降。而H_2含量提

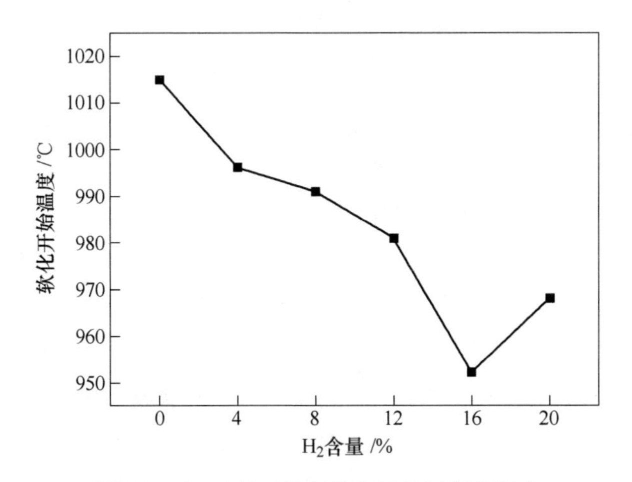

图7-8 H_2含量对炉料软化开始温度的影响

高到一定程度后，煤气的还原能力进一步加强，FeO 被还原为金属铁的量增加，从而使矿石的软化开始温度升高。

图 7-9 为 H_2 含量对炉料软化结束温度的影响示意图。可以看出，与炉料软化开始温度相反，随着 H_2 含量增加，炉料的软化结束温度呈上升趋势。这同样与煤气中的 H_2 含量增加，还原出的高熔点金属铁量增多有关。说明在高温下，增加煤气中的 H_2 含量，可以有效降低高炉软熔带位置。

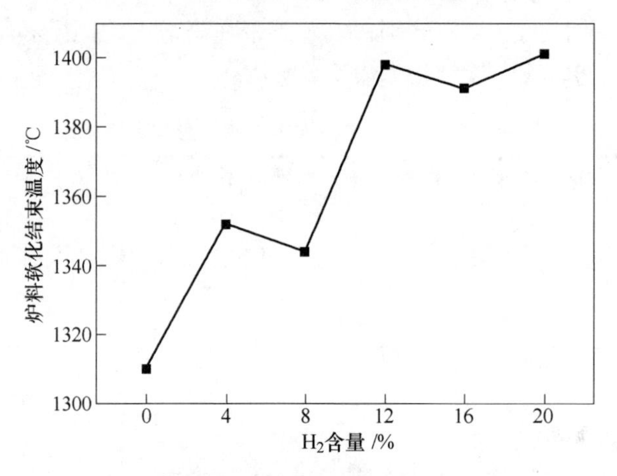

图 7-9 H_2 含量对炉料软化结束温度的影响

图 7-10 反映了不同 H_2 含量对炉料软化区间的影响，它是炉料软化开始温度和软化终了温度共同作用的结果。H_2 含量增加，软化温度区间增加，H_2 含量从 0%增加到 16%，软化温度区间由 295℃增加到 439℃，平均 H_2 含量每提高 1%，软化温度区间增加 9℃。而后再增加 H_2 含量，由于炉料的软化开始温度有所上

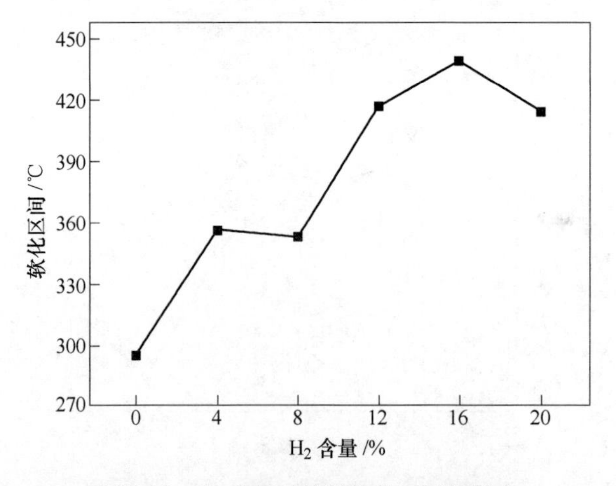

图 7-10 H_2 含量对炉料软化区间的影响

升，因此软化温度区间变窄。

7.2.4.2　对矿石熔融滴落性能的影响

通常软熔带内侧的形状和位置，相较于软熔带外侧对煤气流的影响更大。也就是说，滴落线比软熔线更重要。人们通常用压差陡升温度作为熔融开始温度，以有铁滴滴落的温度作为熔融终了温度，二者之差作为熔融区间。氢气对矿石熔融滴落性能的影响如表 7-7 和图 7-11、图 7-12 所示。

表 7-7　H_2 含量对炉料熔融性能的影响实验结果

实验序号	H_2 含量 /%	压差陡升温度 /℃	滴落温度 /℃	熔融区间 /℃	滴落收缩率 /%	熔融带厚度 /mm
B1	0	1235	1372	137	48.78	24.38
B2	4	1280	1399	119	47.25	26.16
B3	8	1299	1410	111	49.49	27.82
B4	12	1367	1455	88	53.67	29.45
B5	16	1385	1459	74	52.66	31.55
B6	20	1418	1455	37	49.52	33.77

图 7-11 为 H_2 含量对炉料熔融开始温度的影响。从图中可以看出，随着 H_2 含量增加，炉料的压差陡升温度明显升高。当煤气中的 H_2 含量从 0% 上升到 20% 时，炉料的压差陡升温度从 1235℃ 上升到 1418℃，平均 H_2 含量每增加 1%，压差陡升温度提高约 9.2℃。这是由于煤气中的 H_2 含量增加，煤气的还原势增强，炉料中的低熔点物质减少，从而使得矿石收缩率降低，料层空隙率增大造成的。

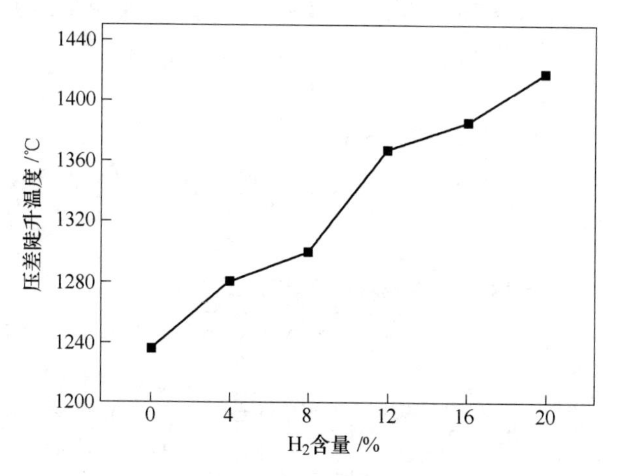

图 7-11　H_2 含量对炉料熔融开始温度的影响

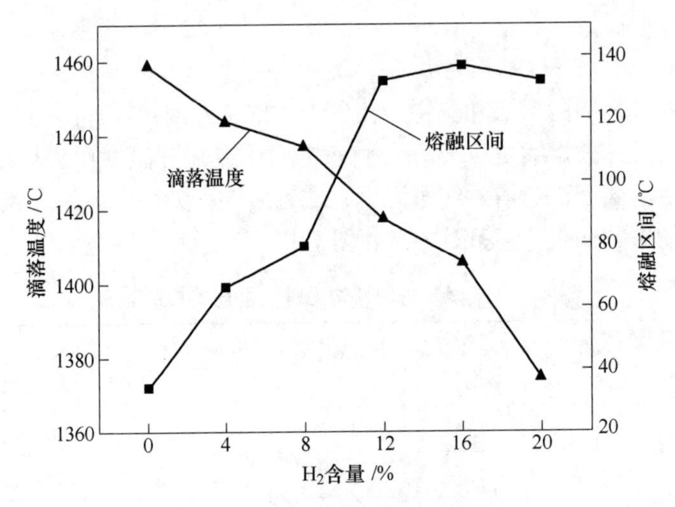

图 7-12　H_2 含量对炉料滴落温度的影响

图 7-12 反映的是 H_2 含量对炉料滴落温度和熔融区间的影响。从图中可以看出，在 H_2 含量较低时，随 H_2 含量增加，滴落温度升高。H_2 含量从 0%上升到 12%时，滴落温度从 1372℃升高到 1455℃，平均 H_2 含量每增加 1%，滴落温度升高约 6.9℃；当煤气中的 H_2 含量高于 12%以后，再增加煤气中的 H_2 含量，炉料的滴落温度基本保持不变，H_2 对炉料滴落温度的影响大大降低。炉料的滴落温度和熔融区间主要取决于从滴落带滴下初渣的流动性。初渣的流动性不佳，矿石的滴落过程相应延长，表现为滴落温度高。对初渣流动性起决定作用的是其中的 FeO 含量，H_2 含量较低时，增加煤气中的 H_2 含量，可显著提高煤气的还原能力，相同温度下可使初渣中的 FeO 含量降低，矿石的滴落温度升高。之后再增加煤气中的 H_2 含量，渣中的 FeO 已减少至最低，矿石的滴落温度将不再随 H_2 含量的升高而升高，甚至由于 H_2 的密度小，使得矿石的滴落温度有所下降。

7.2.4.3　对炉内压差及透气性的影响

H_2 含量对炉内压差及透气性的影响实验结果如表 7-8 和图 7-13、图 7-14 所示。

表 7-8　H_2 含量对炉料透气性的影响实验结果

实验序号	H_2 含量 /%	最大压差 /Pa	最大压差温度 /℃	最大压差收缩率 /%	特征值
B1	0	13070	1344	44.14	616
B2	4	4602	1390	43.97	216
B3	8	3801	1387	44.65	218

续表 7-8

实验序号	H_2 含量 /%	最大压差 /Pa	最大压差温度 /℃	最大压差收缩率 /%	特征值
B4	12	2547	1460	48.33	31
B5	16	2389	1460	50.57	28
B6	20	1186	1456	49.42	7

图 7-13 为不同 H_2 含量下炉料的最大压差和最大压差温度的变化。可以看出，当煤气中的 H_2 含量从 0%增加到 8%时，随着 H_2 含量的增加，炉内最大压差迅速从 13070Pa 下降到 3801Pa。之后再增加 H_2 含量最大压差温度变化趋势变缓，H_2 对炉料的最大压差影响变弱。从 H_2 对炉料的最大压差温度的影响看，在 H_2 含量小于 12%时，随 H_2 含量增加，最大压差温度升高，平均 H_2 含量每增加 1%，最大压差温度升高 9.7℃。H_2 含量超过 12%以后对最大压差的影响变弱。

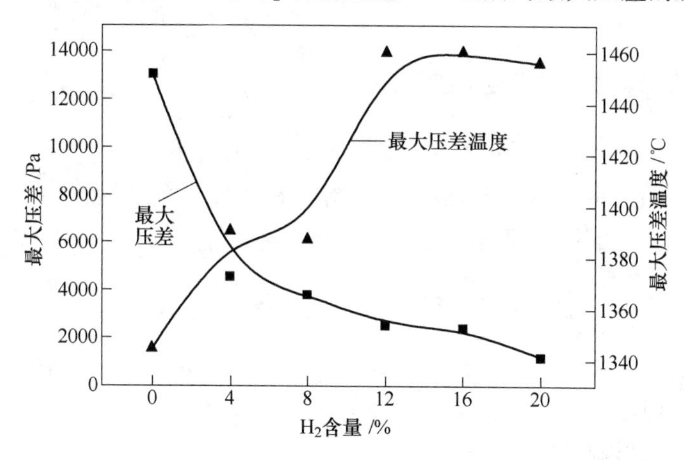

图 7-13 H_2 含量对料柱压差的影响

炉料特征值表征的是料柱的透气性指数，指煤气通过料柱时受到的阻力大小。高炉料柱的透气性直接影响炉况顺行、煤气流分布和煤气利用率。料柱具有良好的透气性，能够使煤气流均匀稳定地通过，从而可以充分利用煤气流的还原和传热作用，促进高炉实现低耗、稳产。炉料透气性差则容易使高炉边缘气流发展或形成管道，引发崩料、悬料现象，影响高炉顺行。如图 7-14 所示，从 H_2 对炉料的透气性指数的影响看，H_2 含量增加，炉料特征值降低，透气性得到明显改善。原因主要有两点：（1）煤气中 H_2 含量升高，N_2 含量降低，由于 H_2 的黏度系数要明显低于 N_2 的黏度系数，使得煤气的穿透力增强，改善了料柱的透气性；（2）随着煤气中 H_2 含量升高，煤气的还原能力得到加强，铁氧化物在较低温度时已被还原成金属铁，避免了低熔点化合物过早形成，从而增加料柱的透气性，降低了特征值。

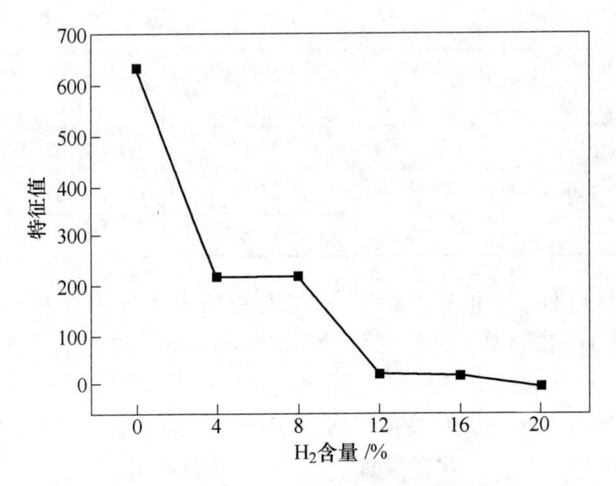

图 7-14 H_2 含量对炉料透气性的影响

7.2.5 富氧喷煤对风口回旋区的影响

7.2.5.1 富氧喷煤对风口前理论燃烧温度的影响

高炉风口回旋区的理论燃烧温度是指燃料在风口前燃烧时（不完全燃烧）所产生的热量加上助燃热风含有的热量全部传给燃烧产物时达到的温度，是表征高炉炉缸热状态的一个重要参数。

A 高炉风口回旋区理论燃烧温度计算公式

由张寿荣院士提出的理论燃烧温度计算公式，全面考虑了传统高炉风口燃烧带内的各种物理化学反应，与前人相比考虑了未燃煤粉、焦炭灰分、煤粉灰分对理论燃烧温度的影响，使之更能适用于高炉大喷煤条件下理论燃烧温度的计算：

$$T_{\mathrm{f}} = \frac{H_{\mathrm{b}} + H_{\mathrm{coal}} + H_{\mathrm{coke}} + RHCO_{\mathrm{coke}} + RHCO_{\mathrm{coal}} - RH_{\mathrm{coal}} - RH_{\mathrm{H_2O}}}{V_{\mathrm{g}} C_{pg}}$$

式中 H_{b}——鼓风带入的显热，kJ/h；

H_{coal}——喷吹煤粉带入的显热，kJ/h；

H_{coke}——焦炭带入的显热，kJ/h；

$RHCO_{\mathrm{coke}}$——焦炭中的 C 形成 CO 时的燃烧热，kJ/h；

$RHCO_{\mathrm{coal}}$——煤粉中的 C 形成 CO 时的燃烧热，kJ/h；

RH_{coke}——煤粉分解热，kJ/h；

$RH_{\mathrm{H_2O}}$——鼓风中湿分与焦炭中 C 的反应热，kJ/h；

C_{pg}——风口回旋区煤气的平均热容，kJ/(m^3 · K)；

V_{g}——风口回旋区产生的煤气体积，Nm^3/h。

B 富氧对高炉风口回旋区理论燃烧温度的影响

如同提高风温一样，富氧鼓风会使高炉风口回旋区理论燃烧温度大幅度升高，但两者对高炉风口回旋区理论燃烧温度影响的原因并不相同：提高风温可使由鼓风带给燃烧产物的热量增加，因此高炉风口回旋区理论燃烧温度升高；富氧不仅不带来热量，而且因鼓风量的减小使这部分热量的数值减小，高炉风口回旋区理论燃烧温度升高主要是由富氧后煤气量的减少造成的。理论计算表明，在不采用其他生产技术的情况下，鼓风富氧率每提高 1%，高炉风口回旋区理论燃烧温度可提高 45~50℃。利用红外热像仪对鞍钢 2 号高炉风口进行温度检测则实际证明了鼓风富氧对理论燃烧温度的影响：当高炉不富氧且喷吹 60kg/tHM 的无烟煤时，高炉风口回旋区平均温度下降 72℃；当不喷煤且鼓风氧浓度提高到 25%时，高炉风口回旋区平均温度可提高 237℃。因此，为使富氧鼓风后高炉风口回旋区理论燃烧温度不至过高而影响高炉生产顺行，需采用其他生产技术与富氧相结合，最常用的有：风口喷吹煤粉；高炉风口喷吹还原性气体；加湿鼓风或风口喷吹水蒸气。

7.2.5.2 富氧喷煤对风口回旋区尺寸的影响

A 不同富氧率下热风喷吹量与风口回旋区形状尺寸特征

表 7-9 给出了不同富氧率下热风喷吹量与风口回旋区形状尺寸，图 7-15 显示了不同富氧率下热风喷吹量与风口回旋区形状和尺寸的变化规律。由图 7-15（a）~（d）可知，当富氧率由 9%、19%、29%及 79%变化过程中，热风喷入量逐渐减少，由热风喷吹形成的风口回旋区直径不断缩小，体积缩小幅度更大。在富氧实践过程中，对于富氧率分别为 9%、19%、29%及 79%四种工况，每种方案又包含喷吹循环煤气温度分别为 25℃、500℃两种方案，共 8 种工况。由图可知，随富氧率增加，喷吹循环煤气温度为 500℃下风口回旋区深度降低更快。这主要是由于富氧率不断增加，同一富氧率下喷吹 25℃下循环煤气比 500℃下所需热风量更多，且富氧率越高则越明显。

表 7-9 不同富氧率下热风喷吹量与风口回旋区形状和尺寸

富氧率/%	温度/℃	PF	D_r/m	W_r/m	H_r/m	V_r/m^3
9	25	49.18	0.6952	0.5466	0.7639	0.1538
	500	52.94	0.7169	0.5447	0.7707	0.1595
19	25	49.53	0.5614	0.4399	0.6156	0.0806
	500	50.15	0.5537	0.4314	0.6050	0.0766

续表 7-9

富氧率/%	温度/℃	PF	D_r/m	W_r/m	H_r/m	V_r/m^3
29	25	49.93	0.4549	0.3552	0.4977	0.0426
	500	50.78	0.4478	0.3469	0.4874	0.0401
79	25	—	—	—	—	—
	500	—	—	—	—	—

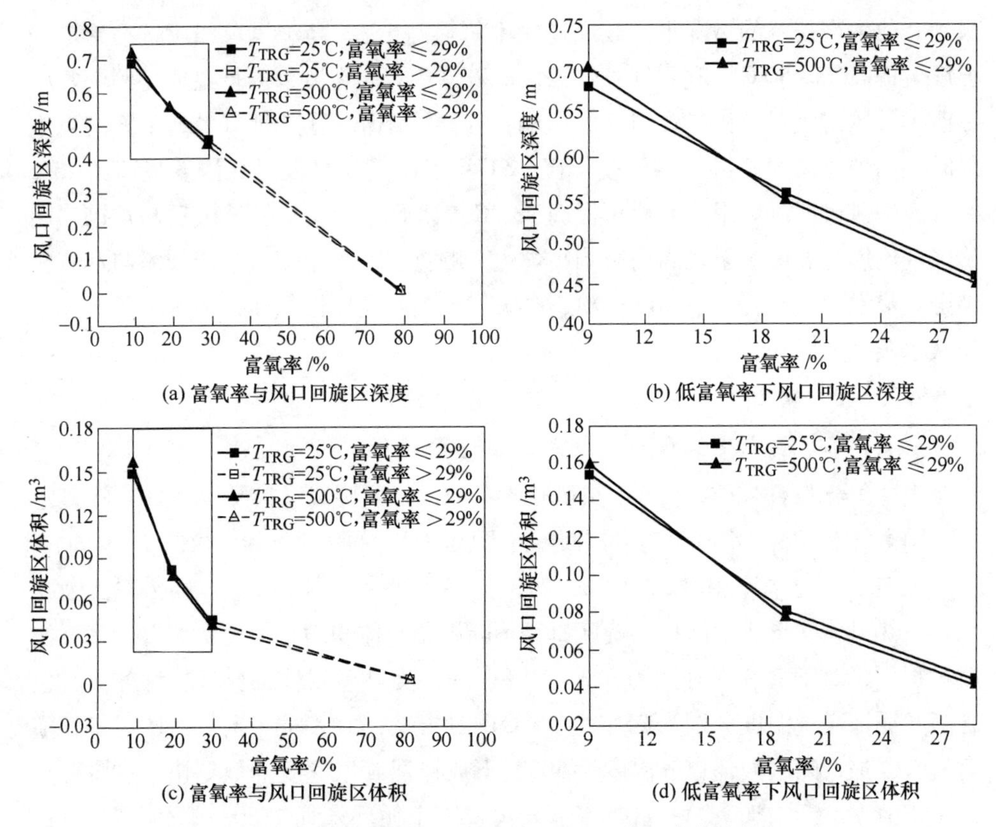

(a) 富氧率与风口回旋区深度　(b) 低富氧率下风口回旋区深度

(c) 富氧率与风口回旋区体积　(d) 低富氧率下风口回旋区体积

图 7-15　不同富氧率下热风与风口回旋区参数特征

B　不同富氧率下氧气喷吹量与风口回旋区形状尺寸特征

表 7-10 为不同富氧率下氧气喷吹量与风口回旋区形状和尺寸，图 7-16 显示的是不同富氧率下风口回旋区的穿透因子与穿透深度。

表 7-10　不同富氧率下氧气喷吹量与风口回旋区形状和尺寸

富氧率/%	温度/℃	PF	D_r/m	W_r/m
9	25	554.0059	0.6351	0.1625
	500	530.4286	0.6163	0.1609

续表 7-10

富氧率/%	温度/℃	*PF*	D_r/m	W_r/m
19	25	581.3650	0.8169	0.2044
	500	541.1400	0.7773	0.2010
29	25	579.3032	0.8917	0.2234
	500	524.0071	0.8318	0.2184
79	25	532.9473	1.0520	0.2740
	500	630.7124	1.1044	0.2661

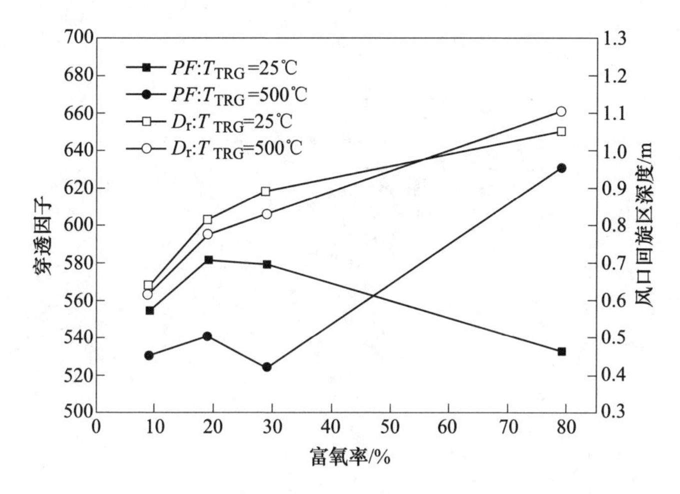

图 7-16 不同富氧率下热风与风口回旋区参数特征关系

由表 7-10 可知，随富氧率不断增加，氧煤枪管道喷吹氧气穿透因子普遍较大（*PF*>500），且风口回旋区深度不断增加。在同一富氧率下，循环煤气温度 $T_{TRG}=25$℃下所需氧气喷吹量较 $T_{TRG}=500$℃下偏大，因此，当氧气管道当量直径相同情况下，循环煤气温度 $T_{TRG}=25$℃时穿透因子较大，且喷吹深度也大。在富氧率为 79%时，$T_{TRG}=25$℃与 $T_{TRG}=500$℃下氧气量分别为 $Q_{O_2}=262\text{Nm}^3/\text{t}$ 和 $Q_{O_2}=249\text{Nm}^3/\text{t}$，为了使氧气管道内阻损维持一定水平，$T_{TRG}=500$℃时氧气管道当量直径稍微偏小，这样使得同样的喷吹速度下该管道氧气穿透深度更大，风口回旋区深度也较 $T_{TRG}=25$℃时偏大。

C 不同富氧率下循环煤气与风口回旋区形状尺寸特征

表 7-11 是不同富氧率下循环煤气喷吹量与风口回旋区形状和尺寸。随富氧率增加，$T_{TRG}=25$℃下风口回旋区深度呈增加趋势，而 $T_{TRG}=500$℃下则呈下降趋势；当富氧率分别为 19%、29%和 79%时，$T_{TRG}=500$℃下能够形成风口回旋区，而 $T_{TRG}=25$℃下则形成了管道，如图 7-17（a）所示。究其原因则是由于 $T_{TRG}=25$℃时，循环煤气穿透因子过大（*PF*>1900），不利于风口回旋区空腔形成，如图 7-17（b）所示。

表 7-11　不同富氧率下炉顶循环煤气喷吹量与风口回旋区形状和尺寸

富氧率/%	温度/℃	PF	D_r/m	W_r/m	H_r/m	V_r/m^3
9	25	2385.95	1.3444	0.1748	—	—
	500	920.80	0.6950	0.1405	—	—
19	25	2030.21	1.7631	0.2470	—	—
	500	116.03	0.4190	0.2213	0.3427	0.0168
29	25	1910.68	1.8442	0.2657	—	—
	500	114.27	0.4583	0.2437	0.3772	0.0223
79	25	2262.06	2.0730	0.2762	—	—
	500	116.42	0.4642	0.2448	0.3791	0.0228

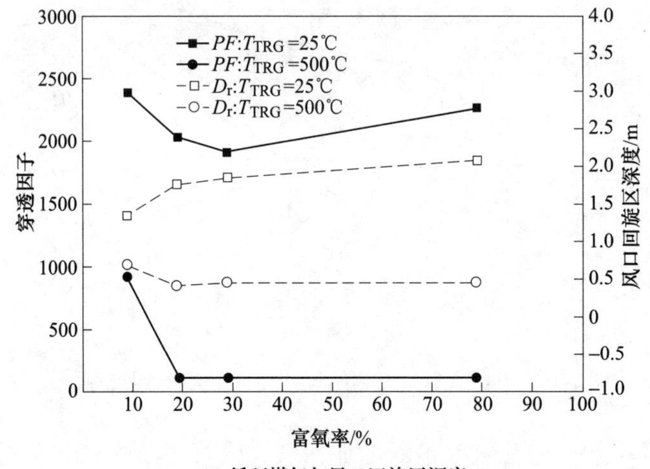

(a) 循环煤气与风口回旋区深度

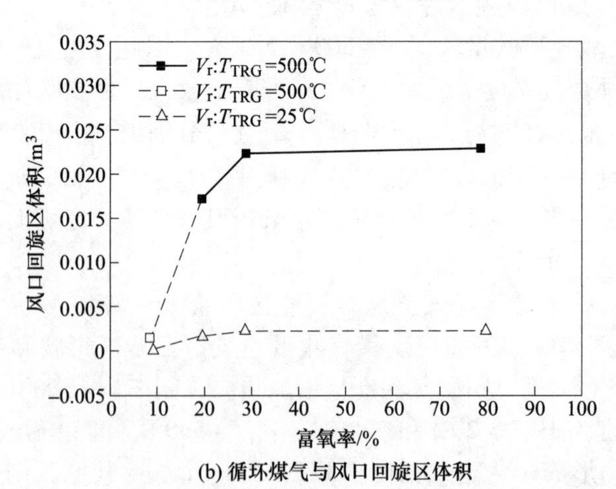

(b) 循环煤气与风口回旋区体积

图 7-17　不同富氧率下炉顶循环煤气与风口回旋区参数特征关系

D 不同富氧率下风口回旋区形状尺寸特征

基于某钢铁厂某 800m^3 高炉富氧、全氧喷吹过程中不同富氧率下的主要参数，采用修正的经典 Hatano 三维风口回旋区模型进行计算分析。在表 7-12 中，提出风口回旋区深度比 ϕ_1 和体积比 ϕ_2 两个参数，并假设富氧率为 0 时，ϕ_1 = 100%，ϕ_2 = 100%，并将富氧率为 9%、19%、29%、79% 及 T_{TRG} = 25℃和 T_{TRG} = 500℃下风口回旋区深度比和体积比进行对比，结果如图 7-18（a）、图 7-18（b）所示。

表 7-12 不同富氧率下风口回旋区形状和尺寸变化

富氧率/%	空气温度/℃	循环煤气温度/℃	D_r/m	V_r/m	ϕ_1/%	ϕ_2/%
0	1200	0	0.9151	0.3331	100.00	100.00
9	1200	25	0.6952	0.1538	75.97	46.19
	1200	500	0.7169	0.1595	78.34	47.89
19	1200	25	0.5614	0.0806	61.35	24.19
	1200	500	0.8080	0.0934	88.30	28.05
29	1200	25	0.4549	0.0426	49.72	12.79
	1200	500	0.7731	0.0625	84.49	18.75
79	1200	25	—	—	—	—
	1200	500	0.4642	0.0228	50.73	6.86

由图 7-18（a）可知，随富氧率增加，风口回旋区深度比（ϕ_1）整体上呈下降趋势，且同一富氧率下，风口回旋区深度比（ϕ_1）在 T_{TRG} = 500℃时较 T_{TRG} = 25℃下偏大。然而，在 T_{TRG} = 500℃，富氧率分别为 19%、29%时，由于喷吹循环煤气后能够产生一定体积的风口回旋区，因此，对此三种情况下风口回旋区体积进行了加和后反推计算风口回旋区深度。由图 7-18（a）可以看出，体积加和后，新的风口回旋区深度随富氧率增加仍呈下降趋势，说明了该计算符合富氧条件下风口回旋区深度整体变化规律。

图 7-18（b）中为不同富氧率下风口回旋区体积比。由图可知，富氧率越大，风口回旋区体积越小，体积比也越小。这是因为风口回旋区体积与其长度（即深度（D_r）、宽度（W_r）和高度（H_r））的乘积成正比。随富氧率增加，风口回旋区尺寸整体变小，则体积更小，风口回旋区体积比也小。由表 7-12 可知，当富氧率为 79%，T_{TRG} = 500℃下，ϕ_1 和 ϕ_2 的值分别为 50.73%和 6.86%。

7.2.5.3 富氧喷煤对风口前煤气流分布的影响

高炉富氧喷煤首先会使炉缸煤气量增加，鼓风动能增加，燃烧带扩大。煤粉与焦炭在风口前燃烧最终产物仍然是 CO、H_2 和 N_2。由于焦炭在炼焦过程中已经完成了脱气和结焦的过程，风口前的燃烧基本上是碳的氧化过程。而煤粉不同，

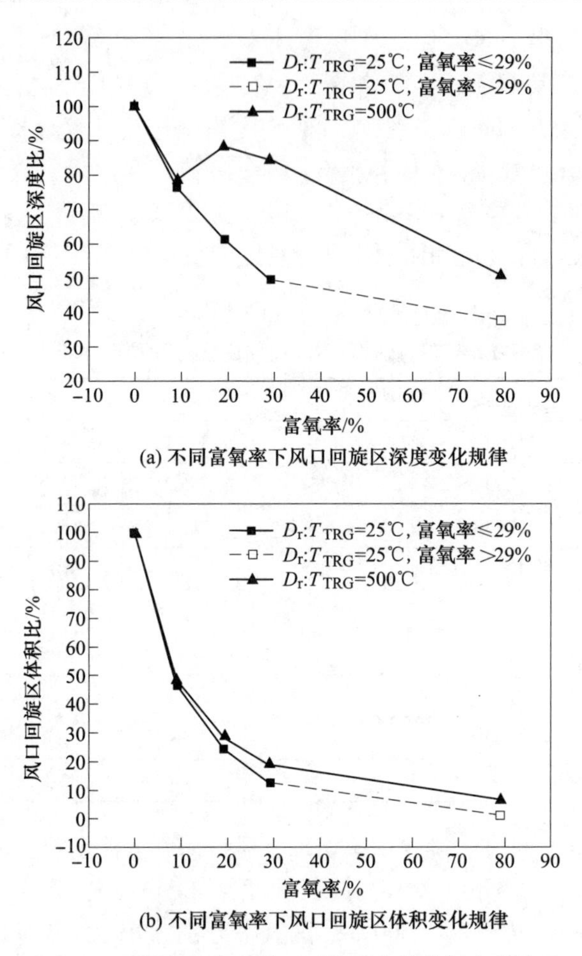

图 7-18 不同富氧率下风口回旋区参数特征变化关系

煤粉含有大量的挥发分使得其在风口前气化后产生大量的 CO 和 H_2，炉缸煤气量增加。煤气量增加是与燃料的 H/C 原子比有关，H/C 值越高，增加的煤气量越多。无烟煤产生的煤气量略低于焦炭，这是由于无烟煤的固定碳含量低于焦炭所造成的。如果喷吹低灰分、高挥发分的烟煤，则 1kg 煤粉产生的煤气量将大于 1kg 焦炭燃烧形成的煤气量。煤气量的增加，无疑将增大燃烧带。另外，煤气中含 H_2 量的增加也扩大燃烧带，因为 H_2 的黏度和密度均较小，穿透能力大于 CO。喷煤量每提高 10%，燃烧带延长 5%~8%。造成燃烧带扩大的另一原因是部分燃料在直吹管和风口内就开始燃烧，在管路内形成高温（高于鼓风温度 400~800℃）的热风和燃烧产物的混合气流，它的流速和动能远大于全焦冶炼时的风速和鼓风动能。这一燃烧特征应加以重视，因为过大的风速和动能，会使燃烧带内出现与正常循环区方向相反的向下顺时针旋转的涡流。

高炉富氧喷煤后，理论燃烧温度会下降，而炉缸中心温度略有上升。理论燃烧温度降低的原因在于：（1）煤粉挥发分含量高，风口前燃烧产物的数量增加，需要用于加热产物到燃烧温度的热量增加；（2）煤粉在风口前气化时因碳氢化合物分解吸热，使燃烧放出的热量降低；（3）焦炭到达风口循环区时已经被加热到1500℃以上，自身携带大量的物理热，而煤粉进入循环区时的温度一般在80℃左右，带进的物理热少。风口循环区理论燃烧温度下降的同时炉缸中心温度和两风口间的温度略有上升，主要原因是：（1）喷煤之后由于煤气量及其动能增加，燃烧带扩大使能够到达炉缸中心的煤气量增多，炉缸中心部位的热量收入增加；（2）煤气量的增加使高炉上部炉料还原得到改善，在高炉下部进行的直接还原数量减少，热支出减少；（3）煤气水当量增加，高炉内热交换改善，使进入该区域的物料温度升高。

高炉富氧喷煤后，料柱阻损增加，压差升高。焦炭是高炉冶炼的“骨架”，大量喷吹煤粉之后，单位生铁的焦炭消耗量和炉料总消耗量减少，料柱的矿/焦比增加，造成炉料透气性变差。同时喷吹煤粉之后吨铁煤气量增加，高炉内部煤气流速增加，阻力加大，造成压差升高。喷吹煤粉之后，炉顶煤气主要由三部分组成：风口前焦炭燃烧生成的煤气、喷吹煤粉燃烧形成的煤气和直接还原生成的煤气。随着高炉煤粉喷吹量的增加，其煤粉燃烧生成的煤气量增加，另外两方面产生的煤气量减少，最终炉顶煤气量有所增加，造成阻力增加，压差升高。同时应该指出，喷吹煤粉之后带入高炉的 H_2 含量增加，由于 H_2 的密度和黏度较小，它可以降低煤气的黏度和密度，一定程度上可以缓解压差升高的趋势。

叶才彦通过对首钢 1 号高炉大量喷吹煤粉操作情况的分析认为，高炉顺行的决定性因素不是料柱总压差，而是取决于料层压强梯度。虽然整个料柱的压差增加，但各部位的压强梯度不超过某一个极限值，就不会发生悬料。反之，即使整个料柱压差不是很高，但料柱某处超过一定值时也会产生悬料。因此，在大量喷煤时，只要控制好风口循环区理论燃烧温度，促进煤粉在风口前的燃烧，减少未燃煤粉入炉，就能够保证炉况的顺行。

针对未燃煤粉在炉内的分布及对煤粉流分布的影响，刘新等人对未燃煤粉在高炉内的分布特性实验研究结果表明，未燃煤粉并非在高炉各处普遍滞留和聚积。由于煤气流总是企图寻找通路，煤粉很难在由煤气流形成的主通道内滞留。因此，进入高炉的未燃煤粉主要聚积在气流流动缓慢和气流发生转折的区域或部位，即回旋区的前方及软熔带的根部和软熔带内侧拐角处。在块状带，未燃煤粉主要滞留在矿石层中。未燃煤粉在高炉内积聚的不均匀性导致了煤气流的重新分布，特别是回旋区前方和前上方的透气性恶化，使中心气流难以发展，促使软熔带向平底的倒 V 形或倒 W 形转变。王文忠等人采用二维高炉模型对未燃煤粉进入高炉后的分布进行了模拟实验，可以得出如下结论：进入高炉的未燃煤粉主要聚积在气流流动缓慢和气流发生转折的区域或部分，即回旋区的下部、前方及软熔带的根部和内侧拐角处。在块状带未燃煤粉则主要滞留在矿石层中。故高炉喷煤产生的未燃煤粉主要分布在回旋区周围，即气流流动缓慢和气流发生转折的区域和部分，如回旋区的下部、前方及软熔带的根部。在块状带则主要聚积在矿石层中。因此，会恶化软熔带和块状带的透气性，阻碍中心气流的发展，使软熔带向倒V形或倒W形转变。

7.3 高炉富氧喷煤安全控制技术

本节讨论保证高炉富氧煤粉喷吹混合均匀、良好燃烧的供氧及安全控制问题。当高炉采用氧煤枪进行局部富氧喷吹煤粉时，需要把氧气输送至高炉炉前氧煤枪入口处。由于高炉炉前环境要求较高以及氧煤枪供应的氧气量和煤粉量都很大，提供相应的供氧及安全控制技术是非常必要的。本节分析高炉氧煤喷吹工艺对高炉炉前供氧及安全控制系统的要求，分析对比了总管供氧和支管供氧及其相适应的控制系统的特点，介绍了高炉炉前供氧及安全控制综合系统。该系统可以满足氧气供应与安全控制的要求，并具有安装简单、维护方便、仪表和控制阀门使用寿命长等特点。

7.3.1 高炉制粉及喷吹系统安全控制技术

7.3.1.1 高炉制粉系统安全控制

高炉喷煤工艺系统主要由原煤储运、煤粉制备、煤粉输送、煤粉喷吹等系统组成。其中，煤粉制备是高炉喷煤技术工艺中重要环节之一。它将原煤安全地加工成符合喷吹要求的煤粉，是高炉喷煤技术应用的首要条件。

高炉制粉系统安全控制包括：

（1）煤粉系统正常运行的标志，包括：

1）磨煤机出口、入口温度在规定范围内，其波动不超过5℃；

2）磨煤机轴瓦（轴承）温度不超过规定值；

3）磨煤机电动机的电流在对应值范围内；

4）排烟风机电动机的电流在相应值范围内；

5）磨煤机出口、入口及各种测点压力在调节控制范围内呈小幅波动；

6）磨烟煤时，各部氧含量小于12%；

7）煤粉水分、粒度合格；

8）系统排放气体含尘浓度达标。

（2）磨煤机启动前的准备和检查，包括：

1）检查系统各部位无自燃；

2）检查各机电设备完整，入孔严密不漏；

3）检查冷却水、润滑系统运行；

4）清理木块分离器及木屑分离器；

5）试验系统各阀门开关灵活；

6）热烟气供应系统完整到位。

（3）设备的启动与运行操作。由于各工艺流程不一样，磨煤机启动步骤也有差异，但基本有如下步骤：

1）各设备冷却系统开始冷却；

2）各设备润滑系统开始润滑；

3）各电动机开始送电；

4）连锁装置投入运行；

5）启动布袋收粉器；

6）启动二次风机（无二次风机可取消）；

7）启动油泵；

8）启动排烟气风机；

9）系统送热烟气或热风炉烟气管道废气（开煤气调节阀，调整好空气、煤气比例；开热风阀）；

10）调整系统各阀门，调整各部压力；

11）启动磨煤机；

12）启动给煤机；

13）调整给煤量；

14）调整热烟气量；

15）检查各机电设备是否正常。

（4）磨煤机进口、出口温度调节。磨煤机出口温度按实际情况规定，北方一般磨烟煤控制在65~75℃，磨无烟煤控制在70~90℃，南方湿度大时可稍高于此值。调节方法为：

1）风量。各种干燥介质的温度从高到低顺序为：干燥炉>热风炉管道废气>循环风>环境冷风。因此，要提高磨煤机出口温度，则相应地增加温度较高的气体量。反之，降低出口温度，则增加温度较低的气体量。

2）煤量。当增加磨煤机的给煤量时，其出口温度下降；反之，减少给煤量时，出口温度会上升。

（5）磨煤机入口负压调节方法。磨煤机入口负压规定在300~1000Pa范围内，系统排烟风机设置不同，其值也不同。总之以其入口不冒煤为原则。调节方法为：

1）调节排烟风机入口的阀门开度。开度大，则磨煤机入口负压（绝对值）上升；开度小，则负压下降。

2）调节排烟风机入口的干燥介质。当进入干燥介质量减少时，其负压则上升；反之则下降。

(6) 燃烧炉操作。正常生产情况下，制粉系统运转时，要烧炉送热烟气，根据原煤含水量大小来调整燃烧炉温度的高低。制粉系统停机时，燃烧炉按保温状态、自然风、小煤气量操作。当煤气压力过低（$p<1000$Pa）时要停止烧炉，也要停气。

停烧停气的操作步骤：先关煤气调节阀，再关烧嘴进风和煤气闸阀；通知燃气车间关支管煤气切断阀并插盲板；最后开支管放散阀，排净管内煤气。

当要投产烧炉时，首先要用木柴燃烧把炉膛加热到700℃左右，再进行引气操作；打开支管放散阀，隔10min打开连通煤气的脱水器阀门，其他阀门均关闭；通知燃气车间打开支管切断阀并抽盲板；待管内空气排空后（约15min）关支管放散阀。要点火时，开煤气调节阀、小开烧嘴进风进煤气闸阀，点燃后再对煤气空气进行调节。

7.3.1.2 高炉喷吹系统安全控制

在整个煤粉制备及喷吹过程中，检测装置起着准确控制工艺过程、保障安全及提高效率的重要作用，因而是必不可少的。检测计量水平的高低在很大程度上反映了喷吹系统的先进程度。

喷吹系统的检测计量装置包括：

(1) 单支管计量装置，用于测量喷吹系统中各相关部位的压力，为计量、超压报警和防止爆炸提供压力数据。检测计量装置主要有压差式流量计、噪声流量计、超声流量计、微波流量计、电容式流量计等。

(2) 压力测量装置，用于测量喷吹煤系统中各相关部位的压力，为计量、超压报警和防止爆炸提供压力数据。

(3) 温度测量装置，测量喷吹系统中各部位的温度。

(4) 含氧量测定装置，用于测定喷吹系统相应气氛中的氧含量，该装置对喷吹高挥发分煤种的防爆控制尤为重要。

(5) CO浓度测定装置，用于测量CO浓度。

(6) 煤粉计量装置，用于测量煤粉罐等容器中煤粉的重量。

对煤粉系统监测装置的要求为：

(1) 准确，即以较小的误差给出测量数值。

(2) 可靠，在不同环境下都能稳定可靠的长时间工作，有较强的抗干扰能力，特别是对于高挥发分煤粉喷吹时采用的防爆装置，这一点非常重要。

(3) 有适用的外围接口，可以与计算机或其他外围设备较方便地连接，并可给出通用的标准信号。

(4) 经济可行，价格不能太高。

(5) 便于操作。

A 喷煤系统的温度检测

温度检测靠测温元件及相关仪表完成。测温元件主要有热电偶、热电阻、半导体热敏器件等。

磨煤机出口处的干燥气体温度和煤粉温度都有规定的上限，要求温度不得高于上限且无升温趋势，这在喷吹高挥发分的烟煤时尤为重要。否则，一旦煤粉温度高于上限值，同时含氧量及煤粉浓度又满足爆炸条件，就会发生爆炸。在磨煤机中，一旦煤粉温度高于着火点，即使不爆炸，也会着火燃烧，从而造成严重后果。

在原煤和煤粉的储运过程中，也可以用红外线或热电偶测温系统对原煤（粉）的温度进行监测，以免出现大规模的自燃现象，造成浪费和破坏。

美国阿姆科式防爆系统在制粉和喷吹装置的危险部位装有数个着火探测器（测温元件），在温度超限时，启动相应的二氧化碳灭火器对高温着火区域进行灭火。

在整个喷煤系统中还有许多其他温度监测装置，如布袋除尘器中的测温装置和润滑油路的测温装置等。温度检测装置除具有测量功能外，往往还具有控制能力，将它们与执行机构连接后，可以在一定范围内控制温度，使之符合技术要求。

B 喷煤系统的压力监测

压力监测对保证系统的安全是非常重要的。完善的喷煤系统在其各个相应部位几乎都有压力测控装置。喷吹罐的压力对喷煤量来说是一个重要参数。罐压应随罐内煤粉位的变化而改变，以保证喷煤量稳定。罐内压力控制是由补压管充入补充气完成的。

美国阿姆科式防爆系统在各个危险部位装了数个爆源探测器，用的是压力敏感元件，配上溴氧甲烷灭火器，系统压力达到或超过启动压力后，可通过控制系统的执行机构打开防爆器，喷吹溴氧甲烷或溴二氟甲烷，从而有效地防止煤粉爆炸。除上述压力监测项目外，还有许多其他压力监测项目，如对氧气压力、氮气压力、压缩空气的压力测试等。

C 喷煤系统的气氛监测

喷煤系统的气氛监测主要是指 CO 及氧的浓度监测。煤粉仓等部位的 CO 浓度代表了煤粉自燃或爆炸的可能性。一旦发现 CO 浓度升高，则表明系统处于危险之中。所测量的是系统中 CO 等气相成分，气相中 CO 温度更能敏感地反映系统是否有自燃现象产生。制粉系统的气相氧浓度也是一个必须严格控制的工艺参数，因为煤粉爆炸的重要条件之一就是气相含氧量达到一定水平。一般来说，应将气相含氧量控制在 12%~15%以下。因此，必须严格监测含氧量，含氧量一旦超限，即打开氮气或其他低含氧气体的充气阀门，冲淡氧气，从而防止爆炸发生。气相氧浓度的监测可用各种定氧仪完成。

D 喷吹系统的气体流量监测

喷吹系统的气体主要有压缩空气、氧气、蒸汽、氧气（富氧喷吹）、热烟气等。

流量测量可用一般的气体流量计，如压差式流量计（流量孔板、流量喷管、流量管等）。

对于较低挥发分煤种，喷吹载体可用压缩空气，其流量对于喷煤量的计量有一定作用。但其往往用作高挥发分煤种的喷吹载体，也可用于防爆系统，在氧气含量偏高或 CO 浓度增高时用于冷却和冲淡氧化气氛。具有同样作用的还有蒸汽。这类气体流量的测量对于系统物料平衡的估算有一定的参考意义。

7.3.2 华西大型变压吸附制富氧技术

目前，富氧鼓风所面临的最大问题应是氧气的供应。传统生产中，各生产厂的富氧基本来自炼钢的剩余氧气，每富氧 1%相当于吨铁氧气 12m^3。当富氧 5%左右时，吨铁的氧耗相当于转炉吨钢氧耗的 70%，一般厂现有的制氧能力显然无法满足高炉高富氧鼓风的需要。

在国内冶金系统中已建设了不少的大、中型深冷分馏法制氧装置，主要是为满足转炉和电炉炼钢等高纯用氧区域使用，在有富裕氧气的时候才向高炉鼓风输送一部分，所以造成高炉富氧波动很大，其富氧后的经济效益很难明显体现出来。随着近几年钢铁企业的不断发展壮大，原有制氧能力已远远不能满足现行生产的需要量，特别是考虑到目前许多企业的设备规模基本固定，其他节能降耗的技改条件已挖掘到极限的条件下，如何利用高炉富氧鼓风喷煤技术提高原有高炉产量，提高喷煤比而实现节能降耗的目的，是我们在技术改造中的一门新课题。所以，针对高炉富氧所需，我们建议建设专门的制氧机组来保证高炉发挥富氧鼓风增产的潜力。

由于高炉鼓风富氧并不需要高纯度氧，对于大型企业来说，可选择低纯产品氧气以满足高富氧率对总氧量的需要。长期以来，钢铁企业出于对成本的考虑，供应条件的限制以及认识上的偏差，高炉富氧一直被当作可有可无的操作手段使用，不仅富氧率很低，氧气来源也得不到保证。

目前，工业氧气的主要生产途径有：深冷分馏法、变压吸附法（VPSA）、膜分离法、液体气化法等。各种方法在生产规模、氧气纯度、电耗以及投资等方面各不相同。下面，我们着重介绍变压吸附法分离制取氧气装置的大型化发展趋势及其技术特点。

7.3.2.1 变压吸附制氧装置的基本原理

变压吸附法即 VPSA 法，制氧装置如图 7-19 所示。其基本原理是基于分子筛

图 7-19　变压吸附制氧装置

对空气中的氧、氮组分具有选择性吸附而使空气中氧氮分离从而获得氧气。当被压缩的空气经过吸附塔的分子筛吸附层时，氮分子优先被吸附，氧分子留在气相中穿过吸附床层而成为产品氧气。当吸附剂层中的氮气吸附达到相对饱和时，利用减压或抽真空的方法将吸附剂分子表面吸附的氮分子解吸出来并送出界区排空，使吸附剂得到解吸重新恢复原有的吸附能力，为下一周期的吸附产氧做准备。两个以上（含两个）吸附塔这样不停地循环，就实现了连续产氧的目的。

变压吸附（VPSA）制氧装置具有工艺流程简单，制氧过程在常温常压下实现，装置运行安全可靠，建设投资省，单位氧气能耗低，自动化程度高，操作人员少（2 人/班），开停车时间短（一般在 30min 内能满足生产使用要求），氧气纯度可以在 50%~95%之间任意调整等特定优势，很适合在炼铁富氧喷煤、有色金属冶炼等场合使用。HX-2000 型 VPSA-O_2 装置主要技术指标如表 7-13 所示。

表 7-13　HX-2000 型 VPSA-O_2 装置主要技术指标

序号	名称	技术参数	备注
1	规格型号	HX-2000 型 VPSA-O_2 装置	
2	产氧量（折合纯氧）	20000Nm^3/h	
3	产品氧气纯度	80%~90%	
4	单位制氧能耗	0.31~0.38kW · h	
5	氧气输送能力	可自行配置	
6	运行周期	≥2 年	无检修运行时间
7	开停车时间	≤30min	
8	装置占地面积	25m(宽)×100m(长)	
9	单位制氧成本	≤0.35 元	不含加压系统

7.3.2.2 高炉富氧鼓风的加氧方式

针对我国高炉富氧鼓风喷煤技术的发展需要，华西公司自行研制并开发了《高炉炼铁富氧喷煤的供氧流程》（专利号：Z0L3117856.1），从实践角度解决了在高炉富氧鼓风中，氧气合理地配置进入高炉鼓风机的关键技术问题；根据高炉风机的具体情况，合理选择在高炉鼓风机入口配氧或出口配氧的加氧方式；在高炉鼓风机风量足够的情况下，采用前者方式加氧，能有效地减少氧气增压机和输氧系统的硬件投资和基础厂房投资，同时在氧气输送能耗上有明显的经济效益，是高炉鼓风配氧首推的最佳方式。

当然，若高炉鼓风机的鼓风量已充分利用，要求在高炉鼓风机后进行加氧，虽然要比第一种方式增加部分投资和消耗，但如何设置氧气输送管的位置和结构，直接影响到氧气的混合效果和输送氧气压力的选择。

7.3.3 高炉炉前供氧技术

目前，高炉富氧鼓风供氧及安全控制的常用方式主要有总管供氧及安全控制和支管供氧及安全控制两种方式。为改善风口前氧煤燃烧状态，高炉氧煤枪富氧喷吹技术目前也在部分企业得到实施。

7.3.3.1 总管供氧及安全控制方式

图7-20为氧气总管供应及安全控制方式示意图。其供氧流程是，氧气由主管道经氧气调压站进入总管，再经过控制单元送至氧气围管，然后再通过支管向每个风口的氧煤枪供氧。氧气在调压站前的压力约为2MPa，经过调压站调节和控制，降低到氧煤枪所需要的压力水平，即0.6~0.8MPa。为了考核能源利用情况，可在氧气调压站设置温度、压力补正及流量积分计算装置。系统的安全控制单元设置在氧气总管上。安全控制单元主要由截止阀、逆止阀、压力调节阀、快速切断阀等组成。并接有一条氮气吹扫管路。当氧煤枪出现故障或系统出现问题

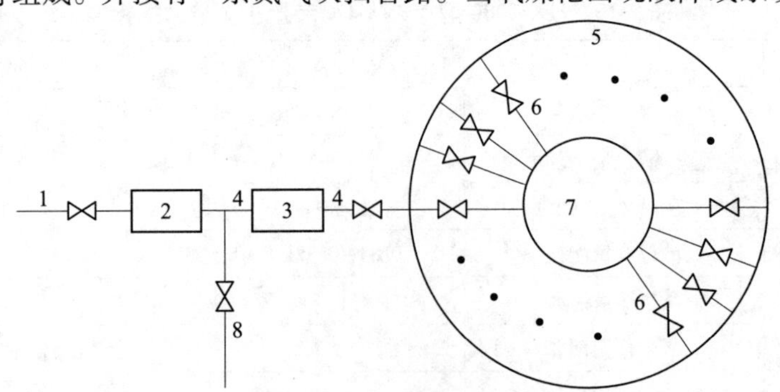

图7-20 总管供氧系统示意图

1—氧气主管道；2—调压站；3—控制单元；4—氧气总管；
5—氧气环管；6—氧气支管；7—高炉；8—氮气吹扫管路

时，控制单元动作，切断氧气并补吹氮气。同时，在每一支管上，还安装一个截止阀和一个逆止阀。截止阀用于在更换氧煤枪时切断氧气，逆止阀则用于当热风压力大于氧气压力时自动切断氧气。这种系统的特点是用一个控制单元管理所有氧煤枪，造价较为便宜。另外，采用氧气围管，形式类似于热风围管，高炉工作者易于理解和接受。但是，目前一般每支枪供应氧气200~400m^3/h，一座高炉供氧2000~8000m^3/h。若一支枪出现故障，氧气总管上最多发生约2%的流量变化，系统难以发现，不能及时处理生产中的问题。其次，一旦系统工作，对某一支氧煤枪停吹氧气补吹氮气时，没有故障的其他氧煤枪也被迫停氧吹氮。系统没有独立性和灵活性，影响高炉喷煤与操作。此外，由于高炉炉前环境恶劣，氧气环管需要采取隔热措施，压力变送器等仪表和重要阀门应安装在现场仪表保护箱内。

7.3.3.2　支管供氧及安全控制方式

支管供氧及安全控制方式的供氧及安全控制系统如图7-21所示。氧气流程为氧气从主管道经氧气调压站进入总管后即送至支管，再经控制单元送入氧煤枪。氧气总管上的氧气调压站的配置和作用与总管供应及安全控制管路中相应部分相同。所不同的是，在每一支管上设置了各自的安全控制单元，实施单支管安全控制和保护。当某一氧煤枪出现故障时，即使其支管上发生较小的流量变化，控制单元也能及时发现并切断该氧煤枪的氧气并补充氮气，直到故障处理完毕。这种系统的特点是实施单支管控制，系统的灵敏度大大提高。另外，在处理某一氧煤枪或风口的过程中，其他氧煤枪不受影响，可以正常工作。但是，这种系统上控制单元较多，且布置在支管上，距离高炉较近，因此，控制单元的工作环境恶劣，需要采取相应的保护措施。

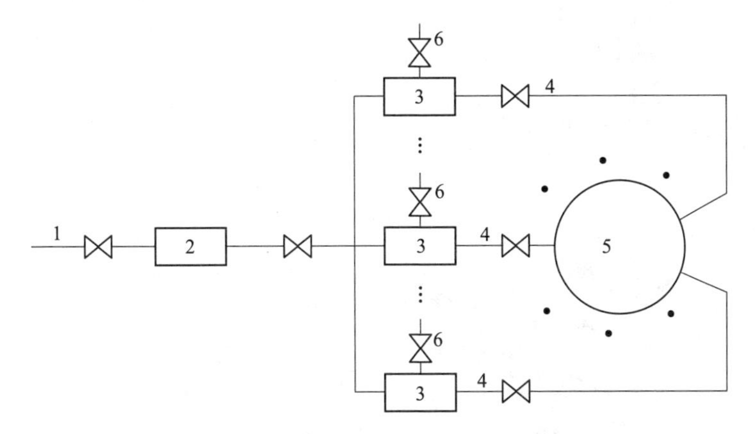

图7-21　支管供氧及安全控制系统示意图

1—氧气主管道；2—调压站；3—控制单元；
4—氧气支管；5—高炉；6—氮气吹扫管路

由上述分析可知，总管供应及安全控制系统和支管供应及安全控制系统各有特点。但从安全的角度来看，支管控制系统比总管控制系统好。另外，以上两种系统都没有考虑在高炉风口事故状态时，如何保护氧煤枪以及氧煤喷吹的安全问题。

7.3.3.3 高炉氧煤枪富氧喷吹的特点

（1）提高氧气利用率。高炉生产在热风炉前富氧是一种常规富氧方法，其特点是简单易行。但是高纯度氧气（甚至达到 99.5%的纯度）加入热风之中，使之氧浓度提高到25%左右。受到制氧机能力的限制，大型高炉采用热风富氧难以使富氧率达到更高，加上热风炉及管路漏风，常常有 8%~10%的氧气漏损，不利于发挥高纯度氧气的效率。此外，含氧 25%的鼓风对热风炉的阀门以及热风管路具有一定的腐蚀作用。利用氧煤枪局部富氧，通过专用供氧系统将氧气送到高炉炉前，可以提高氧气的利用率。

（2）采用氧煤枪富氧，可以形成一个明显的局部富氧区域，如图 7-22 所示。以 3%~5%的富氧率可以在煤粉周围形成高浓度的富氧区域，有利于改善煤粉燃烧。与热风富氧相比，可以用少量氧气在燃烧区获得较高的氧势，实现少用氧，多喷煤的目标。

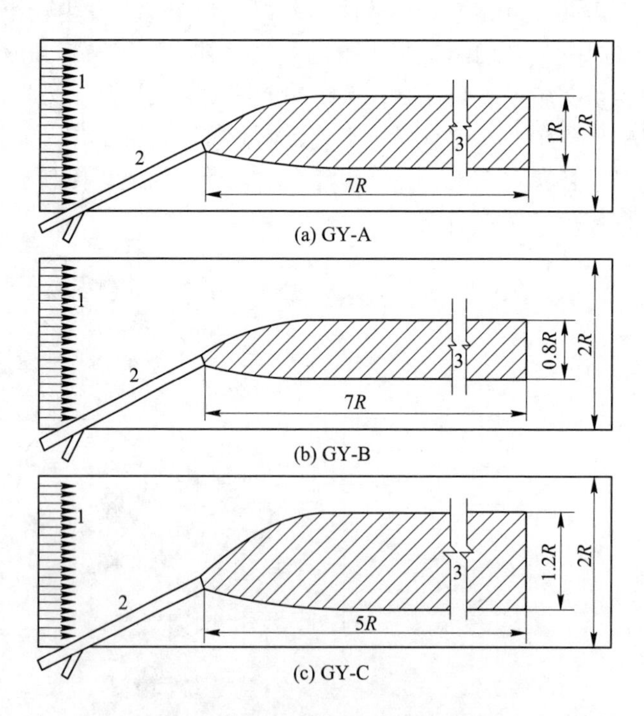

图 7-22 直吹管中局部富氧区域

1—直吹管主流股；2—氧煤枪；3—富氧区域；R—直吹管半径

（3）相应调节氧煤枪结构，可以改善氧煤混合性能，改善煤粉燃烧的动力学条件，提高煤粉燃烧率。

（4）对氧煤枪来说，氧气具有冷却作用，这样既能保证氧煤枪的寿命，又能减小氧煤枪的结构尺寸。

7.3.3.4 高炉氧煤枪富氧喷吹对供氧系统的技术要求

应用氧煤枪富氧喷吹，需要把氧气输送到高炉炉前氧煤枪入口处。由于高炉炉前环境要求很高，供氧系统除满足常规用氧之安全规程外，还要满足下列要求：

（1）每一风口每一支氧煤枪应能均匀地供氧。在喷煤工艺中，为了使多风口的喷煤量均匀，煤粉输送系统中采取高精度分配器或其他方式进行煤粉分配。同样，也应力求各风口氧气的流量均匀，以便与均匀分配的煤粉相匹配，保证高炉操作稳定。

（2）当氧煤枪出现故障时，供氧系统能及时切断该氧煤枪的氧气并补吹氮气进行安全保护。随着高炉喷煤量的增加，通过每一支枪的煤粉和氧气分别达到1000~2000kg/h 和 200~400m^3/h 甚至更高。即使一支枪出现故障，例如枪头烧损或堵塞，导致氧气和煤粉泄漏，都会带来不可估量的损失。

（3）供氧系统要有足够的灵敏度，可对每一支枪进行控制和保护。一般说来，高炉的每一风口配置 1~2 支氧煤枪，一座高炉的氧煤枪数量较多。这些氧煤枪一起出现故障的概率是很小的，可能性最大的是某一时间内有一支氧煤枪出现故障。因此，供氧系统应该具有高灵敏度，能对单枪进行保护，且对任何氧煤枪的保护是单独进行的。

（4）当风口烧损或出现其他事故时，氧煤枪喷出的氧气和煤粉可能进入热风围管。粒度很细的煤粉在富氧的热风中可以剧烈燃烧，导致爆炸。因此，供氧系统应能在任何风口故障时及时切断相应支管的氧气并补吹氮气。

（5）供氧系统的控制阀门、监测仪表造价昂贵，投资较大。因此，要求系统具有较长的使用寿命。由于高炉炉前环境温度高、噪声大、粉尘多，要提高设备的使用寿命，需要采取相应的保护措施。由此可知，高炉炉前供氧系统不仅要具有供应氧气的功能，而且安全性要求很高。因此，常常称为高炉炉前供氧及安全控制系统。

7.3.3.5 高炉炉前供氧及安全控制综合系统及应用

为了克服上述供氧及安全控制系统的缺点，确保高炉氧煤喷吹工艺的安全运行，我们研究开发了高炉炉前供氧及安全控制综合系统。图 7-23 为支管供应及安全控制综合系统的示意图。该系统主要由供氧及控制管路、吹扫用氮气及控制管路、控制用氮气供应及控制管路、高炉风口堵塞检测线路、阀门和控制仪表等组成。该系统采用了集中管理的方式，将流量计、差压变送器等重要仪表和供氧

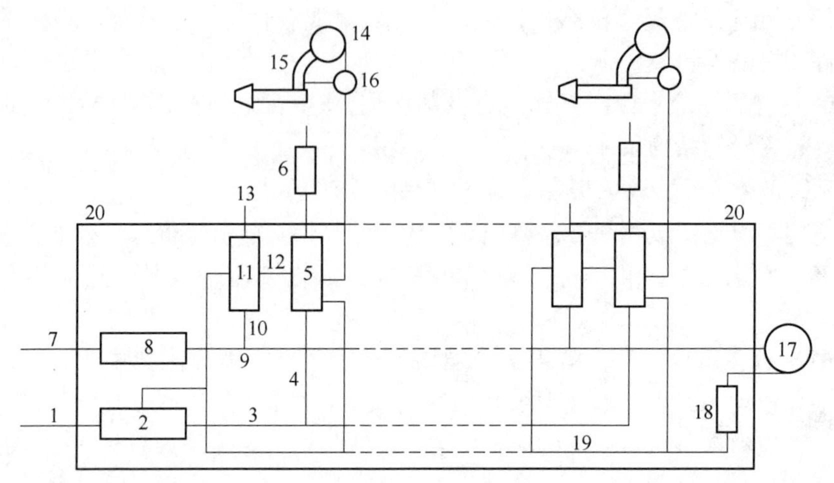

图 7-23 高炉炉前支管供氧及安全控制综合系统示意图

1—氧气主管；2—调压站；3—氧气总管；4—氧气支管；5—控制单元；6—枪前控制阀门；7—氮气主管；8—氮气调压站；9—氮气总管；10—氮气支管；11—氮气控制阀组；12—安全用氮入口；13—氮气放散阀；14—热风围管；15—弯头；16—差压变送器；17—控制用氮蓄压器；18—调压站；19—控制用单管路；20—管理站

系统、氮气供应系统以及管路中的截止阀、逆止阀、快速切断阀、压力调节阀、流量调节阀、快速开放三通阀等重要阀门集中在管理站内，并与高炉生产现场隔离。

供氧系统和氮气供应系统是利用供氧支管中的氧气压力差（流量）以及热风围管和弯头之间的热风压力差作为控制信号来工作的。在氧煤喷吹过程中，当氧煤枪枪头烧毁或枪头堵塞时，氧气支管内的流量或压力差发生变化。当其变化值超过设定值时，差压变送器或流量调节器给出控制信号，快速切断阀动作，切断氧气；同时氮气控制三通阀开启，使氮气迅速通入氧气支管。控制管路与热风围管、弯管通过压差变送器相连，当高炉风口发生事故时，热风围管与弯管之间的压力差减小，小到临界值时，差压变送器给出控制信号，快速切断阀工作，切断氧气，并迅速开启氮气切入氧气支管，从而起到安全保护作用。

本系统的优点是将气体供应及控制装置中的重要仪表及阀门集中管理，整个系统灵敏度高，工作可靠，便于维护保养，可以大幅度提高仪表和设备的使用寿命，从而保证氧煤喷吹工艺的安全顺利运行。该管理站为集装箱式，由制造厂组装，检验合格后直接送到工地就位，接上各种气体的进出口管路即可运行。系统的全部设备置于正压通风室内，无气体腐蚀，无灰尘堵死等问题。如有氮气泄漏，也将排出室外，可以确保检修人员的安全。

按照上述原理早期开发的试验装置已在瑞典钢铁公司南方厂（SSAB，Oxelosund）运行，取得了满意的效果。我国“八五”科技攻关计划中，天津铁厂也安装了这套装置以达到200~250kg/t铁的喷煤量。同时，石家庄钢铁厂、太原钢铁公司也使用同样的装置，以期将喷煤量提高到一个新的水平。

综上所述，为了保证采用氧煤枪进行高炉富氧大量喷吹煤粉，高炉炉前供氧及安全控制系统除了满足常规的用氧安全规程外，还要满足下列要求：（1）能对每一支氧煤枪均匀供氧；（2）当氧煤枪出现故障时，能及时切断该氧煤枪的氧气并补吹氮气，对每一支枪独立进行控制和保护；（3）当高炉风口出现事故时，能及时切断相应氧煤枪的氧气并补吹氮气；（4）维护方便、使用寿命长。从现有的技术来看，总管供氧及安全控制系统结构相对简单，造价较低，但难以满足上述四项要求；支管供氧及安全控制系统基本达到氧煤枪出现故障时的保护要求，但系统布置分散，重要阀门仪表工作环境恶劣，导致系统灵敏度差、可靠性差，使用寿命短，不能确保氧煤喷吹工艺的安全运行。高炉炉前供氧及控制综合系统克服了总管供氧及安全控制系统和支管供氧及安全控制系统的不足，并增加了高炉风口事故时的保护措施，可以满足供氧及安全控制系统的要求。其推广和应用，将为大幅度提高我国高炉喷煤量起到积极作用。

7.4 高炉富氧喷煤典型案例

由于能源结构的限制，使得我国在高炉富氧喷吹煤粉方面的研究起步较早。在喷煤冶炼技术方面，我国曾经以喷煤高炉多、喷吹煤粉量大而闻名于世界。早在20世纪70年代，我国已经成为世界瞩目的高炉喷吹煤粉工艺大国。由于我国国内煤炭资源，特别是非焦煤资源具有种类多、储量大、分布广的特点，近些年来我国高炉富氧喷吹煤粉技术得到了快速的发展。目前，全国重点钢铁企业的高炉都已经全部配备了煤粉喷吹装置，多家企业采用提高富氧率来增加喷煤量，以达到降低铁水生产成本。

国外，美国和苏联是实施高炉富氧喷煤比较早的国家。现代第一次大规模的高炉喷煤工业试验是由国际钢铁联合会于1961年在北美汉纳公司2号高炉上进行的，但没有进一步推广，原因是在当时喷吹天然气要比喷吹煤粉更简便，投资也更少。国外发展喷煤的国家主要是西欧和日本。20世纪80年代，随着石油价格的上涨，高炉富氧喷吹煤粉技术又受到了普遍的重视，在西欧和日本喷煤技术发展迅速。20世纪50年代初，中国科学院化工冶金研究所叶渚沛提出高压操作、高风温和高压蒸汽结合使用的“三高”理论，并在首钢的试验型高炉上进行冶炼试验。20世纪60年代初期，北京科技大学冶金系就已经开始致力于高炉喷吹煤粉技术的研究，以试验结果为依据，提出富氧、喷吹烟煤、提高风温和改进喷吹方法，通过提高煤粉的燃烧效率来进一步提高喷煤量和置换比。首钢、鞍钢、马钢、上钢一厂和本钢等重点企业先后利用炼钢余氧进行高炉富氧喷吹煤粉实践，为我国早期的富氧喷煤技术的开发积累了宝贵的生产经验，也为我国高炉富氧喷煤技术的普及奠定了基础。

7.4.1 国外高炉富氧喷煤概况

德国蒂森钢铁公司汉伯恩厂4号高炉于1985年首次采用富氧喷煤技术，该公司1991年末有11座高炉采用富氧喷煤技术。1992年蒂森钢铁公司的5座高炉（汉伯恩厂4号和9号高炉、施韦尔根厂1号高炉、鲁劳特厂6号和9号高炉）1~9月的平均喷煤量大于140kg/t，其中施韦尔根1号高炉最大喷煤量达180kg/t。喷煤后的利用系数为2.07~2.53t/(m^3·d)，平均在2.4t/(m^3·d)左右，焦比下降到350kg/t铁左右，最低达320kg/t，燃料比为478~499kg/t，高炉鼓风含氧21.3%~24.0%，平均富氧率约为2%。

英国于1983年开始采用富氧喷吹煤技术，至1991年末已有9座高炉喷煤。英国钢铁公司现有6座高炉采用粒煤喷吹技术，粒度上限为2~3mm。该公司斯肯索普厂共有4座高炉，容积为1397~1626m^3，于1982年开始富氧喷吹粒煤，至1991年末平均喷煤量达125~130kg/t。1984年，维多利亚女王号高炉（容积1537m^3，炉缸直径9m，24个风口）开始富氧喷吹粒煤。1990年底，5天时间喷煤量曾达到200kg/t，并于1992年1~2月，富氧率保持在7.8%~8.1%之间，煤比达到并超过了200kg/t，创下焦比为189kg/t的最低纪录。

荷兰霍戈文钢铁公司、英国钢铁公司以及意大利依尔瓦公司三家联合体在欧洲钢铁联盟的资助下，从1988年4月起共同在克里兰夫炼铁厂4号高炉上进行了高炉富氧喷煤试验。在富氧喷吹粒煤（上限为3mm）的过程中，高炉炉况稳定，在冶炼硅含量为2.5%的铸造生铁时，其煤比达到300kg/t，焦比达到303kg/t；在冶炼低硅生铁时，煤比达到270kg/t，焦比降至271kg/t，其部分试验结果如表7-14所示。

表7-14 克里夫兰4号高炉喷煤试验结果

时间/周	1	2	3	4	5	6	7
产量/t·d^{-1}	776	765	703	779	848	718	813
焦比/kg·t^{-1}	442	408	415	375	385	373	373
煤比/kg·t^{-1}	149	196	216	236	252	247	235
风量/km^3·h^{-1}	61.6	56.0	55.0	54.9	52.7	51.6	52.6
富氧/%	4.5	6.5	8.0	9.2	12.8	12.1	12.0
风温/℃	1065	1070	1072	1074	1080	1085	1095
η_{CO}/%	45.2	42.7	40.5	40.6	40.6	41.9	41.9
[Si]/%	3.53	2.62	3.11	2.73	2.45	3.49	2.46
铁水温度/℃	1531	1499	1547	1511	1497	1569	1488

1990~1991年，英国British Steel、荷兰Hoogovens和意大利Ilva三家钢铁公司在欧洲煤钢协会的资助下，在意大利克利夫兰炼铁厂4号高炉（有效容积600m^3）上先后进行了3期高炉富氧喷煤工业试验。试验过程中的鼓风富氧率为7%~8%，在冶炼铸造生铁时平均喷煤比为300kg/t，在冶炼低硅生铁时平均喷煤比为270kg/t，其中日均喷煤比最高达到了318kg/t。试验过程中高炉炉况稳定，煤粒燃烧充分，煤焦置换比保持在0.85左右。

瑞典钢铁公司和瑞典钢铁研究中心在20世纪90年代，先后在Lulea Works 1号高炉、Oxelosund Works 4号高炉上开展了富氧喷煤工业试验研究。其工艺特点是利用氧煤枪在高炉风口处直接富氧，使煤粉与氧气充分混合，促进煤粉燃烧。试验首先在Lulea Works 1号高炉单风口进行，喷煤量为15~32kg/min，折算到全部风口后高炉的喷吹煤比为210~450kg/t。试验结果表明，与其他类型氧煤枪相比，使用同心旋流型氧煤枪可以使煤粉燃烧更稳定、更充分，试验同时验证了氧煤枪在高炉工作环境中具有良好的耐磨性。单一风口试验取得成功后，在Oxelosund Works 4号高炉新建一套氧煤喷吹系统，对全部风口施行氧煤喷吹，使得喷吹煤比提高到140kg/t，高炉顺行，燃料比低于460kg/t。

国外高炉富氧喷煤试验的工业应用中喷煤量高的主要原因是：（1）煤粉比焦炭便宜，用煤粉代焦炭可以获得很好的经济效益，企业喷煤积极性高。（2）原燃料条件好。目前欧洲、日本先进高炉使用的入炉烧结矿含铁量高（59%~62%），都配用一部分高品位的氧化球团或块矿（TFe 63%~65%），焦炭强度高，焦炭及喷吹煤粉的灰分均低于10%，渣铁比大多在210~300kg/t。（3）风温及富氧率高，风温水平大多数在1200℃以上，富氧率一般2%~5%，甚至更高。（4）喷煤工艺先进合理，喷煤设施装备及自动控制水平高。

国外高炉喷煤还在继续向前发展，除喷煤高炉的座数在不断增加以外，吨铁喷煤量和喷煤技术也在继续前进，主要有两个发展途径：（1）喷煤与等离子技术相结合，利用等离子发生器的高温来提高喷煤量；（2）喷煤与富氧鼓风相结合来提高喷煤量。

7.4.2 沙钢高炉高富氧生产技术

沙钢5800m^3高炉是由中冶南方工程技术有限公司设计，上海十三冶施工的国内乃至世界最大的高炉。该高炉采用国内外大型高炉的先进技术，以“先进、实用、可靠、经济、节能、环保”为设计原则，采用精料、高温、高压、富氧、大喷煤的冶炼工艺，实现优质、高产、低耗、长寿和环保的目标。高炉一代寿命大于20年，热风炉一代寿命30年。沙钢5800m^3高炉2009年10月20日开炉以来，高炉稳定顺行，各项技术指标逐渐向好的方向改善。尤其在高炉富氧后，抓住此有利时机，在风量保持较稳定的情况下，试探性的逐步提高富氧率，提高冶炼强度，富氧率从原来的3%逐步提高到现在的8%，高炉产能取得了很大的突破，利用系数达到2.4t/(m^3·d)。

7.4.2.1　提高富氧率对高炉冶炼的影响

A　富氧鼓风的作用

高炉富氧鼓风是向高炉鼓风中加入工业氧，使鼓风含氧超过大气氧含量，达到提高冶炼强度，增加高炉产量和提高煤粉在风口前燃烧率的目的。其最突出的优点，就是在不增加风量和鼓风机动力消耗的情况下达到提高产量的目的。

B　提高富氧率对高炉强化冶炼的影响

提高富氧率对高炉强化冶炼的促进作用有以下几个方面：（1）改善了炉缸的工作状态，使炉缸活跃程度提高。（2）鼓风中含氧量增加，加快了焦炭燃烧速度，高炉冶炼强度得到明显的提高。（3）风口区理论燃烧温度提高，按理论计算，富氧率升高1%，风口前理论燃烧温度提高35℃。实际采用富氧鼓风后，风口前温度明显提高，渣铁温度充沛，有利于增加喷煤量。在充分利用高风温基础上，有利于提高煤比。（4）富氧后煤气中N_2含量减少，CO浓度提高，促进间接还原。（5）高富氧率对改善炉渣流动性作用明显，渣温充沛，能够降低高Al_2O_3炉渣对炉缸的不利影响。

C　提高富氧率的实际效果

根据理论计算，富氧率提高1%，产量增加4.76%。但实际生产中由于影响因素很多，很难达到理论计算值。根据沙钢一年多以来的生产实践表明，在焦比不变的情况下，富氧率提高1%的增产效果为：鼓风中含氧23%~25%，富氧率提高1%，增产3.2%。表7-15为5800m^3高炉富氧率和各技术指标，达到国内外同类型高炉的先进水平。

表7-15　5800m^3高炉部分技术指标

日期	风量 /m^3·min^{-1}	富氧率 /%	利用系数 /t·(m^3·d)$^{-1}$	风温 /℃	综合焦比 /kg·t^{-1}	煤比 /kg·t^{-1}	入炉品位 /%	Si含量 /%
2011年1月	7551	8.22	2.27	1229	477	162	58.7	0.37
2011年2月	7590	9.32	2.30	1228	470	162	59.2	0.34
2011年3月	7553	9.52	2.25	122	743	162.9	58.9	0.39
2011年4月	7510	9.43	2.31	1229	470	162	59.2	0.33
2011年5月	7732	9.53	2.24	1240	464	162.4	59.1	0.40
2011年6月	7725	9.19	2.24	1240	470	162.4	59.1	0.41
2011年7月	7737	9.06	2.32	1238	476	170.5	59.0	0.40
2011年8月	7761	9.42	2.33	1241	471	168.8	58.9	0.43
2011年9月	7761	9.59	2.38	1245	464	172.7	58.9	0.40
2011年10月	7891	9.23	2.25	1251	477	164.2	59.2	0.43

7.4.2.2 高富氧率下的高炉操作

高富氧和大喷煤对高炉冶炼过程的影响大部分是互补的。比如说富氧能提高理论燃烧温度，减少煤气发生量；而喷煤则降低理论燃烧温度，增加煤气发生量。这两者相互配合，可以起到稳定炉况、增产降耗的作用。为了使高炉在大富氧条件下能够稳定顺行，沙钢 5800m^3 高炉主要抓好以下几个方面的管理：

（1）抓好原燃料质量的管理。高炉开炉以来，所有的焦炭全部由 7 号、8 号焦炉供应，烧结矿由 7 号烧结车间供应。高炉开炉以来，炉况稳定顺行，但随着高炉产能的不断提升，高炉开始积极响应节能、降耗的政策，因此，从 2010 年年初以来，高炉逐步增加块矿比例，降低烧结矿的和球团的比例。针对这种情况，5800m^3 高炉严格抓好槽下的筛分管理，绝对禁止粉末入炉，特别是 2010 年 8 月以来，3~5mm 的小粒度烧结矿回收入炉，在一定程度上减少了烧结生产过程中返矿的配入量，这样有利于促进烧结矿粒度组成的改善和碱度的稳定。高炉的炉料结构如表 7-16 所示。除此之外，高炉还加强对入炉原燃料质量的检测管理，对入炉烧结矿进行现场筛分检查，确保筛分效果，较好地控制入炉粉末。平均每班两次以上观察现场的焦炭水分和粉末含量，并安装中子在线测水仪来检测焦炭中的含水量，并做好记录。高炉的焦炭质量如表 7-17 所示。

表 7-16 高炉炉料结构 （%）

项目	烧结矿	球团矿	块矿	小烧结
配比	65	18	12	5

表 7-17 高炉焦炭质量 （%）

成分	S	V	A	C	M_{40}	M_{10}
厂焦	0.7	1.0	12.2	86.7	88.9	5.8

（2）加强炉内操作管理。严格统一好三班操作，坚持每周开一次工长例会，总结生产操作水平，制定好操作方针。通过交流，不断地提高工长的操作水平，工长严格执行操作方针：炉内压差控制<180kPa，热风压力 460±5kPa，[Si] 0.3%~0.5%，富氧 38000m^3/h，风量稳定在 7800m^3/min，顶压 278kPa，风温 1250℃。

高炉大量富氧后，风口前理论燃烧温度大幅度提高。据理论计算，富氧率提高 1%，风口前理论燃烧温度提高 8℃。在此情况下，高炉大力采取提高喷煤量的举措，煤比从 130kg/t HM 逐步提高到 170kg/t HM，使风口前理论燃烧温度大幅度降低，基本维持在 2150~2200℃。根据经验，每增加煤比 10kg/t HM，约降低理论燃烧温度20~25℃。为保证适宜的理论燃烧温度，加快煤的挥发物挥发速度和燃烧速度，就必须通过提高风温来实现。通过转炉煤气富化高炉煤气，热风温度基本保持在1250℃。同时实行低硅冶炼，生铁含硅在0.3%~0.5%时也能保证铁水的温度稳定在1480℃左右，渣铁流动性好。

（3）落实炉前出铁管理。随着高炉风量风压的增加，矿批的逐步扩大，炉前的压力越来越大，尤其是高富氧后，产量的大幅度攀升使得炉前成为高炉生产的限制性环节。加之5800m^3 按三铁口设计，铁口少，铁流量大，为保证渣铁出尽，对铁口的维护是重中之重。首先，对炮泥的质量要求要高。再就是炉前对铁口的维护，要保障铁口的深度，控制好打泥量，要挖好泥套，坚决杜绝跑泥现象的出现。严格把好出铁正点率，控制好出铁速度，确保每炉出铁时间在2h以上。坚持两铁口重叠出铁，重叠时间在30min以上，在一个铁口打开1.5h后，及时打开另外一个铁口。对出铁不好、与理论铁量相差较多时，要求及时打开另外一个铁口，使渣铁及时排出。其次，从加强设备维护和统一炉前规范操作等方面入手，较好地缓解了炉前的工作压力，为高炉接受高富氧大喷煤创造了良好的条件。

7.4.3 武钢高炉高富氧生产技术

武钢8号高炉通过大富氧+大加湿高效冶炼试验，实现了利用系数2.7t/(m^3·d)，燃料比不大于500kg/t的稳定运行。8号高炉高效冶炼的技术要点是：富氧率提高到8%~12%；鼓风湿度提高到30g/m^{3}以上；稳定原燃料质量；控制合理操作炉型；调整上下部操作制度；利用炉况评估软件精细化调控高炉过程参数[22]。

7.4.3.1 高效冶炼原则

对于4000m^{3}以上的大型高炉，燃料利用效率已经很高，要同时实现提高利用系数、降低燃料比、减少CO_2排放的目标，只能是在保证鼓风总量的前提下，提高煤气利用率，即降低高炉生产的吨铁风耗。

为此，提出了高炉高效冶炼的原则，即：高炉高效冶炼=尽可能少的吨铁炉腹煤气量消耗+高的煤气利用率，以期实现低燃料比（<500kg/t）的同时，稳定获取高利用系数（>2.7t/(m^3·d)），并制定相应的高效冶炼思路。

7.4.3.2 合理设计的冷却系统是实现高效冶炼的前提

武钢8号高炉为砖壁合一薄内衬结构的高炉，设计内型即为操作炉型。其设计内型的特点是适当矮胖（$H_u/D=2.1$）、减小炉身角及炉腹角、加深死铁层、大炉缸、多风口（36个）等，是一个适宜强化冶炼的炉型。为确保炉况顺行和操作炉型长期稳定，炉腹、炉腰及炉身采用了砖壁合一冷却壁结构（其中第6~9段为轧制铜钻孔镶砖冷却壁），炉缸炉底采用了复合炭砖陶瓷杯水冷炉底炉缸结构（其中第2、3、5段为铸铜冷却壁，炭砖大部分为SGL超微孔炭砖）。

8号高炉采用联合软水密闭循环冷却系统，设有完善的温度、流量、压力、热负荷等检测元件，为高炉操作系统提供必要的参数。冷却水量长期控制在5430m^3/h，进水温度控制随季节变化调整，冷却壁水温差最佳范围控制在4~6℃。8号高炉从2009年投产以来，尽管一直在强化冶炼，但冷却壁长期保持无一损坏。

7.4.3.3 高效冶炼技术要点

8号高炉焦炭质量见表7-18，烧结矿质量见表7-19。对于大型高炉来说，决定高炉顺行的原燃料指标是焦炭热强度、矿石软化开始温度及软化区间在高炉操作中应密切关注这几个指标的变化。

表7-18 武钢8号高炉焦炭质量指标 (%)

H_2O	A^g	V^g	S	M_{40}	M_{10}	*CRI*	*CSR*
0.68	12.35	1.31	0.74	88.79	5.18	21.46	67.94

表7-19 武钢8号高炉烧结矿质量指标 (%)

TFe	FeO	CaO	MgO	SiO_2	S	转鼓指数	10~5mm	<5mm	抗磨指数
55.73	7.35	11.04	2.04	5.57	0.02	80.17	26.00	3.29	5.35

8号高炉高效冶炼的技术要点包括：

（1）提高富氧率，将富氧率提高到8%~12%，使单位时间内产生更多的还原气体CO。

（2）采用加湿鼓风，将鼓风湿度提高到30g/m^{3}以上。冬季采用加湿鼓风，将鼓风湿度提高到20~25g/m^3。

（3）稳定原燃料质量，避免试验期间的炉料质量异常波动。改善烧结矿质量，稳定焦炭质量，提高球团矿质量。

（4）控制合理的操作炉型，减少冷却水带走的热量，为高效冶炼提供一个安全、稳定的冶炼环境。

（5）及时调整上下部制度，通过对布料、风口面积、水系统、冷却壁温度、炉温进行调整，稳定煤气流分布，提高煤气利用率，调整上下部操作制度。

7.4.4 首钢京唐高炉高富氧生产技术

首钢京唐5500m^{3}高炉对富氧喷煤对冶炼过程的影响进行了实践探索[23]。富氧喷煤技术在京唐高炉上的应用效果显著，京唐两座高炉平均富氧率5.6%（其中氧枪富氧0.7%，煤比基本在170kg/t）。京唐高炉富氧喷煤后，产量维持在较高水平，利用系数在2.3t/(m^3·d)以上，焦比300kg/t，实现了高富氧大煤量喷吹，达到了降低焦比、降低生产成本的目的，取得了良好的经济效益。

目前，京唐高炉富氧供氧方式包括两种：第一种是鼓风富氧，氧气从高炉鼓风的冷风管道放风阀前接入；第二种是氧煤枪富氧，氧气通过氧煤枪从高炉风口向炉内送入。

7.4.4.1 鼓风富氧及实践

京唐高炉的鼓风富氧是通过制氧厂送来的高压氧气，经过两级调压系统降压，降压后的氧气通过氧气环管送入鼓风机后的冷风管道进行混合，最后随高炉鼓风一起进入热风炉加热送入炉内。

首钢京唐高炉设计额定富氧率为3.5%，最大富氧率为5.0%。2011年8月1日，高炉开始投入富氧，富氧率开始由0.98%逐步提高到了12月的3.59%，达到设计水平。2012年10月以后，富氧率又进一步提高，达到5.6%。首钢京唐两座高炉富氧率长期保持在5.0%以上，运行情况均良好，高炉利用系数一直稳定保持在2.2t/(m^3·d)以上。

京唐1号高炉投产后，在快速达产的基础上进行富氧喷煤的实践，之后高炉各项技术经济指标均达到设计要求，并处在国内先进水平（主要生产指标见表7-20）。

表7-20 京唐1号高炉的主要生产指标

年份	2011（8~11月）	2012	2013	2014	2015
日产量/t·d^{-1}	10724	11995	12430	12144	12494
利用系数/t·(m^3·d)$^{-1}$	1.95	2.21	2.26	2.20	2.27
风温/℃	1177	1223	1237	1197	1233
入炉焦比/kg·t^{-1}	353.9	308.9	308.0	312.4	324.4
煤比/kg·t^{-1}	127.8	147.7	153.9	153.5	171.4
燃料比/kg·t^{-1}	515.2	484.5	494.4	498.3	495.7
富氧率/%	2.25	3.53	5.45	5.19	5.13

随着富氧率的提高，高炉产量也相应提高。同时，鼓风富氧也实现了很好的经济效益。2011年8~12月1号高炉的焦比为353.9kg/t，煤比为127.8kg/t，2012年焦比降到308.9kg/t，煤比达到147.7kg/t，在富氧率提高1.28个百分点的基础上焦比降低45kg/t，煤比提高接近20kg/t，实现了煤焦置换比质的飞跃。

7.4.4.2 氧煤枪富氧及实践

京唐公司喷煤系统采用浓相输送技术，枪体采用内外管结构，未富氧时内管输送煤粉，外管通N_2对枪体进行冷却。由于大量N_2包裹着煤粉进入风口回旋区，造成煤粉在一定程度局部缺氧，使煤粉燃烧不完全进而影响炉况顺行。同时，由于高炉煤气中N_2含量的增加也影响了煤气热值的提高，进而对后道工序也带来了一定的影响。

氧煤枪富氧技术的开发应用极好地解决了这个问题。京唐高炉通过氧煤枪外管兑入氧气进行氧煤枪富氧，既能通过提高富氧率来提高煤粉周围的 O_2 含量，从而达到改善燃烧状态起到增燃的作用，也可以减少 N_2 对高炉冶炼的负面影响，促进高炉顺行。

2013 年 8 月 6 日，京唐 1 号高炉开始实施在氧煤枪原有 N_2 中配入 O_2 的探索试验，氧煤枪混合气中 O_2 逐步提高到 60%。氧煤枪富氧使煤粉的燃烧性得到改善，生产指标有了较大提高。从表 7-21 可以看出，高炉利用系数有所提高，虽然燃料比没有变化，但试验期间焦比降低 8kg/t，而煤比上升了 10kg/t。这表明，采用氧煤枪富氧技术有助于增加煤粉的燃烧，提高了煤比，降低了焦比。

表 7-21　首钢京唐高炉采用氧煤枪富氧技术试验前后的生产指标

项　目	基准期（2013 年 7 月）	试验期（2013 年 8 月 14~31 日）
利用系数/$t \cdot (m^3 \cdot d)^{-1}$	2.30	2.31
焦比/$kg \cdot t^{-1}$	308	300
煤比/$kg \cdot t^{-1}$	157	167
燃料比/$kg \cdot t^{-1}$	502	502
压差/kPa	202	203

另外，采用氧煤枪富氧可减少鼓风富氧，对减少热风管系晶间应力腐蚀有利。同等富氧率条件下，鼓风富氧中一部分 O_2 分流到氧煤枪后，减少了冷风中的富氧量，冷风管道 O_2 含量降低后大大减少了氮氧化物的形成几率，晶间应力腐蚀会减弱，热风管系的安全性提高。

7.4.4.3 富氧喷煤后高炉的冶炼控制

高炉富氧后，炉内冶炼行程发生了诸多变化，特别是在煤气流分布和温度场分布等方面发生了较大变化。要实现高炉高水平的富氧强化冶炼，必须对以下变化加强关注和控制：

（1）煤气流分布方面的控制。在富氧喷煤的高炉冶炼控制中，必须正确处理好两者对煤气流分布的影响，要加强相关参数的控制，避免中心和边缘两条通路不过分发展或受到抑制。最重要的是控制好合适的鼓风动能，特别是在高炉遭遇特殊炉况，如难行、悬料及管道行程时，应当及时减氧或停氧，以维持高炉煤气流分布合理，确保炉况顺行。

（2）理论燃烧温度方面的控制。理论燃烧温度控制过高，会导致炉况不顺。这时就要采取减氧、停氧等措施，或者适当提高鼓风湿度，来补偿理论燃烧温度过高的影响，保证理论燃烧温度的稳定。

（3）热制度调剂方面的控制。富氧大幅波动时，应适当调节综合负荷，保持炉温的稳定。另外，由于高富氧极大地提高了冶炼强度，炉温控制过程中，煤粉的大幅调剂对炉料下降速度影响程度加大。因此，富氧喷煤时的热制度调剂尤其要严格地掌握，一定要抓好炉温趋势，稳定调剂，提前调剂。

7.4.5 宝钢高炉富氧生产技术

2015 年 10 月，宝钢 1 号高炉利用定修机会对风口面积进行调整，将风口面积适当缩小。按照定修前的利用系数，定修送风恢复时风氧量回至正常水平，富氧比例达到 3%。随着富氧比例的提高，产量水平适量增加，根据炉况以及长寿方面的变化适当减少风量，每次减风幅度 100m^3/min。风氧量调整时，风口风速要求小于 280m/s，若达不到要求则用顶压进行调整[24]。

7.4.5.1 增加氧量鼓风对高炉的影响

随着高炉氧气量的提高和风量的减少，下部送风制度发生变化，影响了煤气流的初始分布，炉缸状态发生变化，产量水平有所提高，总焦比有所下降。

炉况顺行变化情况：炉况变化前，煤气利用率呈现上升趋势；随着富氧比例水平不断提高，下部压差上升 8kPa，中部压差下降 2kPa，上部压差下降 3kPa，总压差上升 3kPa 左右；随着矿焦比不断提高，K 值略有上升趋势；下料探尺偏差增大，崩滑料次数略增多；富氧比例提高后，灰比下降明显，随着产量水平的提高，灰比反而逐步下降；随着富氧比例的不断提高，富氧比例至 4%开始炉墙脱落和热负荷总体呈上升趋势（特别 S1~S5 段），波动区域有所下移，主要集中在炉腹、炉腰和炉身下部，R 段相对受控。

炉缸状态变化：增加氧气鼓风条件下产量水平有所增加，炉芯温度呈缓慢下降趋势（炉缸状态变差），炉前见渣率有所下降，而且断流、重叠次数有所增多；炉缸热负荷也呈上升趋势，12 月 30 日开始上升速度加快，炉缸区域侧壁温度总体处于上升趋势，且 244.5°方向（标高 10.03m）局部点创新高，另外 1、2、4 号铁口区域侧壁温度先呈上升趋势，随着铁口状态稳定，铁口区侧壁温度基本稳定，但铁口以下各层标高的侧壁温度逐步上升，炉缸热负荷总体呈上升趋势。

7.4.5.2 高炉操作应对

（1）稳定下部送风制度，维持合适的风速和鼓风动能，风速不大于 280m^3/min，鼓风动能在 15000~16500kg·m/s。下部制度从 2015 年 10 月 24 日定修恢复后进行增加氧气鼓风比例实验开始调整，风量逐步减少，氧量逐步增加，富氧比例由 1.78%提高到 5.60%，同时定修将风口面积调小；维持风温稳定为主，湿分小幅调整，通过煤量及湿分控制 TF 值小于 2250℃；配合顶压调整，控制风速在合适范围。

（2）调整上部装入制度，随着富氧量和产量水平的提高，为保持料速相对稳定，逐步增大矿批。调整布料倾角，缩小平台宽度，将布料角差缩小，扩大中心漏斗，保证中心气流的通道；设定料线、单尺料线及平均料线控制在一定范围，调整矿焦布料档位，减轻边缘矿焦比，适当疏松边缘气流，气流上总体两头疏松，以维持操作炉型的稳定性。

（3）氧气鼓风期间稳定校正焦比，保持中上限炉温，避免持续下限或上限。有炉墙脱落、原料实物质量变化时，加强现场点检，趋势调剂，避免炉况大波动。

（4）加强原燃料跟踪与管理，包括：跟踪原燃料实物质量，尤其是球团、块矿的实物质量，有异常及时联系；加强 T/H 值管理，尽最大努力减少粉末入炉。特别在使用落地烧结矿和焦炭时，及时点检、清理或空振筛网；炉内跟踪好原燃料成分，有异常及时联系技术组；加强槽位管理。

7.4.5.3 增加氧量鼓风前后指标对比及经济性分析

增加氧量鼓风前后指标对比及经济性见表 7-22 和表 7-23。其中，10 月指标为增加氧量鼓风实验开始前 1~22 日指标均值，11 月份指标为氧气量提高过程中全月指标均值，12 月份指标为 1~24 日富氧比例为 5.3%时的指标均值，主要考虑炉况稳定期 2015 年 10 月 24 日~12 月 24 日。

表 7-22 氧量提高前后部分指标对比

2015 年	风压偏差 /0.1kPa	崩滑料 /个	热负荷 /GJ · h^{-1}	灰比 /kg · t^{-1}	η_{CO} /%	CO 含量 /%	H_2含量 /%	煤气发热值 /kJ · m^{-3}
10 月指标	36	83	130.98	24.63	50.4	22.0	3.3	3138
11 月指标	32	96	121.99	18.59	50.8	23.2	3.3	3290
12 月指标	38	107	138.51	14.3	50.9	23.73	3.65	3396

表 7-23 氧量提高前后部分指标对比

2015 年	产量 /t · d^{-1}	风量 /m^3 · min^{-1}	氧量 /m^3 · h^{-1}	富氧比例 /%	焦比 /kg · t^{-1}	煤比 /kg · t^{-1}	焦炉煤气单耗 /m^3 · t^{-1}	高炉煤气单耗 /m^3 · t^{-1}
10 月指标	10452	7215	9514	1.69	303.8	177.3	24.2	424.8
11 月指标	11108	6845	21709	3.97	306.3	179.6	19.2	411.0
12 月指标	11545	6683	28832	5.30	297.4	184.6	17.9	391.2

氧气量水平提高后，炉况方面有所变化，指标改善情况如下：

（1）燃料消耗方面，随着氧气量的提高，煤粉燃烧利用率提高，随着焦比的降低和煤比的提高，燃料比出现小幅度上升。与 10 月相比，12 月焦比下降 6.4kg/t，燃料比上升 0.9kg/t；与 11 月相比，焦比下降 8.9kg/t，煤比上升 5kg/t，燃料比下降 3.9kg/t。2015 年 11 月、12 月与 10 月相比，吨铁成本上升 2.52 元（锁定 2015 年 10 月焦炭、煤粉价格）。

（2）氧气量提高后，灰比下降明显，由表 7-22 和表 7-23 可以看出，随着产量水平的提高，灰比反而逐步下降。与 10 月月均水平相比，12 月月均水平灰比由 24.63kg/t 下降至 14.3kg/t，其中一次灰比从 13.7kg/t 下降至 7.5kg/t，二次灰比从 10.93kg/t 下降至 6.8kg/t。灰比的下降，不仅减少了炭的浪费，降低了生产成本，还有利于进一步上攻煤比。按照二次灰中碳含量 15.25%、一次灰碳含量 10%计算，2015 年 11 月、12 月与 10 月相比，吨铁成本下降 1.92 元（按照焦炭固定碳含量 87%，锁定 2015 年 10 月焦炭价格）。

（3）随着氧气量的提高，煤气中 CO 含量逐步升高，N_2含量逐步下降，高炉煤气的发热值升高，有利于节约能源消耗。从表 7-23 可以看出，炉顶 H_2含量小幅上升，但 CO 含量上升较多，12 月处于 23.73%的水平，比 10 月上升了 1.73%，炉顶煤气发热值由 3138kJ/m^3提高至 3396kJ/m^3。按照目前煤粉 30143kJ/kg 的发热值和日均 15800km^3的高炉煤气发生量计算，2015 年 11 月、12 月与 10 月相比，将增加的煤气发热量折算成煤粉（一天节约 107t 煤粉），吨铁冶炼成本降低 5.73 元（锁定 2015 年 10 月煤粉价格）。

（4）高炉煤气发热值提高后，热风炉烧炉效率提高，COG 和 BFG 能源介质单耗下降。从表 7-23 可以看出，12 月 COG 和 BFG 单耗分别为 17.9m^3/t、391.2m^3/t，与富氧比例提高前（10 月）水平相比，分别下降 6.3m^3/t、33.6m^3/t，按照 1 月 COG（1326.7 元/km^3）和 BFG（106.27 元/km^3）能源介质的单价计算，2015 年 11 月、12 月与 10 月相比，吨铁成本总计下降 20.02 元（锁定 2015 年 10 月燃料价格）。

7.4.6　太钢高炉富氧生产技术

对太钢 6 号高炉（4350m^3）不同富氧率和喷煤量条件下，理论燃烧温度、煤粉燃烧率及炉身部位间接还原过程的变化规律研究发现，在 2%~3%的富氧率条件下，煤比上限应控制在 180~185kg/t；当煤比达到 200kg/t 时，煤粉燃烧率低于下限 75%的要求，至少需将富氧率提高至 4%以上。由于富氧率与煤比的合理匹配[25]，太钢 6 号高炉在 200kg/t 煤比条件下，炉内未燃煤粉没有大幅增加，燃料比也没有明显的增加。

7.4.6.1　维持理论燃烧温度稳定

高炉在不同冶炼条件下，理论燃烧温度应控制在一个合适范围内。由于改变高炉富氧率和喷煤量均会对理论燃烧温度产生影响，因此，有必要对富氧率、喷煤量与理论燃烧温度三者之间的关系展开系统研究。

太钢高炉使用的理论燃烧温度（T）经验计算式如下：

$$T = \frac{Q_{CD} + Q_W + Q_f + Q_{fir}}{C_q V_q}$$

式中，Q_{CD}为高炉风口回旋区碳元素的放热量；Q_W为燃料带入风口回旋区的物理热，其中，焦炭温度按1500℃计算；Q_f为鼓风带入的物理热；Q_{fir}为煤粉和水分分解消耗的热量；C_q为煤气平均比热容，取1.46J/(g·℃)；V_q为炉缸煤气量。

为了研究不同喷煤量和富氧率对理论燃烧温度的影响，在分析过程中，固定其他参数，仅研究喷煤量和富氧率变化对太钢6号高炉理论燃烧温度的影响，计算中所取参数见表7-24。

表7-24 喷煤量和富氧率变化对理论燃烧温度的影响

风量/$m^3 \cdot min^{-1}$	鼓风温度/℃	焦炭固定碳/%	煤粉固定碳/%	煤粉挥发分/%	鼓风湿度/$g \cdot m^{-3}$
6550	1260	87.09	70.17	19.13	10

不同富氧率条件下，随煤比的增加，理论燃烧温度呈下降趋势，在太钢6号高炉条件下，煤比增加1kg/t时，理论燃烧温度降低1.49℃。

不同煤比条件下，理论燃烧温度随富氧率的提高呈上升趋势，在条件允许的情况下，适当提高富氧率，有利于提高高炉产能、提高煤比和节约燃料消耗。

高炉内富氧率和喷煤量对理论燃烧温度的影响趋势是相反的。原则上，高煤比运行时应提高富氧率，低煤比运行时应降低富氧率。

以太钢6号高炉的生产数据为基础，从维持理论燃烧温度稳定的角度，不同煤比条件下适宜的富氧率范围见表7-25。从维持高炉理论燃烧温度稳定的角度来讲，煤比每增加10kg/t，需提高富氧率0.4%~0.5%。以煤比180kg/t为例，在其他冶炼参数不变的条件下，只需将富氧率控制在3.16%~5.03%，即可使高炉理论燃烧温度处于合理区间。

表7-25 太钢6号高炉不同煤比条件下的合理富氧率

煤比/$kg \cdot t^{-1}$	合理富氧率/%
165	2.51~4.45
170	2.73~4.64
175	2.94~4.84
180	3.16~5.03
185	3.35~5.23
190	3.56~5.43
195	3.77~5.63
200	3.96~5.83

注：理论燃烧温度控制在2130~2200℃。

7.4.6.2 保证炉内煤粉燃烧率

高炉高煤比运行时，炉内煤粉燃烧率降低是制约高炉高煤比操作的因素之一。

对太钢6号高炉研究发现，在富氧率不变的条件下，随煤比的提高煤粉燃烧率呈下降趋势，煤比每提高10kg/t，可使煤粉燃烧率下降0.75个百分点。另外，提高富氧率对改善高炉内煤粉燃烧率的作用是显著的。以煤比160kg/t为例，富氧率由0提高至5%，可使煤粉燃烧率提高6个百分点。

在煤比200kg/t不变的条件下，随富氧率的提高，煤粉燃烧率也提高，二者近乎呈线性关系，富氧率煤提高1个百分点，煤粉燃烧率可提高1.2~1.3个百分点。因此，当高炉在高煤比条件下时，应适当提高富氧率，以保证煤粉在炉内能够充分燃烧。

高炉内富氧率和喷煤量对炉内煤粉燃烧率的影响趋势是相反的。因此，从保证高炉内煤粉能够充分燃烧的角度来讲，在其他操作参数不变的情况下，煤比每增加10kg/t，需相应提高富氧率0.5~1个百分点，以保证炉内煤粉能够充分燃烧。

在太钢6号高炉3%的富氧率水平下，当煤比达到200kg/t时，煤粉燃烧率仅为74%左右。因此，从保证炉内煤粉燃烧率的角度来说，需至少将高炉富氧率提高至4%以上，才能保证煤粉燃烧率的下限要求。

7.4.6.3 改善炉身部位的间接还原

由表7-26可见，在煤比200kg/t不变的条件下，随富氧率的增加，炉腹煤气中的CO比例明显增加，富氧率每提高1个百分点，炉腹煤气中的CO比例增加1.2个百分点。在实验室中进一步研究发现，炉腹煤气中CO每增加1个百分点，可使炉腹煤气中的CO比例增加1.2个百分点，炉料还原度提高约2.9个百分点。

表7-26 太钢6号高炉不同煤比条件下的炉腹煤气成分

富氧率/%	N_2/%	CO/%	H_2/%
0	58.8	32.9	8.3
1	57.7	34.1	8.2
2	56.7	35.3	8
3	55.7	36.4	7.9
4	54.7	37.5	7.8
5	53.8	38.6	7.6

由表7-27可见，在富氧率不变的条件下，随煤比的增加炉腹煤气中的H_2比例明显增加，煤比每提高10kg/t，炉腹煤气中的H_2比例可增加0.3个百分点。在实验室中进一步研究发现，在富氧率3.8%条件下，炉腹煤气中H_2每增加1个百分点，炉料还原度可提高1.2个百分点。因此，在其他参数一定的条件下，煤比每提高10kg/t，可使炉腹煤气中的H_2比例增加0.3个百分点，炉料还原度提高约

0.36个百分点。

表7-27 太钢6号高炉不同煤比条件下的炉腹煤气成分

煤比/kg·t^{-1}	N_2/%	CO/%	H_2/%
140	55.8	38.3	6.0
160	55.4	38.0	6.6
180	55.1	37.8	7.2
200	54.7	37.5	7.7
220	54.4	37.3	8.3

在改善高炉内间接还原前提下，综合分析煤比与富氧率的合理匹配：富氧率和喷煤量对炉内间接还原过程的影响趋势是相同的；提高富氧率和喷煤量均可使炉腹煤气中还原性气体（CO、H_2）含量增加，从而起到改善炉内间接还原过程的作用。

7.4.6.4 高煤比生产实践

太钢6号高炉在高煤比条件下运行时，综合考虑理论燃烧温度、煤粉燃烧率等因素，在提高煤比过程中相应提高富氧率，将理论燃烧温度稳定在2130~2200℃。由于富氧率与煤比的合理匹配，在提高煤比过程中，炉内未燃煤粉没有大幅增加，对高炉料柱透气性没有产生明显的负面影响，透气性指数（K）控制在合理范围，燃料比也没有明显的增加。煤比达到200kg/t时，高炉有关生产指标见表7-28。

表7-28 太钢6号高炉有关生产指标

风量/m^3·min^{-1}	富氧率/%	透气性指数K	煤比/kg·t^{-1}	燃料比/kg·t^{-1}
6600	4~4.5	2.3~2.5	190~200	505~510

参考文献

[1] 张少军，尹忠俊. 高炉大型化与我国高炉的发展状况[J]. 钢铁，1997，32(7)：67-69.

[2] Meijer K, Denys M, Lasar J, et al. ULCOS: Ultra-low CO_2 steelmaking [J]. Ironmaking & Steelmaking, 2009, 36 (4): 249-251.

[3] Zhang S R, Yin H. Challenges to China's iron-making industry in the first two decades of 21st century proceedings [A]. The 4th International Congress on the Science and Technology of Ironmaking, Osaka, 2006: 18-28.

[4] Zhang S R, Yin H. The trends of iron making industry and challenges to Chinese blast furnace ironmaking in the 21st century [C]. Proceed of the 5th International Congress on the Science and

Technology of Ironmaking, Shanghai, China, 2009: 1-13.

[5] 张寿荣，银汉．中国高炉炼铁现状和存在的问题［J］. 钢铁，2007，42（9）：1-8.

[6] 王国雄，王铁，沈峰满，等．现代高炉粉煤喷吹［M］. 北京：冶金工业出版社，1997.

[7] 杨天钧，刘应书，杨珉．高炉富氧喷煤［M］. 北京：科学出版社，1998.

[8] 赵海晋，余其俊，韦江雄，宫晨琛，李建新，钟根．利用粉煤灰高温重构及稳定钢渣品质的研究［J］. 硅酸盐通报，2010，29（3）：572-576.

[9] 吕庆，李福民，李秀兵，孙丽芬．高炉喷吹煤气后固体炉料的还原与变化［J］. 钢铁，2008（1）：17-21.

[10] 张建良，王广伟，邢相栋，庞清海，邵久刚，任山．煤粉富氧燃烧特性及动力学分析［J］. 钢铁研究学报，2013，25（4）：9-14.

[11] 熊良勇，史占彪．新疆什可布台铁矿还原膨胀机理［J］. 东北工学院学报，1991（4）：348-355.

[12] 吴铿，齐渊洪，赵继伟，冯根生，杜春荣．含碳球团的还原性和还原冷却后的强度[J]. 北京科技大学学报，2000（2）：101-104.

[13] 吴斌，龙世刚，曹枫．含碳球团强度及金属化率的影响因素［J］. 安徽工业大学学报（自然科学版），2007（2）：127-129.

[14] Kuniyoshi I. Advanced pulverized coal injection technology and blast furnace operation [M]. Pergamon Press, Elsevier Science Ltd., UK, 2000.

[15] 钱湛芬，王立富．预热煤炼焦［J］. 冶金能源，1983（5）：4-8.

[16] Sakawa M, Sakurai Y, Hara Y. Influence of coal characteristics on CO_2 gasification [J]. Fuel, 1982.

[17] El-Geassy A A. Gaseous reduction of Fe_2O_3 compacts at 600 to 1050℃ [J]. Journal of Materials Science, 1986, 21 (11).

[18] Kerkkonen O. The correlation between reactivity and ash mineralogy of coke [J]. Ironmaking Conference Proceedings, 1996.

[19] 叶才彦．高炉喷煤浓相输送技术的探讨［J］. 钢铁研究，1999（3）：7-10.

[20] 王华金．大型变压吸附制富氧装置的发展及在高炉富氧喷煤中的应用［A］. 中国金属学会．2006年全国炼铁生产技术会议暨炼铁年会文集［C］. 2006：4.

[21] 刘应书，杨天钧，苍大强，刘述临．高炉氧煤喷吹供氧及安全控制技术研究［J］. 钢铁，1997（7）：17-20.

[22] 陈令坤，李向伟，陆隆文，张寿荣．武钢8号高炉高效冶炼实践［J］. 炼铁，2016，35（5）：1-7.

[23] 郭宏烈，黄俊杰．首钢京唐5500m^{3}高炉富氧喷煤实践［J］. 炼铁，2016，35（6）：30-32.

[24] 王波，宋文刚，朱锦明，华建明．宝钢1号高炉增加氧量鼓风冶炼实践［A］. 第十一届中国钢铁年会论文集［C］. 中国金属学会，2017：1-8.

[25] 李昊堃，郭汉杰，巩黎伟．太钢6号高炉富氧率与煤比的合理匹配［J］. 炼铁，2017，36（3）：23-26.

索　引